공식이 쏙 외워지는 평면도형

초등 5·6 학년

고대 그리스에서는 기하학을 모르면 대학 입학 안 됐다고?!

위대한 수학자 플라톤이 BC 387년에 창설한 '아카데미아'는 지금의 '대학'과 같습니다. 당대의 지식인들이 모여 철학, 수학, 예술에 대해 자유롭게 토론하고 발전시키는 고등 학문의 장이었지요. 그런데 이 아카데미아 입구 현판에는 특이한 문구가 새겨져 있었어요.

기하학을 모르는 자, 이 문을 들어오지 말라.

지금으로 치면 입학 자격 요건쯤 되겠네요. 즉, 기하학을 모르면 수준이 안 되니 우리랑 얘기를 나눌 수 없다는 뜻입니다. 기하학은 쉽게 말해 도형을 다루는 수학의 한 분야일 뿐인데 어떻게 해서 대학 입학의 척도가 되었을까요?

기하학은 '논리'다.

'논리'는 쉽게 말해 "A(근거)이기 때문에 B(결론)이다"처럼 타당한 근거를 들어서 참인 결론을 도출하는 사고 과정입니다. 예를 들어, 5살 아이가 외출 전에 "추우니까(근거) 패딩을 입을 거야.(결론)"라고 말하는 것도 논리입니다.
'춥다. → 몸을 따뜻하게 해야 한다. → 몸을 따뜻하게 하려면 두꺼운 옷을 입어야 한다. → 내가 가진 두꺼운 옷은 패딩이다. → 그러니 난 패딩을 입겠다.' 이 얼마나 논리적인 사고 과정입니까?
논리사고는 이런 방식으로 도출한 결론을 근거 삼아 또 다른 결론을 만들어 나가며 사고를 확장합니다. 이러한 논리로 현대 기하학을 만들어 낸 사람이 바로 유클리드입니다. 그는 고작 기본 공리 5개에서 시작하여 수많은 도형에 대한 이론을 도출하였습니다. 후배 수학자들은 이를 이어받아 지금까지도 거대한 기하학을 확장 건설하고 있습니다.
이제 아카데미아 현판의 문구를 다시 한번 들여다 봅시다. 그 뜻이 읽히나요?

논리적으로 생각하지 못하는 자, 이 문을 들어오지 말라.

초등 도형은 '논리'적으로 공부해야 합니다.

여기 기하학에 대한 오해가 있습니다. 보통 도형을 잘하려면 공간 감각이 좋아야 한다고 말합니다. 그래서 아이들이 어렸을 때 블록이나 레고를 가지고 놀게 하죠. 실제로 유아에서 초2까지의 도형 공부는 공간/형태 인지가 대부분을 차지하기 때문에 공간 감각이 좋아야 합니다. 하지만 초3부터 도형의 약속, 성질, 공식을 배우기 시작하면 본격적으로 '논리', 즉 '기하'의 세계로 들어가게 됩니다. 초등 교과서에 나오는 약속, 성질, 공식이 어떻게 논리와 관련되는지 살펴볼까요?

- **세 개의 선분으로 둘러싸였기 때문에** (A(근거)) **삼각형입니다.** (B(결론)) ⋯ 약속(초3 수학교과서)

- **이등변삼각형이기 때문에** (A(근거)) **두 각의 크기가 같습니다.** (B(결론)) ⋯ 성질(초4 수학교과서)

여기서 알 수 있는 것은 '**약•성•공**(약속, 성질, 공식)'이 논리사고의 '근거'에 해당한다는 것입니다. 그런데 초등에서 나오는 **약•성•공**은 언뜻 보면 너무 당연해 보여서 아이들이 설렁설렁 눈으로만 보고 넘어가는 경우가 많습니다. 이런 잘못된 습관이 들면 논리사고의 기초 공사가 아예 이루어지지 않게 됩니다. 타당한 근거 없이 내린 결론은 틀리거나 쉽게 붕괴되기 마련이니까요.

초등 도형은 고등 기하의 축소판입니다. '약속'은 '정의(definition)'로, '성질'과 '공식'은 '정리(theorem)'로 이름만 바뀔 뿐이에요. 하지만 '기하학'이니 '논리사고'니 하는 말이 어렵게 느껴진다면 **약•성•공**만 생각하세요. 초등에서는 **약•성•공**의 기본 도형 개념만 제대로 공부해도 기하학 공부의 밑바탕을 탄탄하게 다질 수 있습니다. 기적특강은 초등 도형을 어려워하는 여러분을 문전박대하지 않습니다. 어서어서 오세요.

기하학을 모르는 자, 기적특강을 펼쳐 보라!

약·성·공 솔루션

초등 도형, 논리사고로
기초 개념을 탄탄하게 -

약속·성질·공식
이렇게 공부하자!

약속

약속이란 수학 용어나 기호 등 그 의미를 정해 놓은 것입니다.

약속은 이미 정해진 것!
그림 덩어리로 기억하고,
정확한 수학 언어로
무조건 암기하자!

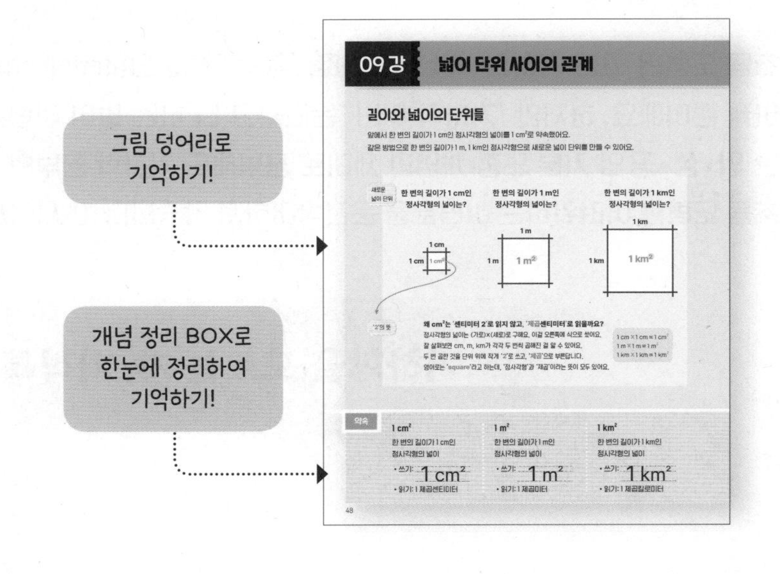

그림 덩어리로 기억하기!
개념 정리 BOX로 한눈에 정리하여 기억하기!

09강 넓이 단위 사이의 관계

길이와 넓이의 단위들

앞에서 한 변의 길이가 1 cm인 정사각형의 넓이를 1 cm^2로 약속했어요.
같은 방법으로 한 변의 길이가 1 m, 1 km인 정사각형으로 새로운 넓이 단위를 만들 수 있어요.

새로운 넓이 단위

한 변의 길이가 1 cm인 정사각형의 넓이는? / 한 변의 길이가 1 m인 정사각형의 넓이는? / 한 변의 길이가 1 km인 정사각형의 넓이는?

1 cm, 1 cm^2 / 1 m, 1 m^2 / 1 km, 1 km^2

'2'의 뜻

왜 cm^2는 '센티미터 2'로 읽지 않고, '제곱센티미터'로 읽을까요?
정사각형의 넓이는 (가로)×(세로)로 구해요. 이걸 오른쪽에 식으로 썼어요.
잘 살펴보면 cm, m, km가 각각 두 번씩 곱해진 걸 알 수 있어요.
두 번 곱한 것을 단위 위에 작게 '2'로 쓰고, '제곱'으로 부른답니다.
영어로는 'square'라고 하는데, '정사각형'과 '제곱'이라는 뜻이 모두 있어요.

$1\ cm \times 1\ cm = 1\ cm^2$
$1\ m \times 1\ m = 1\ m^2$
$1\ km \times 1\ km = 1\ km^2$

약속

1 cm^2	1 m^2	1 km^2
한 변의 길이가 1 cm인 정사각형의 넓이	한 변의 길이가 1 m인 정사각형의 넓이	한 변의 길이가 1 km인 정사각형의 넓이
• 쓰기: 1 cm^2	• 쓰기: 1 m^2	• 쓰기: 1 km^2
• 읽기: 1 제곱센티미터	• 읽기: 1 제곱미터	• 읽기: 1 제곱킬로미터

48

약속·성질·공식만
잘 기억하면
문제 풀이가 술술~

성질

성질이란 약속에 따라 나오는 특징과 규칙입니다.

성질은 관찰하면 보인다!
당연해 보여도
수학적 논리에 근거하여
확실하게 기억하자!

공식

공식이란 약속과 성질을 바탕으로 증명된 사실을 문자나 기호로 나타낸 것입니다.

이해하면 공식이 저절로~
무작정 외우는 것은 NO!
증명으로 공식 유도 과정을 이해하고,
자유자재로 변형하자!

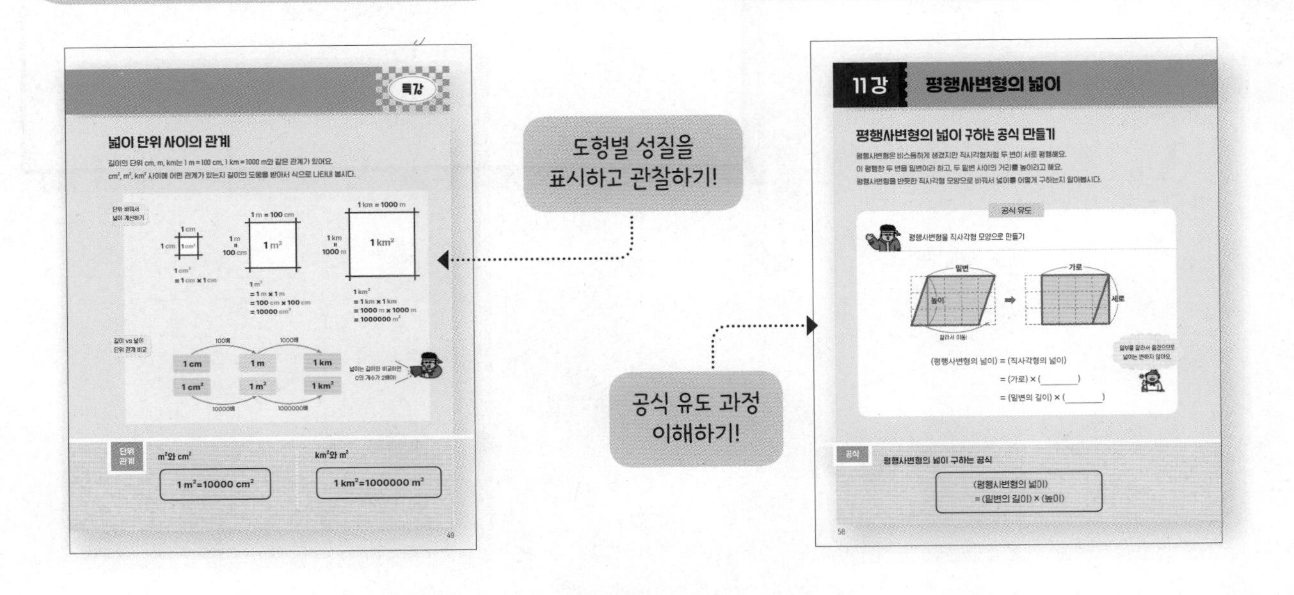

차례

1. 다각형의 둘레

01강	둘레	10~13
02강	정다각형의 둘레	14~19
03강	삼각형의 둘레	20~25
04강	사각형의 둘레	26~31
05강	직각으로 이루어진 도형의 둘레	32~35
06강	정다각형으로 만든 도형의 둘레	36~39
07강	평가	40~42

2. 다각형의 넓이

08강	넓이와 단위	44~47
09강	넓이 단위 사이의 관계	48~51
10강	직사각형의 넓이	52~57
11강	평행사변형의 넓이	58~63
12강	삼각형의 넓이	64~69
13강	사다리꼴의 넓이	70~75
14강	마름모의 넓이	76~81
15강	다각형의 넓이 총정리	82~87
16강	둘레 알 때 넓이 구하기	88~91
17강	높이가 같은 도형	92~95
18강	삼각형의 높이 활용	96~99
19강	색칠한 부분의 넓이① - 도형의 합 또는 차	100~103
20강	색칠한 부분의 넓이② - 도형을 나눠서	104~107
21강	색칠한 부분의 넓이③ - 부분을 모아서	108~111
22강	평가	112~114

3. 원의 둘레와 넓이

23강	원과 원주율	116~119
24강	원의 둘레	120~125
25강	원의 넓이	126~131
26강	둘레 센스 UP	132~135
27강	색칠한 부분의 둘레① - 곡선의 합	136~139
28강	색칠한 부분의 둘레② - 곡선과 직선의 합	140~143
29강	넓이 센스 UP	144~147
30강	색칠한 부분의 넓이① - 도형의 합 또는 차	148~151
31강	색칠한 부분의 넓이② - 자르고 옮기기	152~155
32강	여러 개 원을 두른 둘레	156~159
33강	원이 굴러간 거리, 넓이	160~163
34강	평가	164~166

평면도형
정복하러 출발!

1 다각형의 둘레

[학습 주제]

01강 둘레
02강 정다각형의 둘레
03강 삼각형의 둘레
04강 사각형의 둘레
05강 직각으로 이루어진 도형의 둘레
06강 정다각형으로 만든 도형의 둘레
07강 평가

[교과 단원]

5-1 다각형의 둘레와 넓이

2 다각형의 넓이

3 원의 둘레와 넓이

01강 둘레

일상에서의 둘레

우리는 실생활에서 '**둘레**'라는 단어를 이미 사용하고 있어요.

'둘레'는 사물이나 도형의 테두리를 가리키는데, 그 길이도 둘레라고 말해요.

예를 들어 남산 등산로는 산의 정상을 오르는 안쪽 길이고, 둘레길은 바깥쪽 가장자리를 걷는 길이에요.

"오늘은 남산 등산로 말고,
둘레**길**을 걷자!"

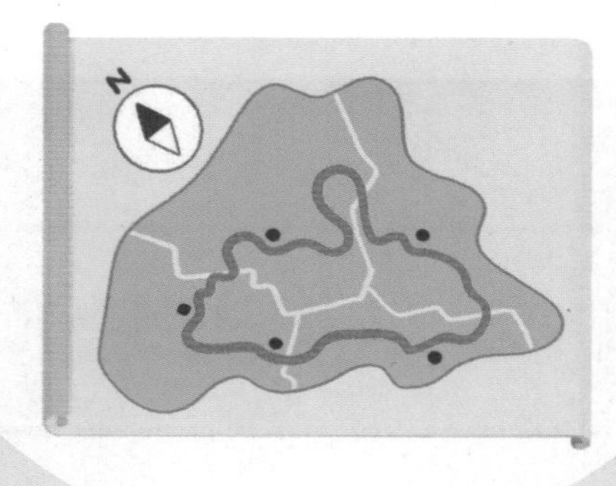

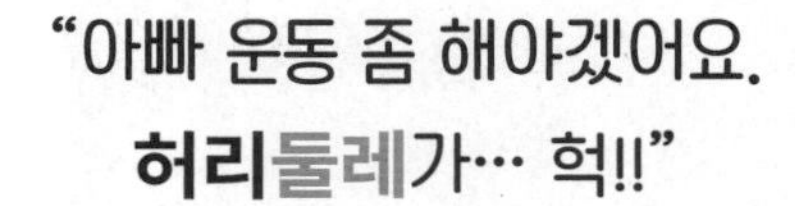

"아빠 운동 좀 해야겠어요.
허리둘레가… 헉!!"

"지구의 적도는 **수평** 둘레이고,
길이는 약 4만 75 km입니다."

"호수 둘레에 안전 펜스를
설치해야겠어요."

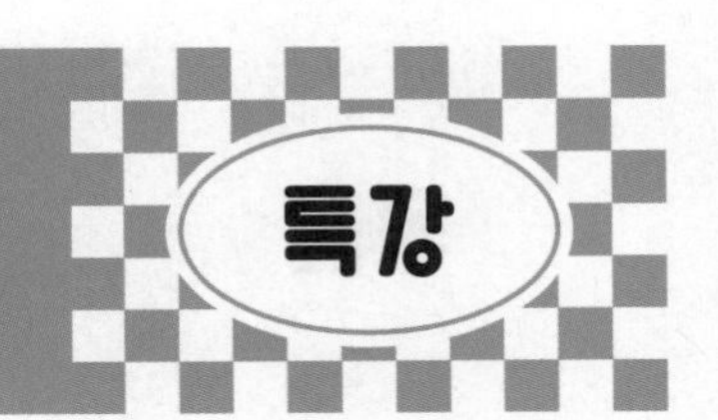

도형에서의 둘레 Q&A

수학에서는 보통 다각형, 원과 같은 평면도형의 둘레를 구하는 문제가 많아요.
이 책의 다음 강의에서도 이등변삼각형, 직사각형 등의 둘레를 구하는 공식을 배울 거예요.
본격 학습에 들어가기 전 둘레에 대해 헷갈리는 개념을 점검해 보아요.

Q	A
다각형의 둘레는 모든 변을 다 더하면 되나요?	YES! 곡선은 길이를 재기 어렵지만, 다각형은 선분으로 둘러싸인 도형이라 각각의 길이를 더하면 돼요. 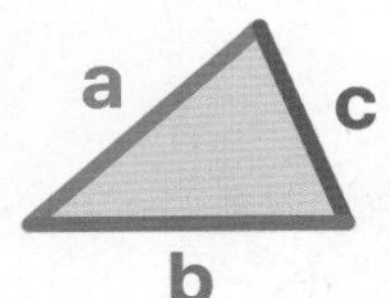 a + b + c
도형의 둘레는 바깥쪽에만 있나요?	NO! 안이 꽉 찬 도형은 바깥쪽 테두리만 생각하면 되지만, 안이 빈 도넛 모양은 안쪽도 둘레에 포함돼요. 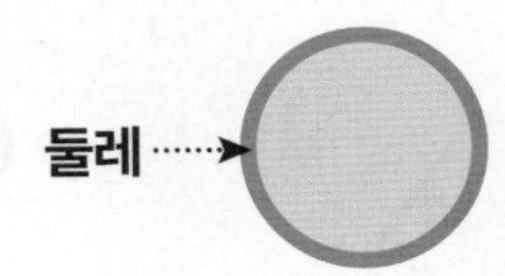 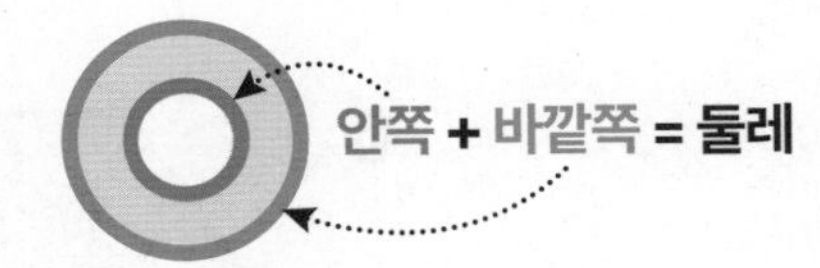
당연히 넓이가 비슷하면 둘레도 비슷하겠죠?	NO! 넓이가 비슷해도 둘레는 다를 수 있어요. 넓이와 둘레는 따로따로 생각해야 해요.   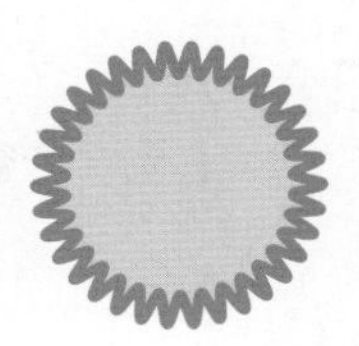

01강 · 둘레

용어 이해 1

여러 가지 다각형을 겹치지 않게 이어 붙여 새로운 도형을 만들었습니다. 색칠한 도형의 둘레를 빨간색 선으로 표시하세요.

도형의 둘레는 가장자리를 한 바퀴 두른 길이를 나타내요.

❶

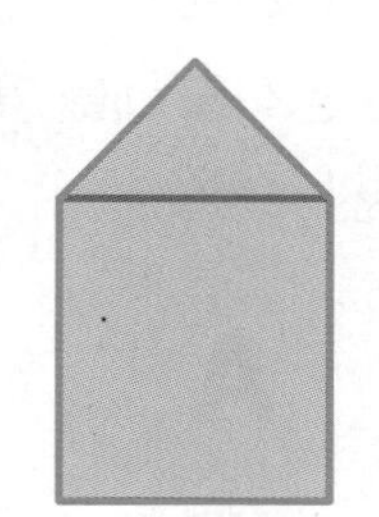

❷

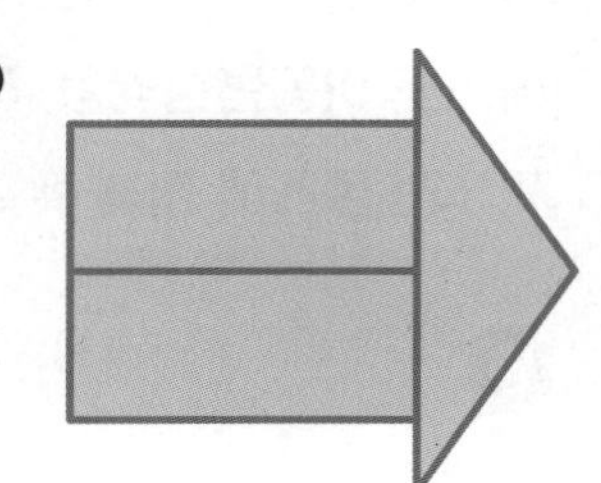

❸

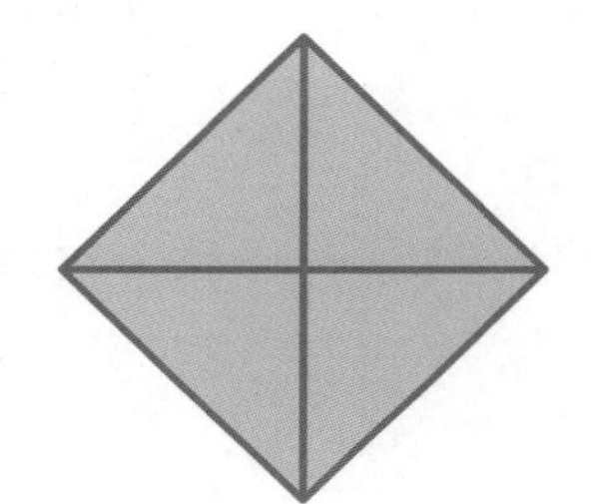

❹

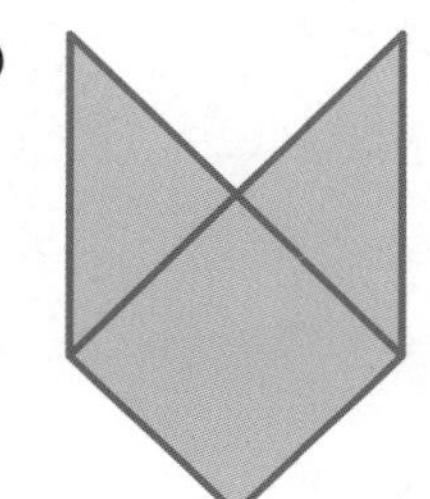

❺

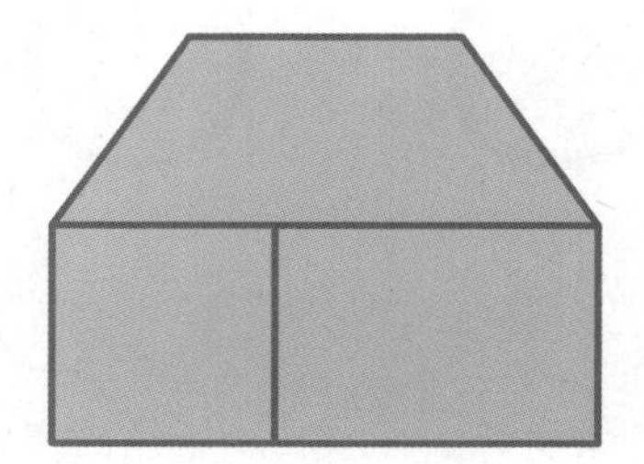

❻

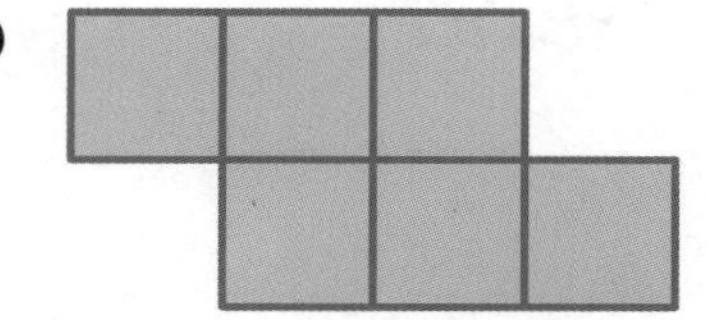

❼

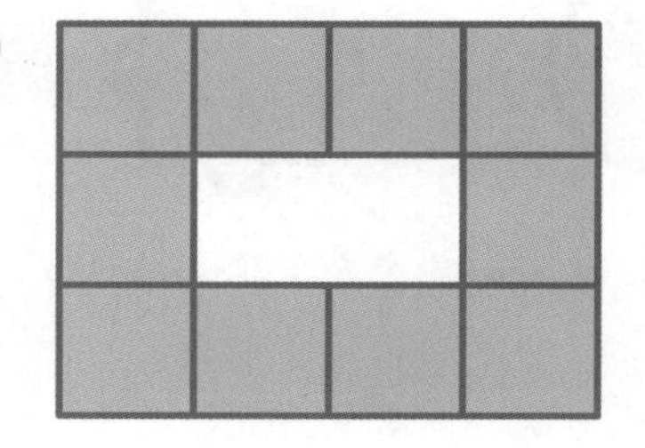

❽

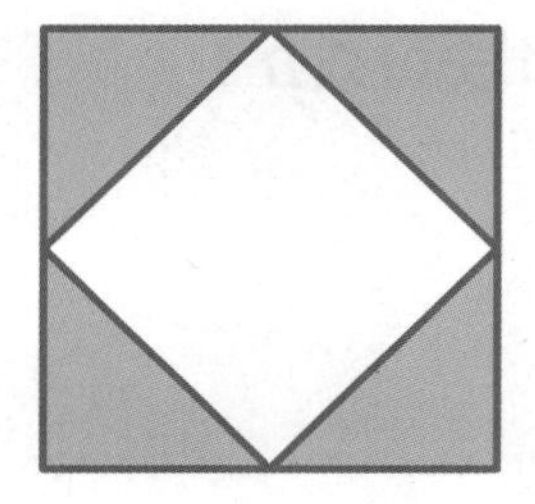

공부한 날 /

도형 감각 **2**

직각으로 이루어진 도형입니다. 변을 평행하게 옮겨서 둘레가 같은 직사각형으로 나타내세요.

❶

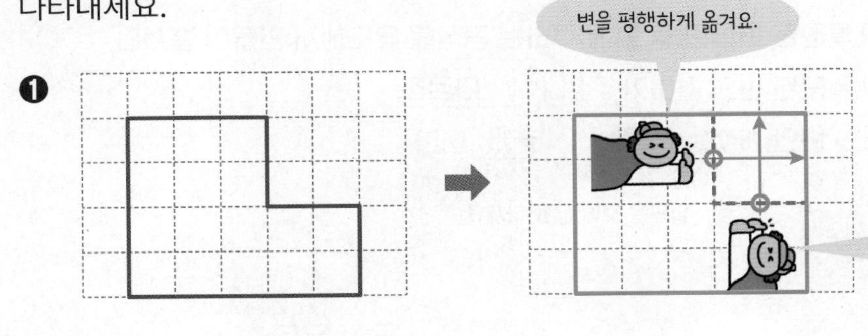
변을 평행하게 옮겨요.
반듯한 직사각형으로 만들어요.

❷

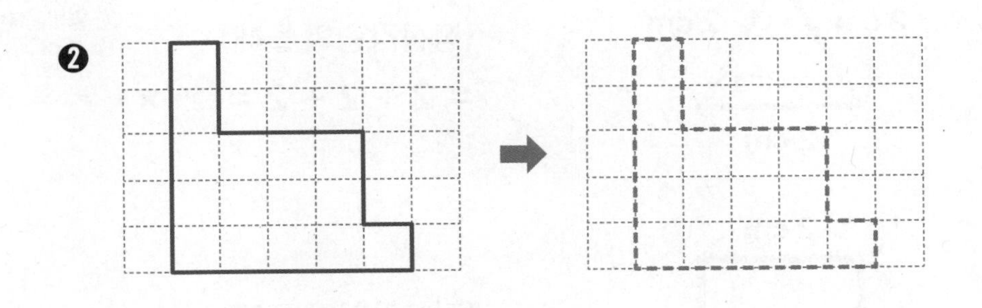

❸

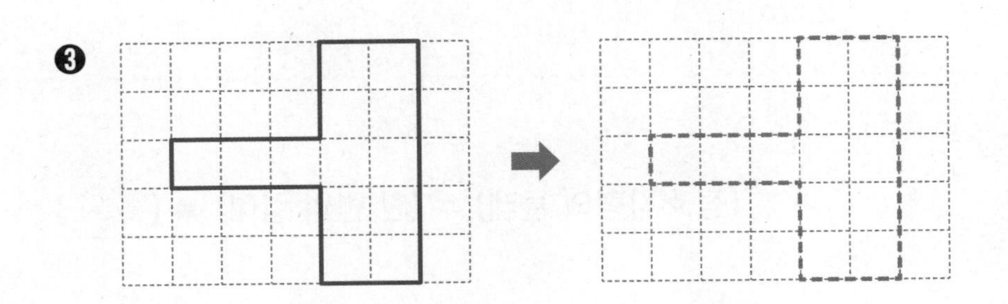

❹

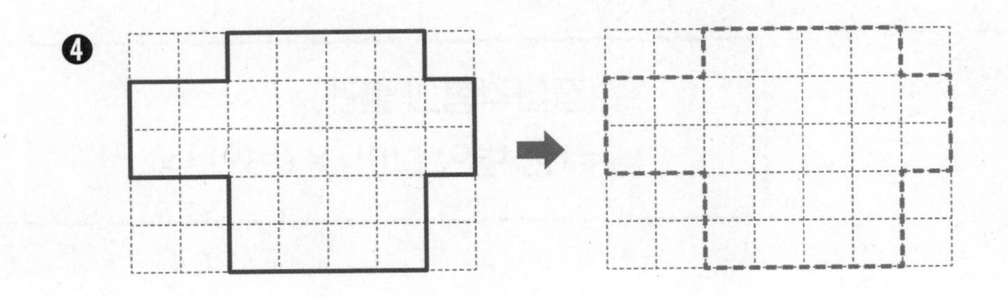

02강 정다각형의 둘레

정다각형의 둘레 구하는 공식 만들기

정다각형의 특징을 떠올린 후 둘레 구하는 공식을 유도해서 만들어 봅시다.

- 정다각형은 모든 변의 길이가 같다 , 다르다 .
- 정★각형의 변의 개수는 2개 , ★개 이다.

알맞은 것에 ○표 하세요.

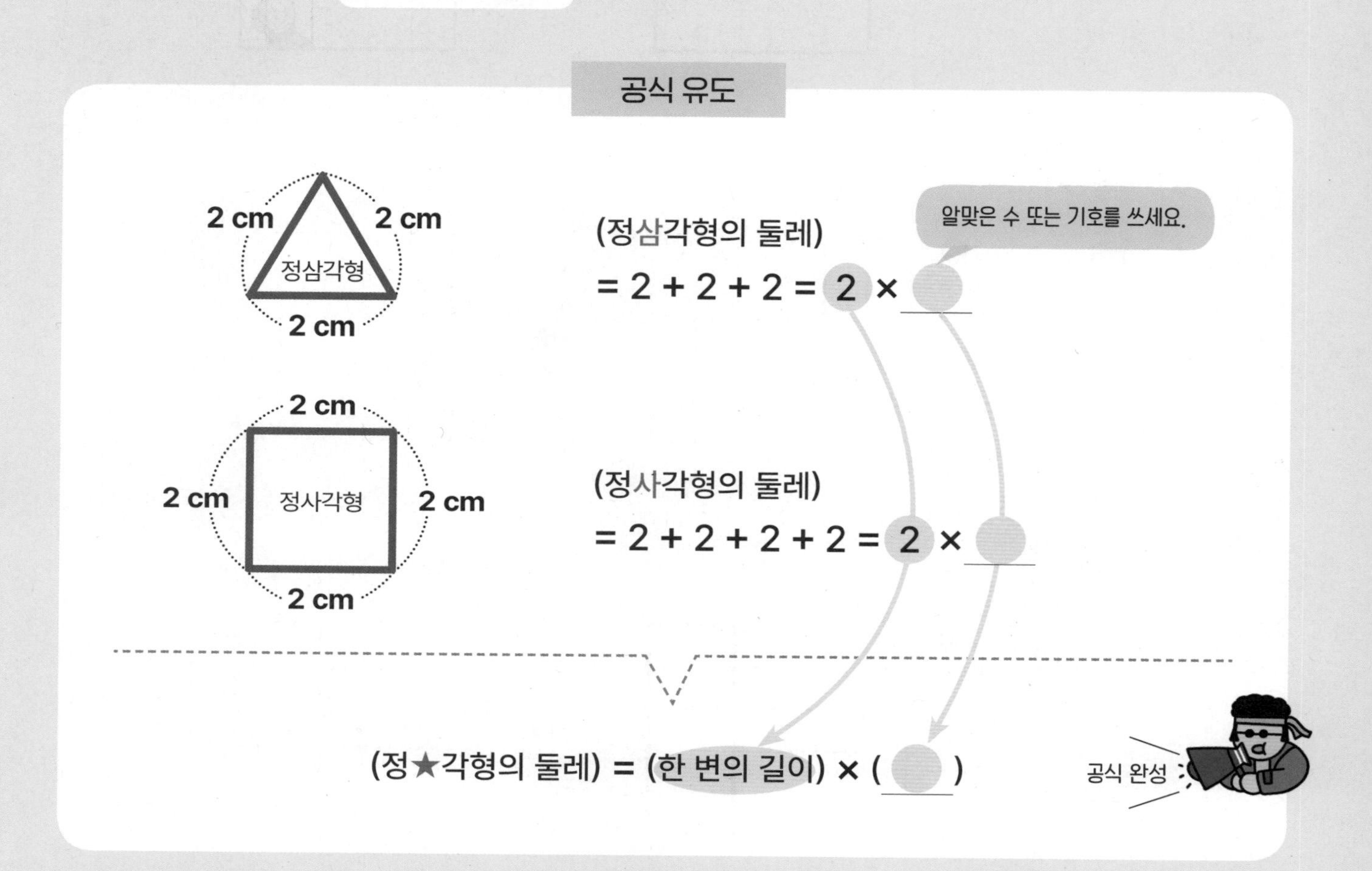

공식 유도
2 cm
2 cm
정삼각형
2 cm
(정삼각형의 둘레)
= 2 + 2 + 2 = 2 ×
알맞은 수 또는 기호를 쓰세요.
2 cm
2 cm
정사각형
2 cm
2 cm
(정사각형의 둘레)
= 2 + 2 + 2 + 2 = 2 ×
(정★각형의 둘레) = (한 변의 길이) × ( )
공식 완성

공식

정다각형의 둘레 구하는 공식

(정다각형의 둘레)
= (한 변의 길이) × (변의 수)

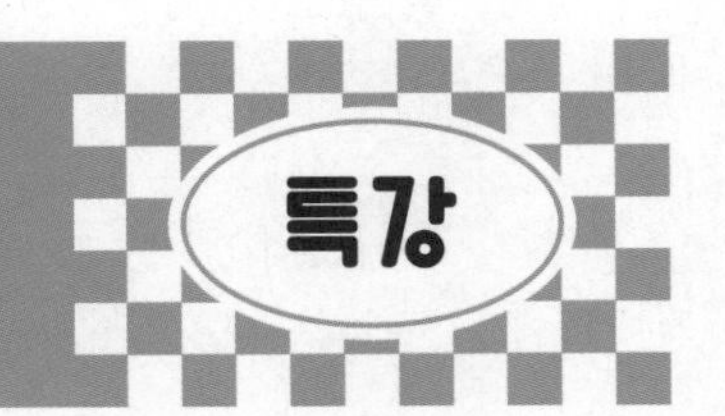

공식 변형하는 방법

정다각형의 한 변의 길이를 이용하여 둘레를 구할 수도 있지만, 공식 변형만 잘하면 반대로 둘레를 이용하여 한 변의 길이, 변의 수를 구할 수도 있어요.
곱셈과 나눗셈의 관계를 이용해서 모르는 수 □를 구하는 과정만 이해하면 돼요.

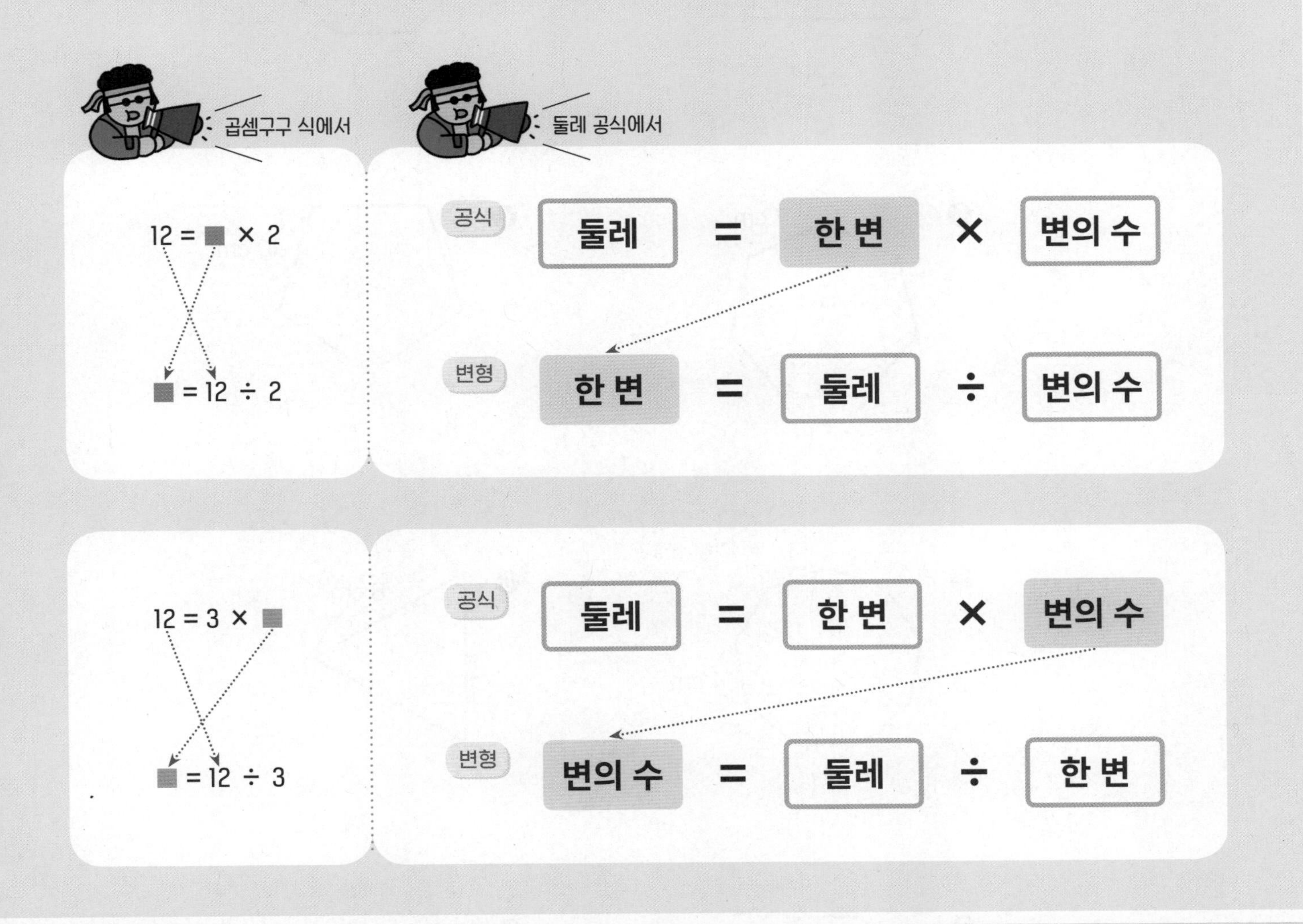

공식 변형

한 변의 길이 구하는 공식

(정다각형의 한 변의 길이)
= (둘레) ÷ (변의 수)

변의 수 구하는 공식

(정다각형의 변의 수)
= (둘레) ÷ (한 변의 길이)

02강 · 정다각형의 둘레

공식 적용 **1**

도형은 정다각형입니다. 정다각형의 둘레를 구하세요.

❶ 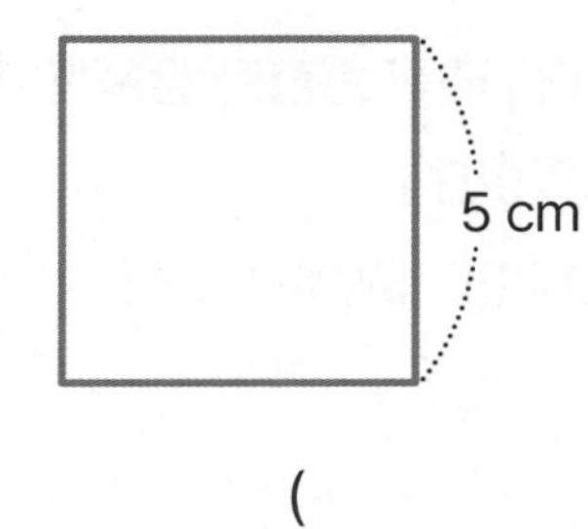

(　　　　　　　　　)

❷ 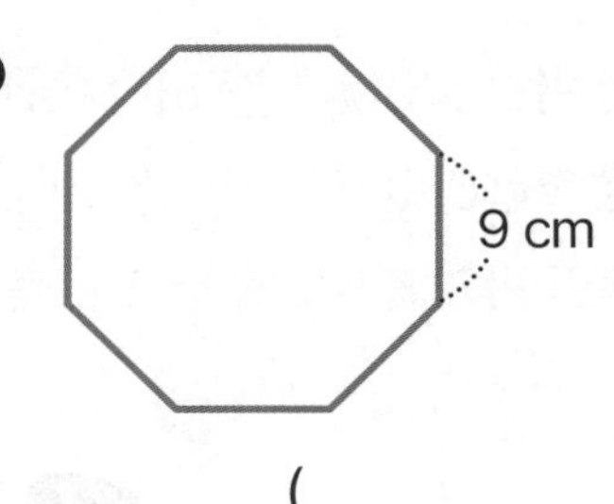

(　　　　　　　　　)

❸ 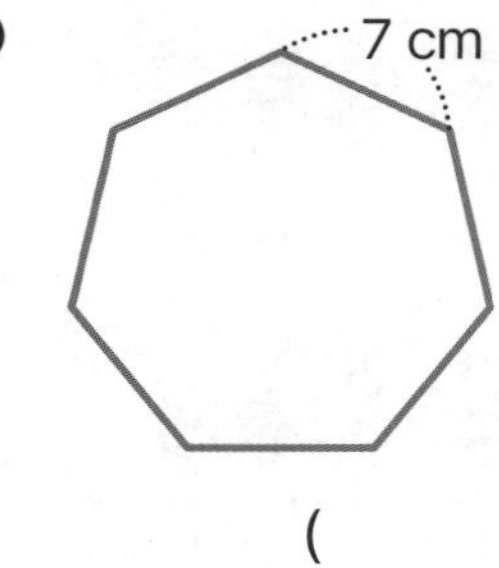

(　　　　　　　　　)

❹ 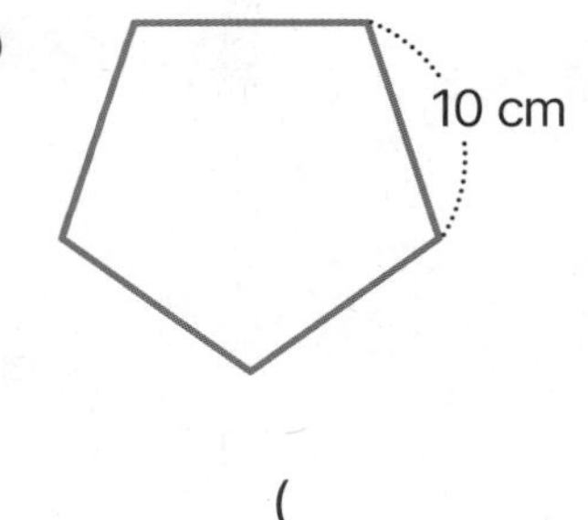

(　　　　　　　　　)

❺ 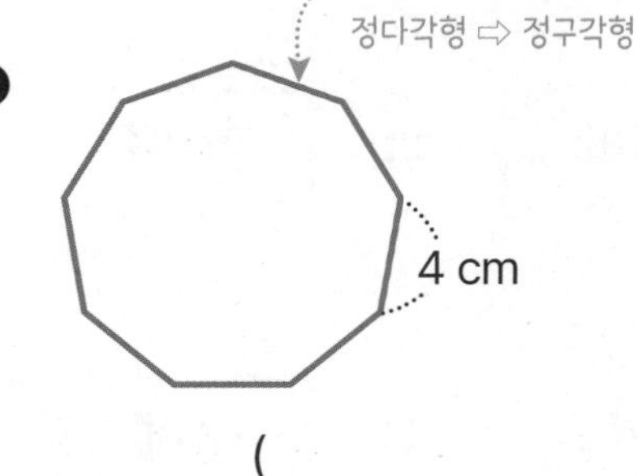

(　　　　　　　　　)

❻ 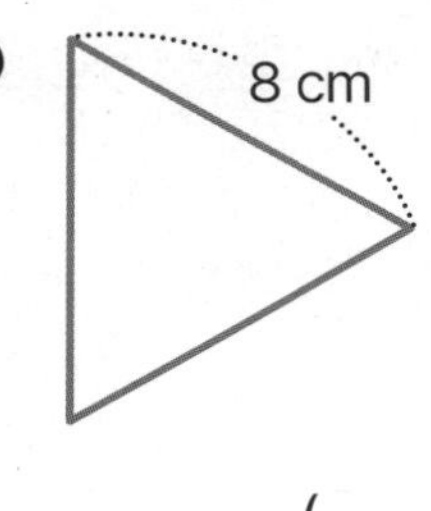

(　　　　　　　　　)

❼ 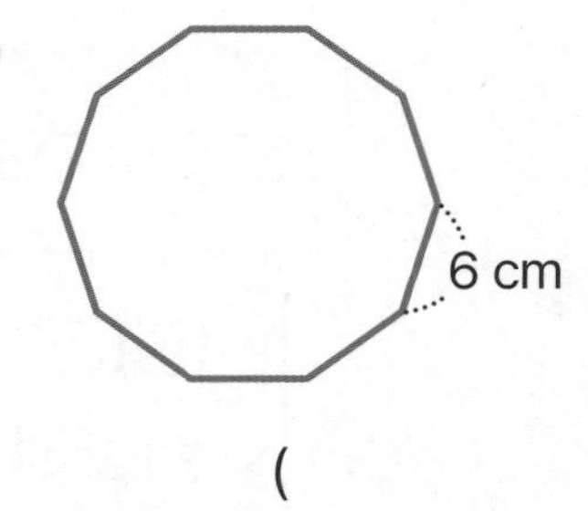

(　　　　　　　　　)

❽ 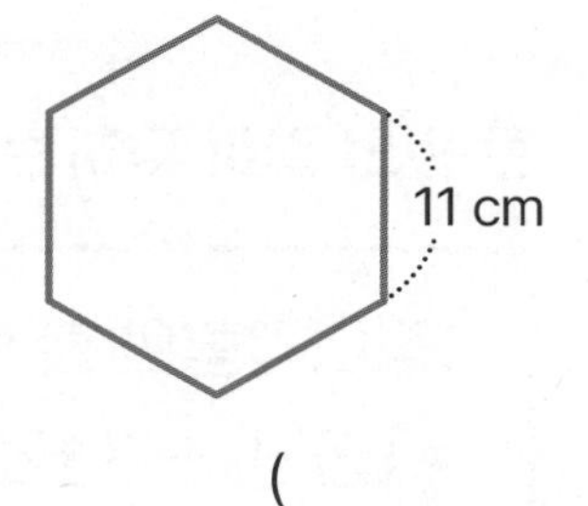

(　　　　　　　　　)

공식 변형 **2**

(둘레)=(한 변)×(변의 수)
↓
(한 변)=(둘레)÷(변의 수)

정다각형의 둘레가 다음과 같을 때 □ 안에 알맞은 수를 써넣으세요.

❶ 정삼각형의 둘레: 15 cm

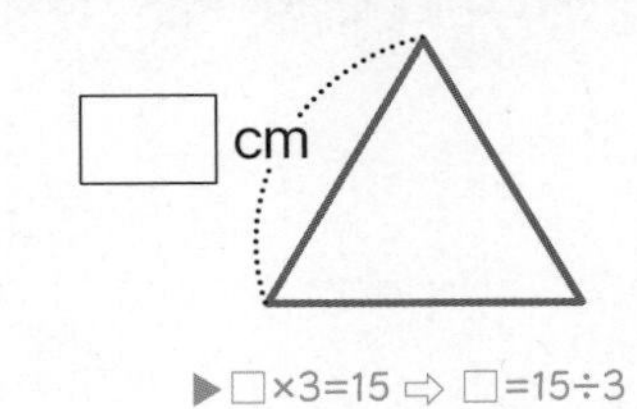

▶ □×3=15 ⇨ □=15÷3

❷ 정팔각형의 둘레: 24 cm

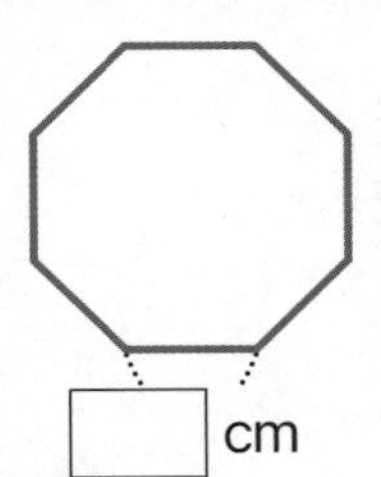

❸ 정오각형의 둘레: 60 cm

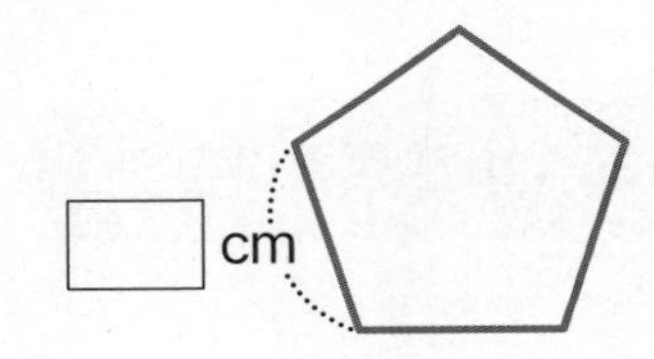

❹ 정사각형의 둘레: 48 cm

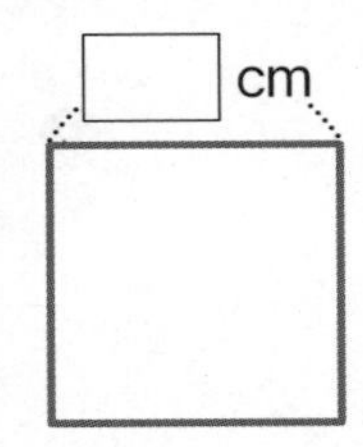

❺ 정육각형의 둘레: 48 cm

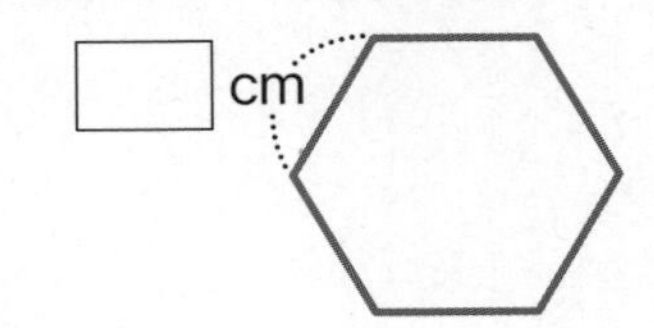

❻ 정십이각형의 둘레: 120 cm

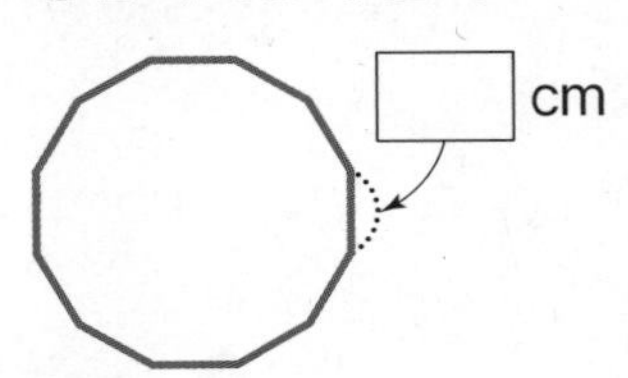

❼ 정구각형의 둘레: 63 cm

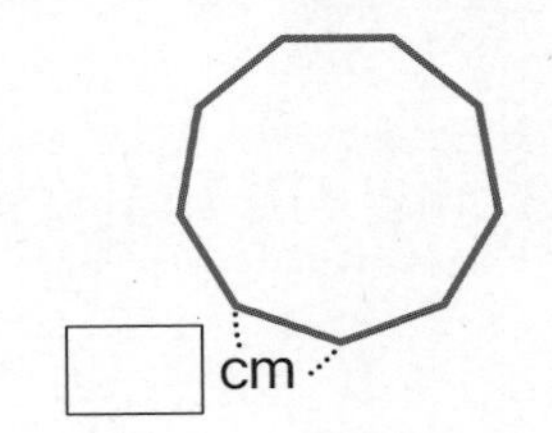

❽ 정육각형의 둘레: 54 cm

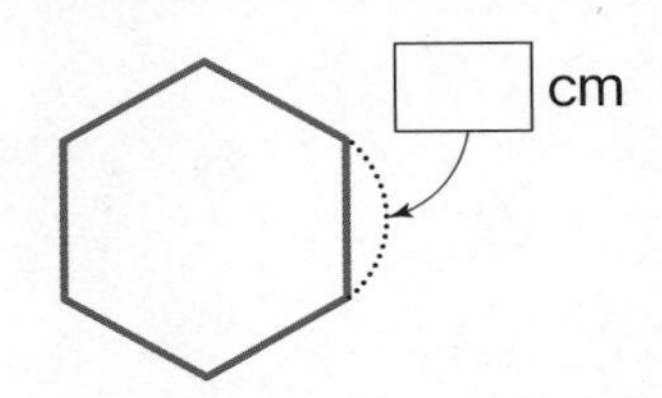

도형 문장제 **3**

도형 문장제는 그림 대신 글로 도형을 설명했어요. 그림과 같은 방법으로 공식에 적용하면 돼요.

정다각형의 둘레를 구하세요.

❶ 한 변의 길이가 4 cm인 정오각형

( )

❷ 한 변의 길이가 6 cm인 정삼각형

( )

❸ 한 변의 길이가 10 cm인 정팔각형

( )

❹ 한 변의 길이가 2 cm인 정십이각형

( )

❺ 한 변의 길이가 7 cm인 정육각형

( )

❻ 한 변의 길이가 3 cm인 정사각형

( )

공식 변형 **4**

정다각형의 변의 수는 몇 개인지 구하세요.

❶ 한 변의 길이가 5 cm이고 둘레가 30 cm인 정다각형

(　　　　　　)

❷ 한 변의 길이가 4 cm이고 둘레가 40 cm인 정다각형

(　　　　　　)

❸ 한 변의 길이가 3 cm이고 둘레가 21 cm인 정다각형

(　　　　　　)

❹ 한 변의 길이가 11 cm이고 둘레가 44 cm인 정다각형

(　　　　　　)

❺ 한 변의 길이가 6 cm이고 둘레가 30 cm인 정다각형

(　　　　　　)

❻ 한 변의 길이가 8 cm이고 둘레가 72 cm인 정다각형

(　　　　　　)

03강 삼각형의 둘레

정삼각형의 둘레 구하는 공식 만들기

정삼각형의 특징을 떠올린 후 둘레 구하는 공식을 유도해서 만들어 봅시다.

- 정삼각형은 정다각형의 한 종류가 맞다 , 아니다 .
- 정삼각형에서 길이가 같은 변의 개수는 1개 , 2개 , 3개 이다.

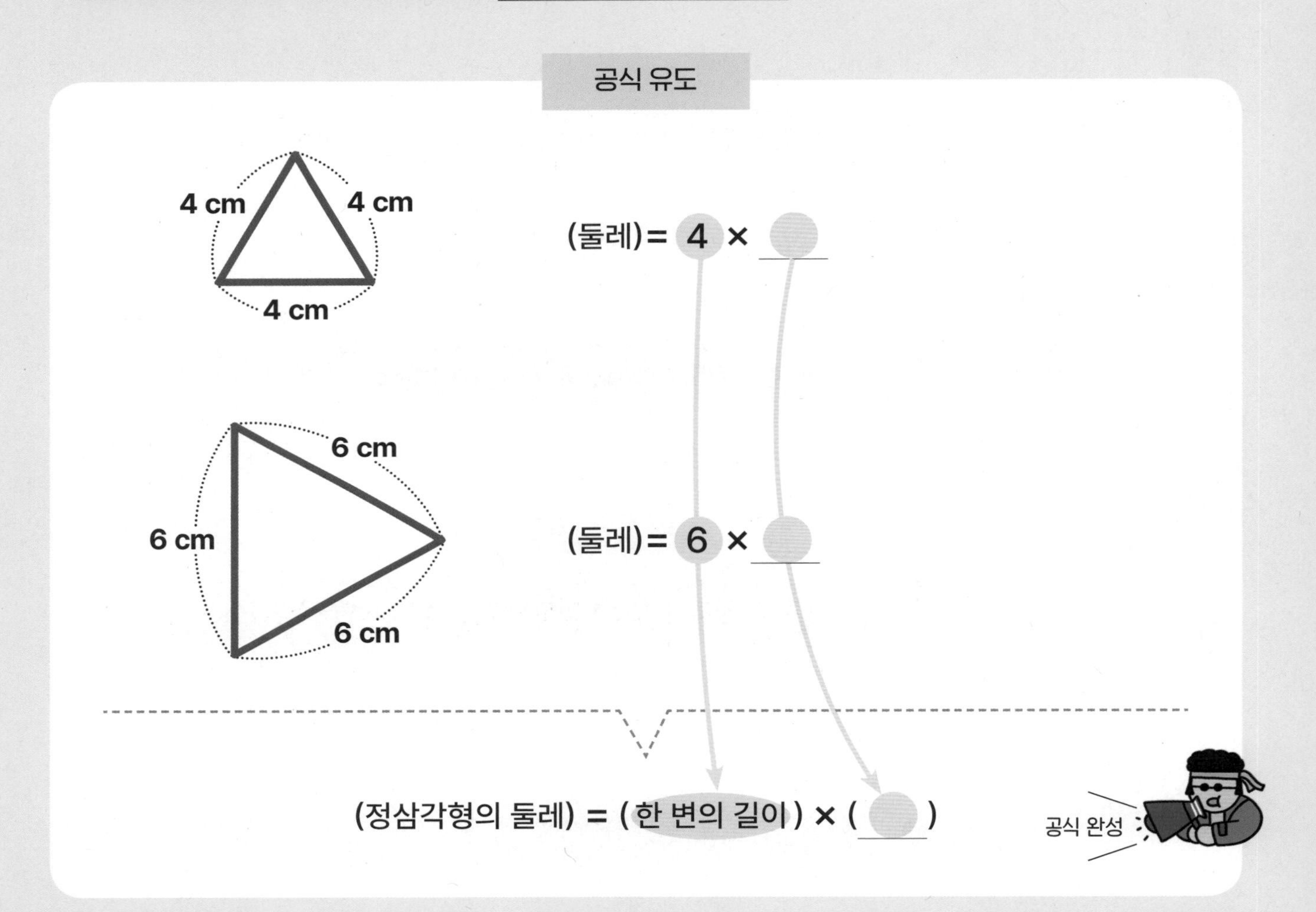

공식

정삼각형의 둘레 구하는 공식

(정삼각형의 둘레)
= (한 변의 길이) × 3

이등변삼각형의 둘레 구하는 공식 만들기

이등변삼각형의 특징을 떠올린 후 둘레 구하는 공식을 유도해서 만들어 봅시다.

- 이등변삼각형은 길이가 같은 변이 최소한 ____개 있다.
- 정삼각형도 이등변삼각형의 한 종류이다.

공식 유도

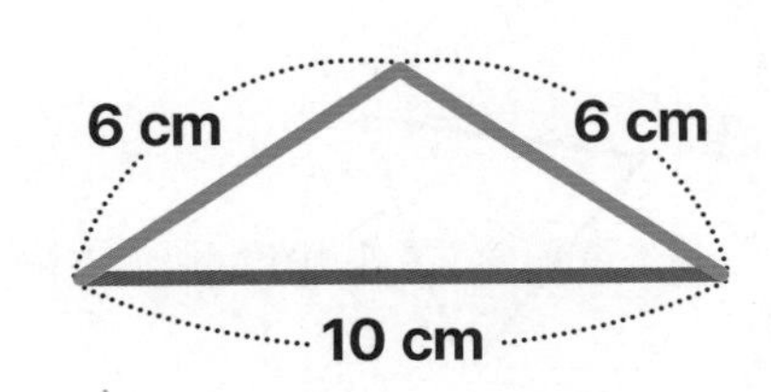

(둘레) = 6 + 6 + 10 = 6 × ◯ + 10

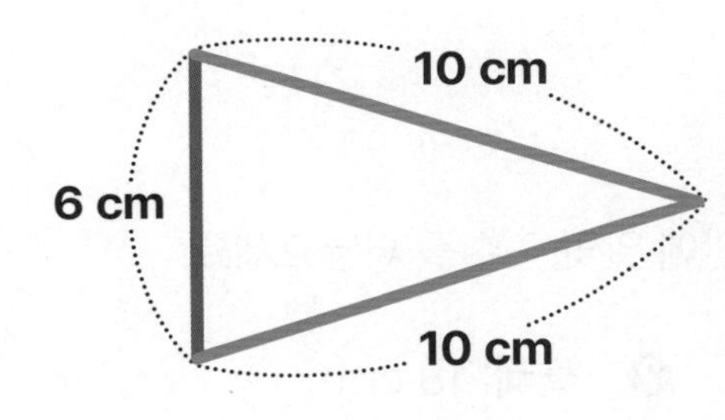

(둘레) = 10 + 10 + 6 = 10× ◯ +6

(이등변삼각형의 둘레) = (길이가 같은 변의 길이) × ◯ + (나머지 한 변의 길이)

공식 완성

공식

이등변삼각형의 둘레 구하는 공식

(이등변삼각형의 둘레)
= (길이가 같은 변의 길이) × 2 + (나머지 한 변의 길이)

03강 · 삼각형의 둘레

공식 적용 **1**

도형은 정삼각형입니다. 정삼각형의 둘레를 구하세요.

❶ 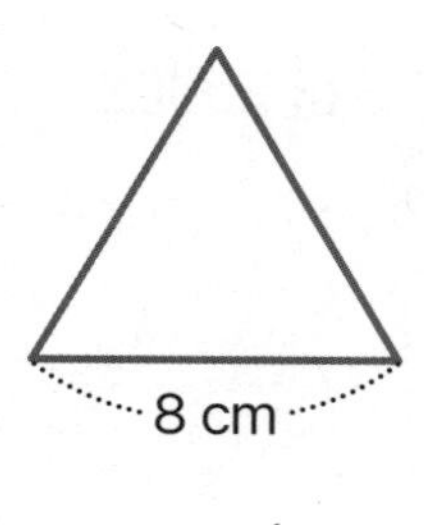

(   )

❷ 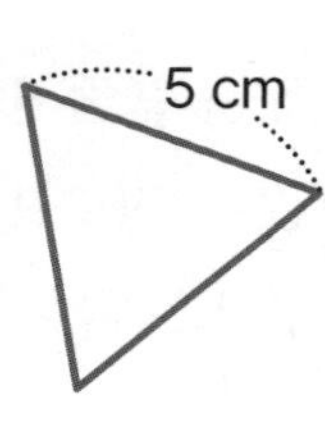

(   )

❸ 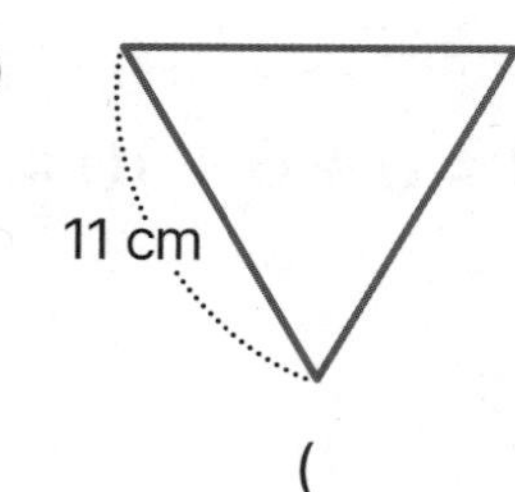

(   )

❹ 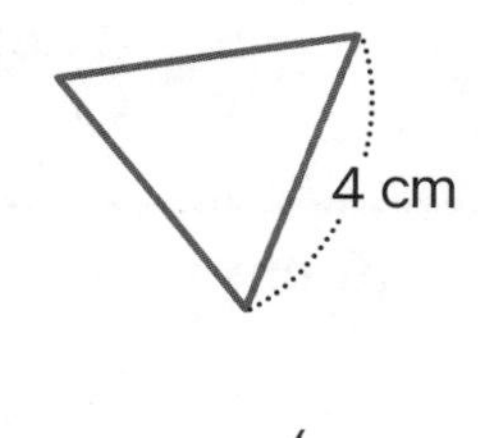

(   )

공식 변형 **2**

정삼각형에서
(둘레)=(한 변)×3
(한 변)=(둘레)÷3

정삼각형의 둘레가 다음과 같을 때 □ 안에 알맞은 수를 써넣으세요.

❶ 둘레: 30 cm

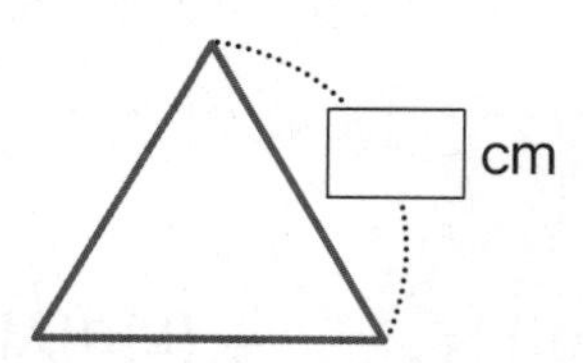

❷ 둘레: 18 cm

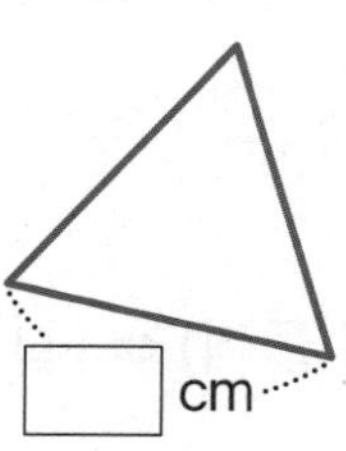

❸ 둘레: 21 cm

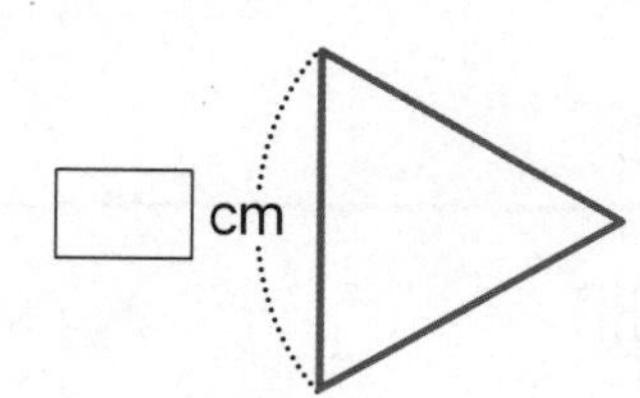

❹ 둘레: 36 cm

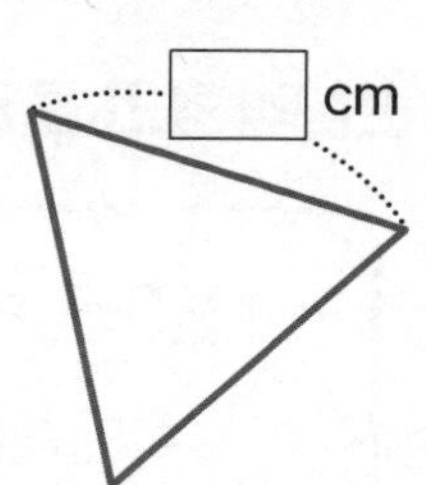

공식 적용 **3**

도형은 이등변삼각형입니다. 이등변삼각형의 둘레를 구하세요.

이등변삼각형에서 길이가 같은 두 변을 먼저 찾아 표시해요.

❶
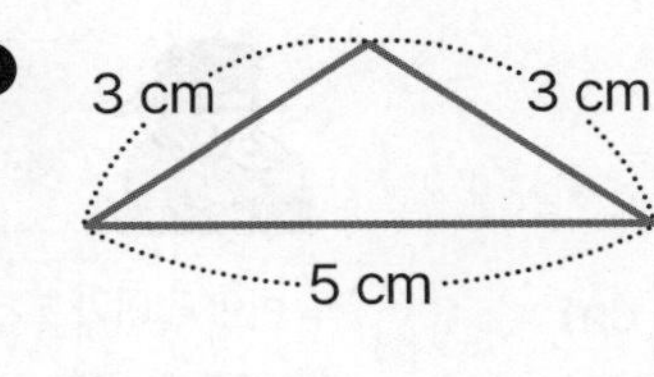

(　　　　　　　　)

❷
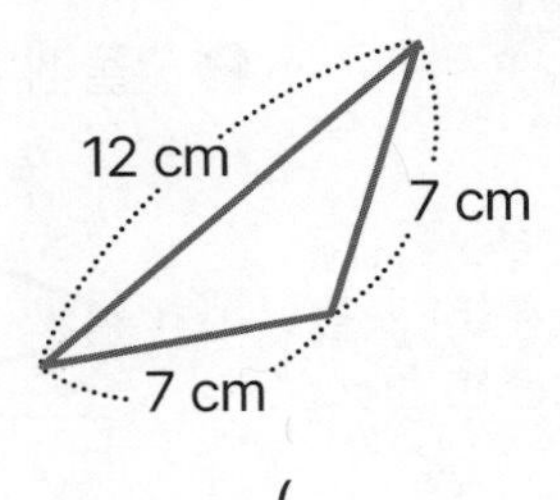

(　　　　　　　　)

❸
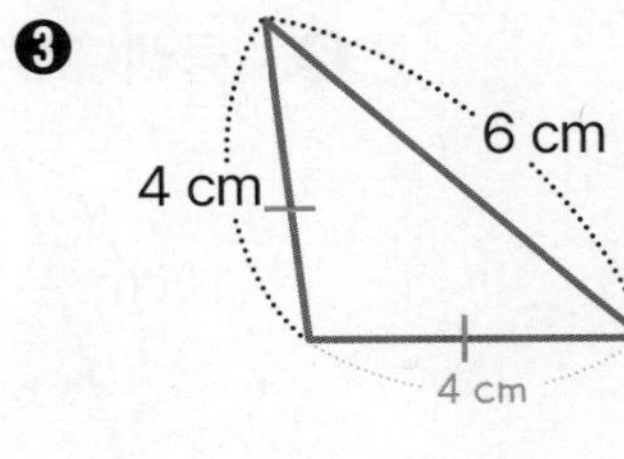

(　　　　　　　　)

❹
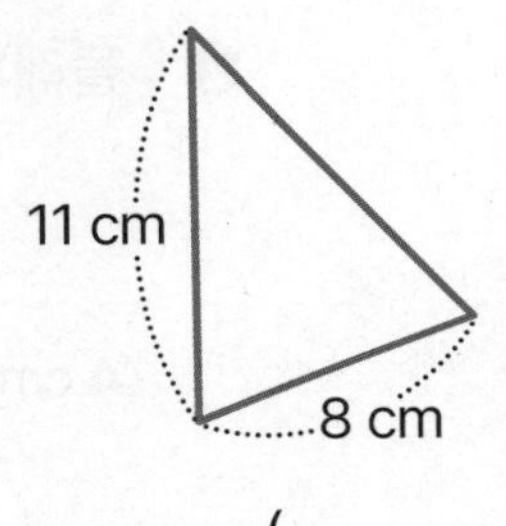

(　　　　　　　　)

❺
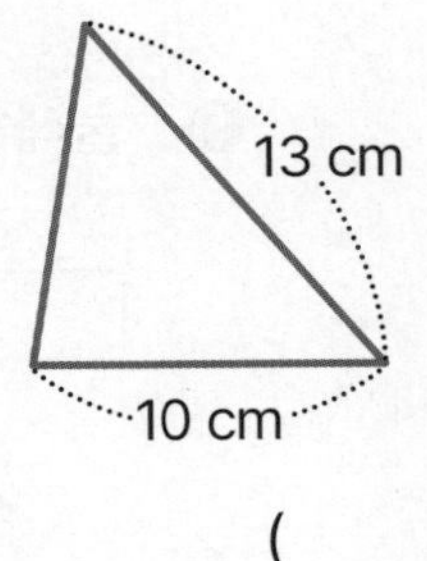

(　　　　　　　　)

❻
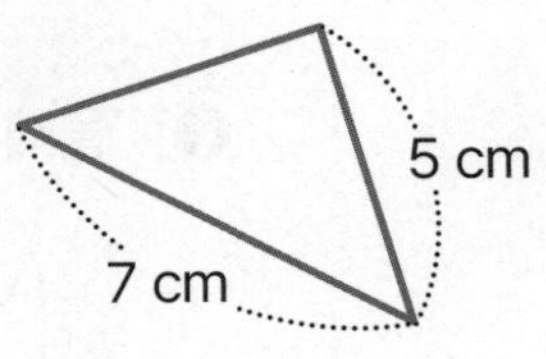

(　　　　　　　　)

❼
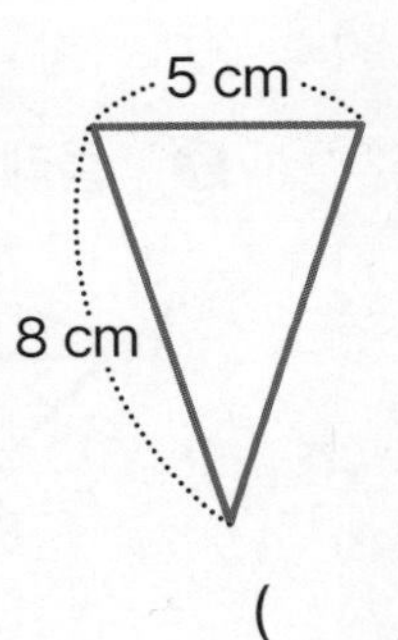

(　　　　　　　　)

❽
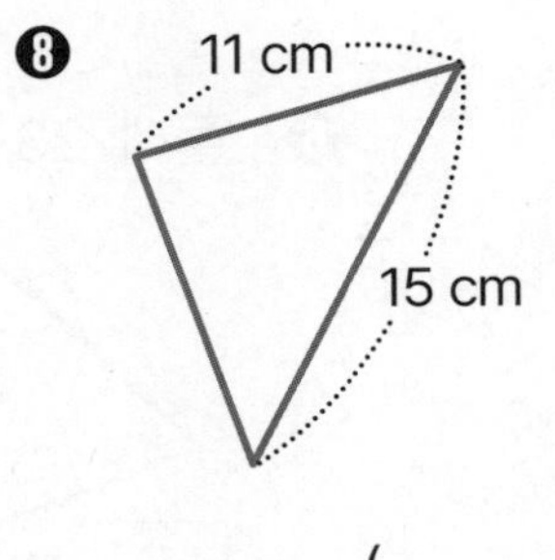

(　　　　　　　　)

03강 · 삼각형의 둘레

공식 활용 **4**

도형이 '이등변삼각형'이라는 조건이 있으면 삼각형에서 길이가 같은 두 변이 있다는 힌트를 주는 거예요.

이등변삼각형의 둘레가 다음과 같을 때 □ 안에 알맞은 수를 써넣으세요.

❶ 둘레: 19 cm

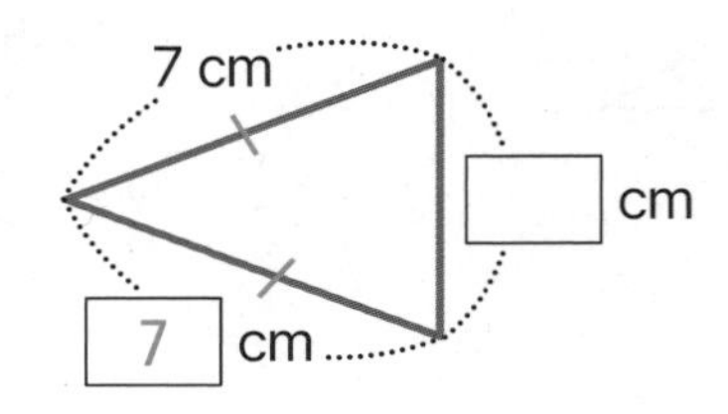

둘레에서 길이가 같은 두 변을 빼요.

두 변의 길이가 7 cm로 같은 이등변삼각형이므로
(나머지 한 변의 길이)=19−7−7=5 (cm)

❷ 둘레: 15 cm

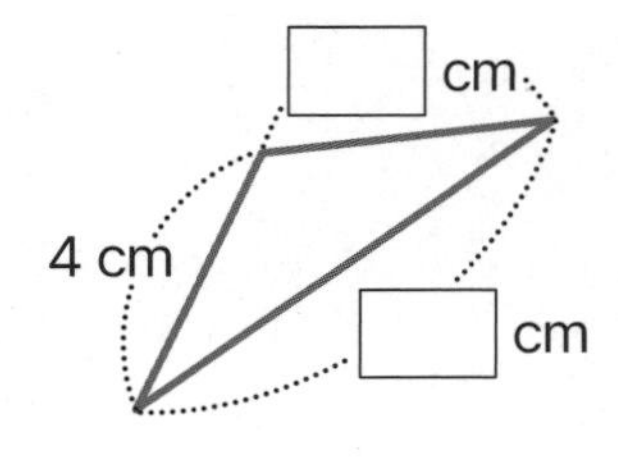

❸ 둘레: 29 cm

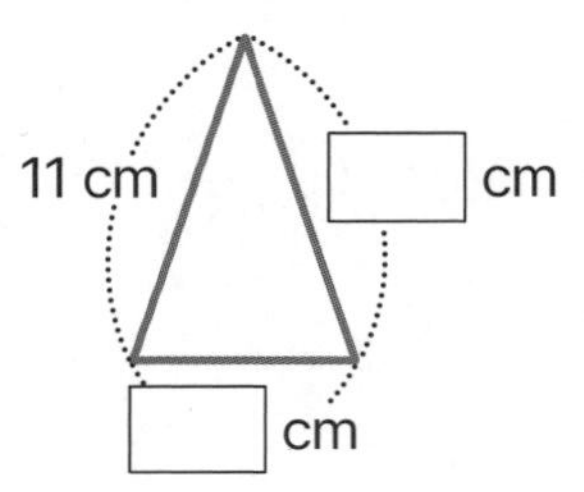

❹ 둘레: 21 cm

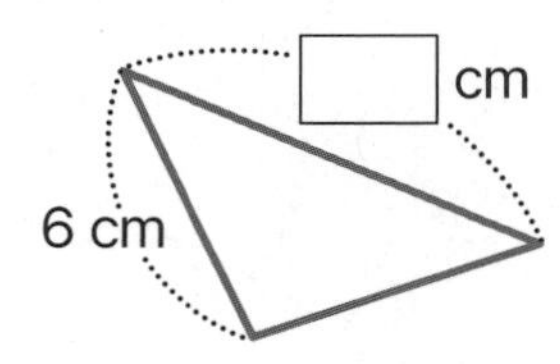

❺ 둘레: 30 cm

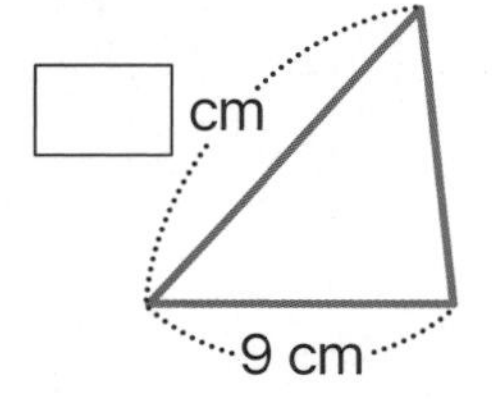

❻ 둘레: 23 cm

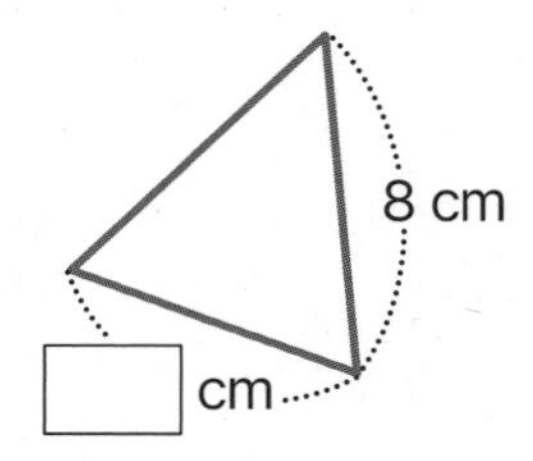

❼ 둘레: 34 cm

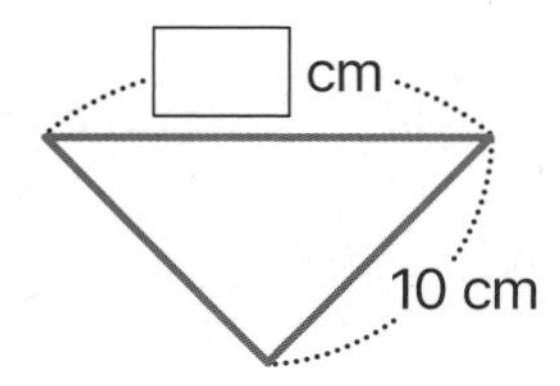

공부한 날 /

공식 활용 **5**

이등변삼각형의 둘레가 다음과 같을 때 □ 안에 알맞은 수를 써넣으세요.

❶ 둘레: 19 cm

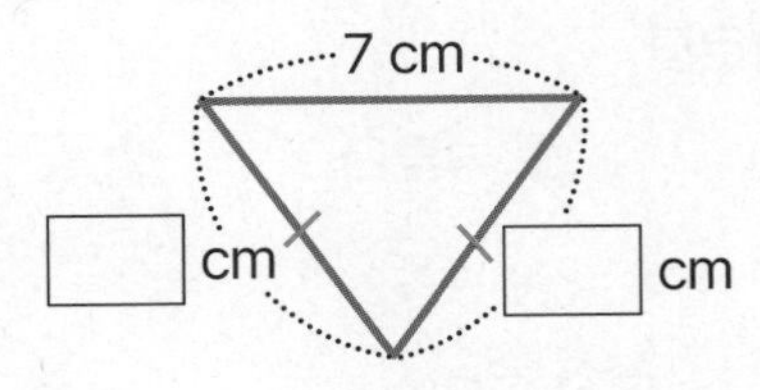

둘레에서 다른 한 변을 뺀 길이의 반(÷2)!

두 변의 길이가 □ cm로 같은 이등변삼각형이므로

□+□=19−7, □×2=12 ⇨ □=6

덧셈식 □+□는 □를 2번 더한 것으로
곱셈식 □×2로 나타낼 수 있어요.

❷ 둘레: 15 cm

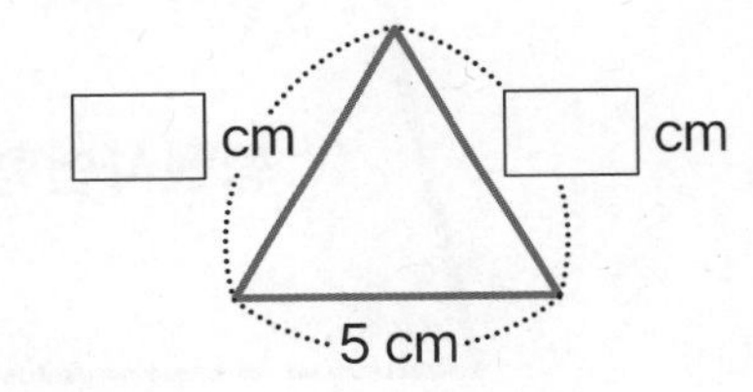

❸ 둘레: 31 cm

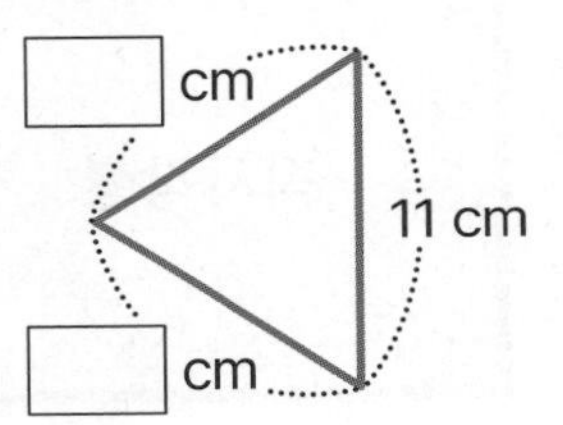

❹ 둘레: 26 cm

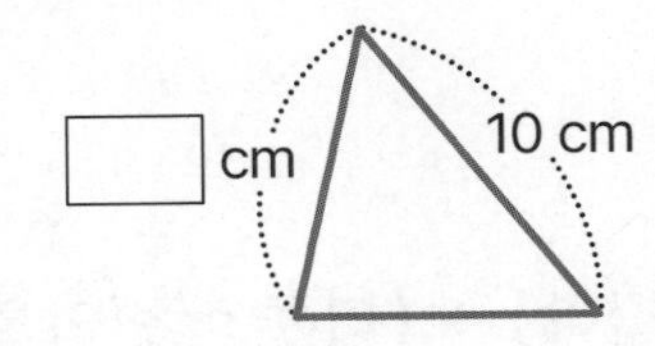

❺ 둘레: 35 cm

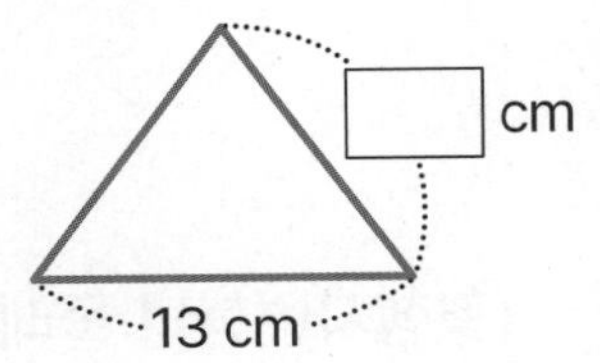

❻ 둘레: 19 cm

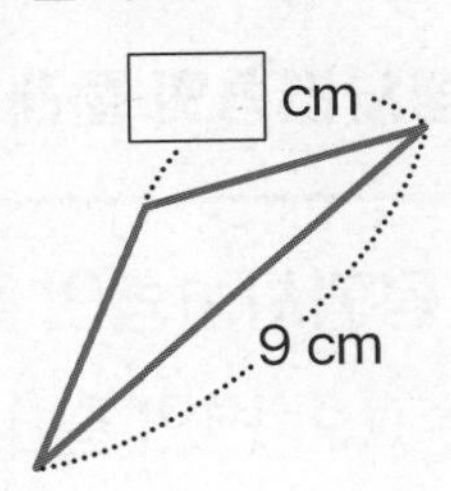

❼ 둘레: 31 cm

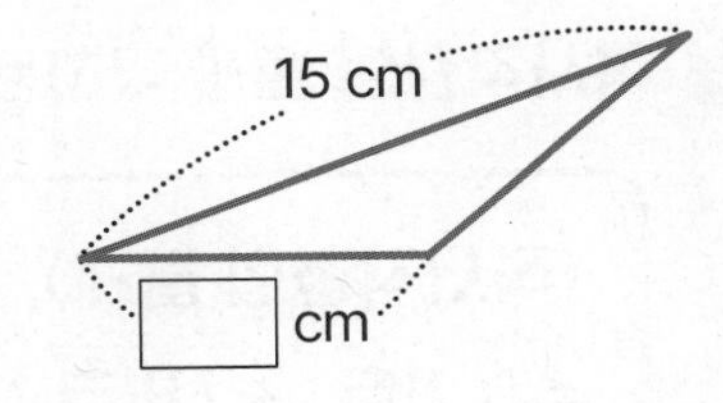

04강 사각형의 둘레

직사각형과 평행사변형의 둘레 구하는 공식 만들기

직사각형과 평행사변형의 공통점과 차이점을 찾아보세요.

- 마주 보는 두 변의 길이가 각각 같다 , 다르다 .
- 직사각형에서는 특별히 두 변을 '가로'와 '______'로 부른다.

공식 유도

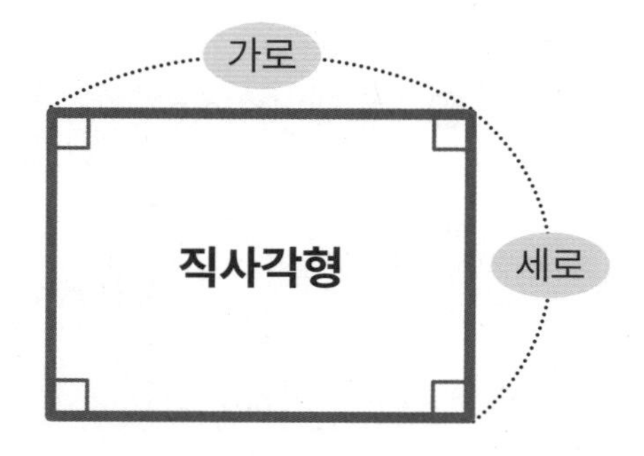

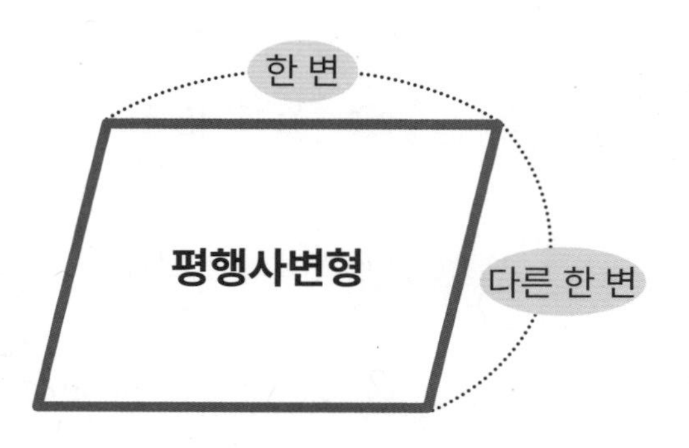

(직사각형의 둘레) = (가로) + (세로) + (가로) + (세로)
= ((가로) + (세로)) × ____

이름만 조금씩 다르고 공식의 구조가 같아요!

(평행사변형의 둘레) = ((한 변의 길이) + (다른 한 변의 길이)) × ____

공식

직사각형의 둘레 구하는 공식

(직사각형의 둘레)
= ((가로) + (세로)) × 2

평행사변형의 둘레 구하는 공식

(평행사변형의 둘레)
= ((한 변의 길이) + (다른 한 변의 길이)) × 2

정사각형과 마름모의 둘레 구하는 공식 만들기

정사각형과 마름모의 공통점과 차이점을 찾아보세요.

- 네 변의 길이가 모두 같다 , 다르다 .
- 정사각형은 네 각의 크기도 모두 같다.

공식 유도

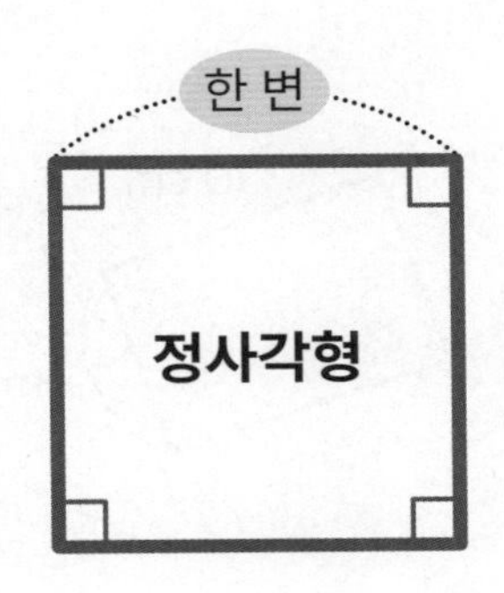

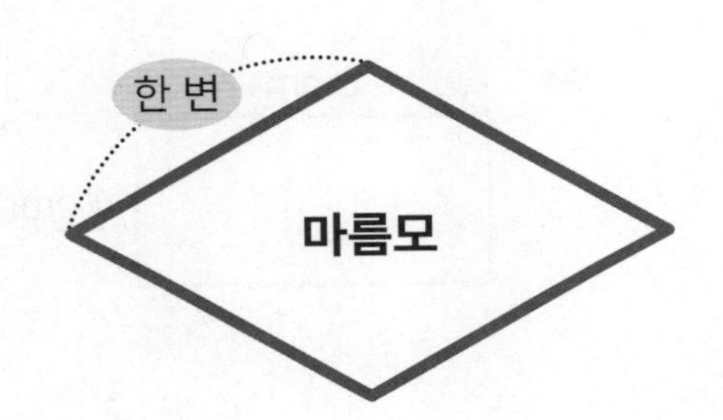

(정사각형의 둘레) = (한 변의 길이) + (한 변의 길이) + (한 변의 길이) + (한 변의 길이)
= (한 변의 길이) × ______

(마름모의 둘레) = (한 변의 길이) + (한 변의 길이) + (한 변의 길이) + (한 변의 길이)
= (한 변의 길이) × ______

공식

정사각형의 둘레 구하는 공식

(정사각형의 둘레)
= (한 변의 길이) × 4

마름모의 둘레 구하는 공식

(마름모의 둘레)
= (한 변의 길이) × 4

04강 · 사각형의 둘레

공식 적용 **1**

직사각형의 둘레를 구하세요.

❶
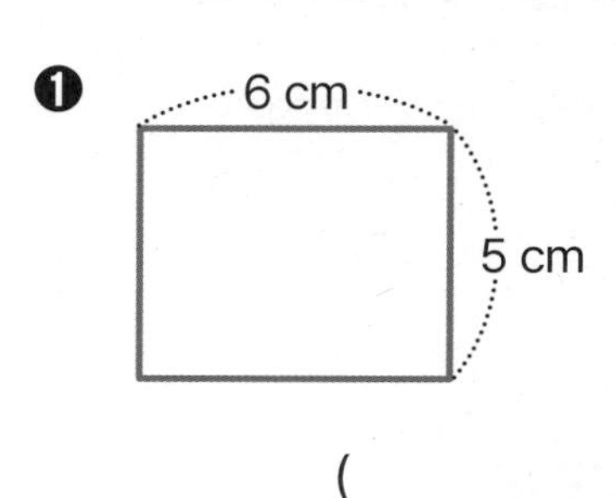

(　　　　　　　　)

❷
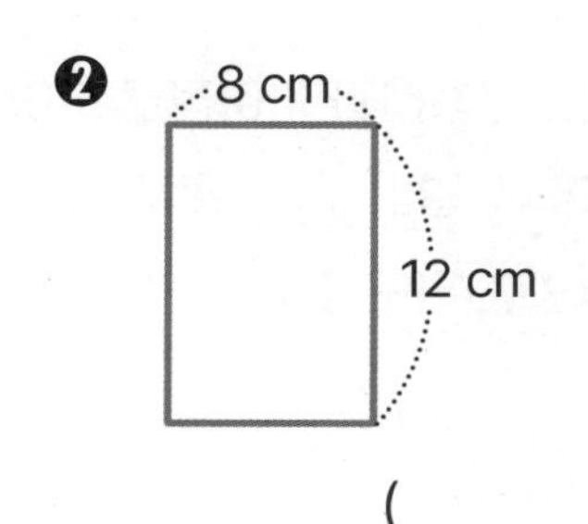

(　　　　　　　　)

❸
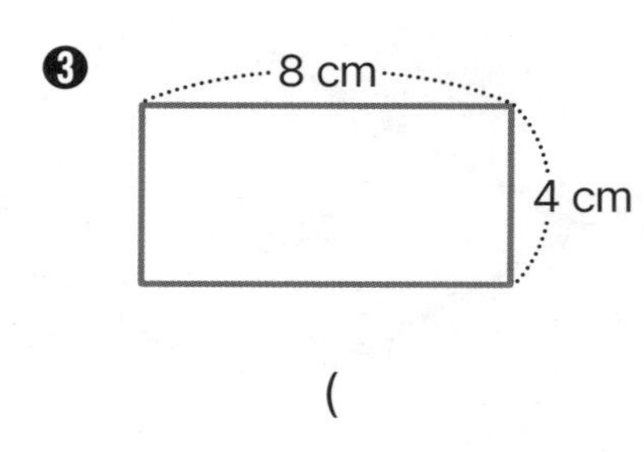

(　　　　　　　　)

❹
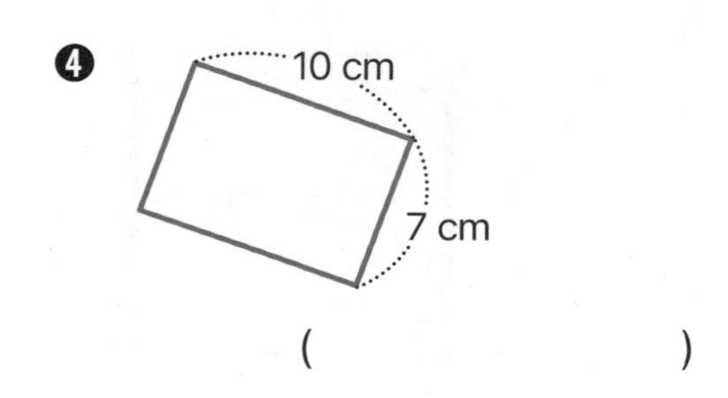

(　　　　　　　　)

❺
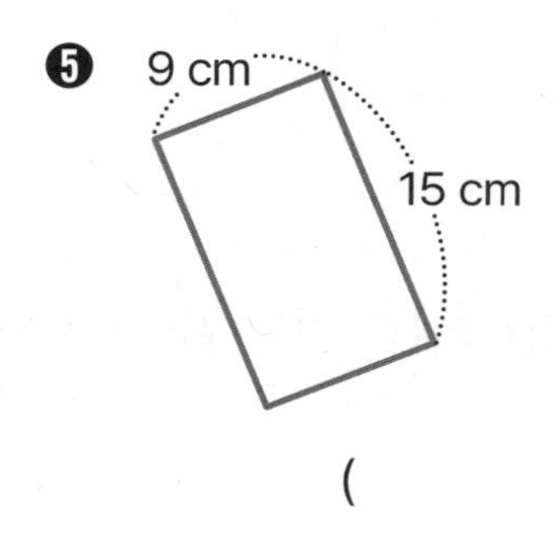

(　　　　　　　　)

❻
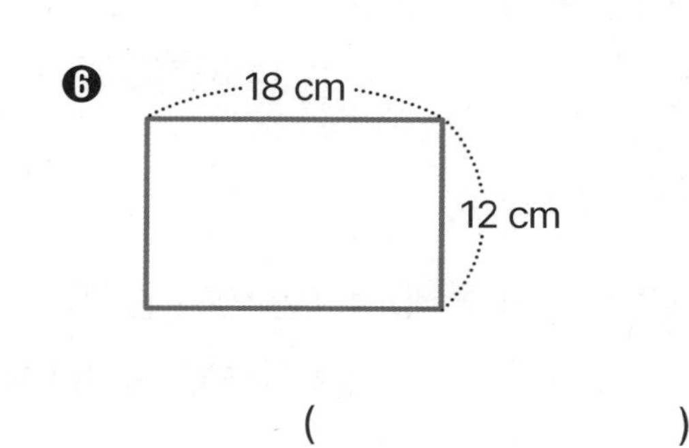

(　　　　　　　　)

❼
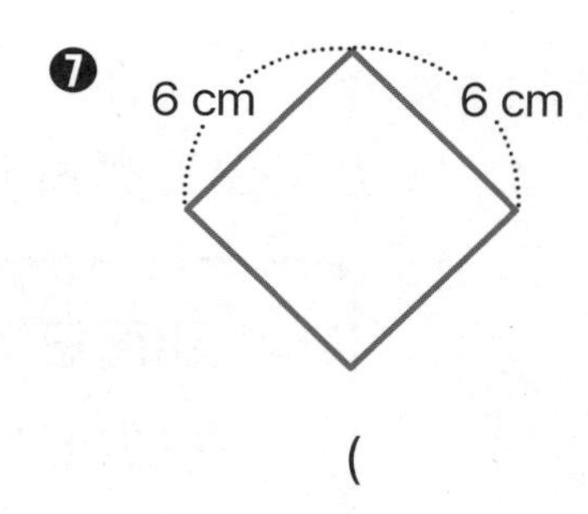

(　　　　　　　　)

❽
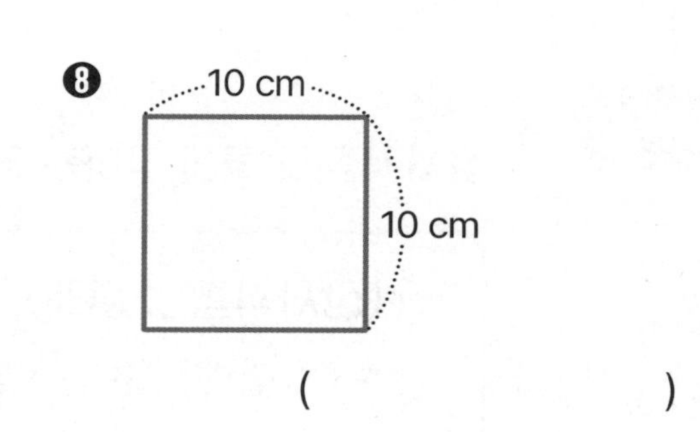

(　　　　　　　　)

공식 적용 **2**

사각형의 네 변의 길이의 합을 구해도 되지만, 둘레 공식을 이용하면 더 간편해요.

사각형의 둘레를 구하세요.

❶

평행사변형
3 cm
5 cm

(　　　　　　　　)

❷

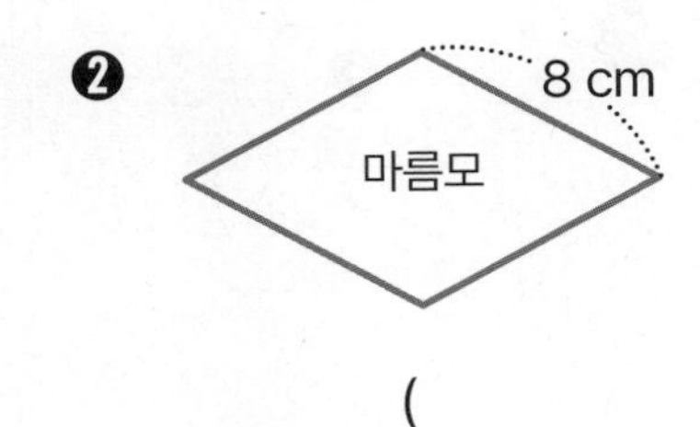

(　　　　　　　　)

❸

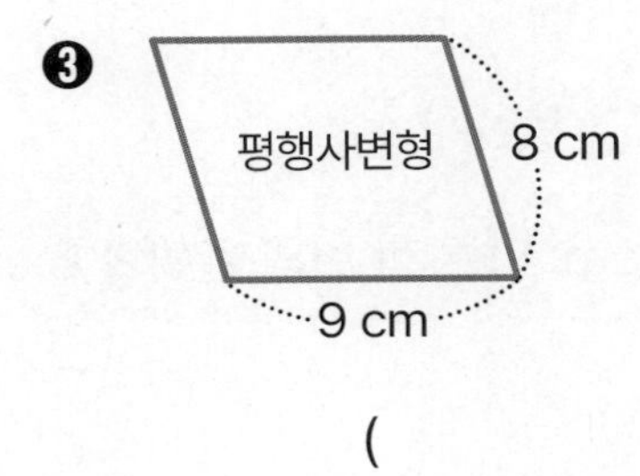

(　　　　　　　　)

❹

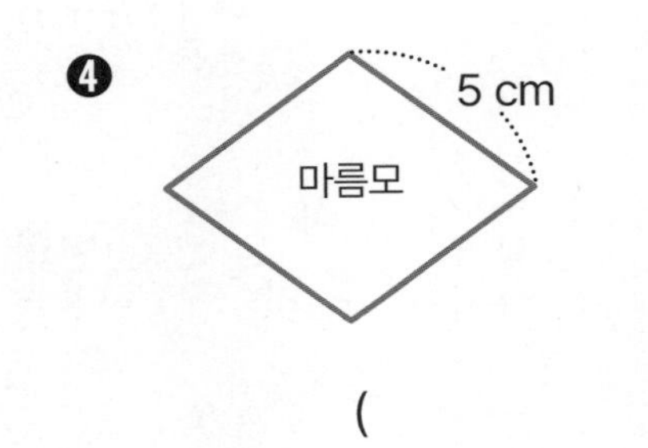

(　　　　　　　　)

❺

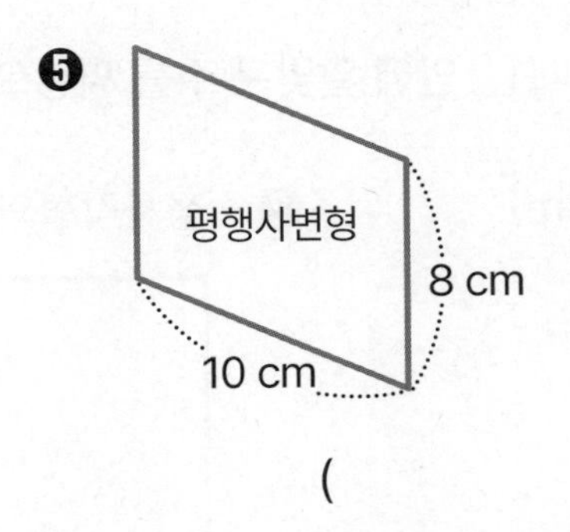

(　　　　　　　　)

❻

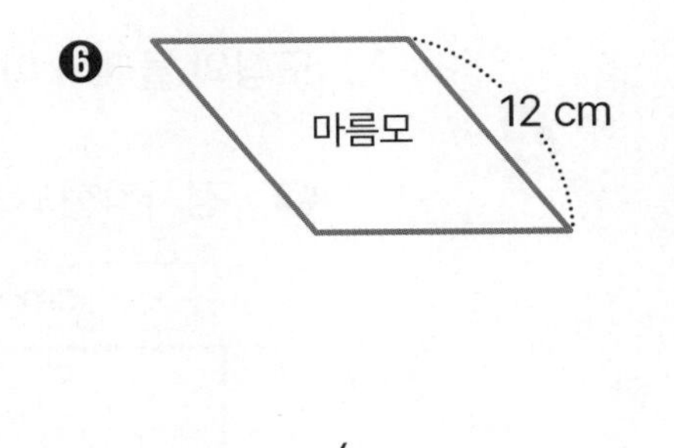

(　　　　　　　　)

❼

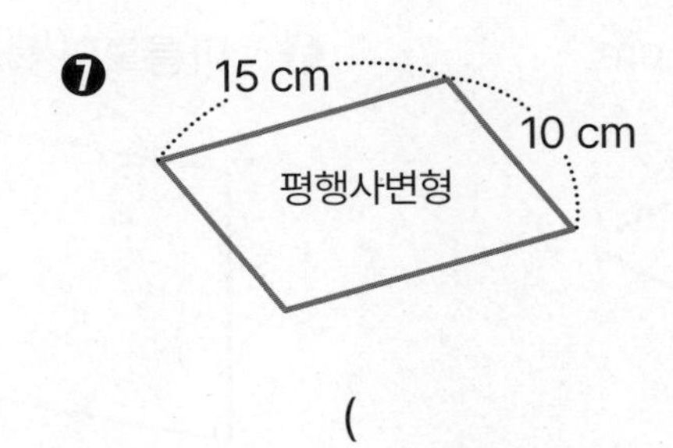

(　　　　　　　　)

❽

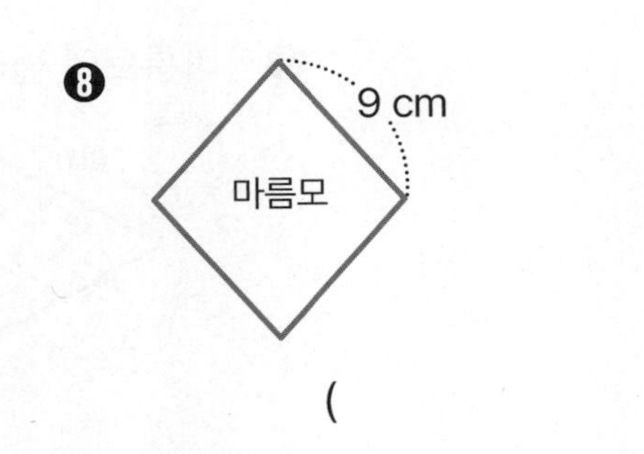

(　　　　　　　　)

도형 문장제 **3**

조건에 알맞은 도형의 둘레를 구하세요.

❶ 한 변의 길이가 7 cm인 마름모

(　　　　　　　　)

❷ 가로가 8 cm, 세로가 11 cm인 직사각형

(　　　　　　　　)

❸ 한 변의 길이가 12 cm, 다른 한 변의 길이가 6 cm인 평행사변형

(　　　　　　　　)

공식 변형 **4**

정사각형, 마름모에서
(둘레)=(한 변)×4
(한 변)=(둘레)÷4

도형의 둘레가 다음과 같을 때 □ 안에 알맞은 수를 써넣으세요.

❶ 정사각형의 둘레: 20 cm

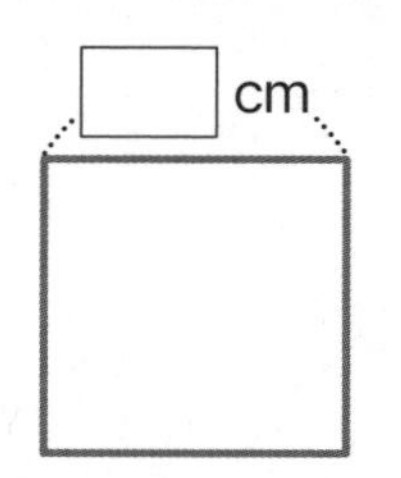

❷ 정사각형의 둘레: 36 cm

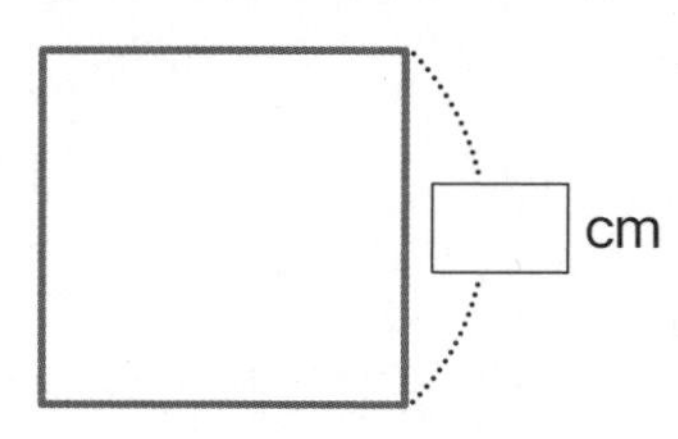

❸ 마름모의 둘레: 16 cm

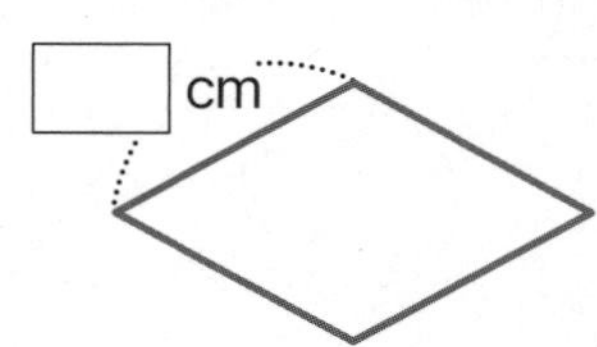

❹ 마름모의 둘레: 88 cm

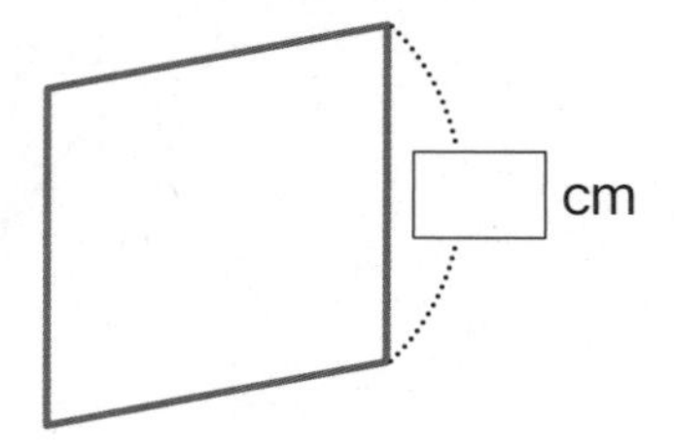

공부한 날 /

공식 변형 **5**

직사각형에서 가로와 세로의 합은 둘레를 반으로 나눈 길이와 같아요.

직사각형의 둘레가 다음과 같을 때 □ 안에 알맞은 수를 써넣으세요.

❶ 둘레: 22 cm

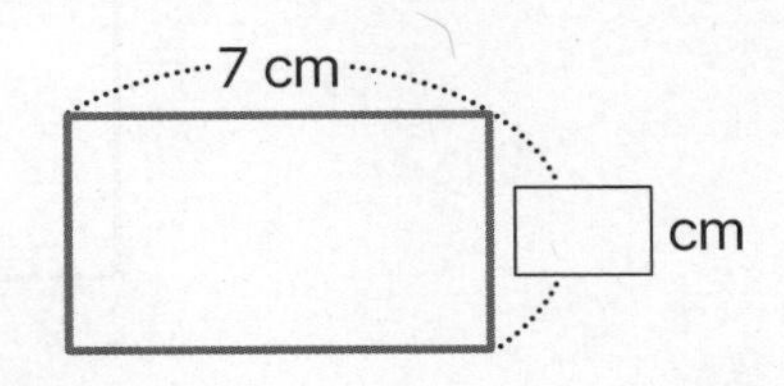

가로와 세로의 합은 둘레의 반(÷2)!

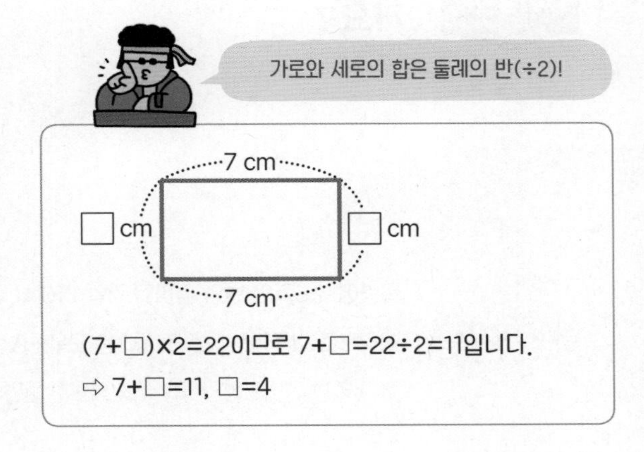

❷ 둘레: 28 cm

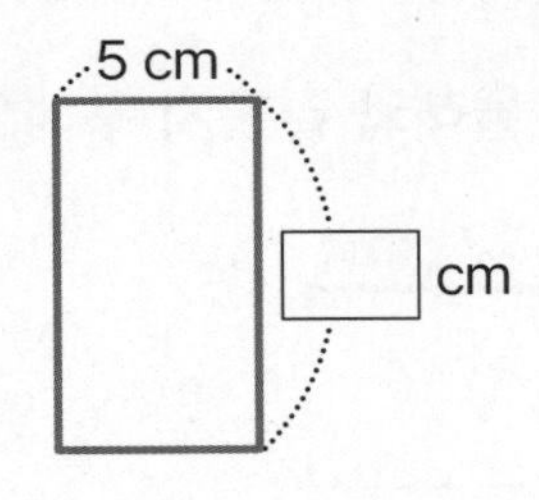

❸ 둘레: 32 cm

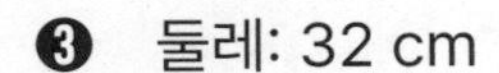
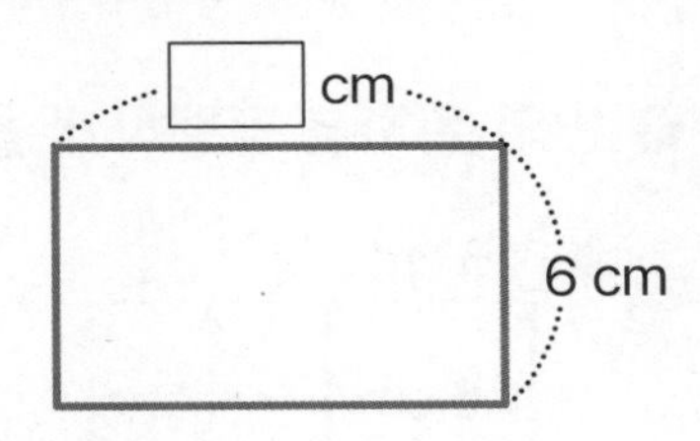

❹ 둘레: 40 cm

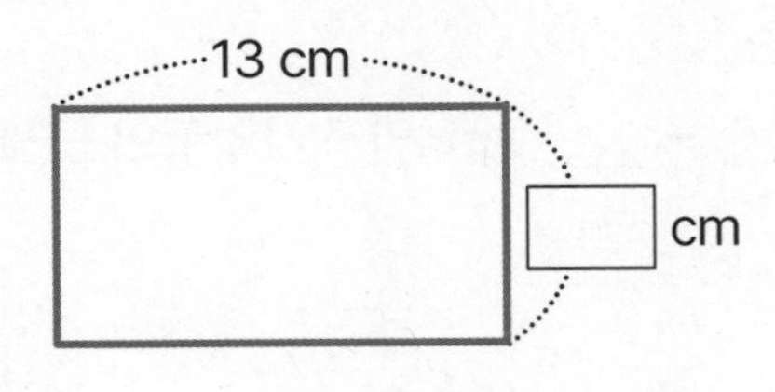

❺ 둘레: 36 cm

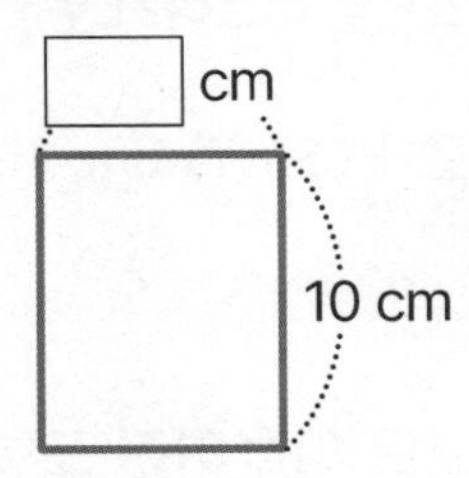

❻ 둘레: 42 cm

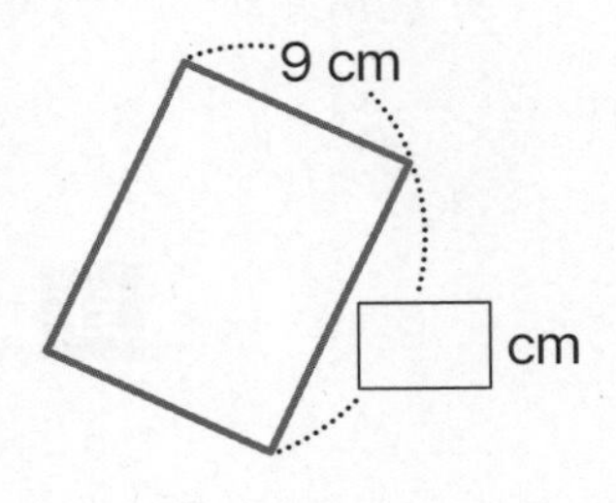

❼ 둘레: 54 cm

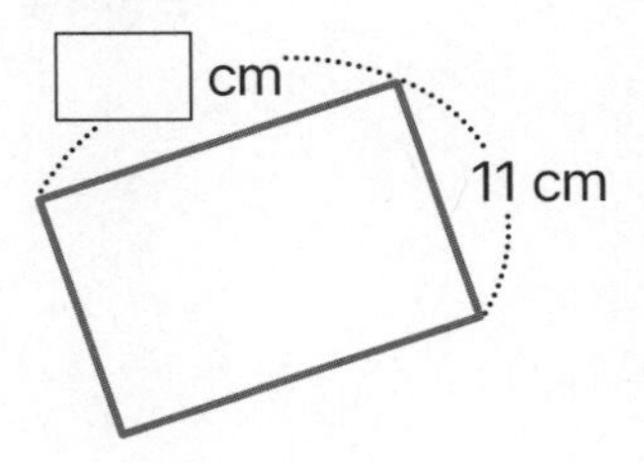

05 강 직각으로 이루어진 도형의 둘레

직각으로 이루어진 도형의 둘레는 몇 cm일 까요?

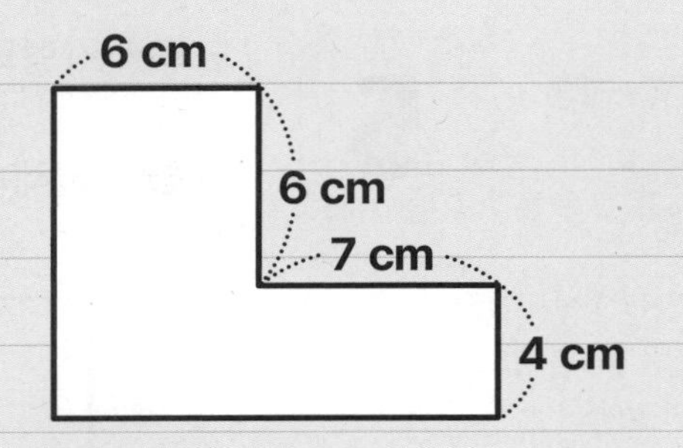

도형에서 6개의 변의 길이를 각각 더해서 구하려고 했나요?
직각으로 이루어진 도형의 둘레는 오목한 부분의 변의 위치를 각각 평행하게 옮겨서 반듯한 모양인 직사각형으로 만들면 둘레 구하기가 더 쉬워요.

❶ 변의 위치를 평행하게 옮겨서 어떤 도형의 둘레와 같은지 구해요.

▶

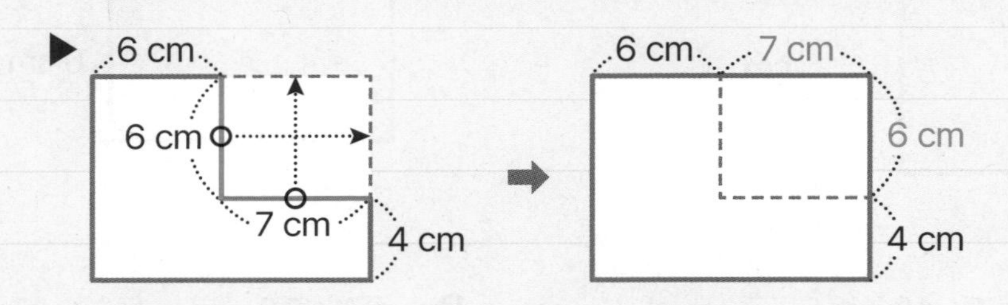

직각으로 이루어진 도형의 둘레는

가로가 (6 + 7) cm, 세로가 (____ + ____) cm인 직사각형의 둘레와 같습니다.

❷ 직각으로 이루어진 도형의 둘레는 몇 cm인지 구해요.

▶ (도형의 둘레) = (직사각형의 둘레)

= (13 + ______) × 2 = ______ (cm)

와! 복잡한 도형이
단순한 직사각형과
둘레가 같네.
직사각형의 둘레는
쉽게 구할 수 있지!

답 ____________

문제 적용 **1**

직각으로 이루어진 도형의 둘레를 구하세요.

❶

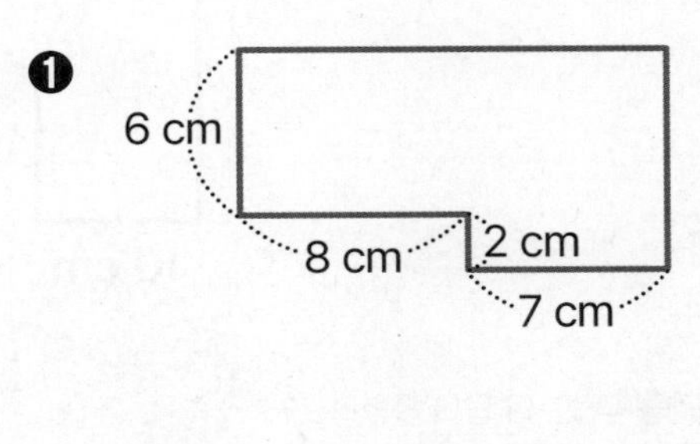

(　　　　　　　　)

❷

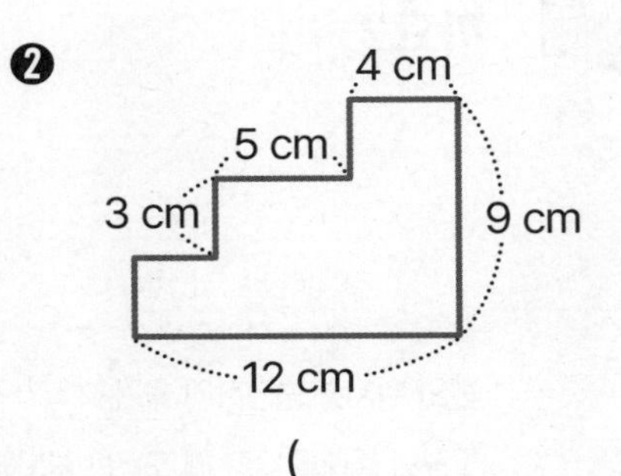

(　　　　　　　　)

❸

8 cm
3 cm
7 cm
3 cm

(　　　　　　　　)

❹

3 cm
2 cm
5 cm
10 cm

(　　　　　　　　)

❺

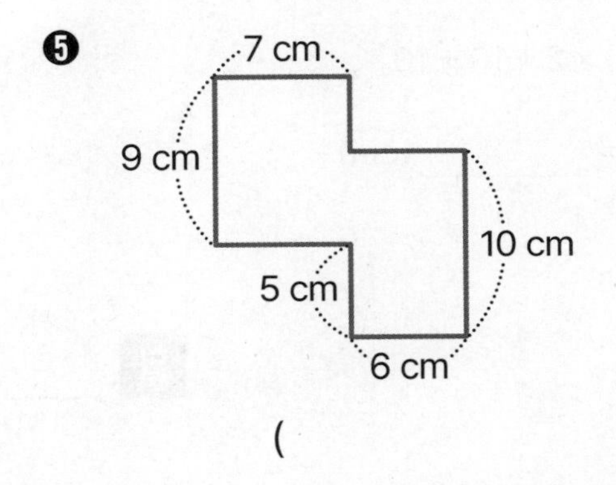

(　　　　　　　　)

❻

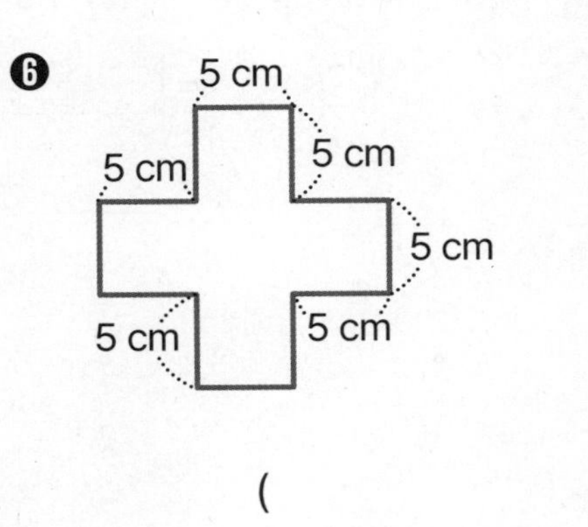

(　　　　　　　　)

직각으로 이루어진 도형의 둘레

직각으로 이루어진 도형의 둘레는 몇 cm일까요?

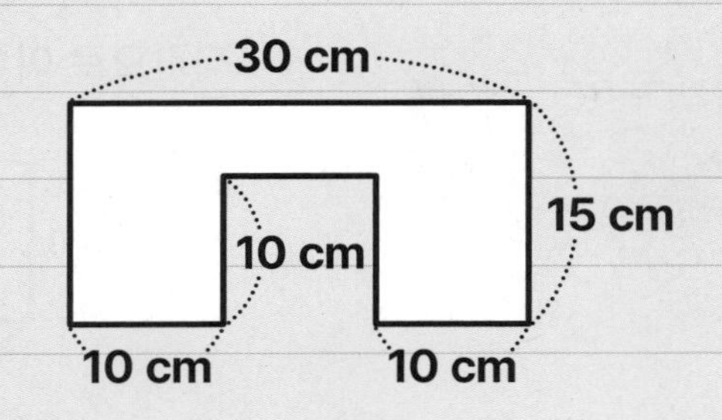

변의 위치를 평행하게 옮겨서 직사각형의 둘레를 구했는데 답이 틀렸나요?
도형의 둘레를 구할 때 오목한 부분에서 옮겨지지 않은 변의 길이를 빠뜨리지 말고 더해야 해요.

❶ 주어진 도형과 둘레가 같아지도록 선을 더 긋고, 빈 곳에 알맞은 수를 써요.

▶
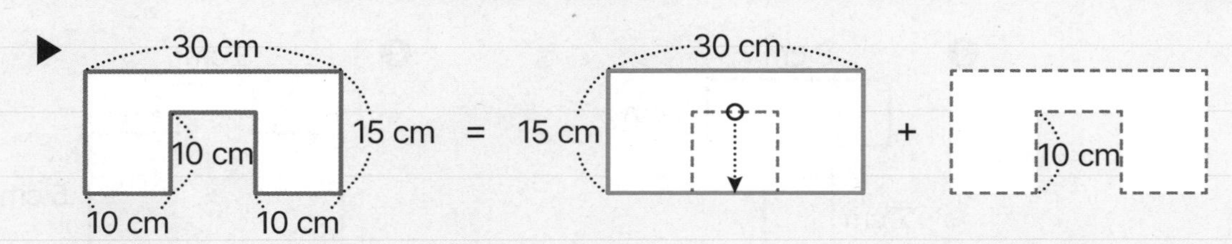

직각으로 이루어진 도형의 둘레는 가로가 ______ cm, 세로가 15 cm인 직사각형의 둘레에 10 cm인 변을 ____번 더한 것과 같습니다.

❷ 직각으로 이루어진 도형의 둘레는 몇 cm인지 구해요.

▶ (도형의 둘레) = (직사각형의 둘레) + (남은 변의 길이)

= (______ + 15) × 2 + 10 + 10

= ______ + 20 = ______ (cm)

답 ______________

공부한 날 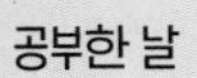 /

문제 적용 **2**

직각으로 이루어진 도형의 둘레를 구하세요.

오목한 부분에서 평행하게 옮기지 않은 남은 변의 길이를 더할 때 빠뜨리는 부분이 없는지 확인해요.

❶

14 cm
4 cm
8 cm
16 cm
8 cm

(　　　　　　　　)

❷

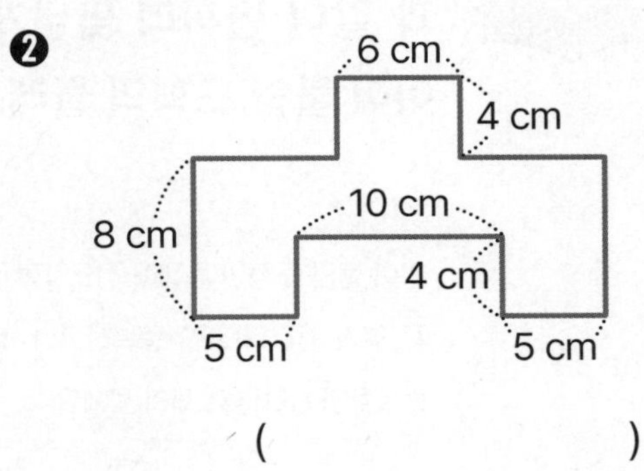

(　　　　　　　　)

❸

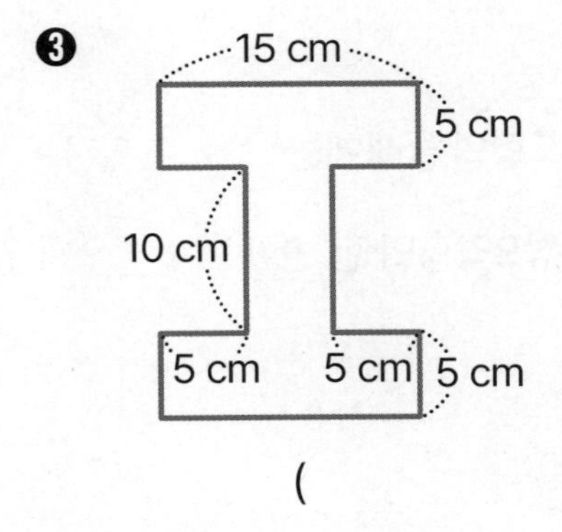

(　　　　　　　　)

❹

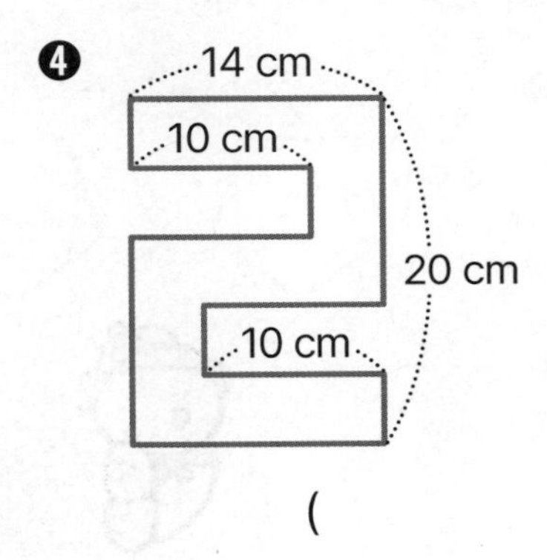

(　　　　　　　　)

❺

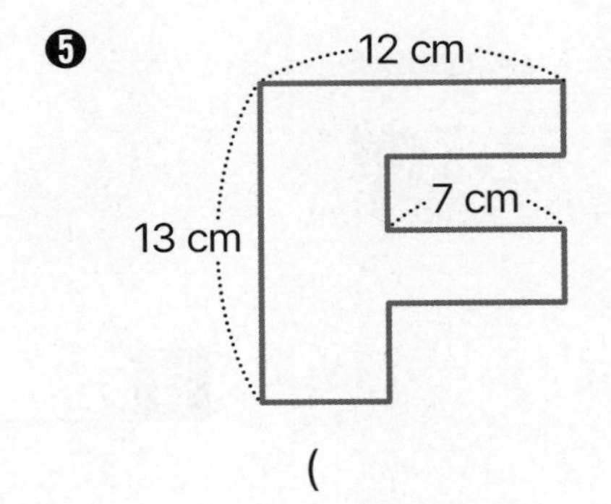

(　　　　　　　　)

❻

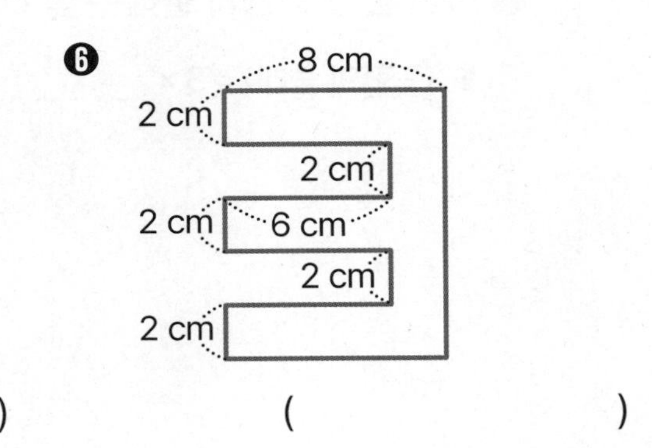

(　　　　　　　　)

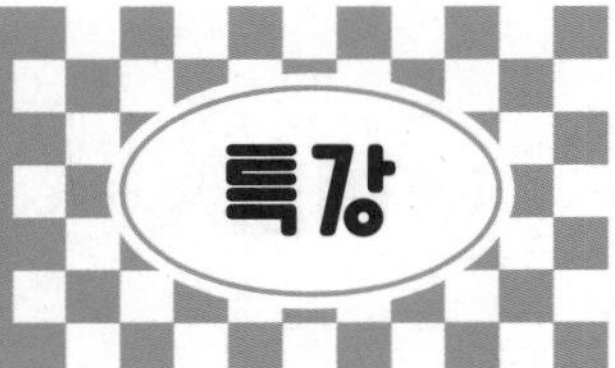

크기가 같은 정오각형 3개를 오른쪽 그림과 같이 변끼리 맞닿게 이어 붙였습니다. 이어 붙인 도형의 둘레는 몇 cm일까요?

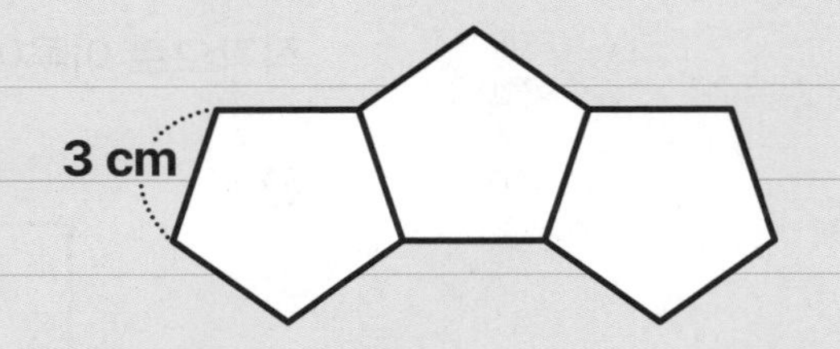

이어 붙인 도형의 둘레에 정오각형의 한 변이 몇 개 있는지 세기 헷갈리나요? 중복하거나 빠뜨리지 않도록 한 방향으로 표시하면서 세어 보세요.

❶ 이어 붙인 도형의 둘레를 빨간색 선으로 표시하고, 정오각형의 한 변이 몇 개 있는지 표시하면서 세어요.

▶

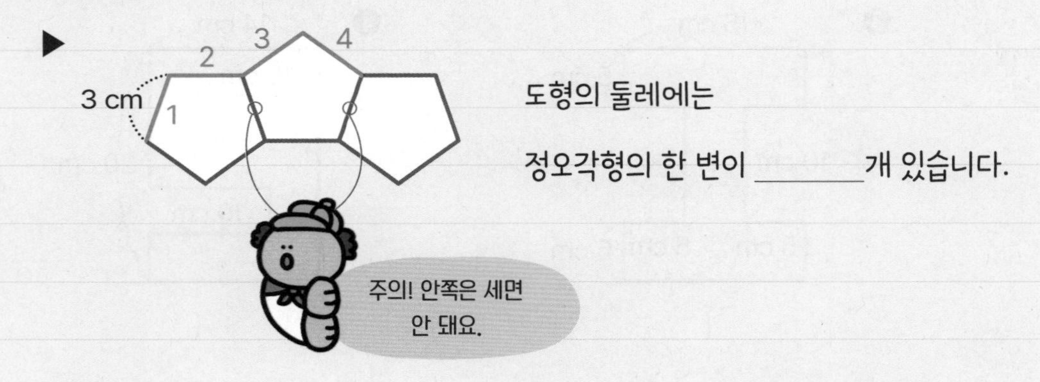

도형의 둘레에는

정오각형의 한 변이 ______개 있습니다.

❷ 이어 붙인 도형의 둘레는 몇 cm인지 구해요.

▶ (도형의 둘레) = 3 × ______ = ______ (cm)

답 ____________

문제 적용 **1**

크기가 같은 정다각형 여러 개를 그림과 같이 변끼리 맞닿게 이어 붙였습니다. 이어 붙인 도형의 둘레를 구하세요.

❶ 5 cm

(　　　　　　　　　　)

❷ 10 cm

(　　　　　　　　　　)

❸
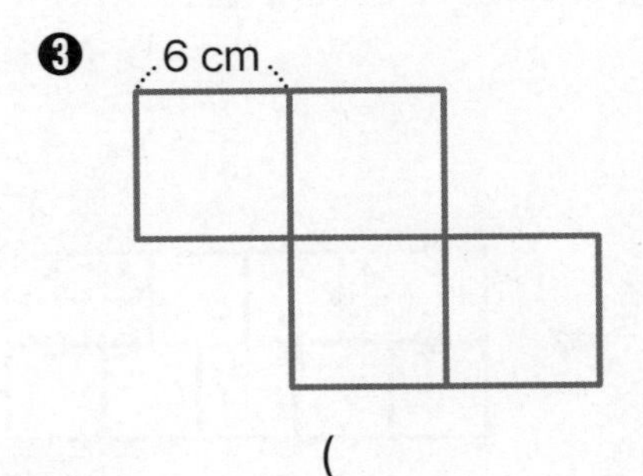

(　　　　　　　　　　)

❹
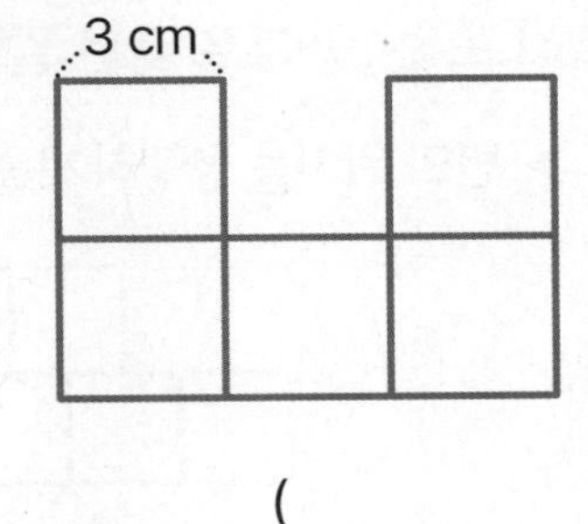

(　　　　　　　　　　)

❺
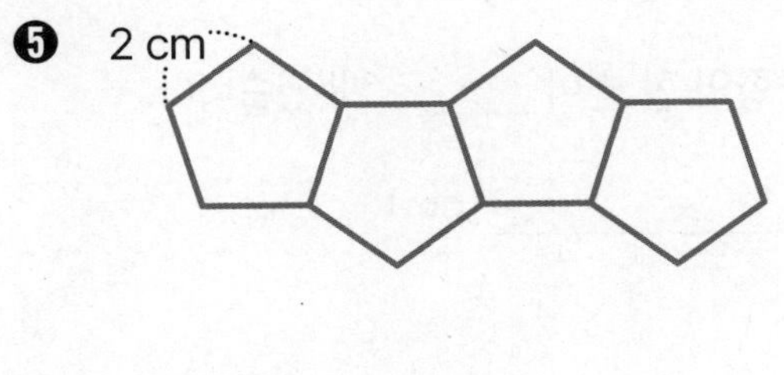

(　　　　　　　　　　)

❻ 4 cm
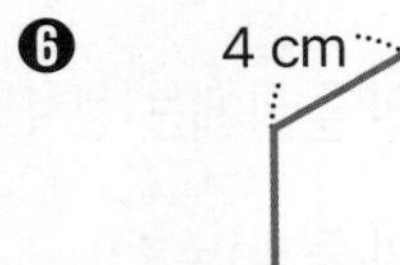

(　　　　　　　　　　)

정다각형으로 만든 도형의 둘레

한 변의 길이가 2 cm인 정사각형 7개를 오른쪽 그림과 같이 겹치지 않게 이어 붙였습니다. 이어 붙인 도형의 둘레는 몇 cm일까요?

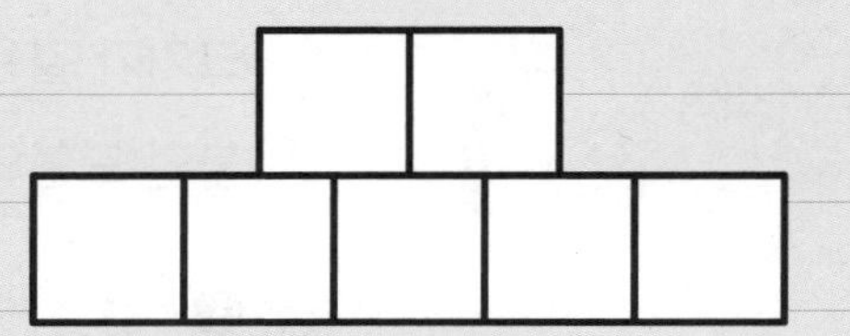

변끼리 딱 맞게 붙여지지 않은 부분이 있어서 도형의 둘레에 정사각형의 한 변이 몇 개 있는지 모르겠나요?
05강에서 공부한 내용을 떠올려 보세요.
이어 붙인 도형의 둘레가 직사각형의 둘레와 같아지도록 변의 위치를 평행하게 옮겨요.

❶ 변의 위치를 평행하게 옮겨서 이어 붙인 도형과 둘레가 같은 직사각형 모양을 그리고, 빈 곳에 알맞은 말을 써요.

▶ 변의 위치를 평행하게 옮기면

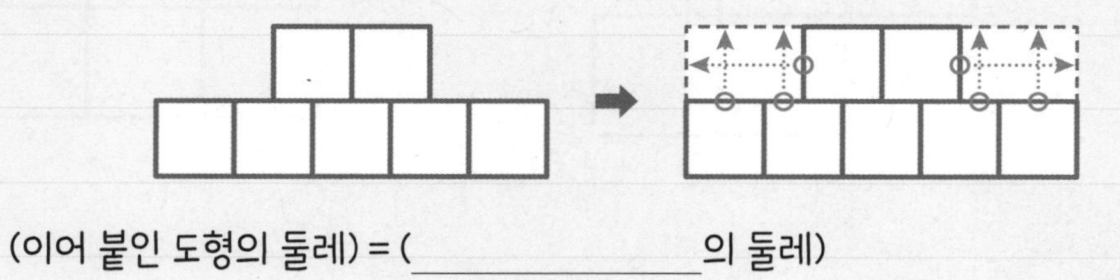

(이어 붙인 도형의 둘레) = (______________의 둘레)

❷ 이어 붙인 도형의 둘레는 몇 cm인지 구해요.

▶ (도형의 둘레) = (직사각형의 둘레)이고,

직사각형의 둘레에는 정사각형의 한 변이 ______개 있습니다.

⇨ (도형의 둘레) = 2 × ______ = ______ (cm)

답 ______________

공부한 날 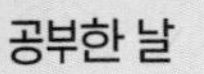

문제 적용 **2**

크기가 같은 정사각형 여러 개를 그림과 같이 겹치지 않게 이어 붙였습니다. 이어 붙인 도형의 둘레를 구하세요.

❶ 한 변의 길이가 2 cm인 정사각형 6개

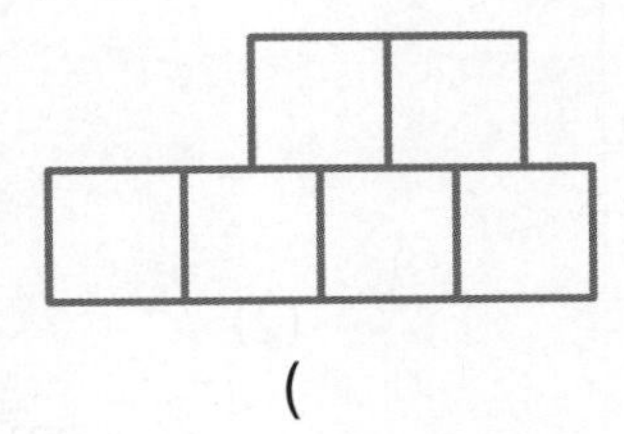

(　　　　　　　　)

❷ 한 변의 길이가 3 cm인 정사각형 8개

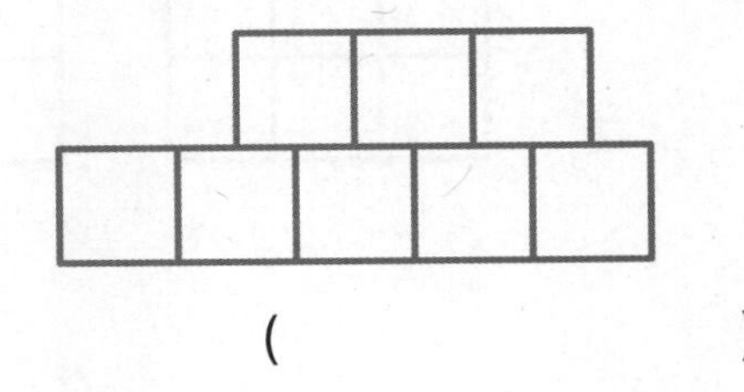

(　　　　　　　　)

❸ 한 변의 길이가 5 cm인 정사각형 5개

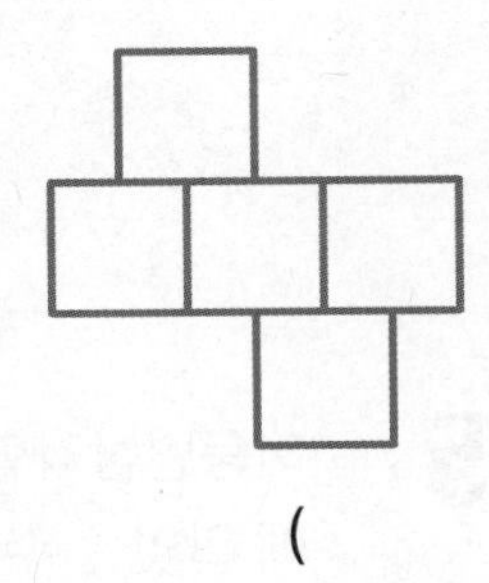

(　　　　　　　　)

❹ 한 변의 길이가 4 cm인 정사각형 6개

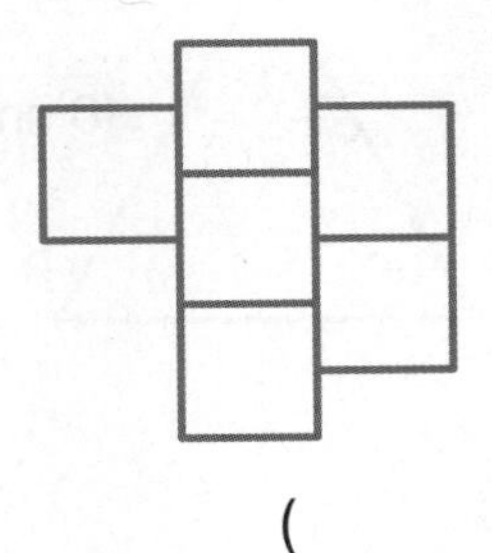

(　　　　　　　　)

❺ 한 변의 길이가 6 cm인 정사각형 6개

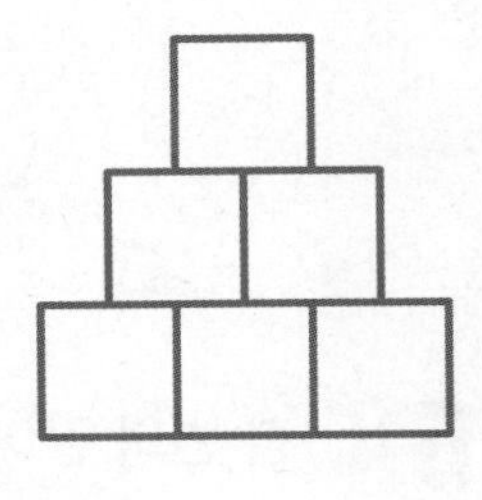

(　　　　　　　　)

❻ 한 변의 길이가 3 cm인 정사각형 10개

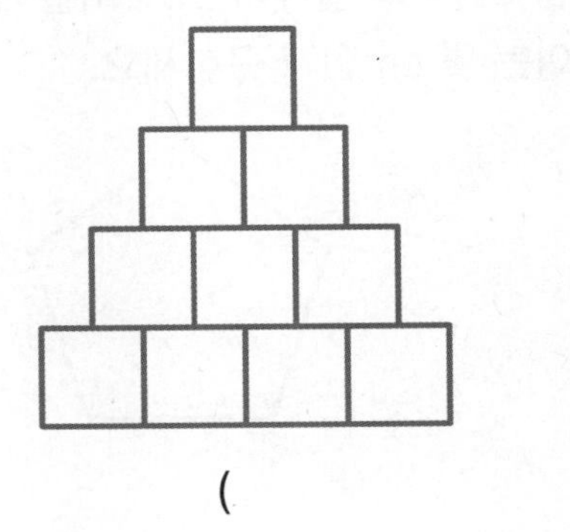

(　　　　　　　　)

07강 다각형의 둘레

1 크기가 같은 정사각형 11개를 그림과 같이 겹치지 않게 이어 붙였습니다. 이어 붙인 도형의 둘레를 빨간색 선으로 표시하세요.

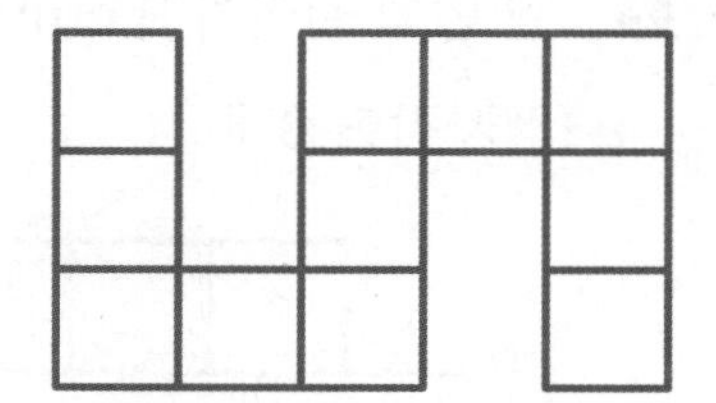

2 정삼각형의 둘레를 구하세요.

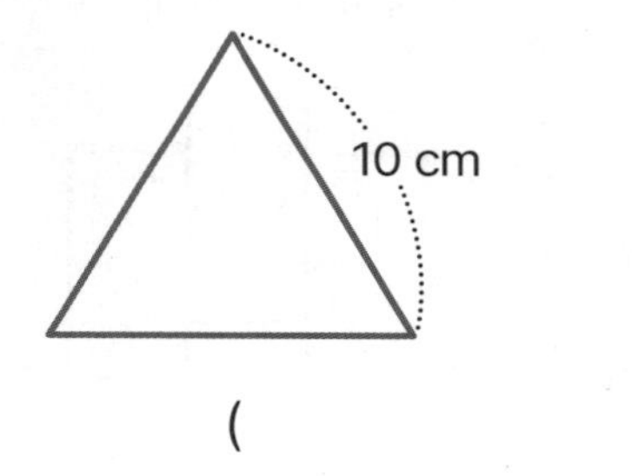

(　　　　　　　　)

3 정오각형의 둘레가 35 cm일 때 한 변의 길이는 몇 cm인지 구하세요.

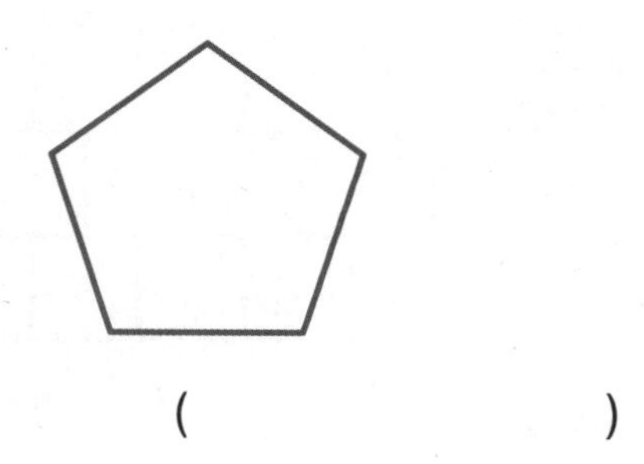

(　　　　　　　　)

4 이등변삼각형의 둘레를 구하세요.

(1)

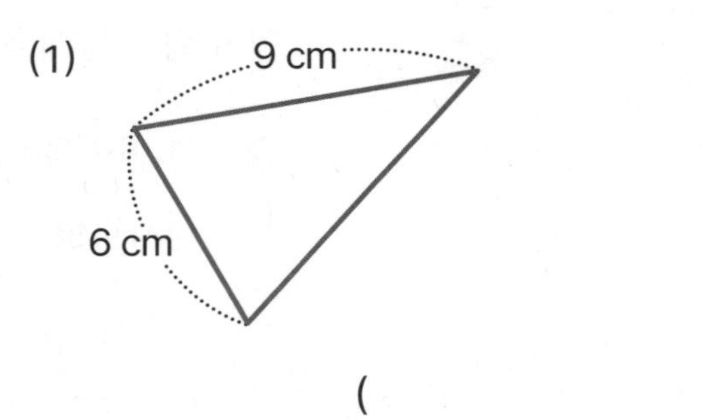

(　　　　　　　　)

(2)

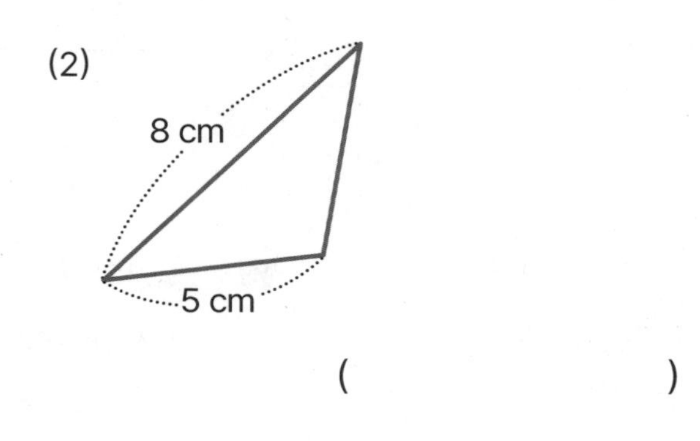

(　　　　　　　　)

5 이등변삼각형의 둘레가 22 cm일 때 □ 안에 알맞은 수를 써넣으세요.

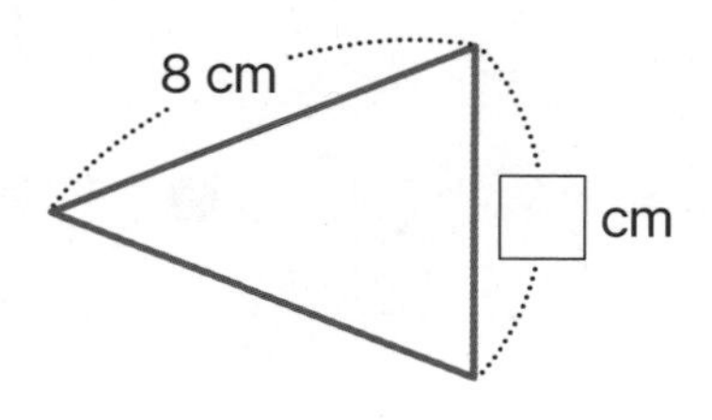

6 한 변의 길이가 6 cm인 정육각형의 둘레는 몇 cm인지 구하세요.

(　　　　　　　　)

7 직사각형의 둘레를 구하세요.

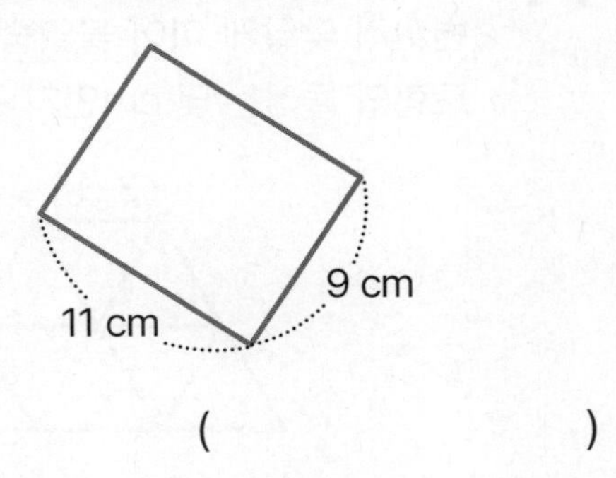

(　　　　　　　　)

8 마름모의 둘레를 구하세요.

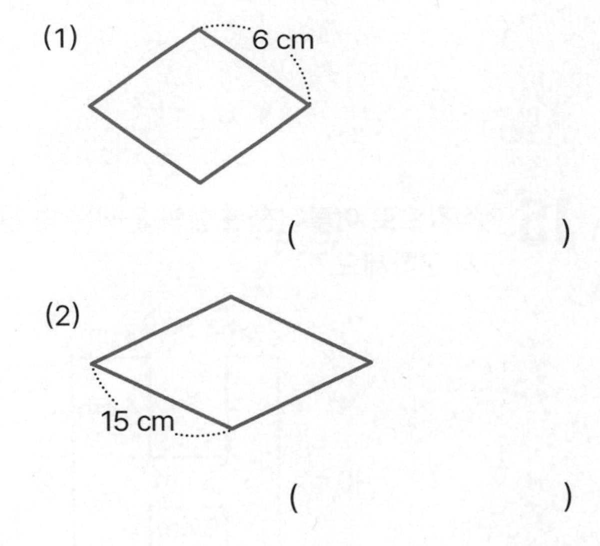

(1) (　　　　　　　　)

(2) (　　　　　　　　)

9 정삼각형의 둘레가 45 cm일 때 □ 안에 알맞은 수를 써넣으세요.

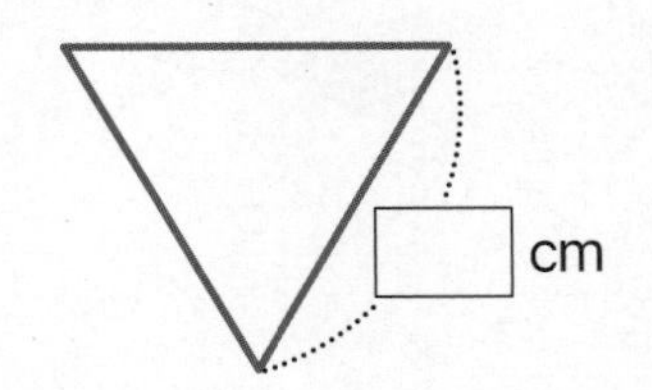

10 도형의 둘레가 다음과 같을 때 □ 안에 알맞은 수를 써넣으세요.

(1) 직사각형의 둘레: 58 cm

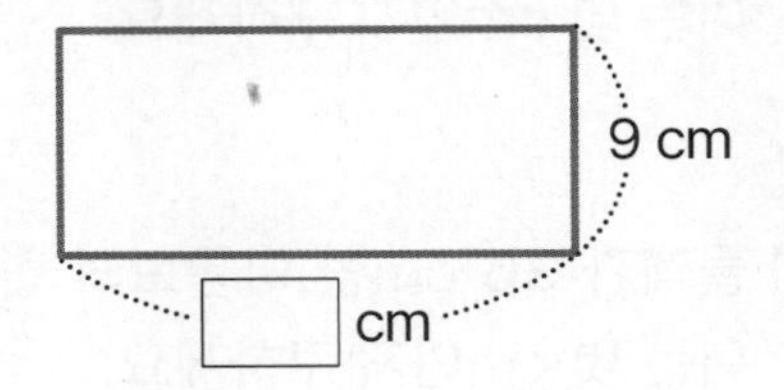

(2) 정사각형의 둘레: 40 cm

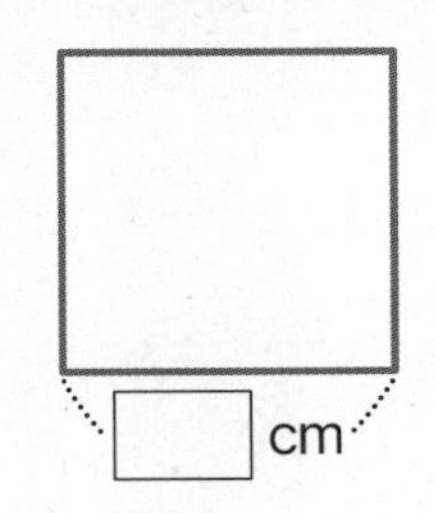

11 한 변의 길이가 4 cm이고 다른 한 변의 길이가 7 cm인 평행사변형의 둘레는 몇 cm인지 구하세요.

(　　　　　　　　)

공부한 날 /

12 둘레가 다음과 같은 도형의 한 변의 길이를 구하세요.

(1) 둘레가 14 cm인 정칠각형의 한 변의 길이는 몇 cm인지 구하세요.

( )

(2) 둘레가 36 cm인 마름모의 한 변의 길이는 몇 cm인지 구하세요.

( )

13 가로가 11 cm이고 둘레가 36 cm인 직사각형의 세로는 몇 cm인지 구하세요.

( )

14 크기가 같은 정삼각형 8개를 그림과 같이 변끼리 맞닿게 이어 붙였습니다. 이어 붙인 도형의 둘레는 몇 cm인지 구하세요.

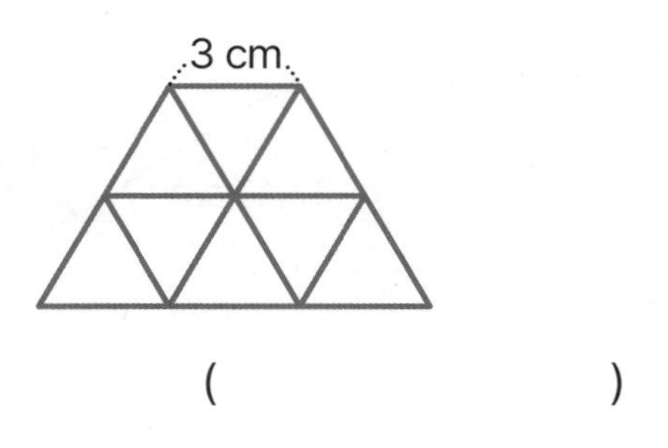

( )

15 직각으로 이루어진 도형의 둘레는 몇 cm인지 구하세요.

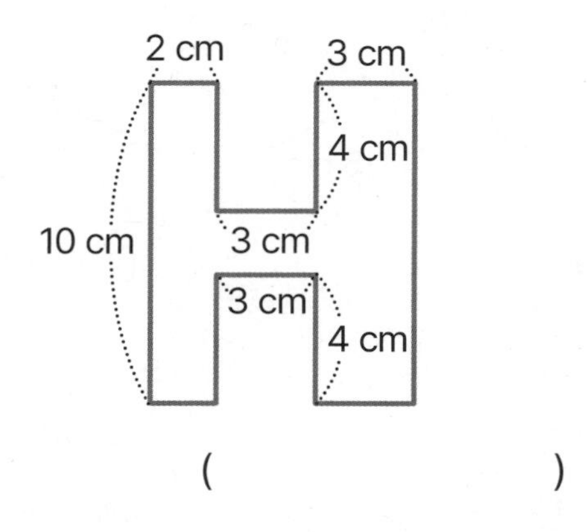

( )

1 다각형의 둘레

2 다각형의 넓이

[학습 주제]

08강 넓이와 단위
09강 넓이 단위 사이의 관계
10강 직사각형의 넓이
11강 평행사변형의 넓이
12강 삼각형의 넓이
13강 사다리꼴의 넓이
14강 마름모의 넓이
15강 다각형의 넓이 총정리
16강 둘레 알 때 넓이 구하기
17강 높이가 같은 도형
18강 삼각형의 높이 활용
19강 색칠한 부분의 넓이①
20강 색칠한 부분의 넓이②
21강 색칠한 부분의 넓이③
22강 평가

[교과 단원]

5-1 다각형의 둘레와 넓이

3 원의 둘레와 넓이

08 강 넓이와 단위

넓이의 개념

우리가 말하는 기하학은 일반적으로 그리스에서 유래된 유클리드 기하학이에요.
그런데 고대 이집트에서도 측량을 중심으로 한 기하학이 발전했다는 사실을 알고 있나요?
이집트는 나일강 주변에 농사를 지으며 문명을 발전시켰어요. 왕이 백성들에게 토지를 나누어 주고,
농사를 짓게 한 후 세금을 받았어요. 그런데 해마다 대홍수로 토지가 사라지는 일이 빈번하게 일어났어요.
그러면 왕은 쓸려나간 땅을 측량하여 세금을 줄여 주었다고 합니다.
이때 땅의 넓이를 정확하게 계산해야 세금을 징수할 수 있기에 기하학이 발전했지요.

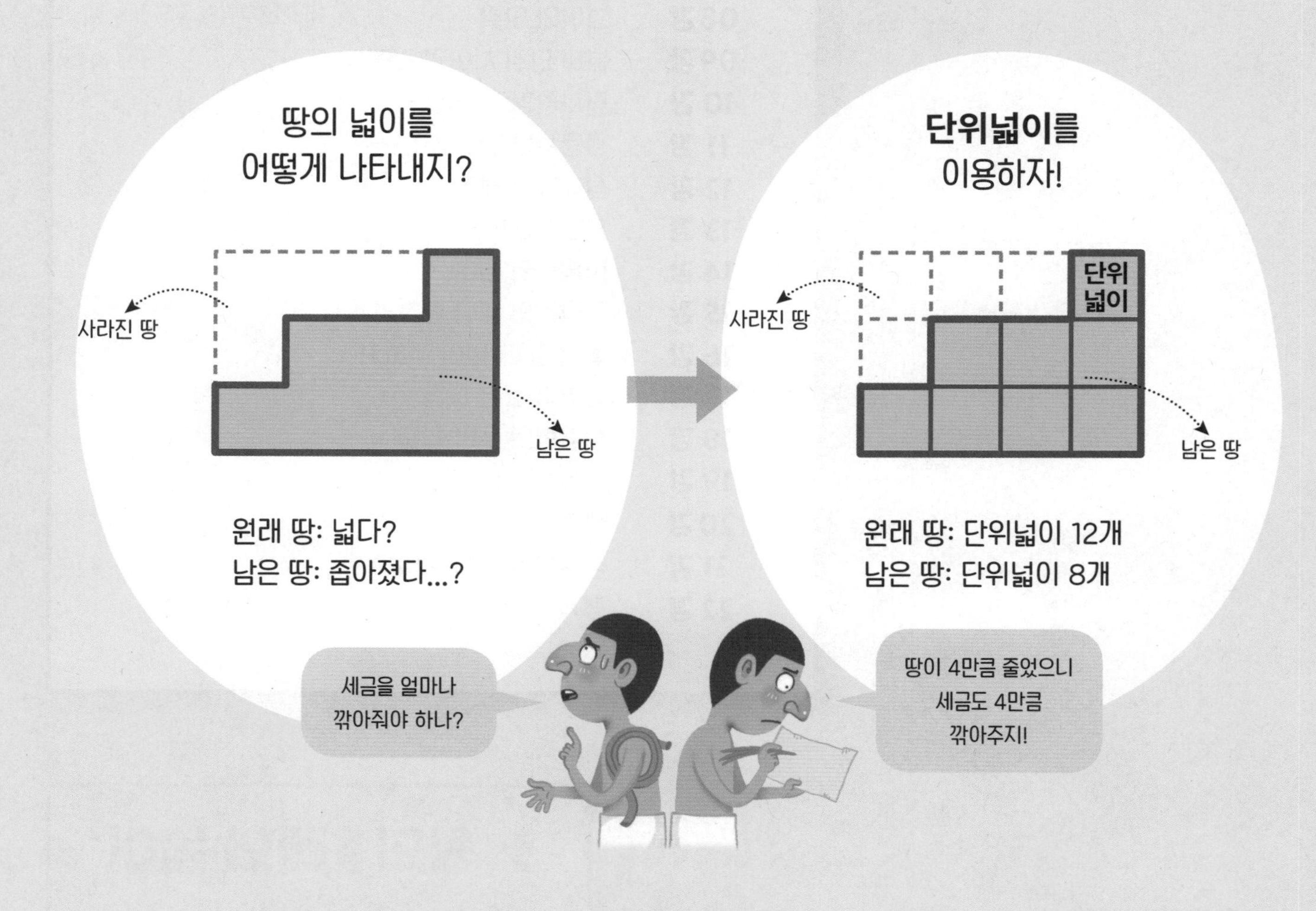

기하학을 영어로 'Geometry(지오메트리)'라고 하는데, 'geo'는 '땅'을, 'metry'는 '측량하다'라는
뜻입니다. 따라서 기하학이라는 학문은 땅을 측량하는 것에서부터 출발했다고 볼 수 있어요.

넓이의 단위 cm^2

선분의 길이를 나타낼 때는 단위길이 1 cm가 몇 개인지 세어 '숫자 + cm'로 나타내요.
넓이도 마찬가지예요! 한 변의 길이가 1 cm인 정사각형의 넓이를 1 cm^2라고 하는데,
도형의 넓이는 이 정사각형의 개수 뒤에 cm^2 (제곱센티미터)를 붙여서 나타냅니다.

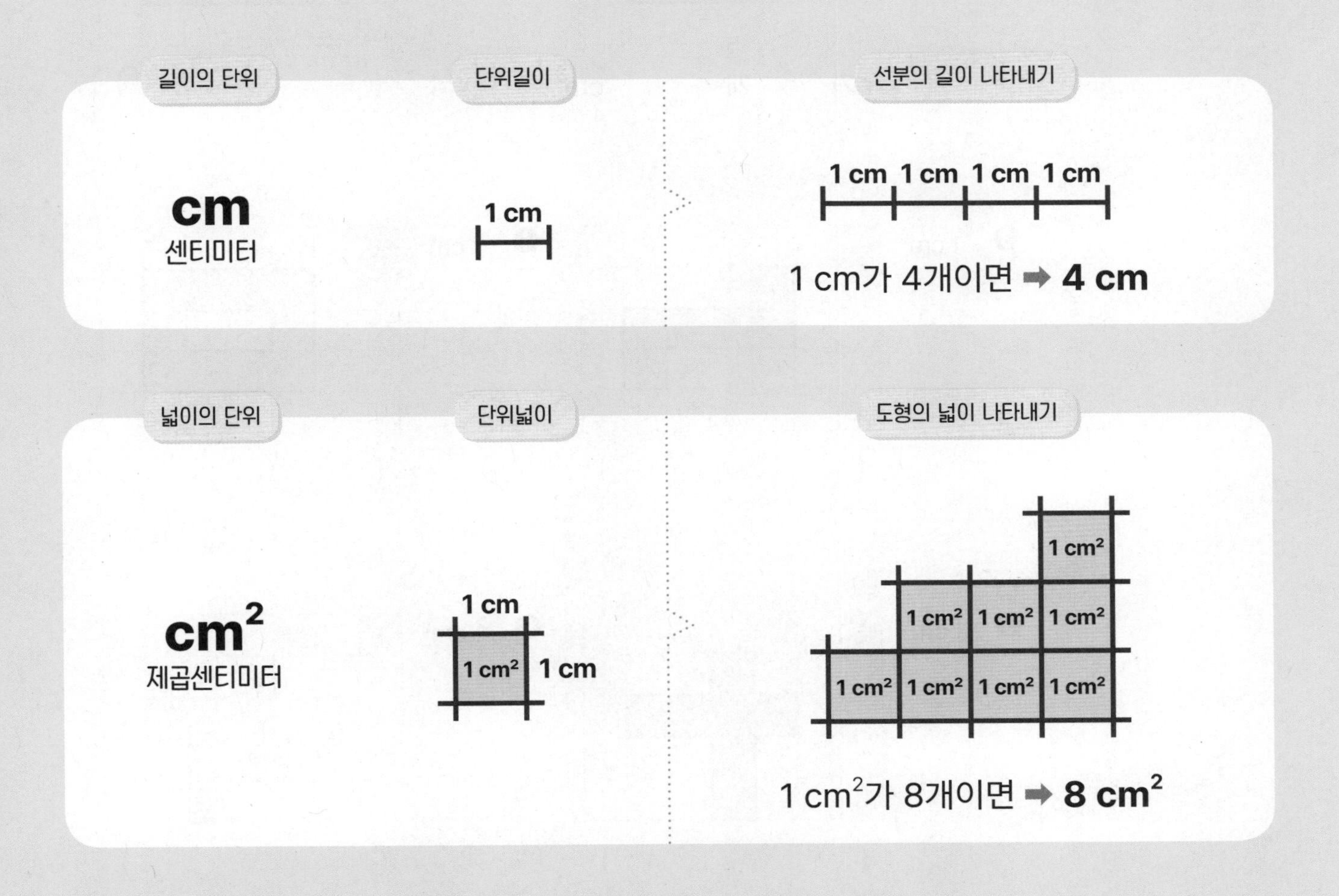

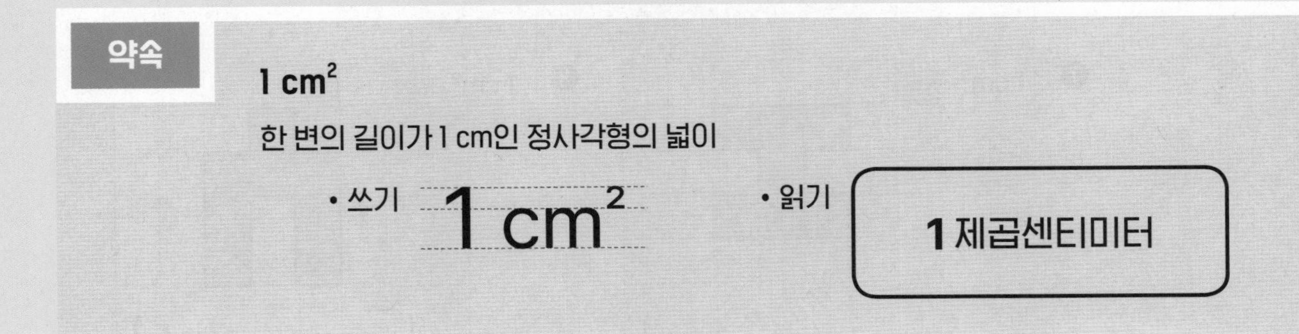

약속
1 cm^2
한 변의 길이가 1 cm인 정사각형의 넓이
• 쓰기 1 cm^2
• 읽기 1 제곱센티미터

08강 · 넓이와 단위

단위 적용 **1**

1 cm^2를 이용하여 도형의 넓이를 구하세요.

❶ 1 cm^2 →

1 cm^2 가 ____ 개 ➡ ____ cm^2

❷ 1 cm^2 →

(　　　　　　)

❸ 1 cm^2 →

(　　　　　　)

❹ 1 cm^2 →

(　　　　　　)

❺ 1 cm^2 →

(　　　　　　)

❻ 1 cm^2 →

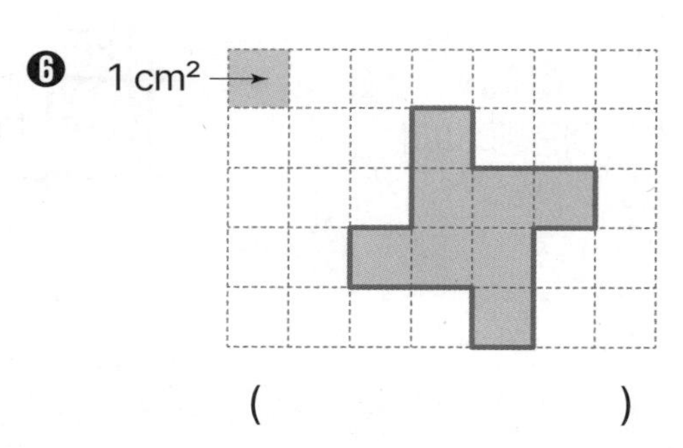

(　　　　　　)

❼ 1 cm^2 →

(　　　　　　)

❽ 1 cm^2 →

(　　　　　　)

공부한 날 /

단위 적용 **2**

2개를 합하면

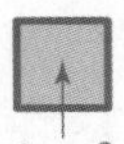
1개와 넓이가 같아요.

1 cm²

1 cm^2를 이용하여 색칠한 부분의 넓이를 구하세요.

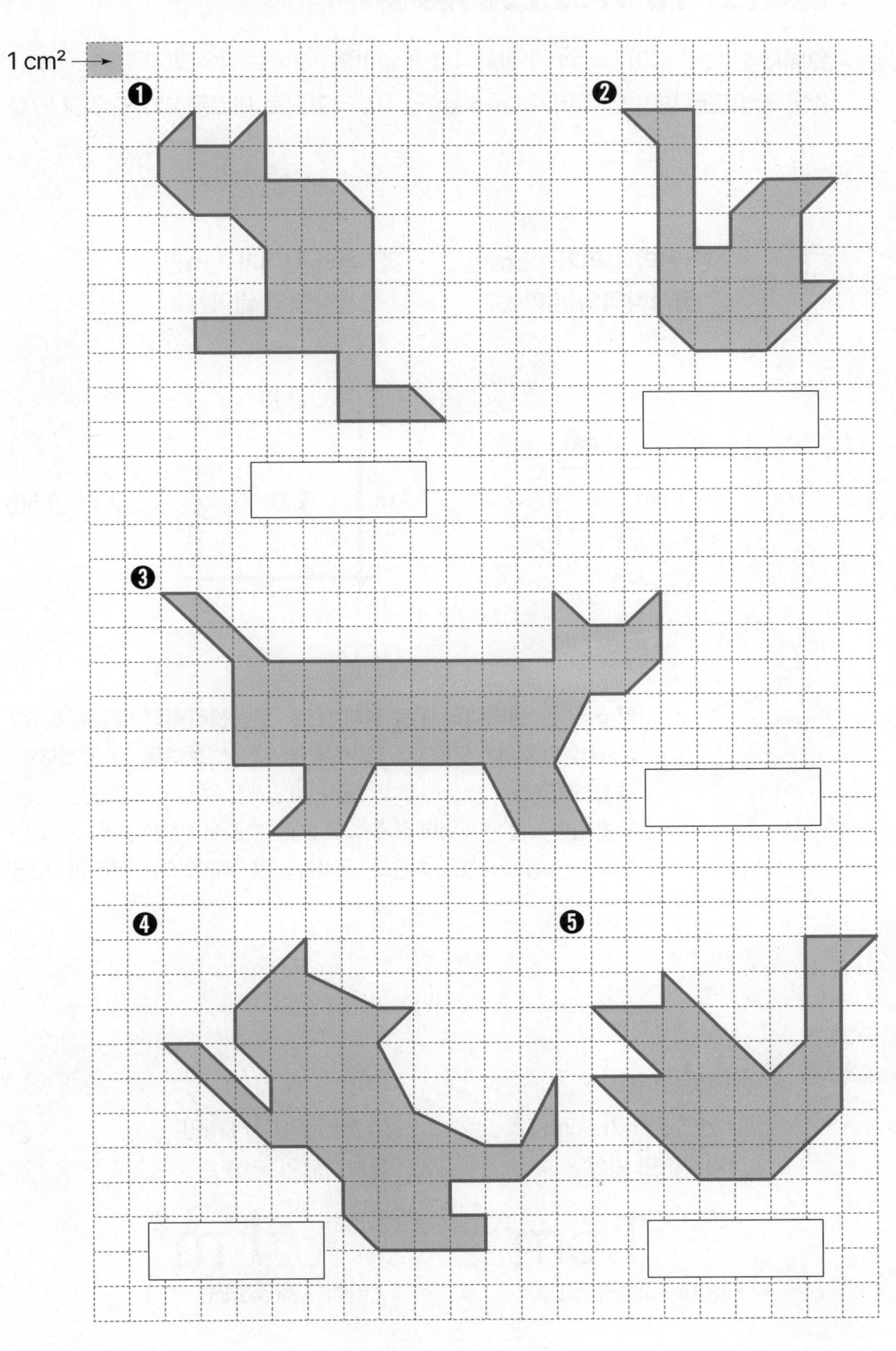

09강 넓이 단위 사이의 관계

길이와 넓이의 단위들

앞에서 한 변의 길이가 1 cm인 정사각형의 넓이를 1 cm^2로 약속했어요.
같은 방법으로 한 변의 길이가 1 m, 1 km인 정사각형으로 새로운 넓이 단위를 만들 수 있어요.

새로운 넓이 단위

한 변의 길이가 1 cm인 정사각형의 넓이는?

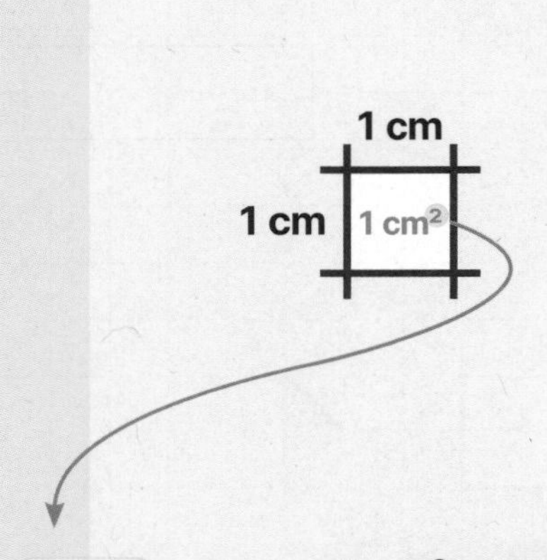

한 변의 길이가 1 m인 정사각형의 넓이는?

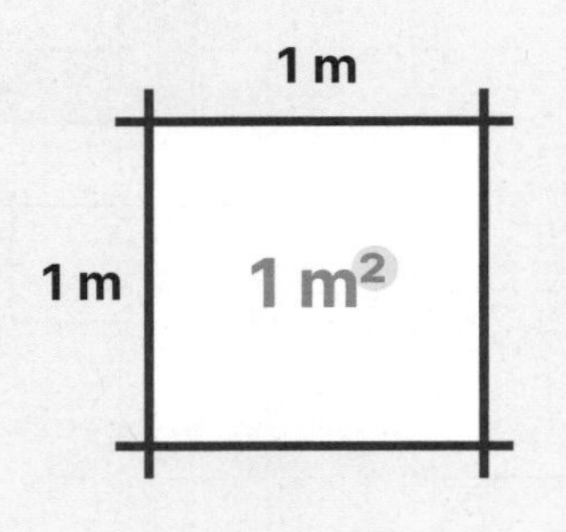

한 변의 길이가 1 km인 정사각형의 넓이는?

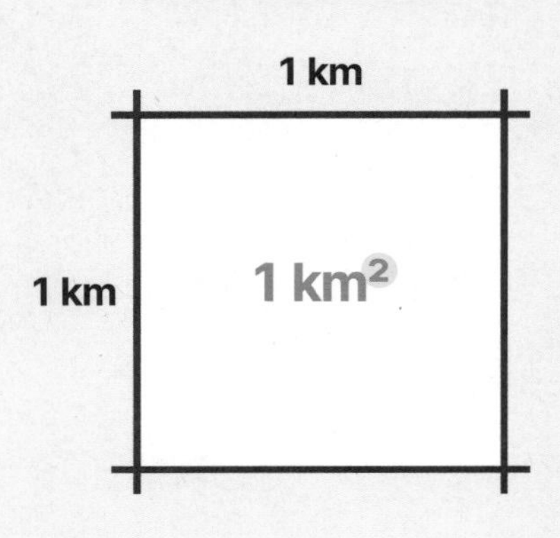

'2'의 뜻

왜 cm^2는 '센티미터 2'로 읽지 않고, '제곱센티미터'로 읽을까요?
정사각형의 넓이는 (가로)×(세로)로 구해요. 이걸 오른쪽에 식으로 썼어요.
잘 살펴보면 cm, m, km가 각각 두 번씩 곱해진 걸 알 수 있어요.
두 번 곱한 것을 단위 위에 작게 '2'로 쓰고, '제곱'으로 부른답니다.
영어로는 'square'라고 하는데, '정사각형'과 '제곱'이라는 뜻이 모두 있어요.

$1\,cm \times 1\,cm = 1\,cm^2$
$1\,m \times 1\,m = 1\,m^2$
$1\,km \times 1\,km = 1\,km^2$

약속

1 cm^2
한 변의 길이가 1 cm인 정사각형의 넓이
• 쓰기: 1 cm^2
• 읽기: 1 제곱센티미터

1 m^2
한 변의 길이가 1 m인 정사각형의 넓이
• 쓰기: 1 m^2
• 읽기: 1 제곱미터

1 km^2
한 변의 길이가 1 km인 정사각형의 넓이
• 쓰기: 1 km^2
• 읽기: 1 제곱킬로미터

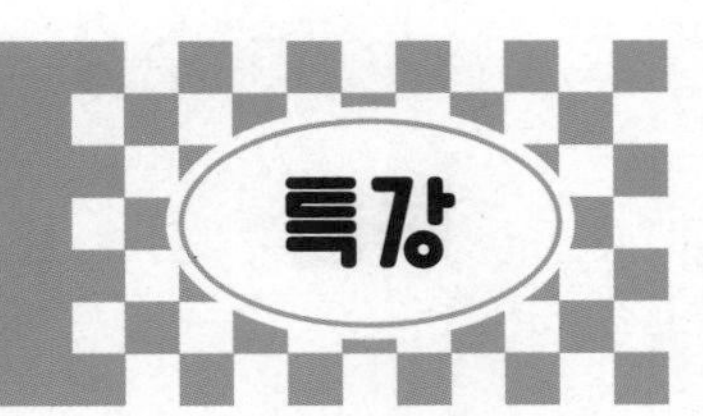

넓이 단위 사이의 관계

길이의 단위 cm, m, km는 1 m = 100 cm, 1 km = 1000 m와 같은 관계가 있어요.

cm^2, m^2, km^2 사이에 어떤 관계가 있는지 길이의 도움을 받아서 식으로 나타내 봅시다.

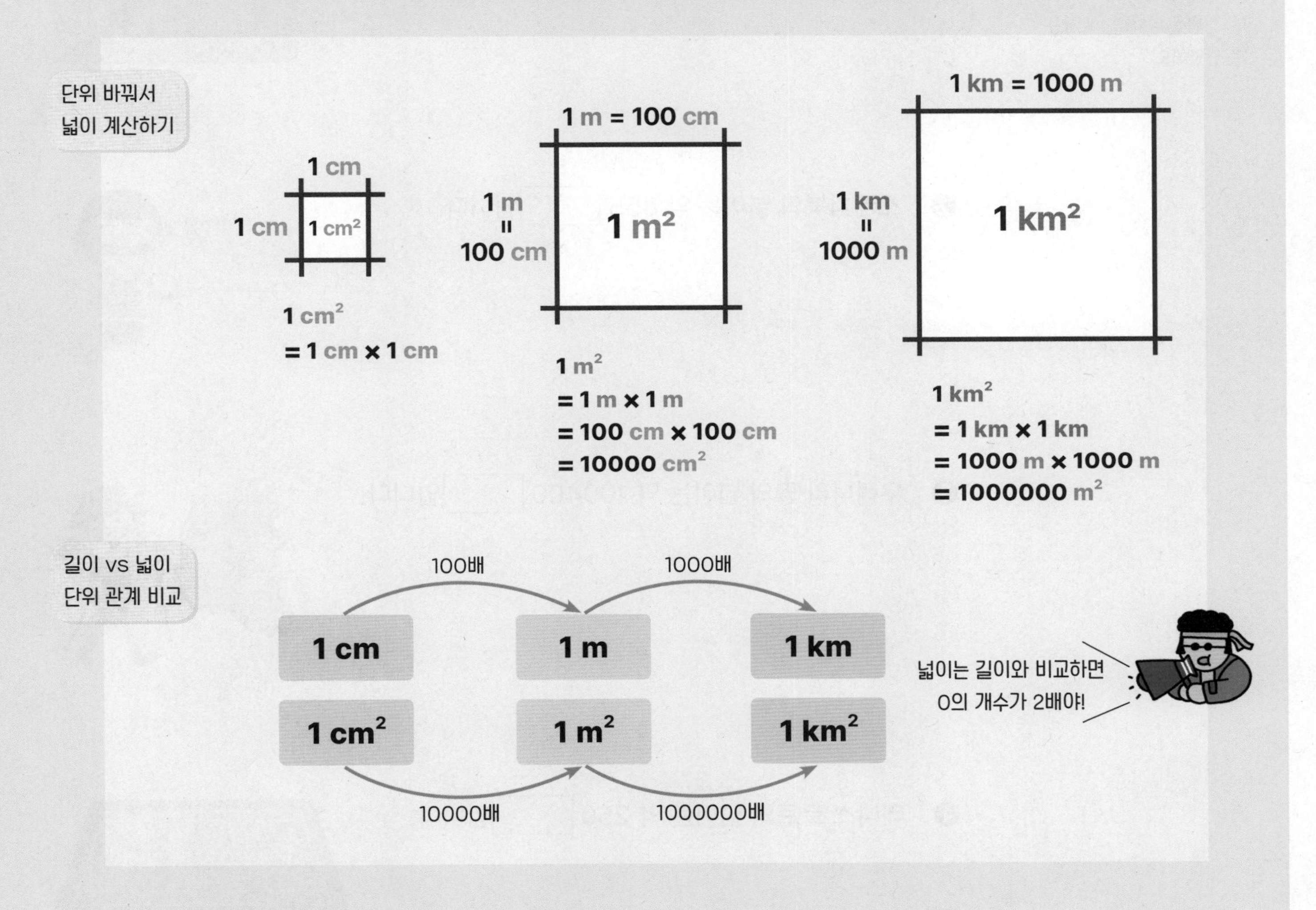

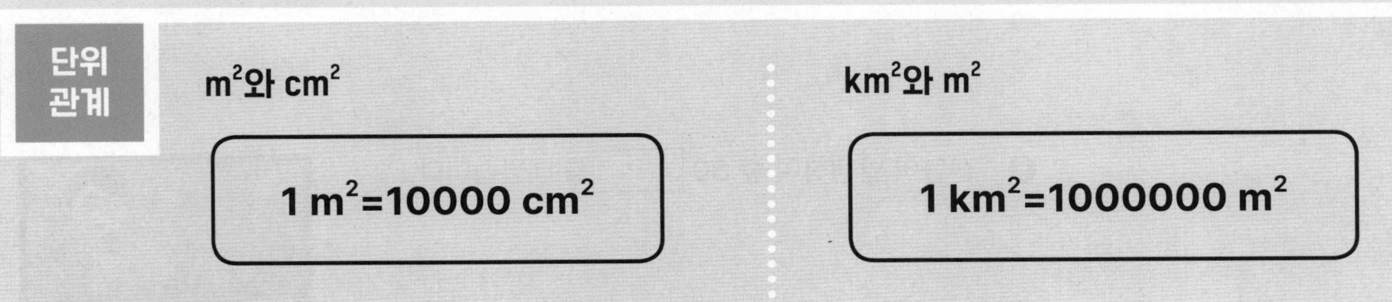

단위 관계
m²와 cm²
1 m²=10000 cm²
km²와 m²
1 km²=1000000 m²

09강 · 넓이 단위 사이의 관계

실생활 적용 **1**

cm^2, m^2, km^2의 순서로 더 넓은 범위를 나타낼 때 사용하는 단위에요.

□ 안에 cm^2, m^2, km^2 중 알맞은 단위를 쓰세요.

❶ 내 방 한쪽 벽의 넓이는 약 10 □입니다.

❷ 스케치북의 넓이는 약 855 □입니다.

❸ 우리나라 땅의 넓이는 약 100400 □입니다.

❹ 테니스 코트의 넓이는 약 250 □입니다.

❺ 산불이 발생하여 숲 60 □를 태웠습니다.

공부한 날 /

관계 적용 **2**

cm^2와 m^2 단위 사이의 관계를 이용하여 □ 안에 알맞은 수를 써넣으세요.

1 m^2는 1 cm^2의 10000배
⇨ 1 m^2
= 10000 cm^2

❶ 7 m^2= □ cm^2

❷ 50000 cm^2= □ m^2

❸ 10 m^2= □ cm^2

❹ 800000 cm^2= □ m^2

❺ 74 m^2= □ cm^2

❻ 1050000 cm^2= □ m^2

❼ 2.6 m^2= □ cm^2

❽ 91000 cm^2= □ m^2

관계 적용 **3**

m^2와 km^2 단위 사이의 관계를 이용하여 □ 안에 알맞은 수를 써넣으세요.

1 km^2는 1 m^2의 1000000배
⇨ 1 km^2
= 1000000 m^2

❶ 2 km^2= □ m^2

❷ 3000000 m^2= □ km^2

❸ 90 km^2= □ m^2

❹ 70000000 m^2= □ km^2

❺ 85 km^2= □ m^2

❻ 514000000 m^2= □ km^2

❼ 4.9 km^2= □ m^2

❽ 6300000 m^2= □ km^2

10강 직사각형의 넓이

직사각형의 넓이 구하는 공식 만들기

08강에서 단위넓이로 도형의 넓이를 나타낸 것과 같은 방법으로 직사각형 안에 정사각형 모양의 단위넓이(1cm²)가 몇 개 들어가는지 알아보고 넓이를 나타내면 돼요.
직사각형의 가로와 세로를 이용하여 공식으로 정리해 봅시다.

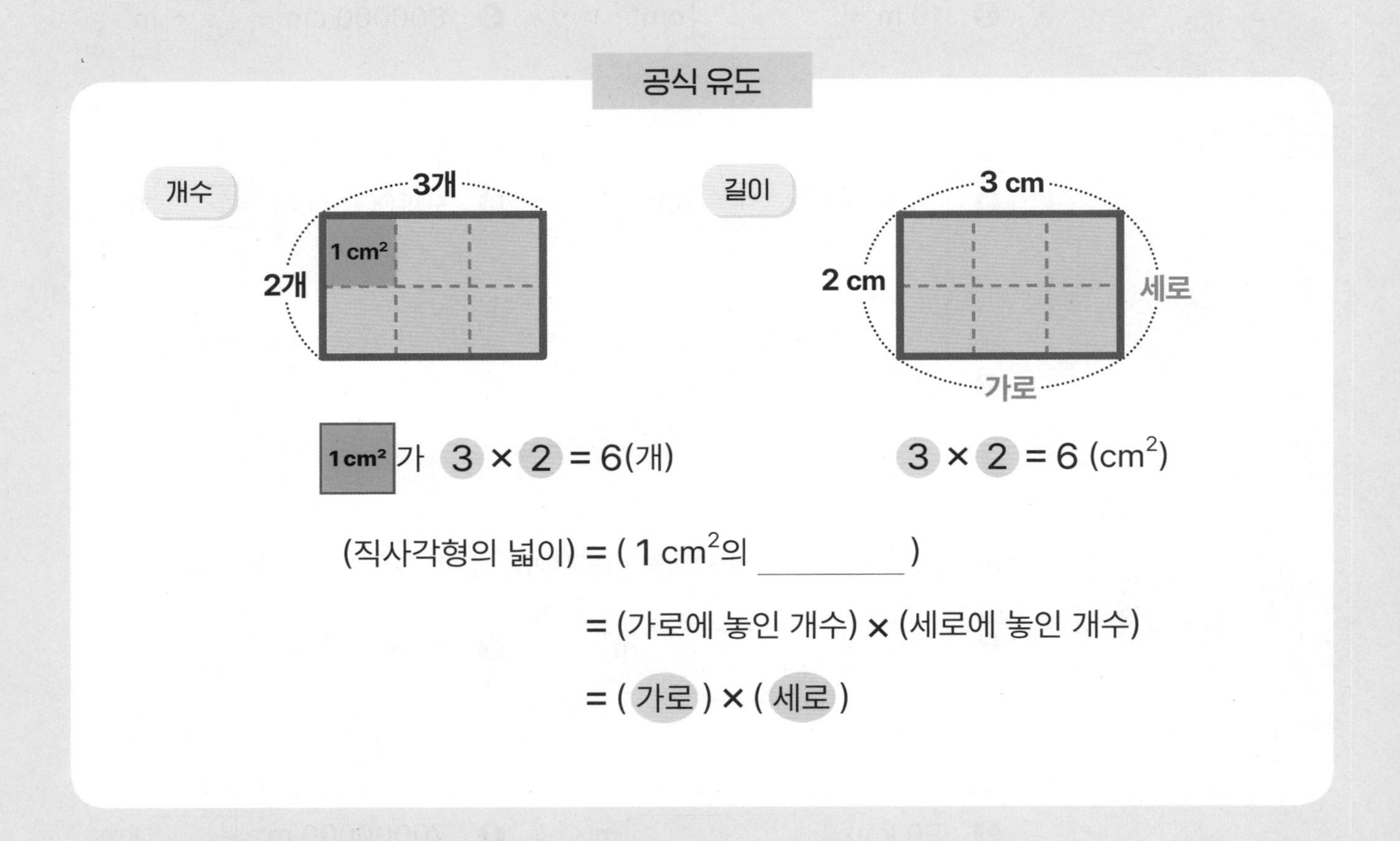

공식 유도
개수
3개
2개
1 cm²
길이
3 cm
2 cm
세로
가로
1 cm² 가 3 × 2 = 6(개)
3 × 2 = 6 (cm²)
(직사각형의 넓이) = (1 cm²의 ________)
= (가로에 놓인 개수) × (세로에 놓인 개수)
= (가로) × (세로)

공식

직사각형의 넓이 구하는 공식

(직사각형의 넓이)
= (가로) × (세로)

(정사각형의 넓이)
= (한 변의 길이) × (한 변의 길이)

정사각형은 (가로)=(세로)이므로 '한 변'으로 나타내요.

공식 변형하는 방법

직사각형의 가로와 세로를 이용하여 넓이를 구할 수도 있지만, 공식 변형만 잘하면
반대로 넓이를 이용하여 가로, 세로의 길이를 구할 수도 있어요.
곱셈과 나눗셈의 관계를 이용해서 모르는 수 □를 구하는 과정만 이해하면 돼요.

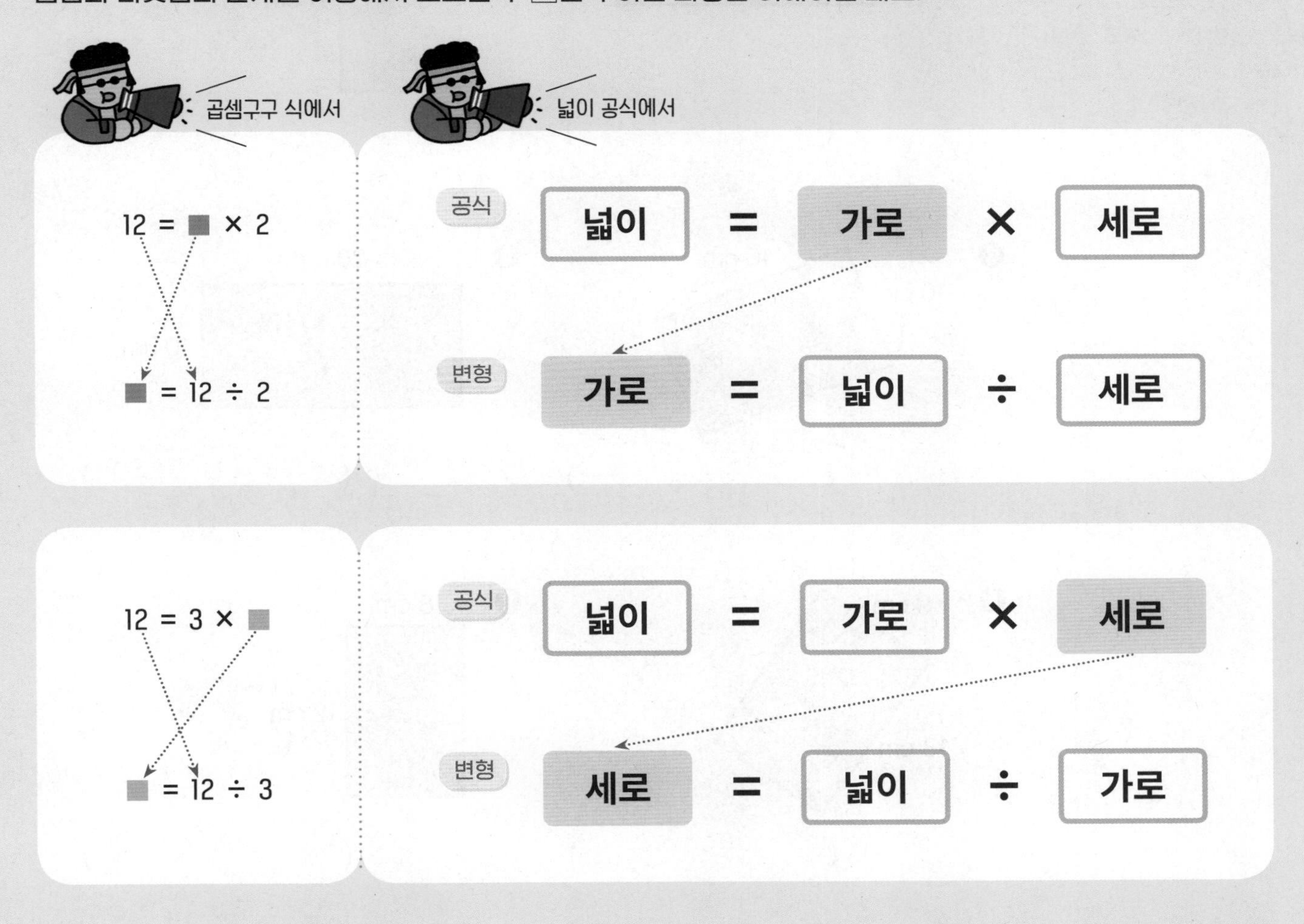

공식 변형

가로의 길이 구하는 공식

(직사각형의 가로)
=(넓이)÷(세로)

세로의 길이 구하는 공식

(직사각형의 세로)
=(넓이)÷(가로)

10강 · 직사각형의 넓이

공식 적용 **1**

넓이의 단위 cm^2를 꼭 붙여!
길이와 길이를 곱했으므로
cm도 2번 곱한다고 기억해요.

cm × cm
cm를 2번 곱한다는 뜻
cm^2

직사각형의 넓이를 구하세요.

❶
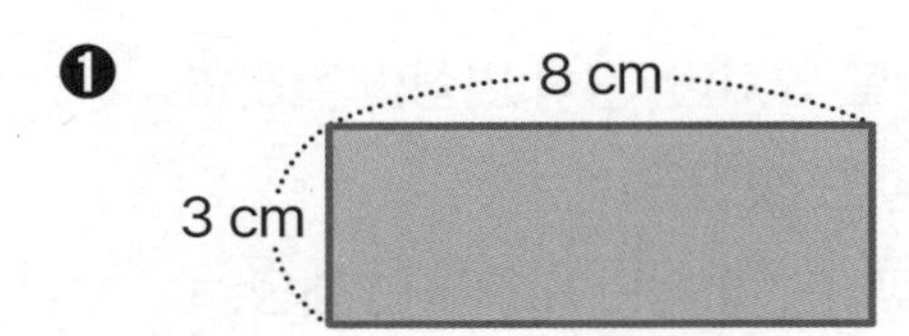

(　　　　　　　)

❷
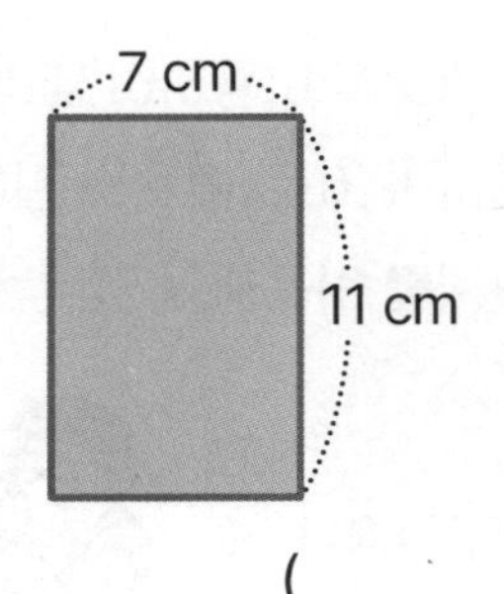

(　　　　　　　)

❸
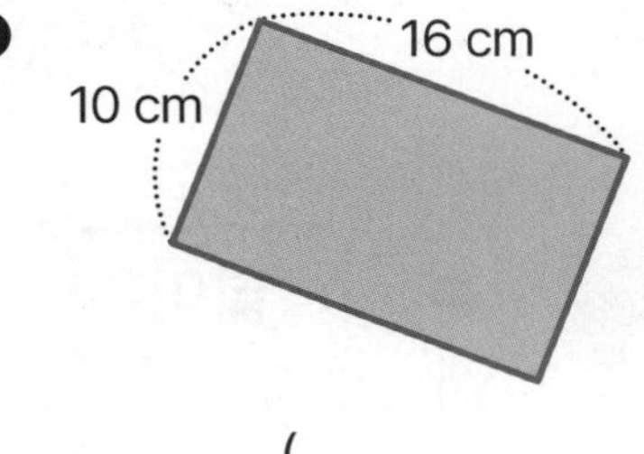

(　　　　　　　)

❹
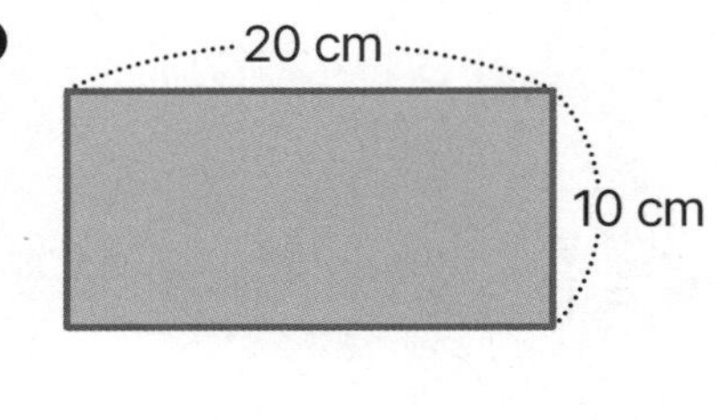

(　　　　　　　)

❺
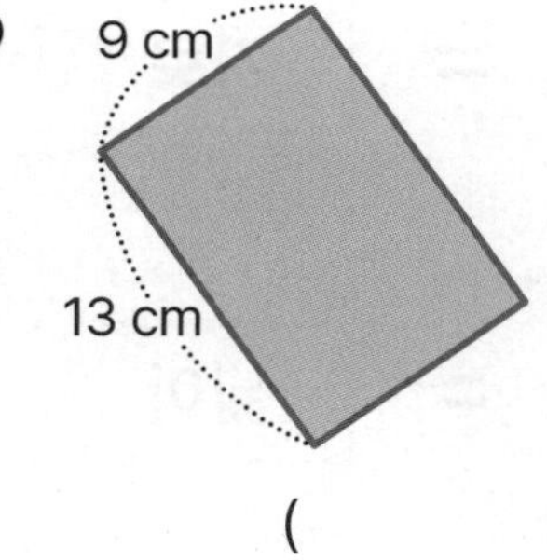

(　　　　　　　)

❻
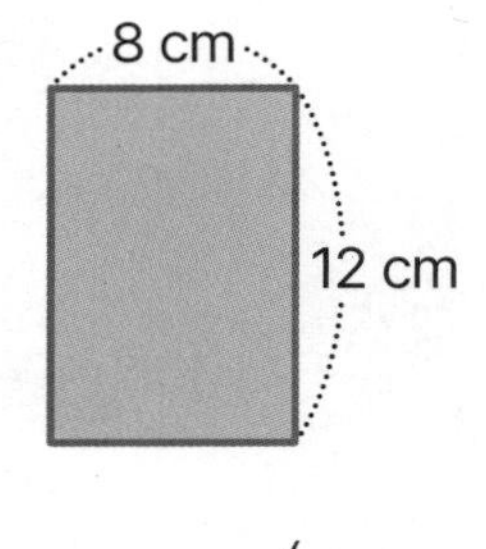

(　　　　　　　)

❼
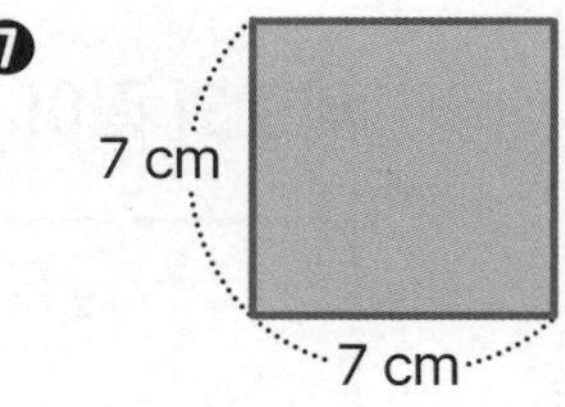

(　　　　　　　)

❽
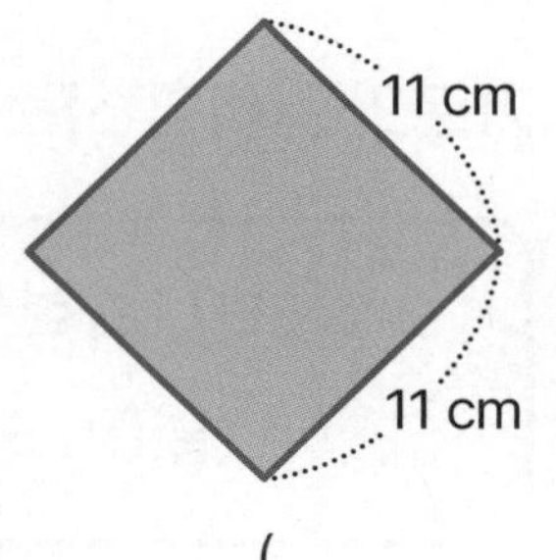

(　　　　　　　)

공식 변형 **2**

(넓이) = (가로) × (세로)

(세로) = (넓이) ÷ (가로)
(가로) = (넓이) ÷ (세로)

직사각형의 넓이가 다음과 같을 때 □ 안에 알맞은 수를 써넣으세요.

❶ 넓이: 56 cm^2

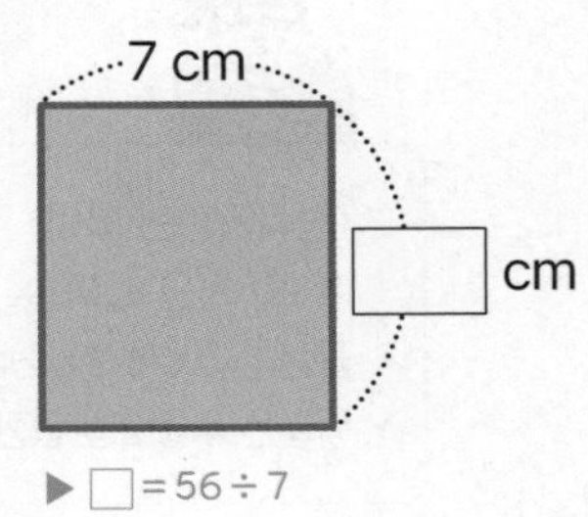

▶ □ = 56 ÷ 7

❷ 넓이: 35 cm^2

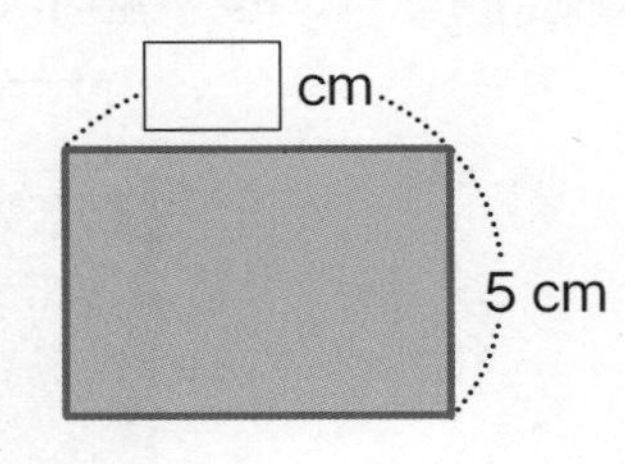

❸ 넓이: 88 cm^2

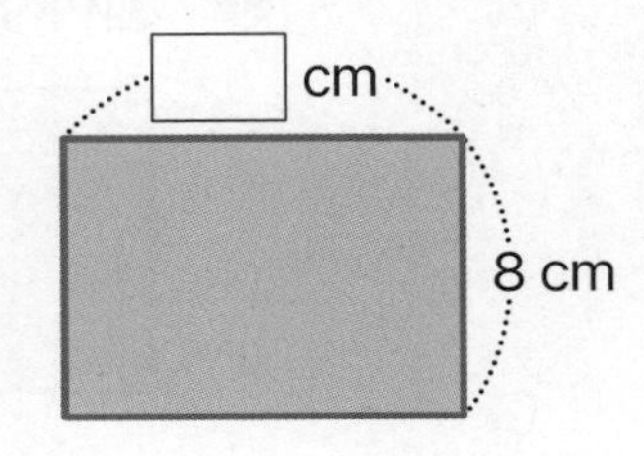

❹ 넓이: 48 cm^2

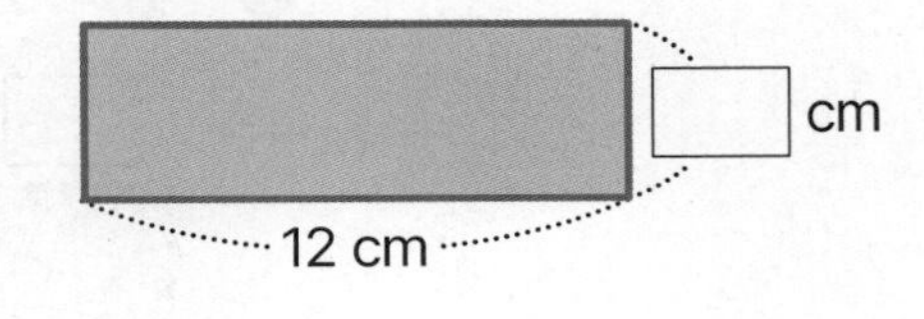

❺ 넓이: 60 cm^2

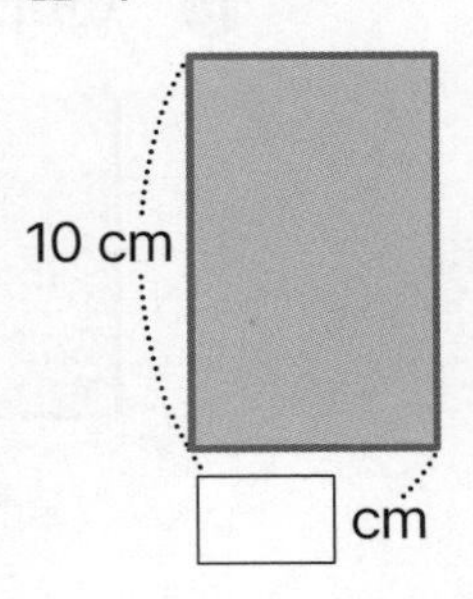

❻ 넓이: 72 cm^2

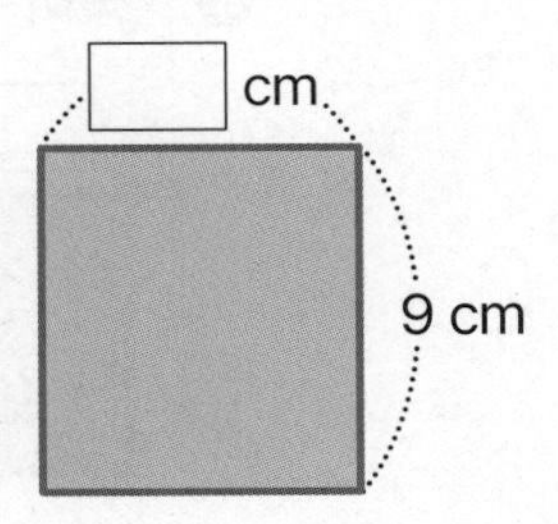

❼ 넓이: 135 cm^2

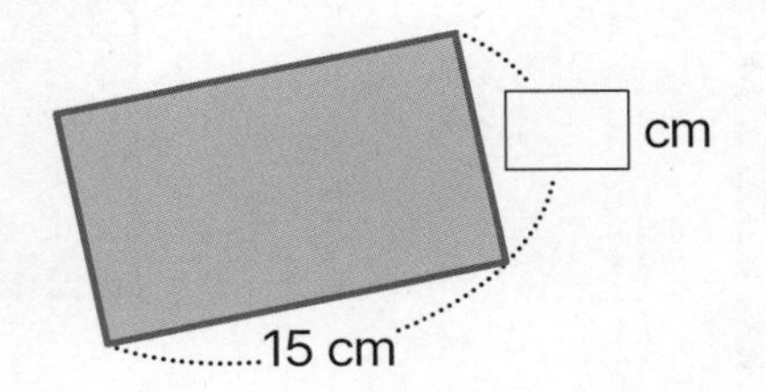

❽ 넓이: 100 cm^2

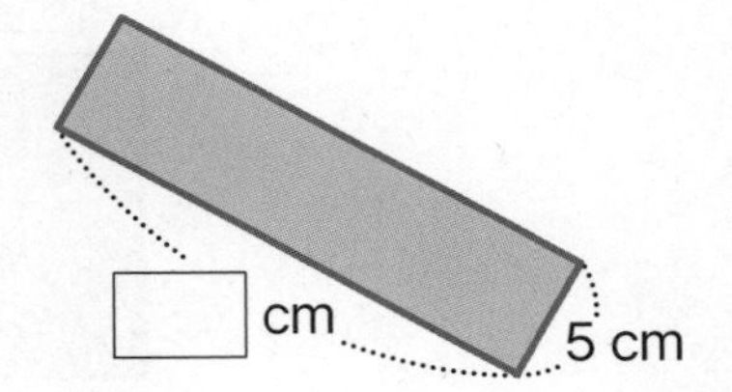

10강 · 직사각형의 넓이

공식 변형 **3**

정사각형의 넓이가 다음과 같을 때 □ 안에 알맞은 수를 써넣으세요.

❶ 넓이: 64 cm^2

(정사각형의 넓이)
=(한 변의 길이)×(한 변의 길이)이므로
곱셈구구에서 2×2=4, 3×3=9, 4×4=16……과 같이
똑같은 수를 2번 곱한 결과를 이용해요.

❷ 넓이: 25 cm^2

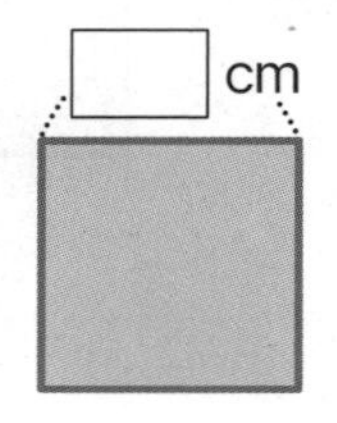

❸ 넓이: 81 cm^2

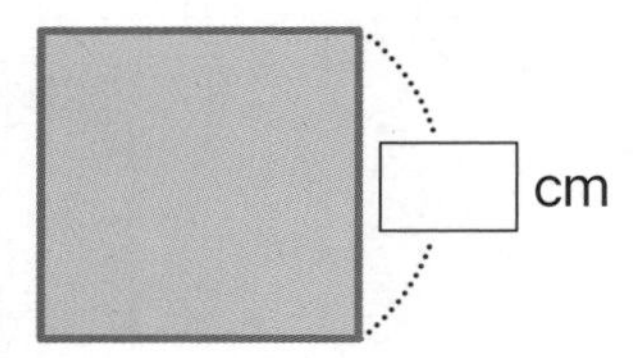

❹ 넓이: 49 cm^2

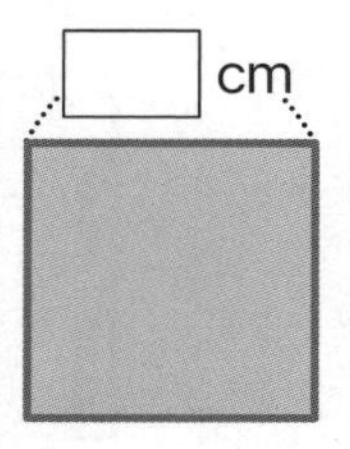

❺ 넓이: 100 cm^2

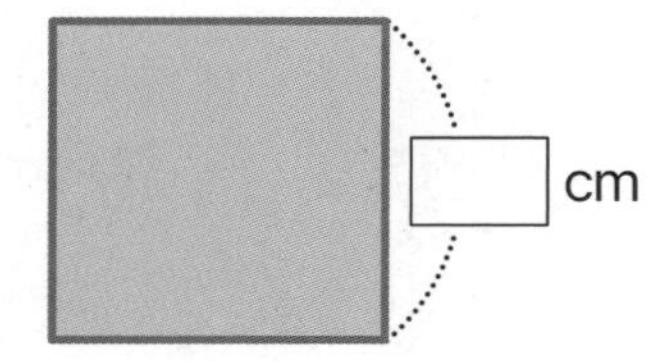

❻ 넓이: 144 cm^2

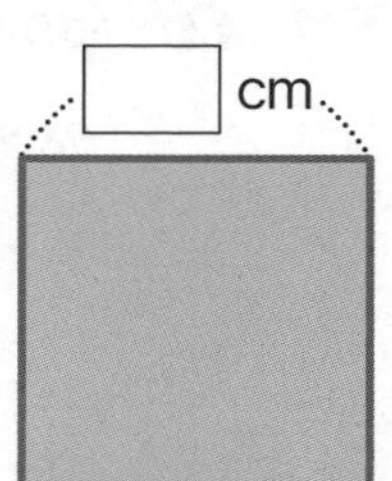

❼ 넓이: 400 cm^2

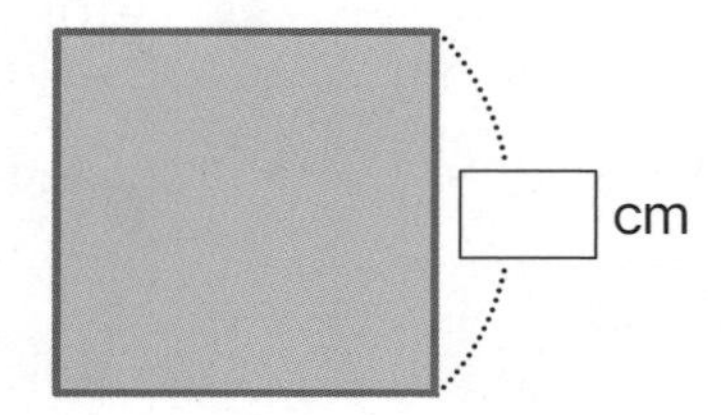

공부한 날　　　/

도형 문장제 **4**

조건에 알맞은 직사각형의 넓이를 구하세요.

❶ 가로가 7 cm, 세로가 6 cm인 직사각형의 넓이는 몇 cm^2인지 구하세요.

(　　　　　　　　)

❷ 가로가 5 cm, 세로가 8 cm인 직사각형의 넓이는 몇 cm^2인지 구하세요.

(　　　　　　　　)

❸ 한 변의 길이가 10 cm인 정사각형의 넓이는 몇 cm^2인지 구하세요.

(　　　　　　　　)

단위를 잘 보고 넓이를 구해요.

❹ 한 변의 길이가 2 m인 정사각형의 넓이는 몇 m^2인지 구하세요.

(　　　　　　　　)

❺ 가로가 9 km, 세로가 7 km인 직사각형의 넓이는 몇 km^2인지 구하세요.

(　　　　　　　　)

❻ 가로가 1000 cm, 세로가 3 m인 직사각형의 넓이는 몇 m^2인지 구하세요.

(　　　　　　　　)

11강 평행사변형의 넓이

평행사변형의 넓이 구하는 공식 만들기

평행사변형은 비스듬하게 생겼지만 직사각형처럼 두 변이 서로 평행해요.
이 평행한 두 변을 밑변이라 하고, 두 밑변 사이의 거리를 높이라고 해요.
평행사변형을 반듯한 직사각형 모양으로 바꿔서 넓이를 어떻게 구하는지 알아봅시다.

공식 유도

평행사변형을 직사각형 모양으로 만들기

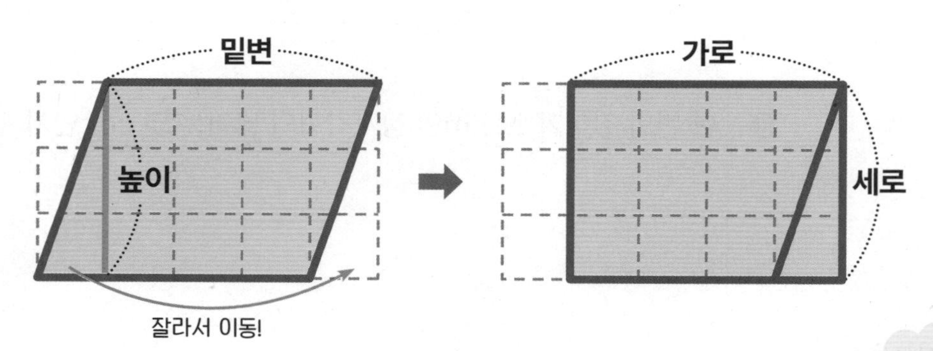

(평행사변형의 넓이) = (직사각형의 넓이)

= (가로) × (________)

= (밑변의 길이) × (________)

일부를 잘라서 옮겼으므로 넓이는 변하지 않아요.

공식

평행사변형의 넓이 구하는 공식

(평행사변형의 넓이)
= (밑변의 길이) × (높이)

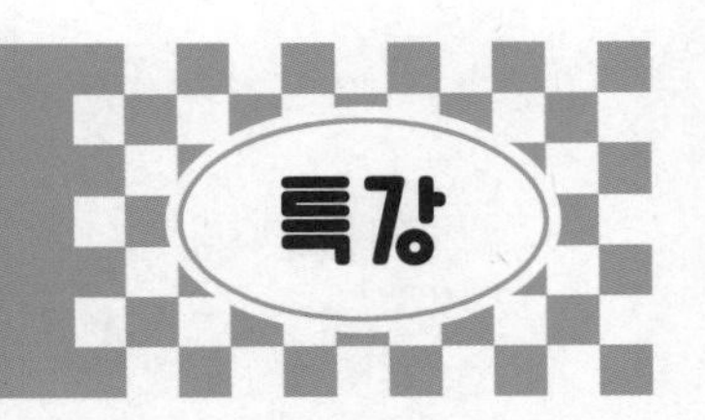

공식 변형하는 방법

평행사변형에서도 넓이를 구하는 공식을 변형하면
넓이를 이용하여 밑변의 길이, 높이를 구할 수 있어요.
직사각형과 마찬가지로 곱셈과 나눗셈의 관계를 이용해요.

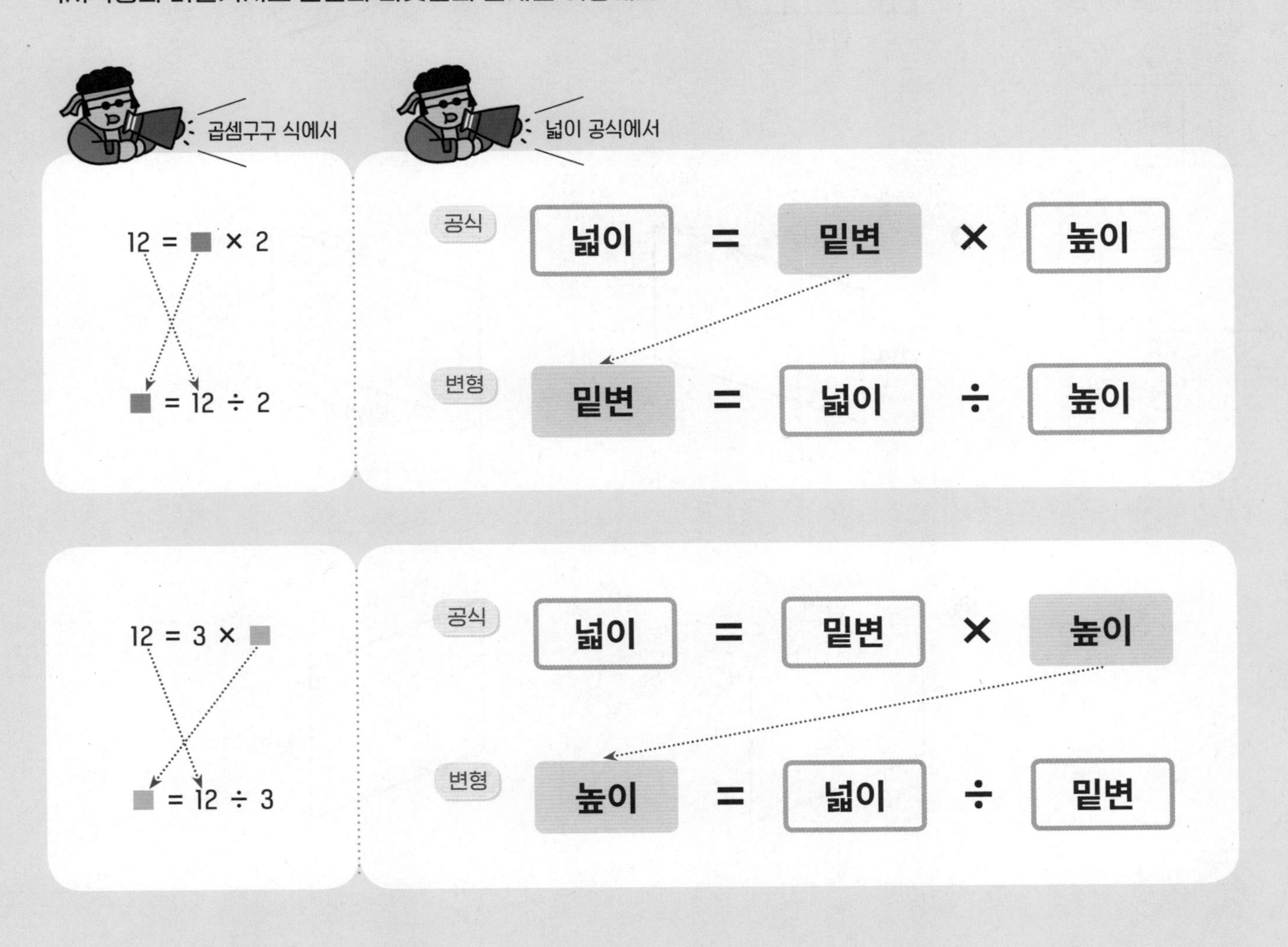

공식 변형

밑변의 길이 구하는 공식

(평행사변형의 밑변의 길이)
= (넓이) ÷ (높이)

높이 구하는 공식

(평행사변형의 높이)
= (넓이) ÷ (밑변의 길이)

11강 · 평행사변형의 넓이

구성 요소 표현 1

평행사변형에서 다른 한 밑변을 찾고, 높이를 나타내세요.

높이는 평행사변형의 안쪽 또는 바깥쪽에 다양하게 나타낼 수 있어요.

예

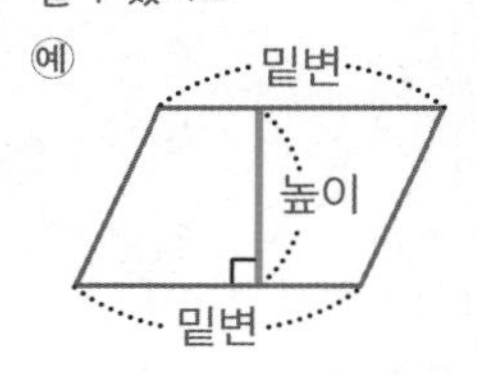

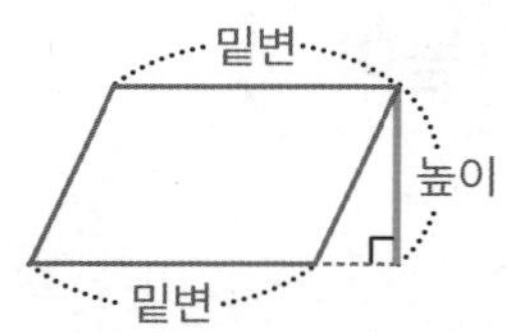

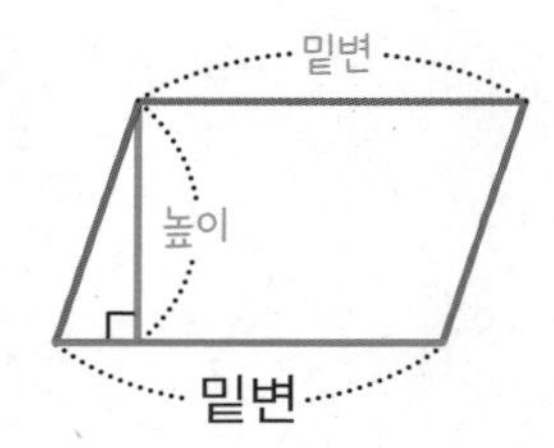

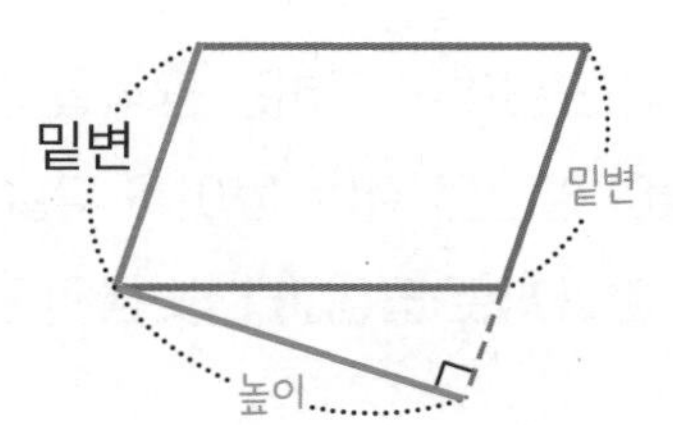

❷

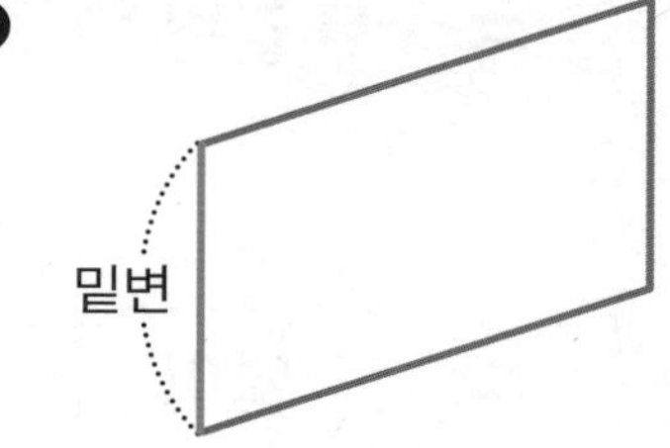

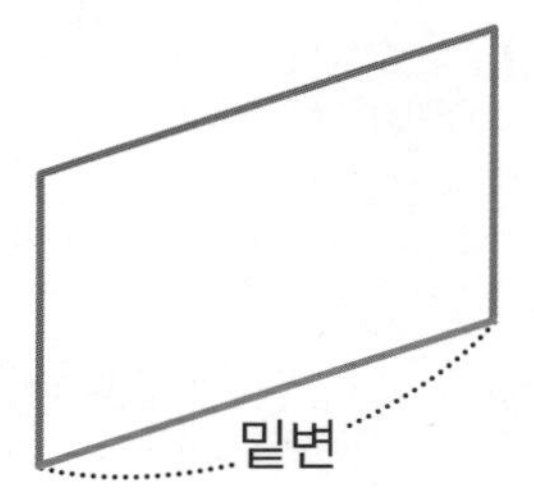

❸

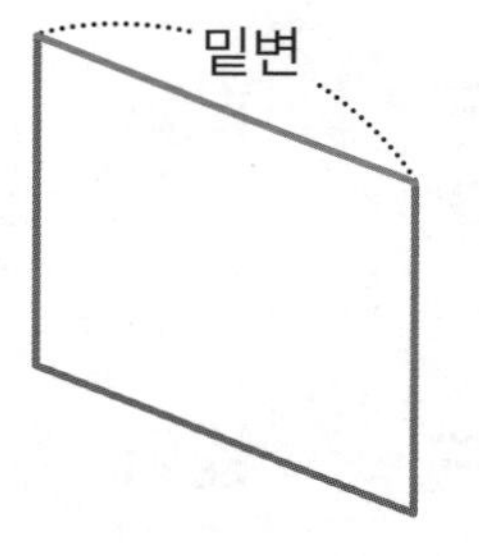

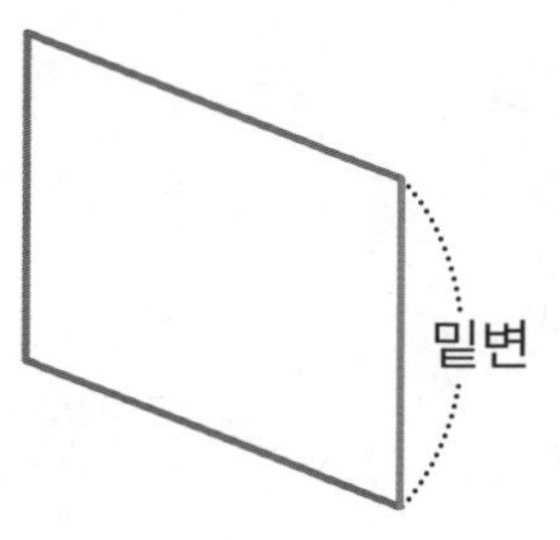

❹

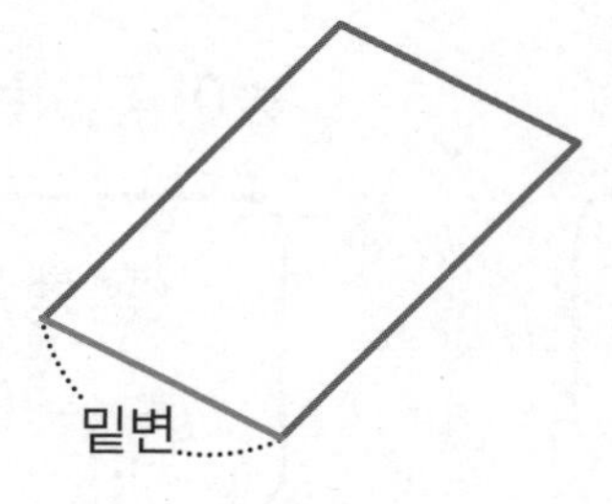

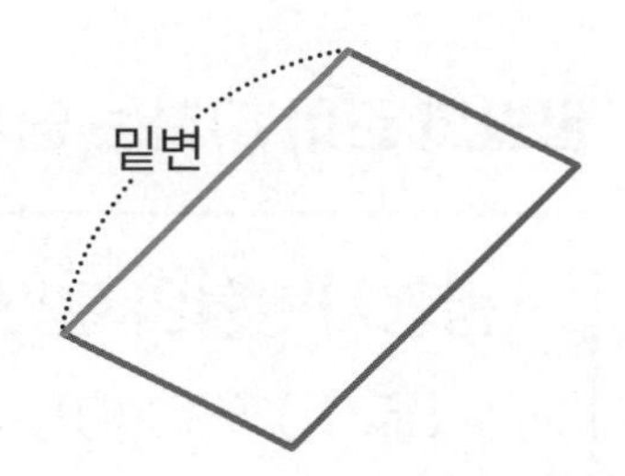

공식 이해 **2**

높이를 따라 잘라서 일부를 옮겨요. 여러 가지 방법으로 자를 수 있어요.

평행사변형을 넓이가 같은 직사각형으로 바꾸어 그려 보고, 넓이를 구하세요.

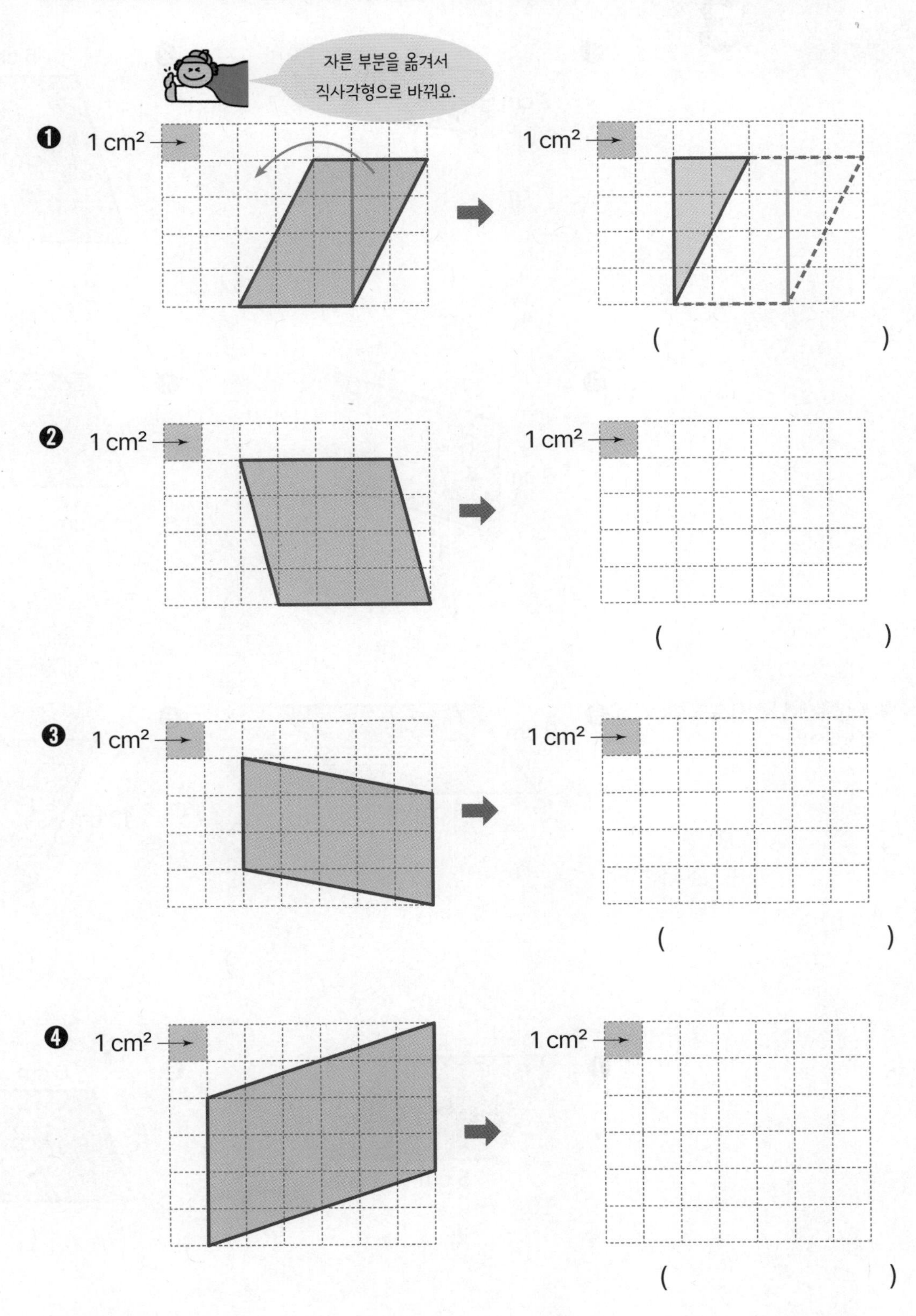

❶ (　　　　　　　)

❷ (　　　　　　　)

❸ (　　　　　　　)

❹ (　　　　　　　)

11강 · 평행사변형의 넓이

공식 적용 **3**

평행사변형의 넓이를 구하세요.

❶ 2 cm, 6 cm

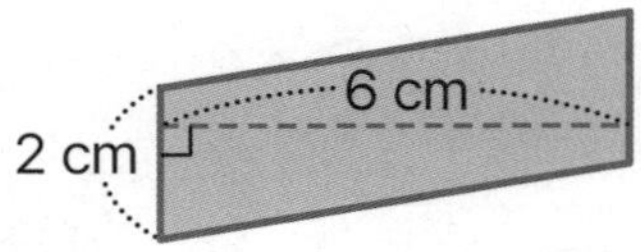

(   )

❷ 5 cm, 7 cm

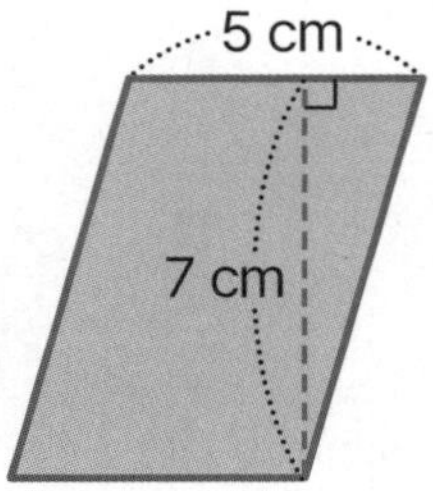

(   )

❸ 8 cm, 11 cm

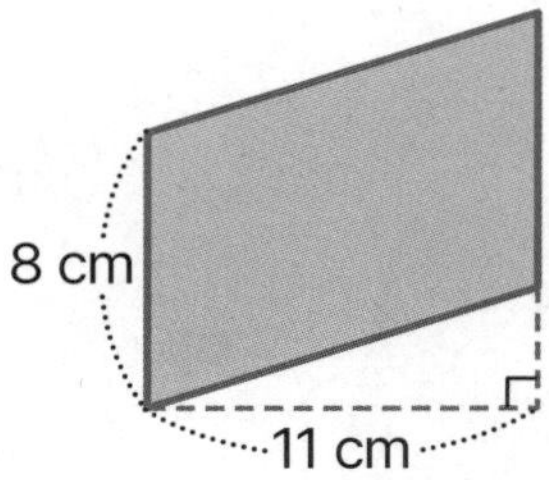

(   )

❹ 6 cm, 6 cm

(   )

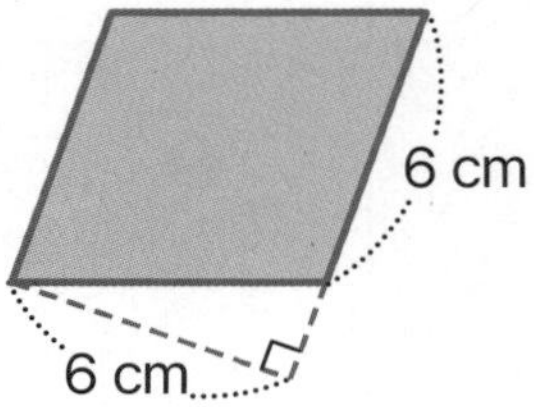

평행사변형에서 밑변과 높이를 먼저 찾아요.

❺ 9 cm, 12 cm, 15 cm, 높이, 밑변의 길이

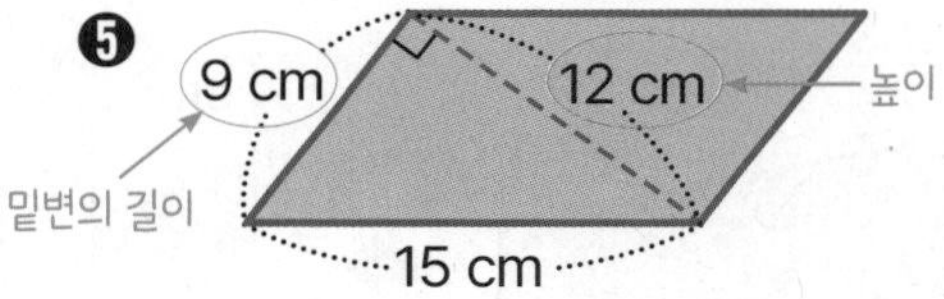

(   )

❻ 5 cm, 13 cm, 12 cm, 8 cm

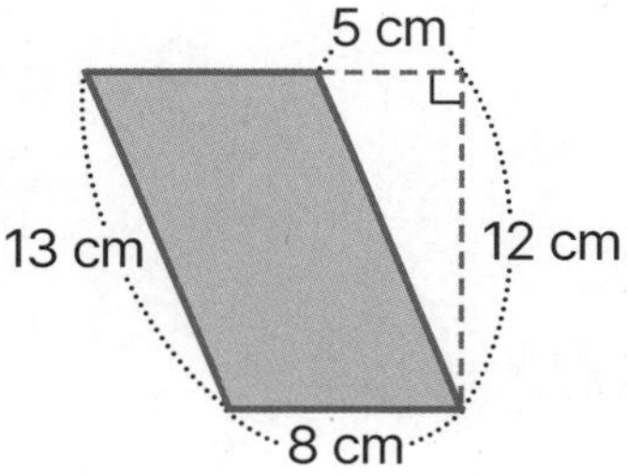

(   )

❼ 5 cm, 5 cm, 3 cm

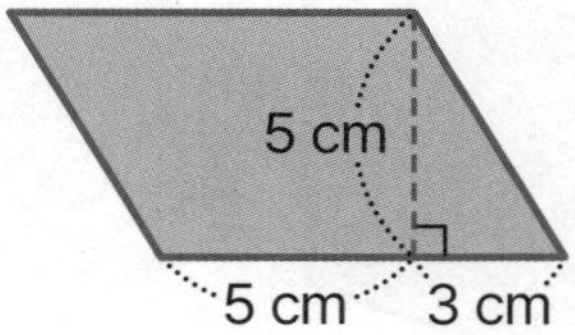

(   )

❽ 6 cm, 4 cm, 7 cm

(   )

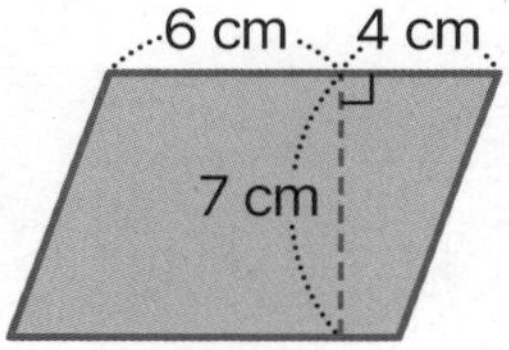

공식 변형 **4**

(넓이) = (밑변) × (높이)

(높이) = (넓이) ÷ (밑변)

(밑변) = (넓이) ÷ (높이)

평행사변형의 넓이가 다음과 같을 때 □ 안에 알맞은 수를 써넣으세요.

❶ 넓이: 72 cm^2

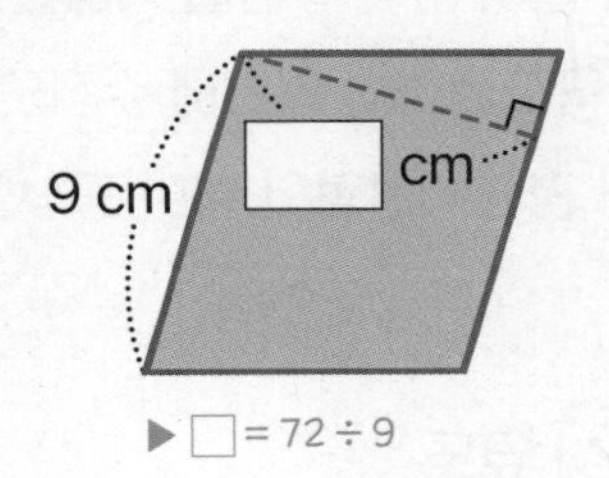

▶ □ = 72 ÷ 9

❷ 넓이: 32 cm^2

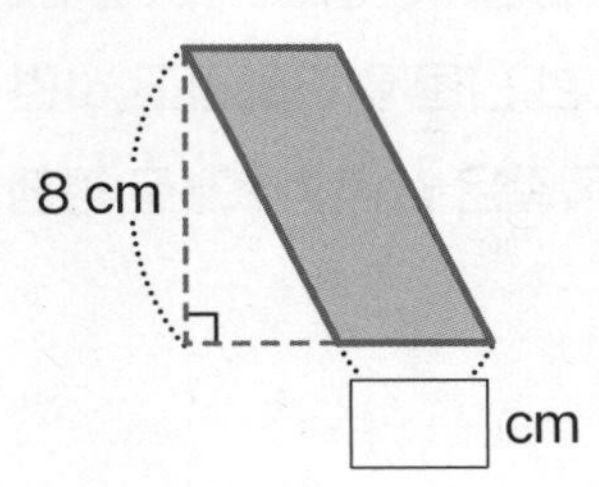

❸ 넓이: 50 cm^2

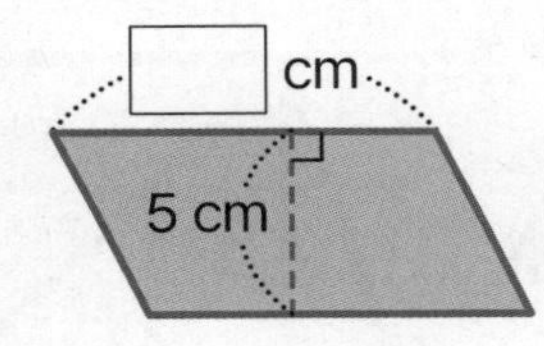

❹ 넓이: 63 cm^2

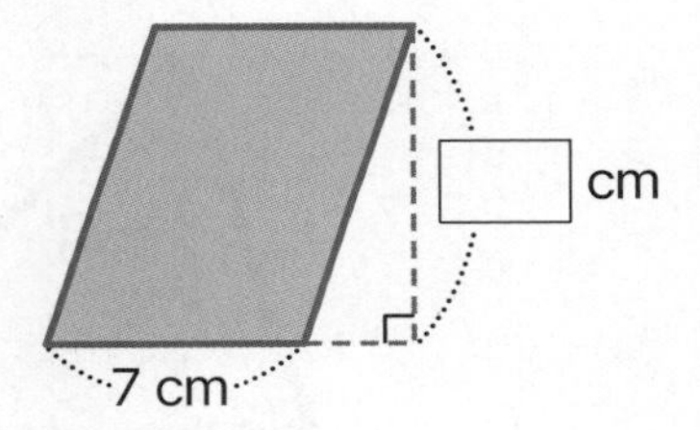

❺ 넓이: 72 cm^2

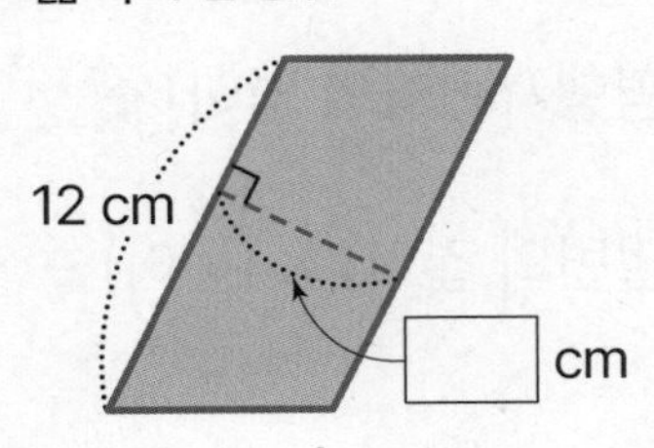

❻ 넓이: 96 cm^2

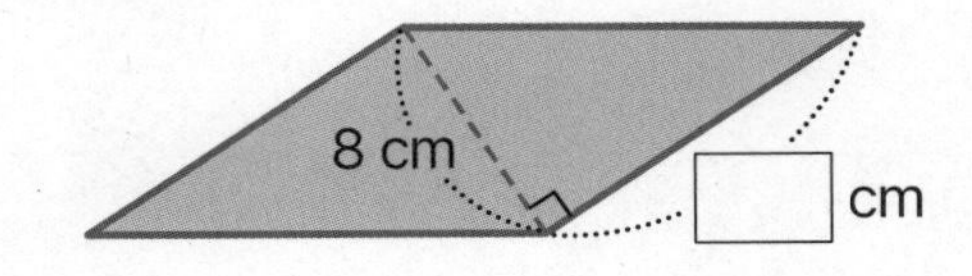

❼ 넓이: 104 cm^2

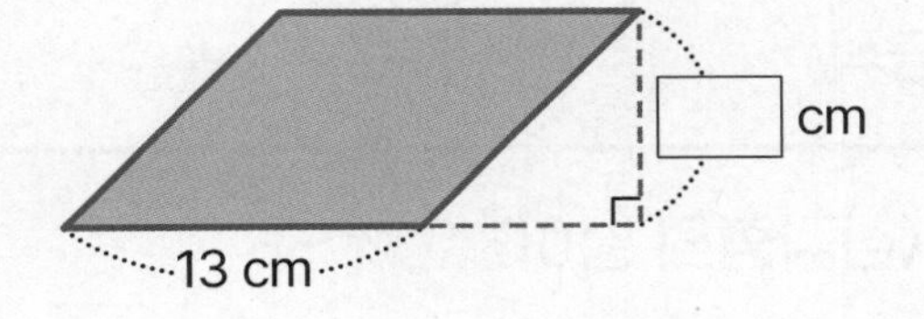

❽ 넓이: 225 cm^2

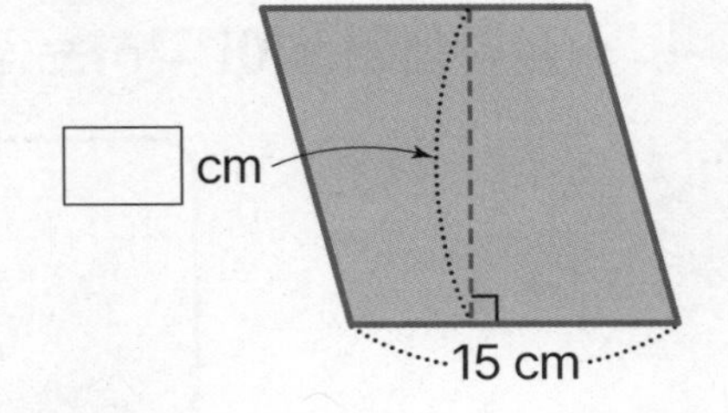

12강 삼각형의 넓이

삼각형의 넓이 구하는 공식 만들기

삼각형도 평행사변형과 같이 밑변과 높이를 이용하여 넓이 공식을 만들 거예요.
삼각형의 한 변을 밑변이라고 하면 밑변과 마주 보는 꼭짓점에서 밑변에 수직으로 그은 선분의 길이를 높이라고 해요. 똑같은 삼각형 2개로 평행사변형을 만들어서 평행사변형의 넓이 공식을 이용할 수 있어요.

공식 유도

같은 삼각형 2개를 붙여서 평행사변형 만들기

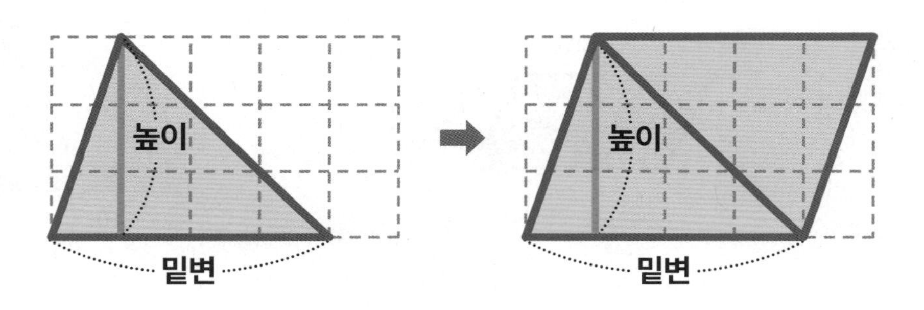

(삼각형의 넓이) = (평행사변형 넓이의 반)

= (평행사변형의 넓이) ÷ _____

= (밑변의 길이) × (높이) ÷ _____

공식

삼각형의 넓이 구하는 공식

(삼각형의 넓이)
= (밑변의 길이) × (높이) ÷ 2

공식 변형하는 방법

삼각형에서도 넓이를 구하는 공식을 변형하여 길이를 구할 수 있는데 삼각형의 넓이를 구하는 공식은 (밑변) × (높이) ÷ 2이므로 곱셈과 나눗셈의 관계를 2번 이용하는 점이 중요해요.
곱셈은 나눗셈으로, 나눗셈은 곱셈으로 바꿔야겠죠.

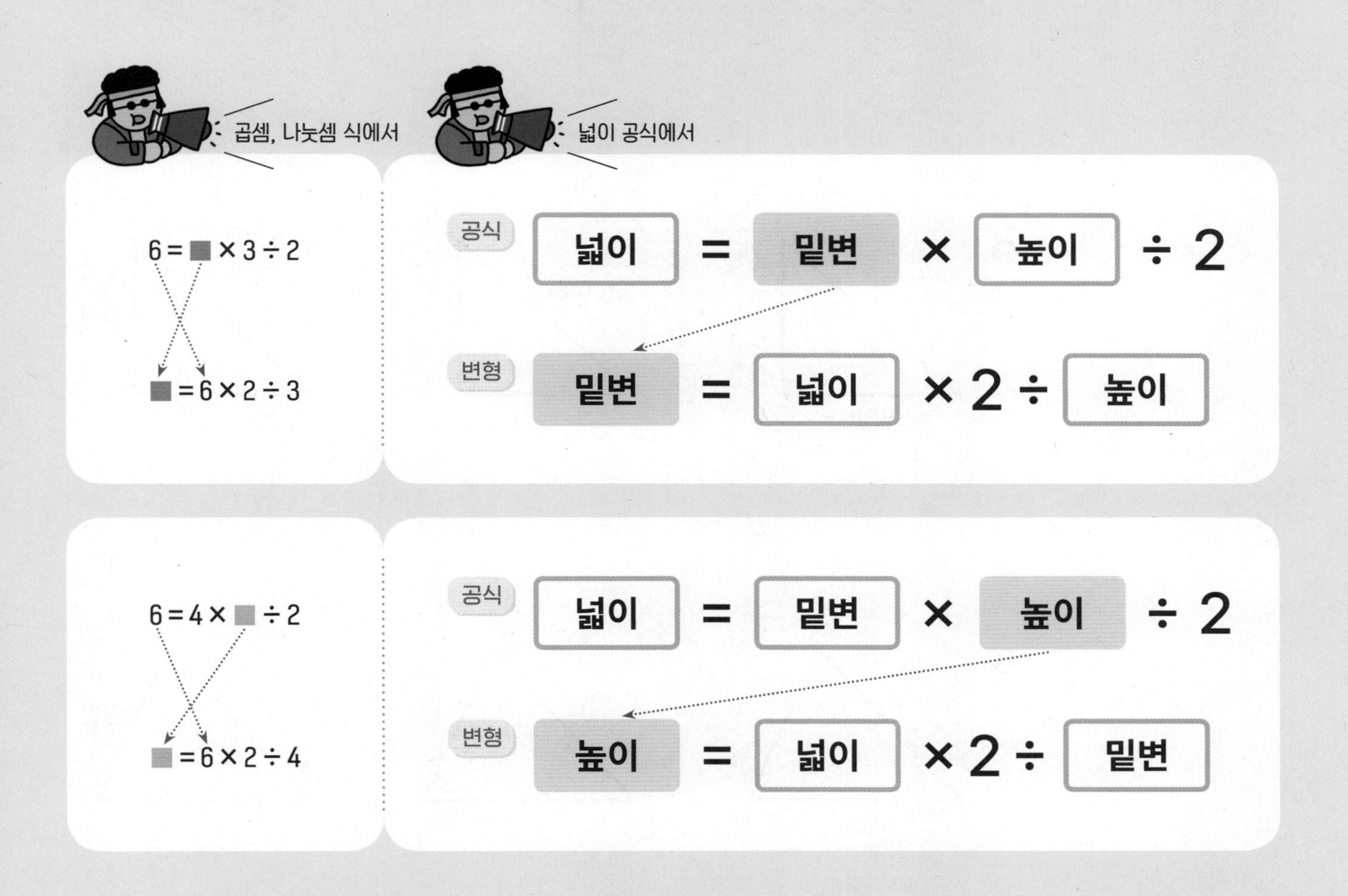

공식 변형

밑변의 길이 구하는 공식

(삼각형의 밑변의 길이)
= (넓이) × 2 ÷ (높이)

높이 구하는 공식

(삼각형의 높이)
= (넓이) × 2 ÷ (밑변의 길이)

12강 · 삼각형의 넓이

구성 요소 표현 1

밑변의 위치에 따라 높이의 위치도 달라져요.

삼각형에서 각 밑변에 따른 높이를 나타내세요.

❶

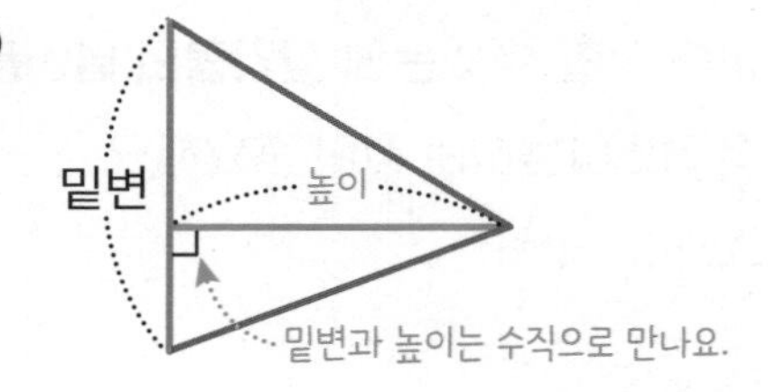

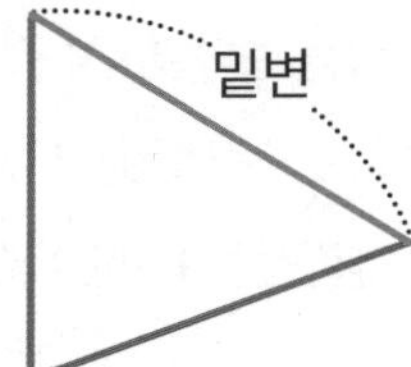

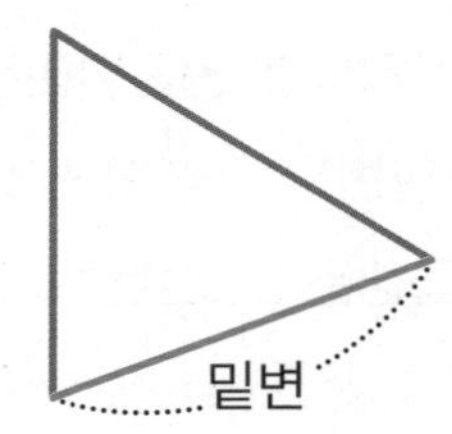

❷

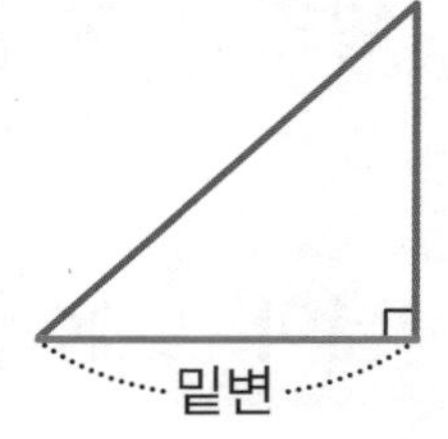

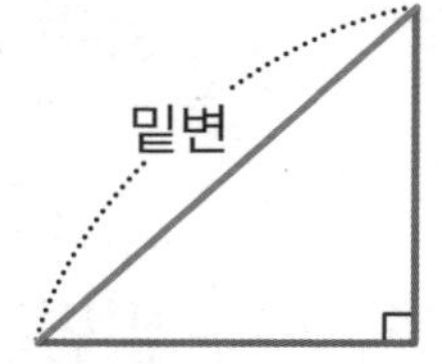

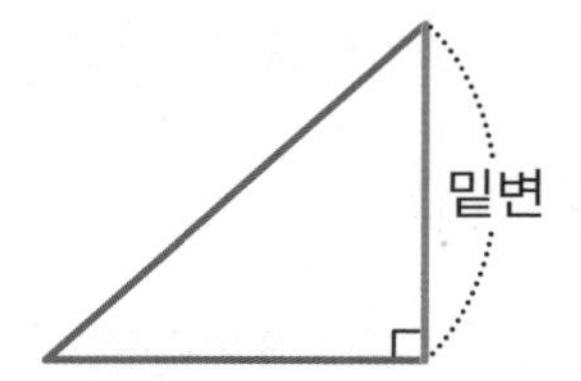

❸

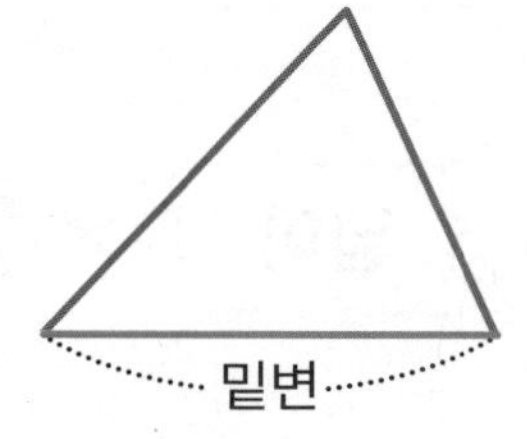

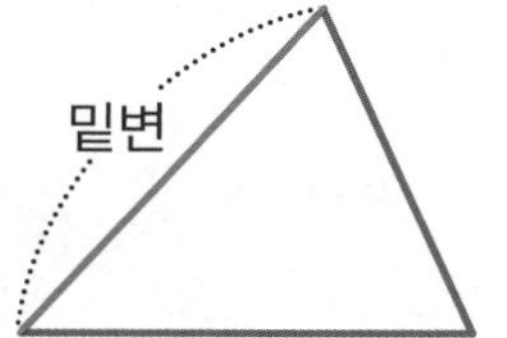

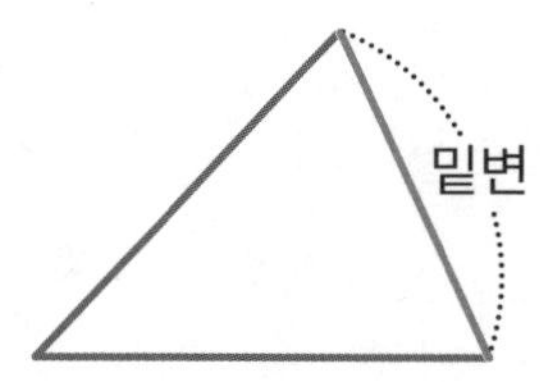

높이는 삼각형의 안쪽에 그릴 수도 있고 바깥쪽에 그릴 수도 있어요.

❹

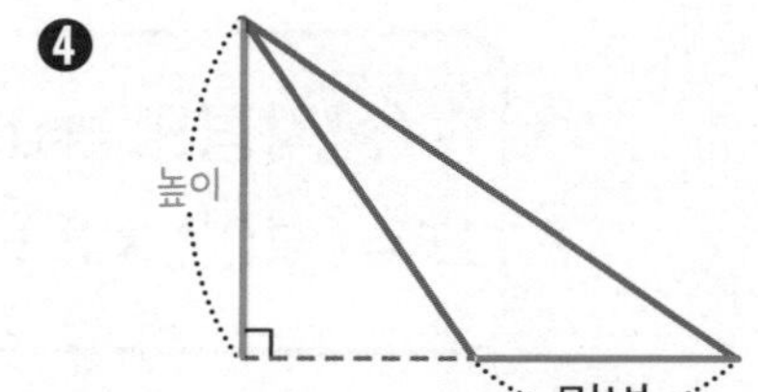

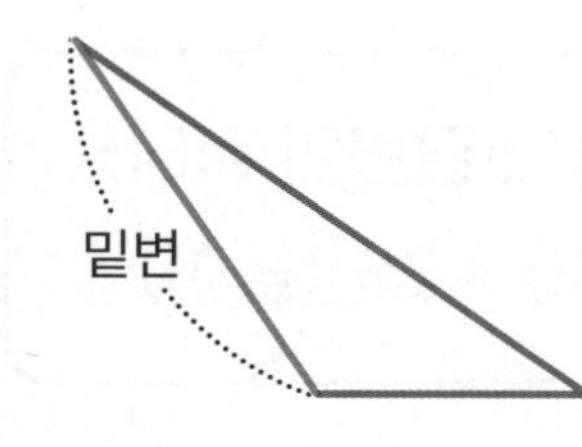

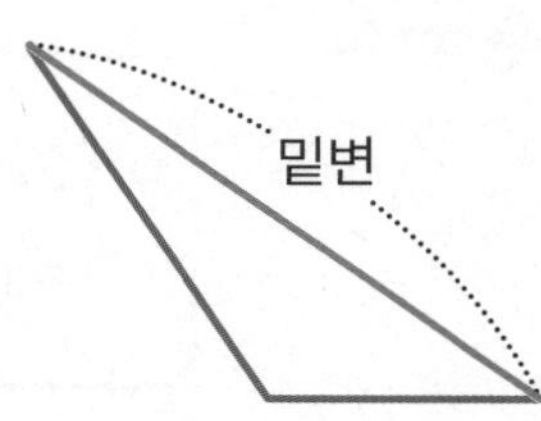

공식 이해 **2**

삼각형 2개를 사용했으므로 삼각형의 넓이는 평행사변형 넓이의 반이에요.

삼각형 2개를 이용하여 만들어지는 평행사변형을 그려 보고, 삼각형의 넓이를 구하세요.

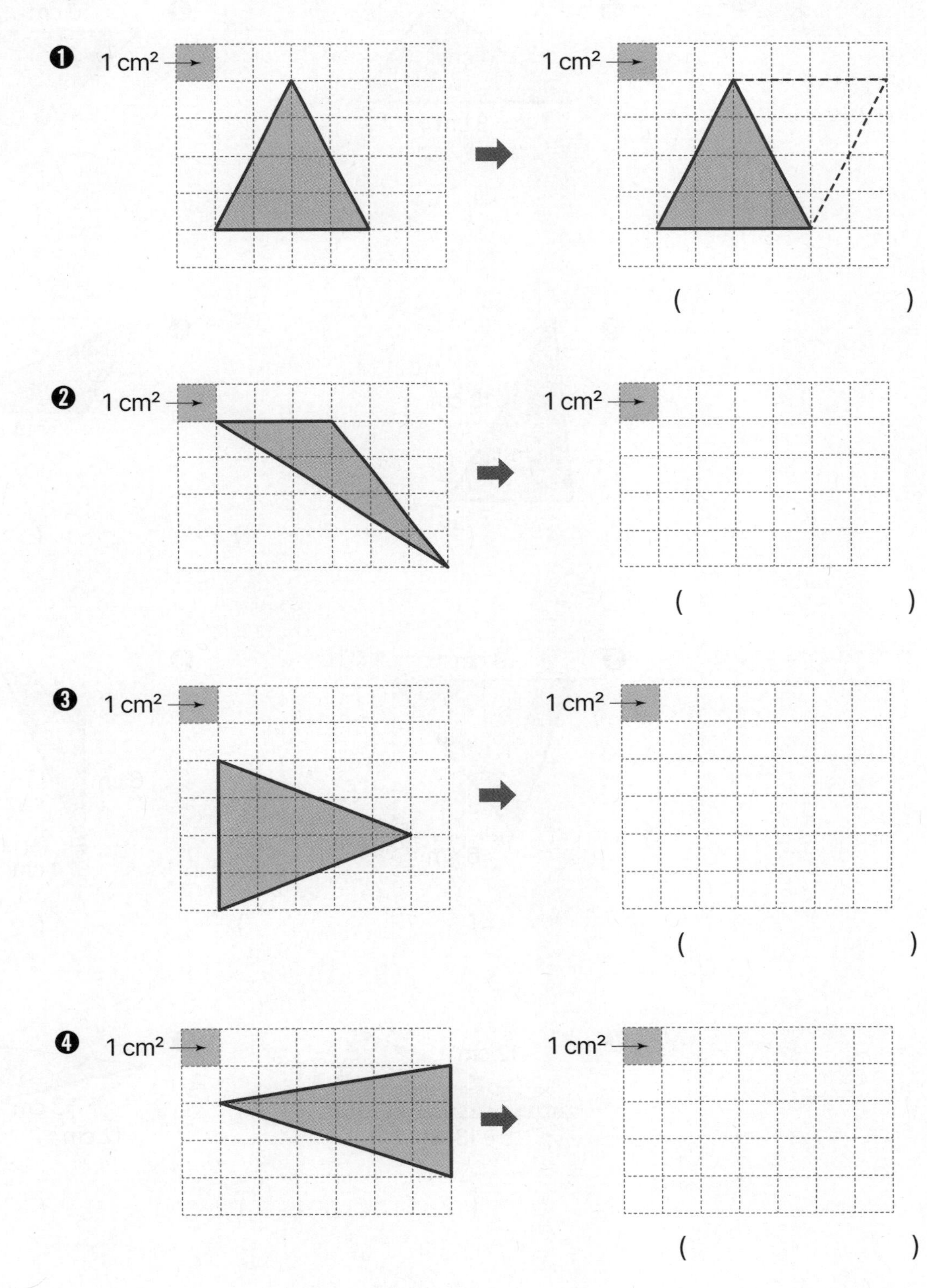

12강 · 삼각형의 넓이

공식 적용 **3**

(삼각형의 넓이)
= (밑변) × (높이) ÷ 2

삼각형에서 밑변과 높이를 먼저 찾아요.

삼각형의 넓이를 구하세요.

❶
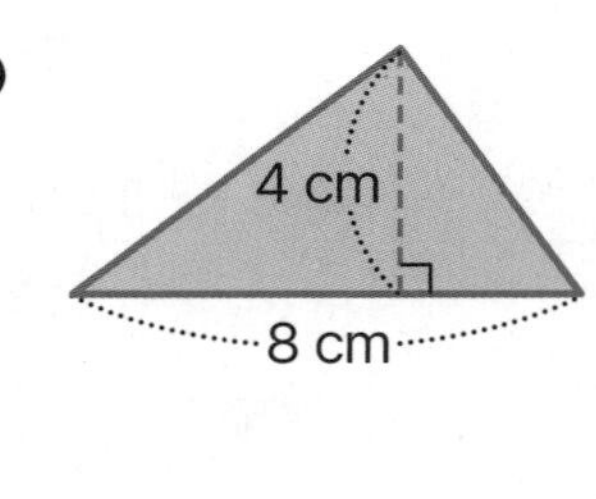

(　　　　　　　　)

❷
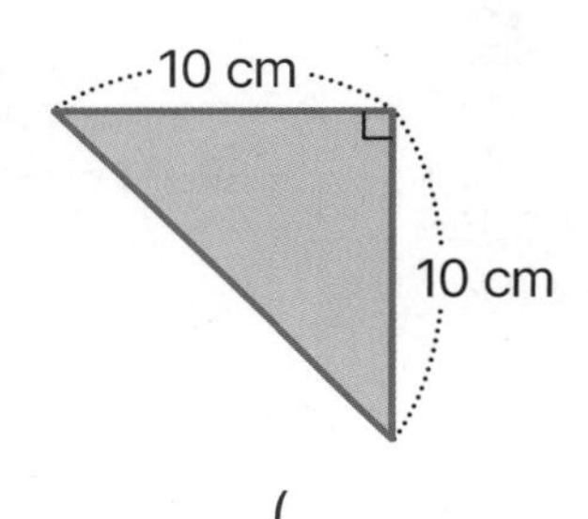

(　　　　　　　　)

❸
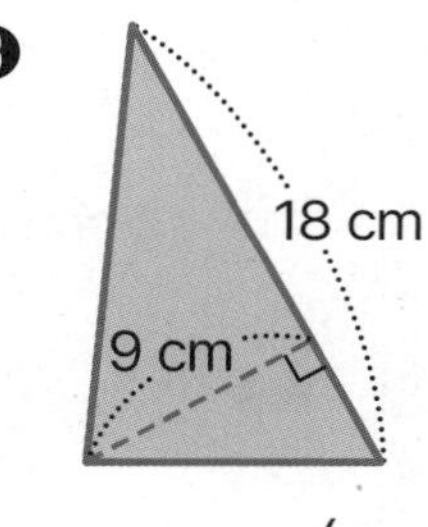

(　　　　　　　　)

❹
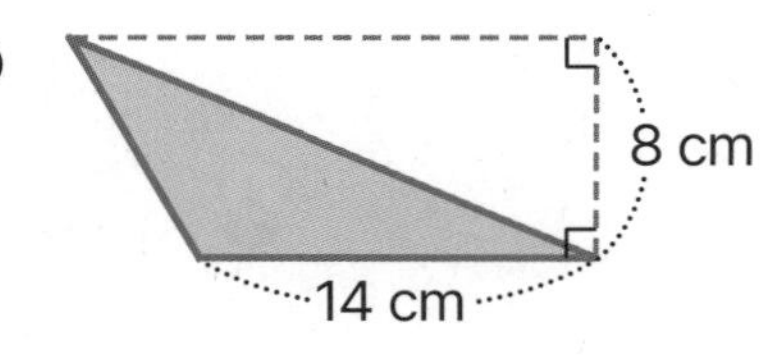

(　　　　　　　　)

❺
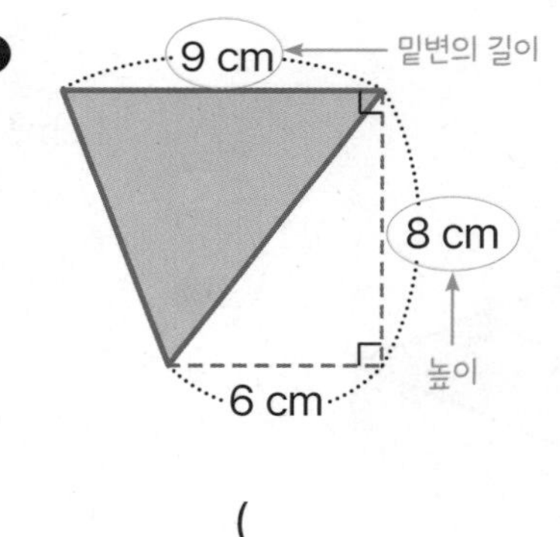

(　　　　　　　　)

❻
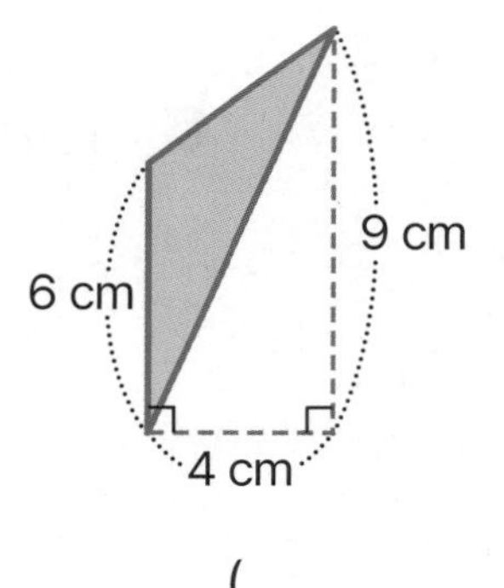

(　　　　　　　　)

❼
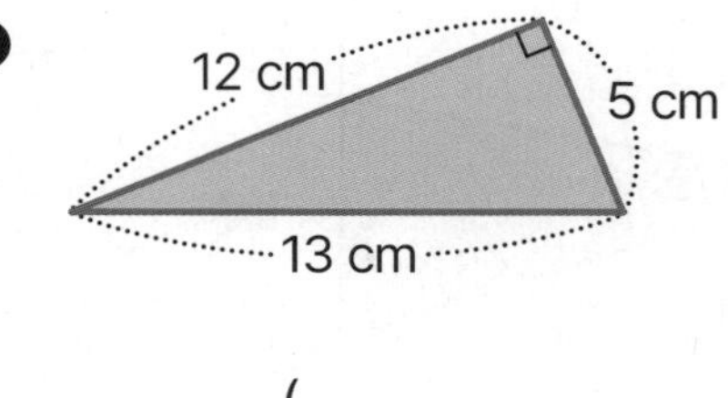

(　　　　　　　　)

❽
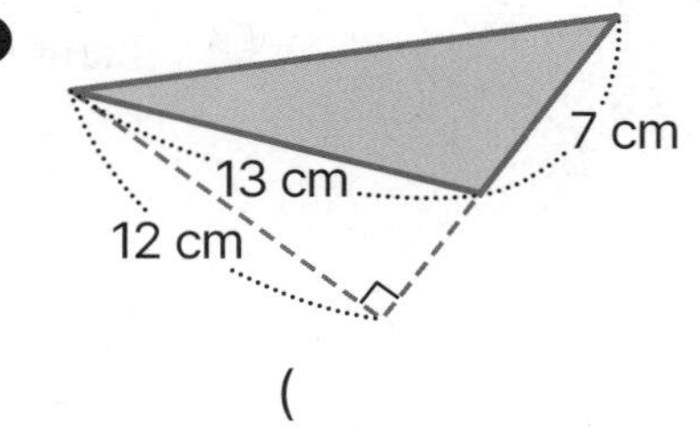

(　　　　　　　　)

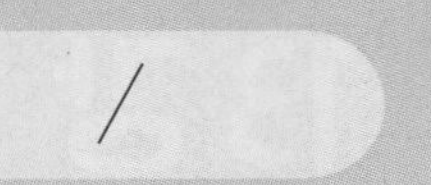

공식 변형 **4**

(넓이) = (밑변) × (높이) ÷ 2

(밑변) = (넓이) × 2 ÷ (높이)
(높이) = (넓이) × 2 ÷ (밑변)

삼각형의 넓이가 다음과 같을 때 □ 안에 알맞은 수를 써넣으세요.

❶ 넓이: 15 cm^2

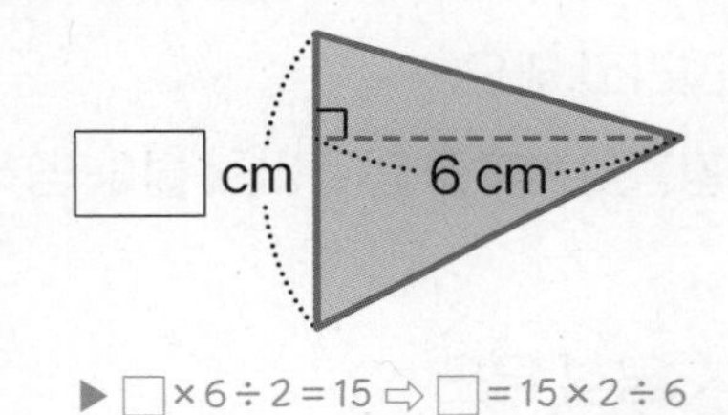

▶ □ × 6 ÷ 2 = 15 ⇨ □ = 15 × 2 ÷ 6

❷ 넓이: 28 cm^2

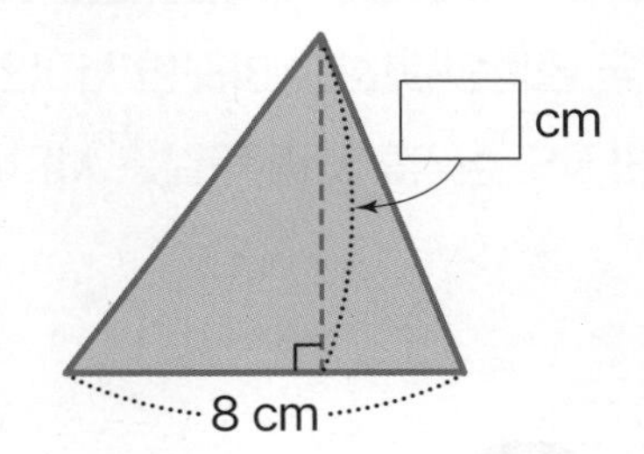

❸ 넓이: 27 cm^2

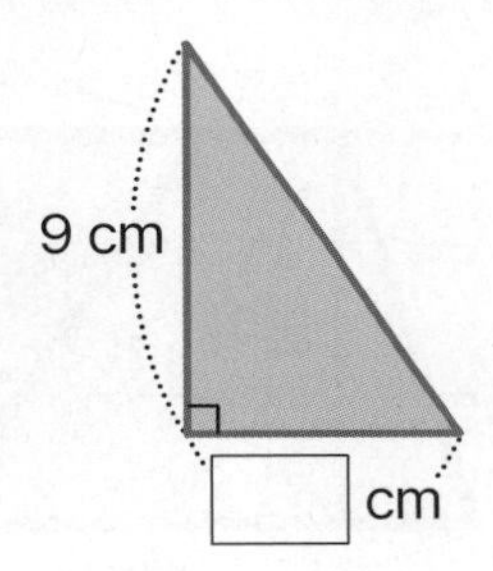

❹ 넓이: 42 cm^2

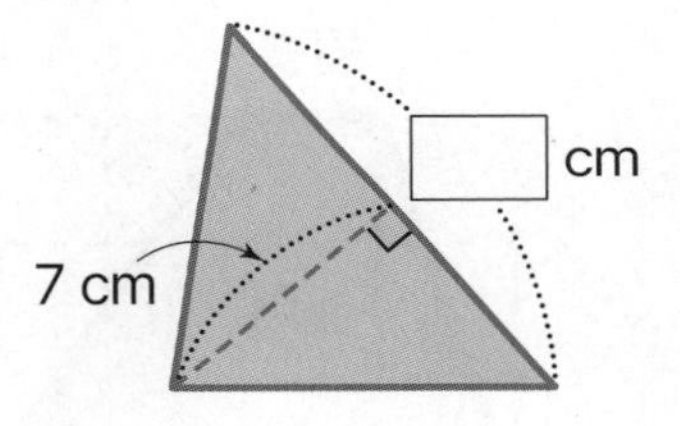

❺ 넓이: 24 cm^2

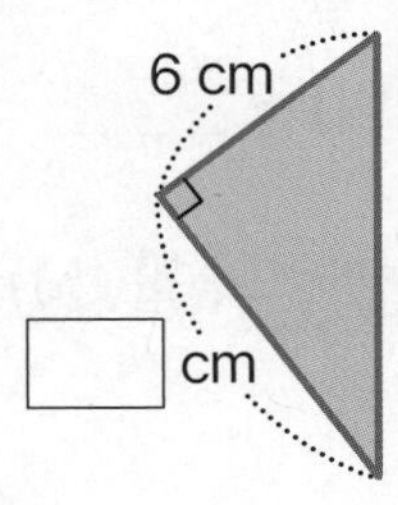

❻ 넓이: 32 cm^2

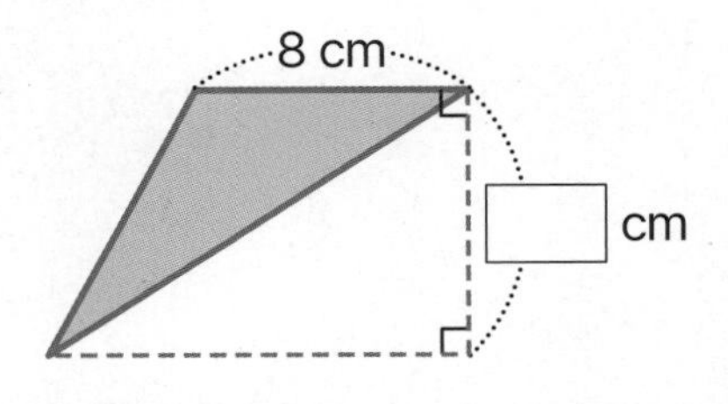

❼ 넓이: 10 cm^2

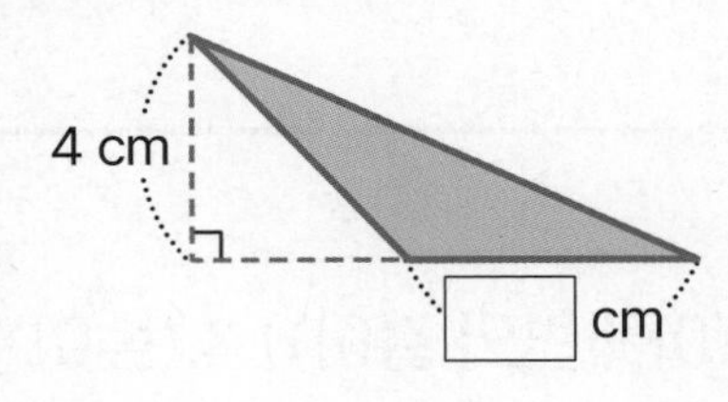

❽ 넓이: 72 cm^2

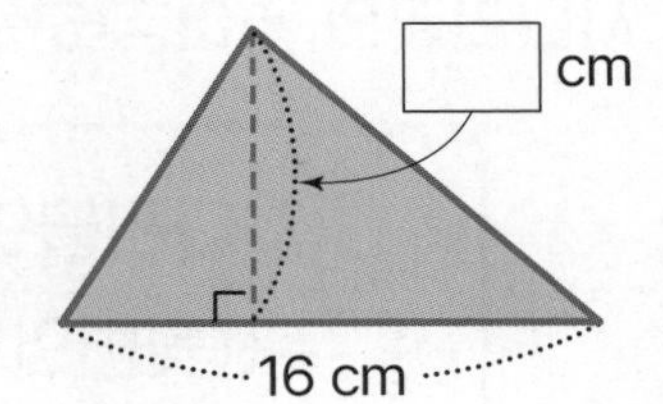

13강 사다리꼴의 넓이

사다리꼴의 넓이 구하는 공식 만들기

사다리꼴에서 평행한 두 변을 밑변이라 하고, 한 밑변을 윗변, 다른 밑변을 아랫변이라고 해요.
이때 두 밑변인 윗변과 아랫변 사이의 거리를 높이라고 해요.
사다리꼴도 삼각형처럼 똑같은 사다리꼴 2개로 평행사변형을 만들어서 넓이 공식을 만들어 봅시다.

공식 유도

같은 사다리꼴 2개를 붙여서 평행사변형 만들기

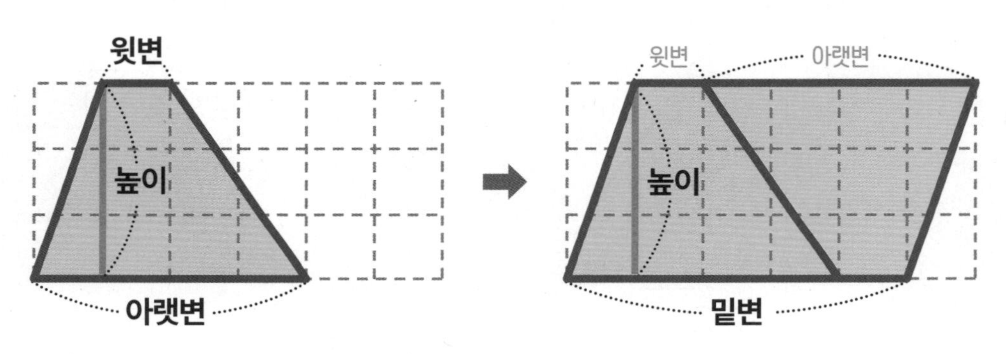

(사다리꼴의 넓이) = (평행사변형 넓이의 반)

= (밑변의 길이) × (높이) ÷ ____

= ((윗변의 길이) + (아랫변의 길이)) × (높이) ÷ ____

공식

사다리꼴의 넓이 구하는 공식

(사다리꼴의 넓이)
= ((윗변의 길이) + (아랫변의 길이)) × (높이) ÷ 2

공식 적용 **1**

사다리꼴의 넓이를 구하는 공식에는 +, ×, ÷가 사용되므로 공식을 헷갈리지 않도록 꼭 외워요.

사다리꼴의 넓이를 구하세요.

❶

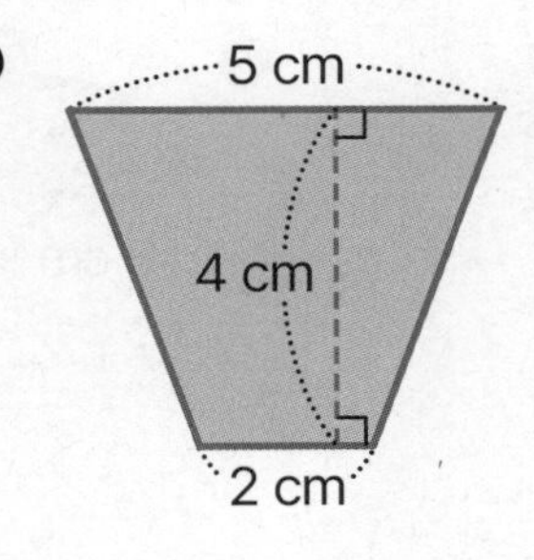

(사다리꼴의 넓이) = (5 (+) 2) ◯ 4 ◯ 2

= ______ (cm^2)

❷

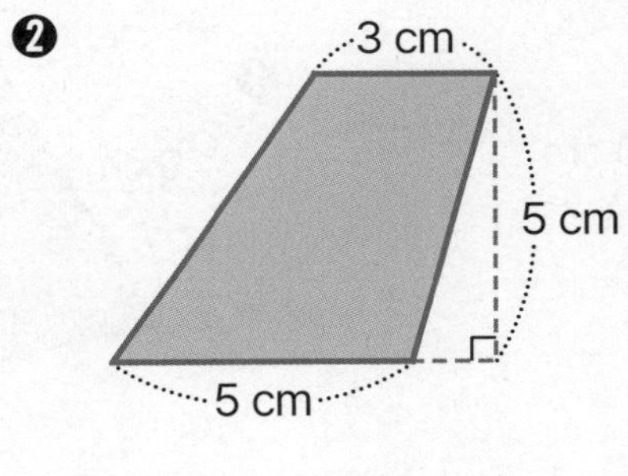

(　　　　　)

❸

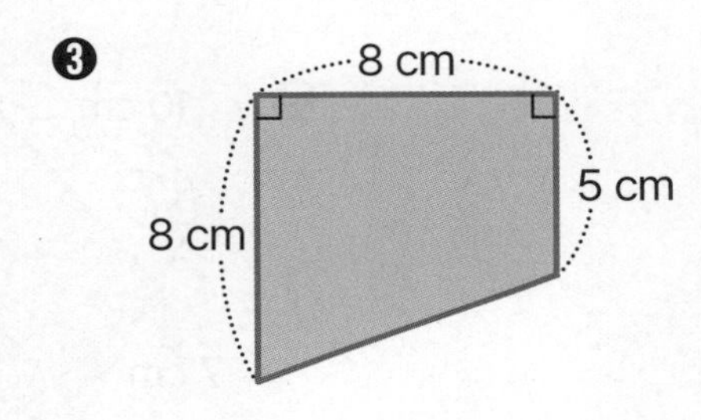

(　　　　　)

❹

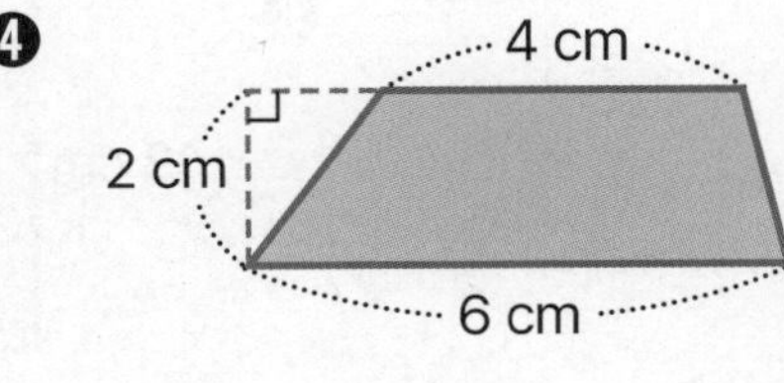

(　　　　　)

❺

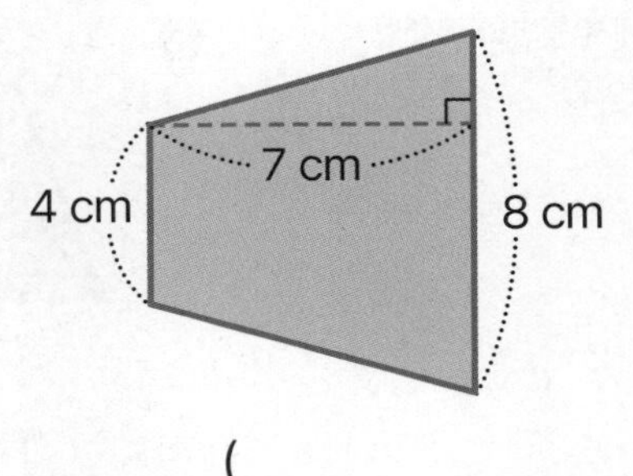

(　　　　　)

❻

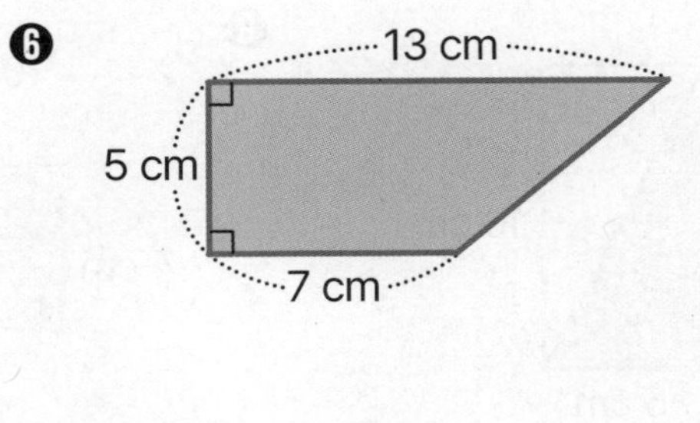

(　　　　　)

❼

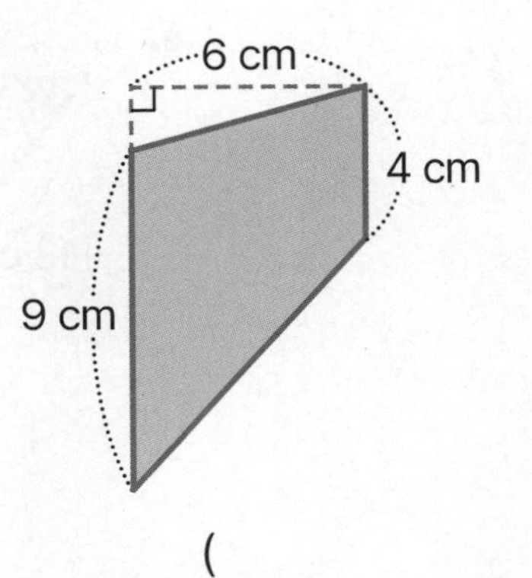

(　　　　　)

13강 · 사다리꼴의 넓이

공식 적용 **2**

사다리꼴에서 두 밑변인 윗변과 아랫변은 평행해요.

사다리꼴에서 윗변과 아랫변을 먼저 찾아요.

사다리꼴의 넓이를 구하세요.

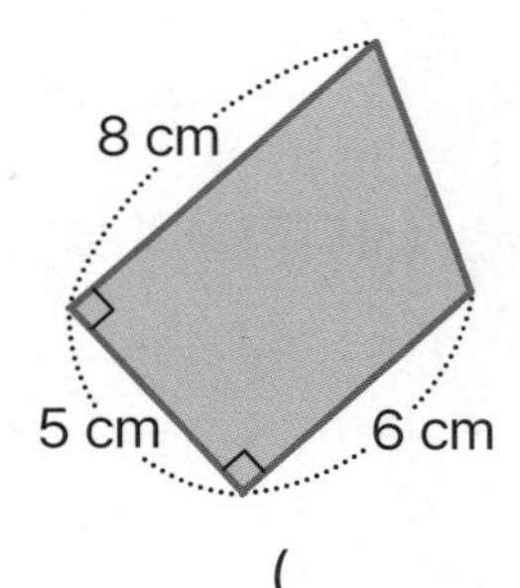

(　　　　　　　　)

❷

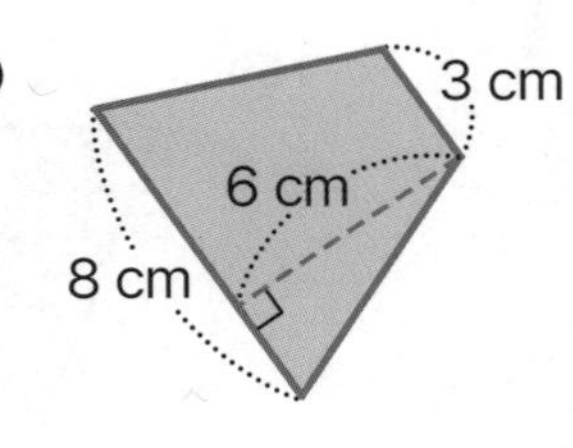

(　　　　　　　　)

❸

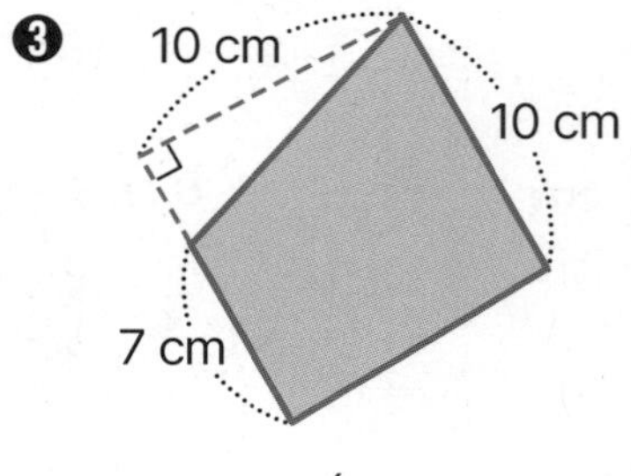

(　　　　　　　　)

❹

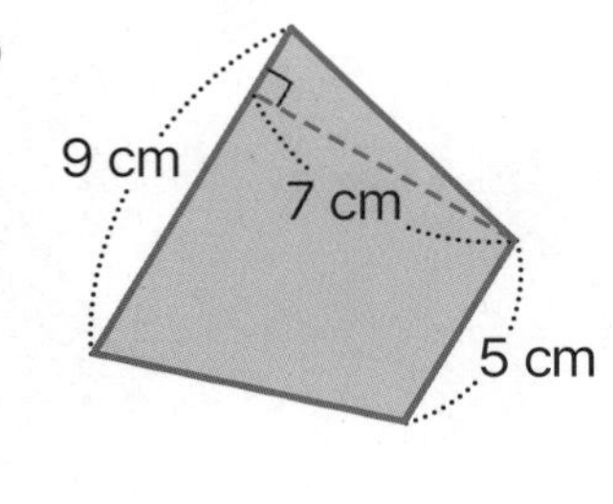

(　　　　　　　　)

❺

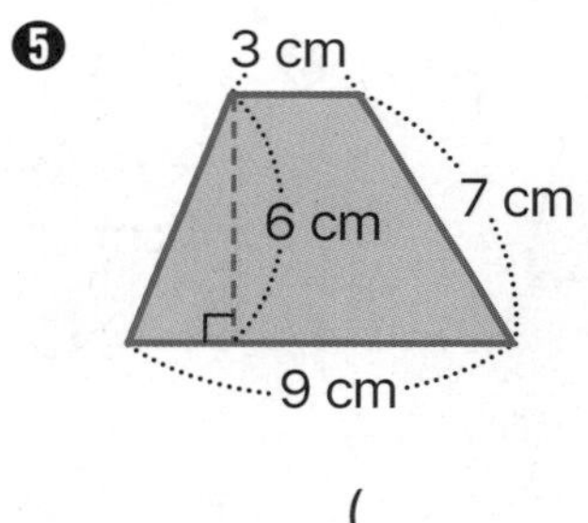

(　　　　　　　　)

❻

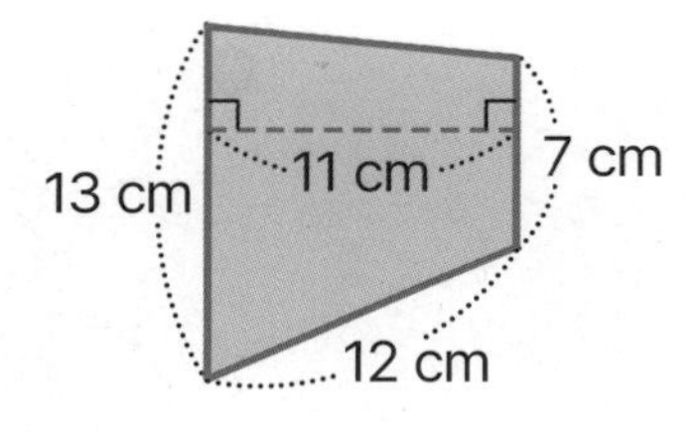

(　　　　　　　　)

❼

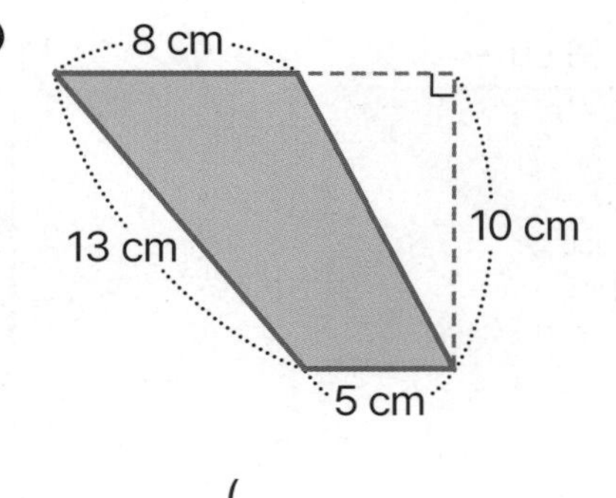

(　　　　　　　　)

❽

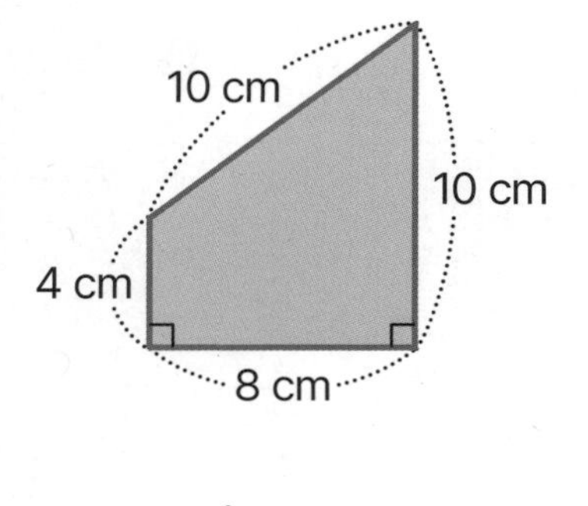

(　　　　　　　　)

도형 문장제 **3**

조건에 알맞은 사다리꼴의 넓이를 구하세요.

❶ 윗변과 아랫변의 길이의 합이 11 cm이고, 높이가 6 cm인 사다리꼴의 넓이는 몇 cm^2인지 구하세요.

( )

❷ 윗변과 아랫변의 길이의 합이 16 cm이고, 높이가 7 cm인 사다리꼴의 넓이는 몇 cm^2인지 구하세요.

( )

❸ 윗변과 아랫변의 길이의 합이 13 cm이고, 높이가 2 cm인 사다리꼴의 넓이는 몇 cm^2인지 구하세요.

( )

❹ 윗변의 길이가 7 cm, 아랫변의 길이가 3 cm이고, 높이가 5 cm인 사다리꼴의 넓이는 몇 cm^2인지 구하세요.

( )

❺ 윗변의 길이가 8 cm, 아랫변의 길이가 2 cm이고, 높이가 6 cm인 사다리꼴의 넓이는 몇 cm^2인지 구하세요.

( )

❻ 윗변의 길이가 3 cm, 아랫변의 길이가 5 cm이고, 높이가 9 cm인 사다리꼴의 넓이는 몇 cm^2인지 구하세요.

( )

13강 · 사다리꼴의 넓이

공식 변형 4

사다리꼴의 넓이 공식을 변형하여 높이를 구하는 식은 꼭 외울 필요는 없어요.
넓이를 2배 하여 윗변과 아랫변의 길이의 합으로 나누면 높이가 돼요.

사다리꼴의 넓이가 다음과 같을 때 높이를 구하세요.

❶ 넓이: 42 cm^2

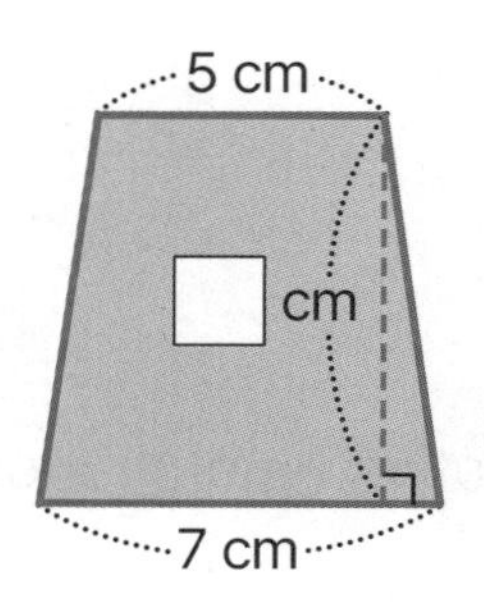

(1) 사다리꼴의 넓이 공식에 적용하여 식 쓰기
(5 + 7) × □ ÷ 2 = 42, 12 × □ ÷ 2 = 42
(2) 곱셈과 나눗셈의 관계를 이용하여 □ 구하기
12 × □ ÷ 2 = 42 ⇨ 12 × □ = 84, □ = 84 ÷ 12

❷ 넓이: 30 cm^2

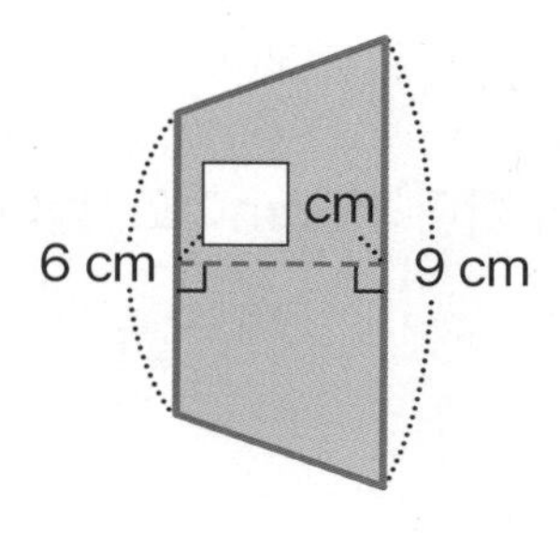

❸ 넓이: 52 cm^2

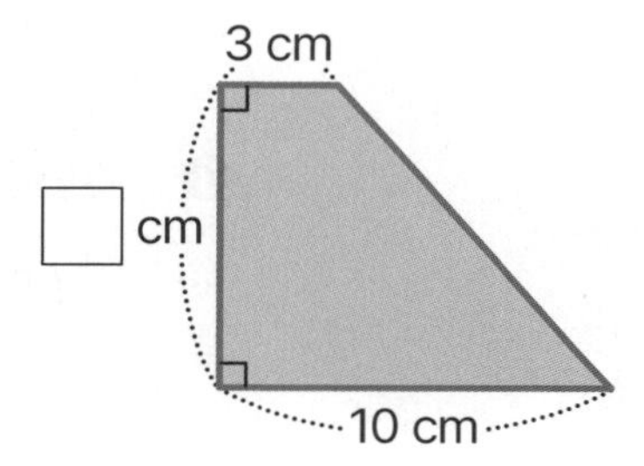

❹ 넓이: 48 cm^2

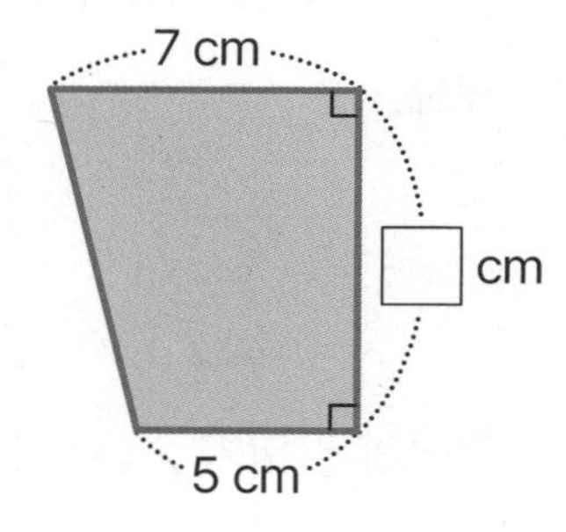

❺ 넓이: 49 cm^2

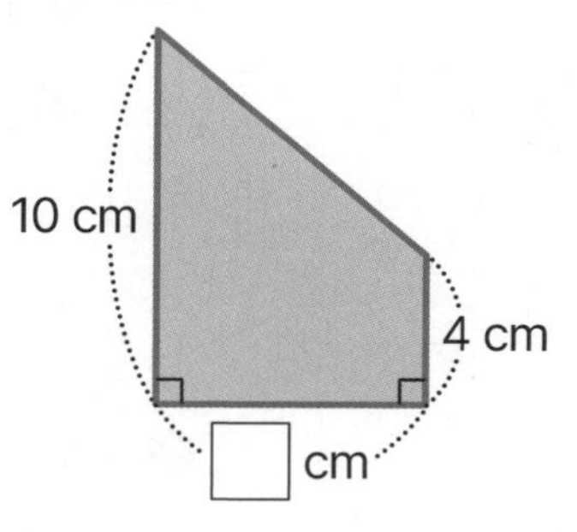

❻ 넓이: 54 cm^2

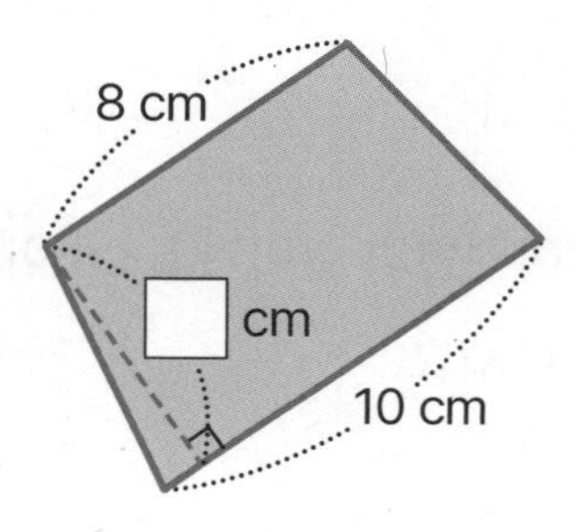

❼ 넓이: 39 cm^2

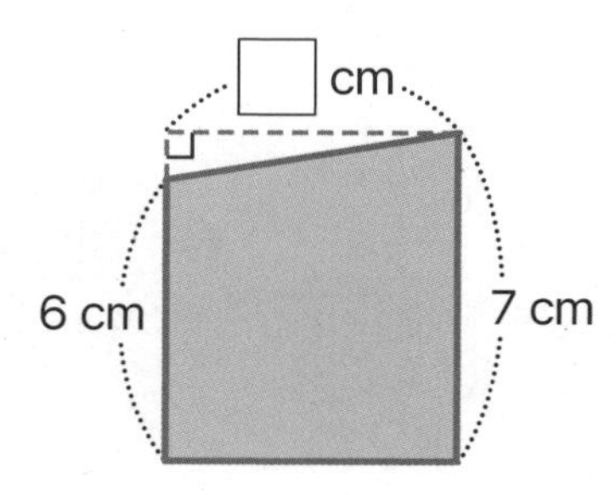

공부한 날 /

공식 변형 5

사다리꼴의 넓이 공식을 변형하여 윗변이나 아랫변의 길이를 구하는 식은 꼭 외울 필요는 없어요.
넓이를 2배 하여 높이로 나누면 윗변과 아랫변의 길이의 합이 되는 것만 기억해도 좋아요.

사다리꼴의 넓이가 다음과 같을 때 윗변 또는 아랫변의 길이를 구하세요.

❶ 넓이: 20 cm^2

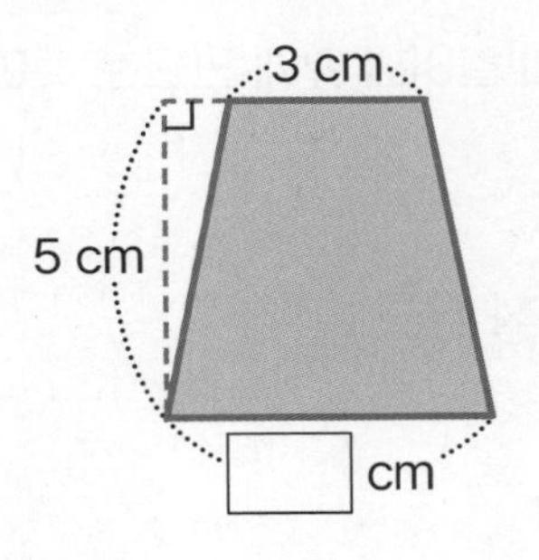

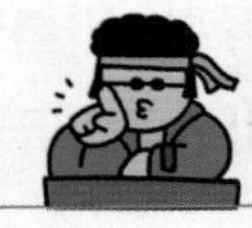

먼저 □를 사용하여 넓이 공식을 써요.

(1) 사다리꼴의 넓이 공식에 적용하여 식 쓰기
$(3+\square)\times5\div2=20$, $(3+\square)\times5=40$, $3+\square=8$

(2) 덧셈과 뺄셈의 관계를 이용하여 □ 구하기
$3+\square=8$ ⇨ $\square=8-3$

❷ 넓이: 90 cm^2

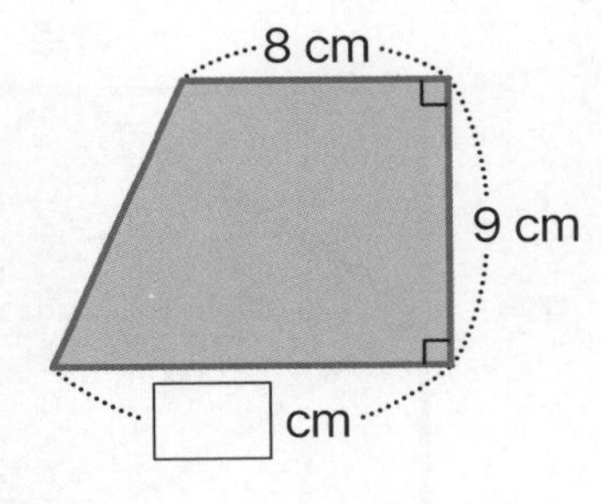

❸ 넓이: 56 cm^2

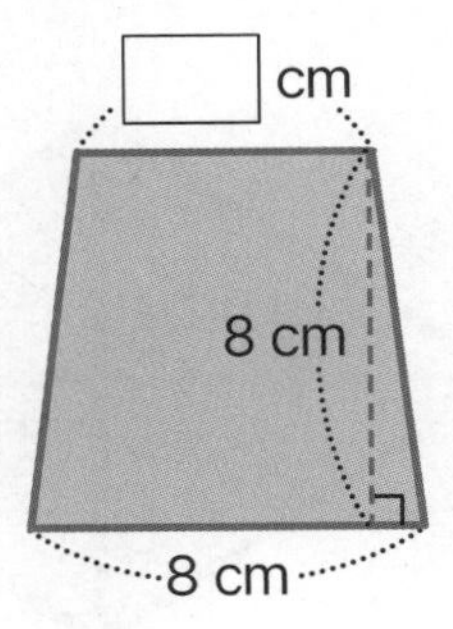

❹ 넓이: 55 cm^2

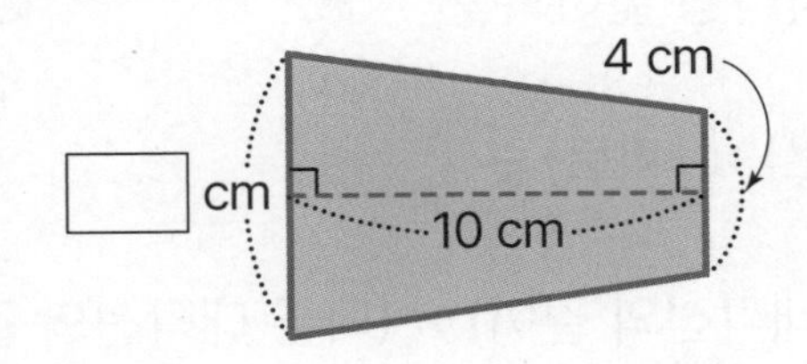

❺ 넓이: 63 cm^2

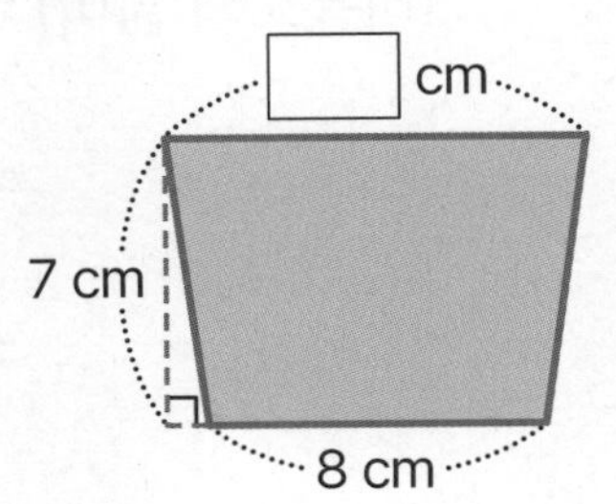

❻ 넓이: 51 cm^2

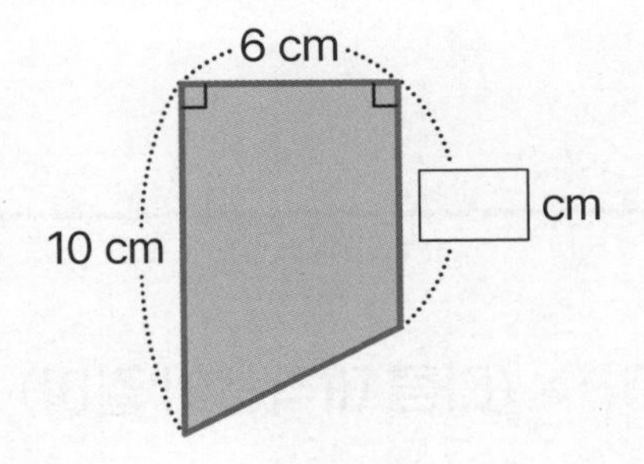

❼ 넓이: 162 cm^2

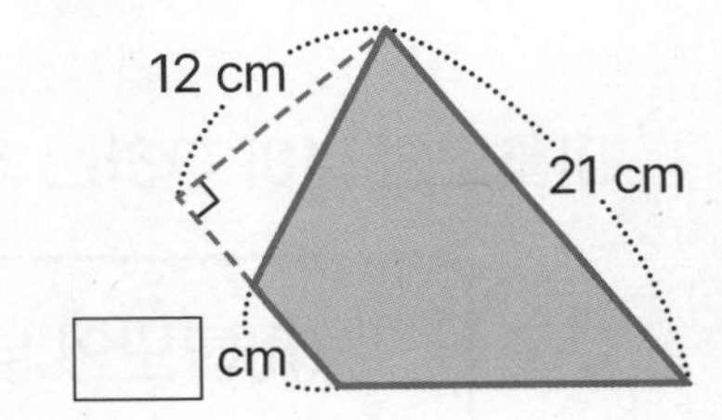

14강 마름모의 넓이

마름모의 넓이 구하는 공식 만들기

마름모를 둘러싸는 직사각형을 그려서 마름모의 넓이를 구할 거예요.
그린 직사각형의 가로와 세로가 마름모의 두 대각선의 길이와 같게 만드는 것이 중요해요.

공식 유도

마름모를 직사각형 모양으로 만들기

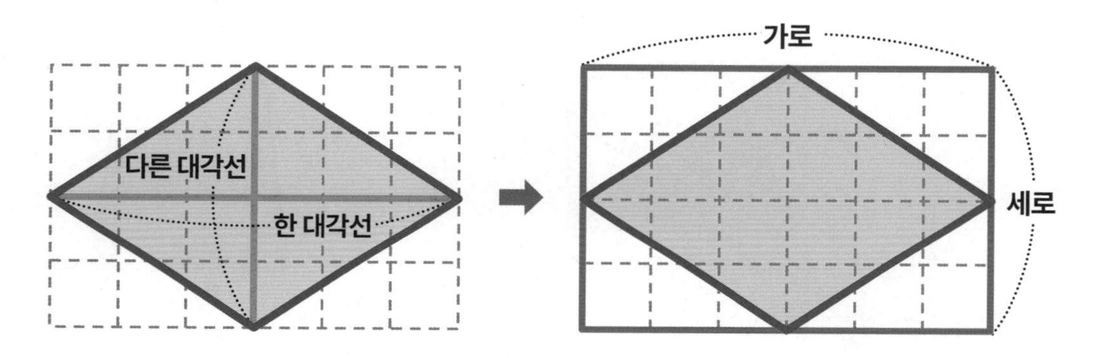

(마름모의 넓이) = (직사각형 넓이의 반)

= (가로) × (세로) ÷ ____

= (한 대각선의 길이) × (다른 대각선의 길이) ÷ ____

공식

마름모의 넓이 구하는 공식

(마름모의 넓이)
= (한 대각선의 길이) × (다른 대각선의 길이) ÷ 2

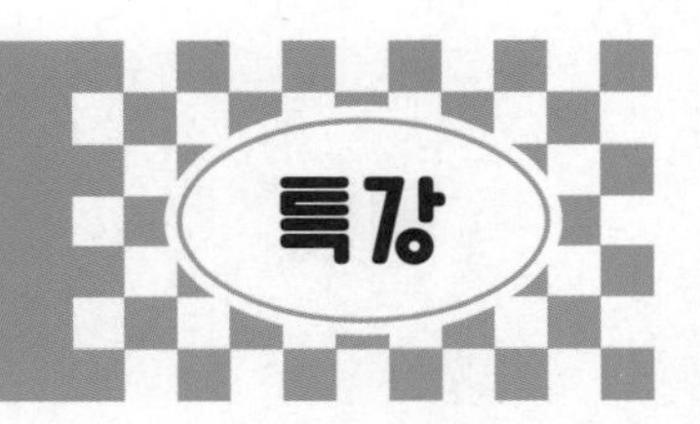

공식 변형하는 방법

마름모에서도 삼각형과 같은 방법으로 넓이를 구하는 공식을 변형하여 대각선의 길이를 구할 수 있는데
마름모의 넓이를 구하는 공식은 (한 대각선의 길이) × (다른 대각선의 길이) ÷ 2이므로
구성 요소의 용어를 주의해서 만들어요. 곱셈과 나눗셈의 관계를 2번 이용하는 것은 기억하고 있지요?

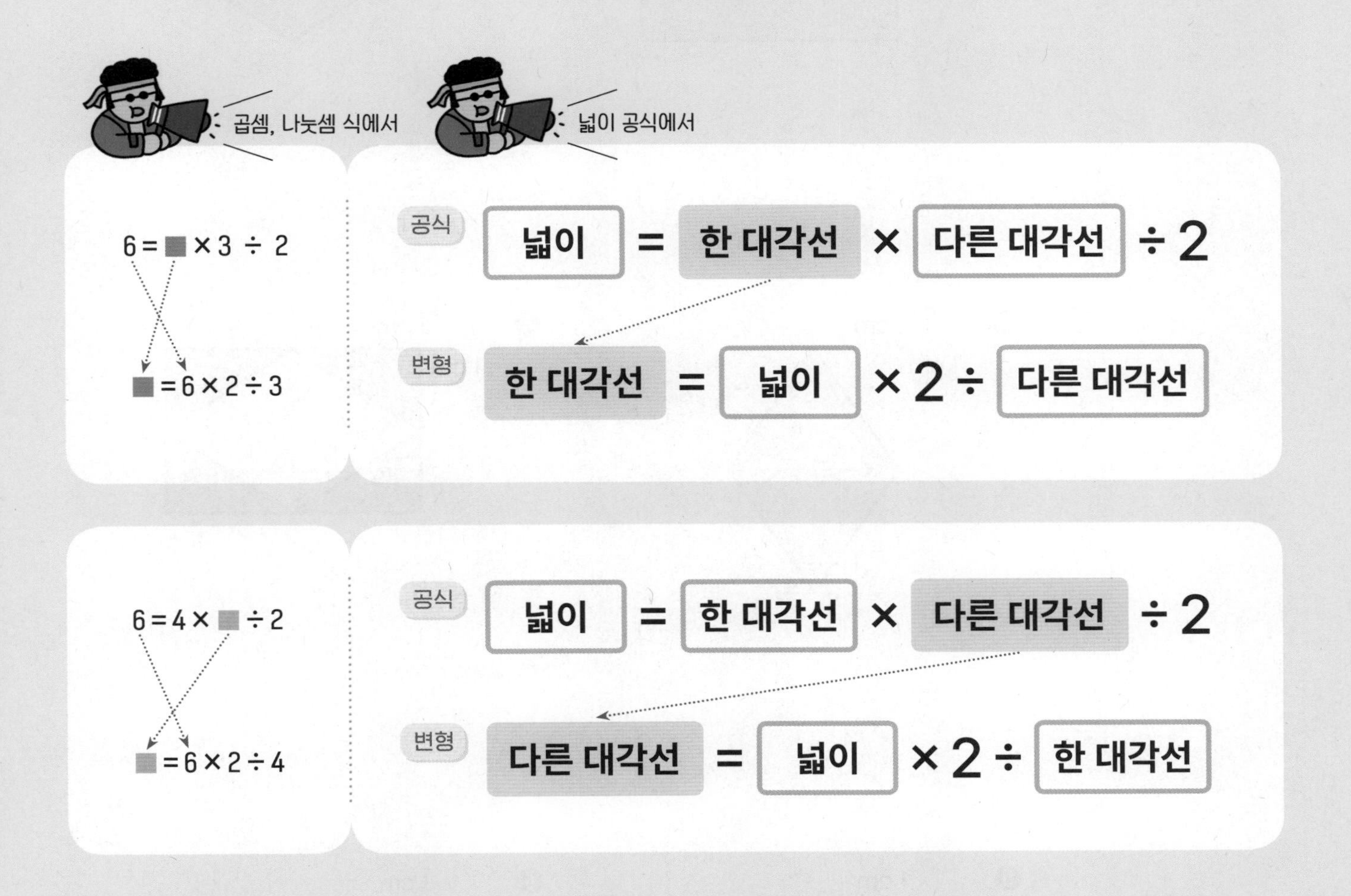

공식 변형

한 대각선의 길이 구하는 공식

(마름모의 한 대각선의 길이)
= (넓이) × 2 ÷ (다른 대각선의 길이)

다른 대각선의 길이 구하는 공식

(마름모의 다른 대각선의 길이)
= (넓이) × 2 ÷ (한 대각선의 길이)

14강 · 마름모의 넓이

도형 감각 **1**

모눈 한 칸의 길이가 1 cm일 때 색칠한 부분의 넓이를 구하세요.

❶ 1 cm 1 cm

(   )

❷ 1 cm 1 cm

(   )

❸ 1 cm 1 cm

(   )

❹ 1 cm 1 cm

(   )

❺ 1 cm 1 cm

(   )

❻

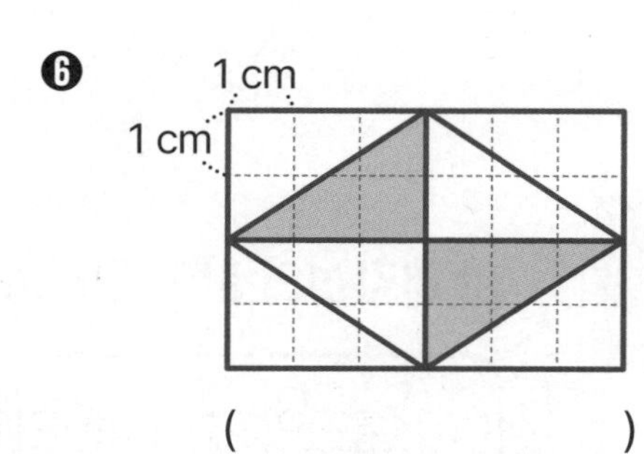

(   )

공식 적용 **2**

마름모의 넓이를 구하세요.

❶

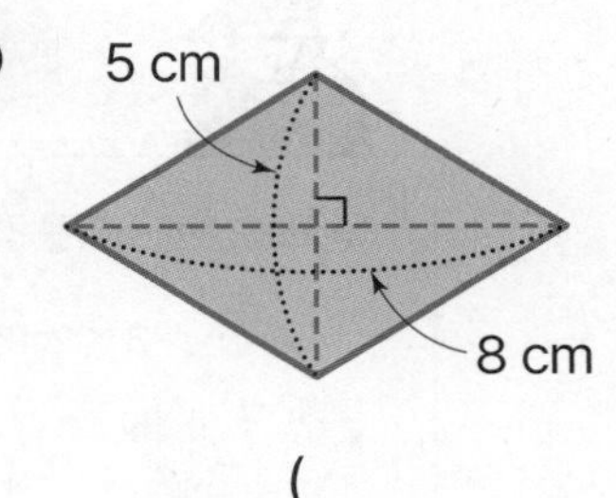

(　　　　　　　　　)

❷

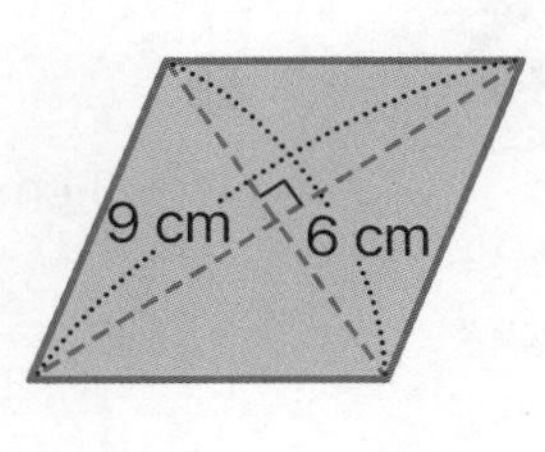

(　　　　　　　　　)

❸

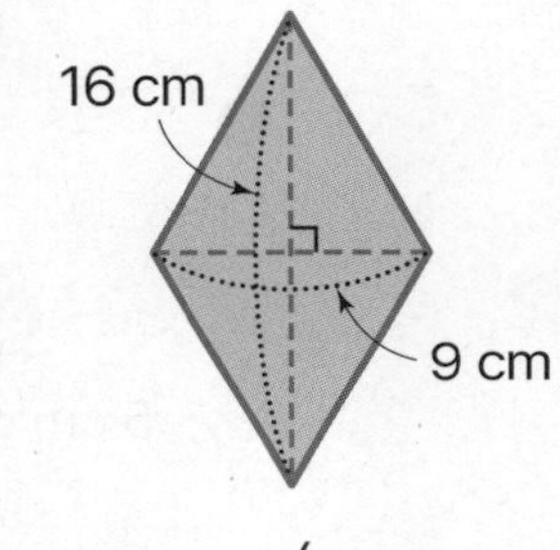

(　　　　　　　　　)

❹

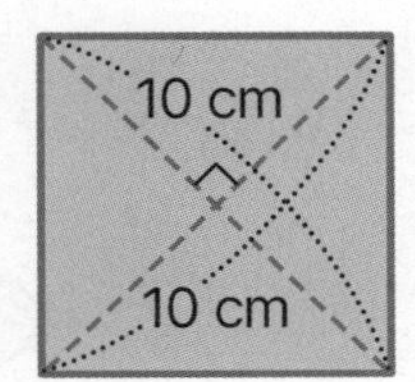

(　　　　　　　　　)

❺

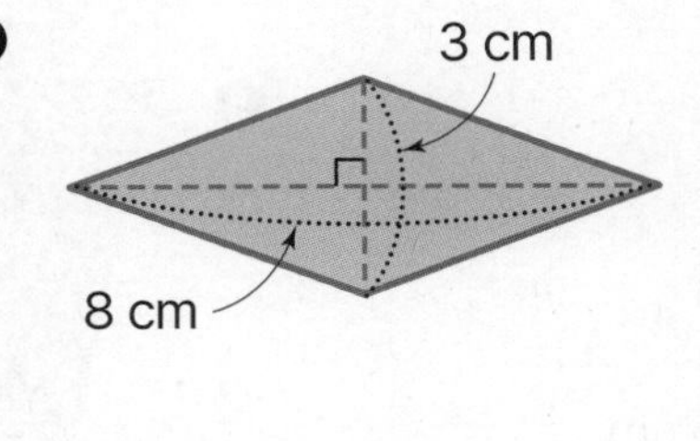

(　　　　　　　　　)

❻

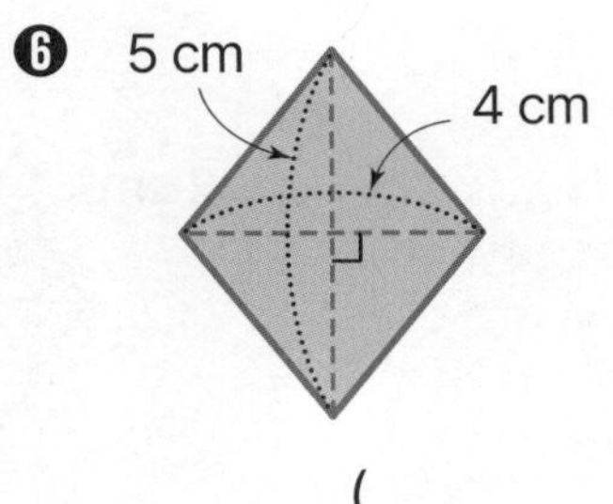

(　　　　　　　　　)

❼

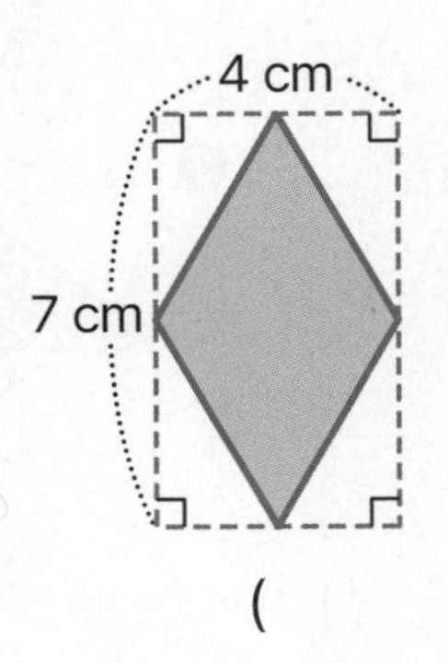

(　　　　　　　　　)

❽

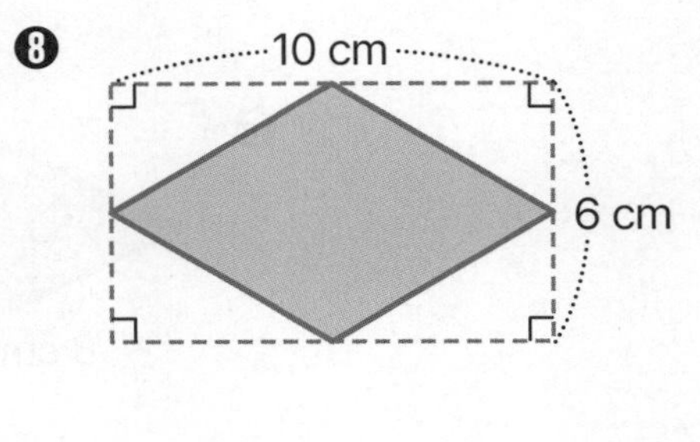

(　　　　　　　　　)

14강 · 마름모의 넓이

공식 적용 **3**

마름모에서 대각선은 서로 수직으로 만나고 서로를 이등분해요.

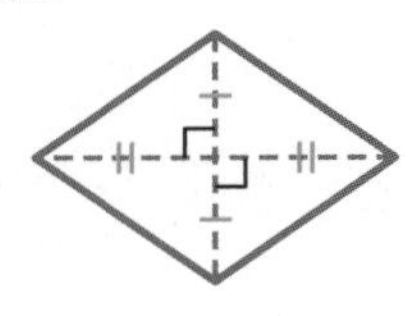

마름모의 넓이를 구하세요.

❶

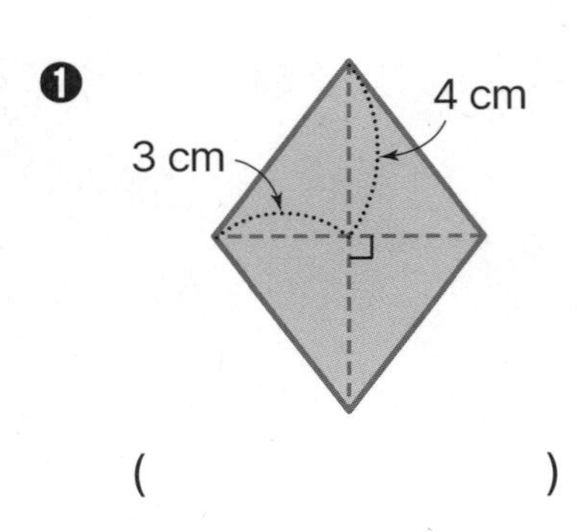

(　　　　　　　　)

먼저 두 대각선의 길이를 구해요.

두 대각선의 길이를 각각 구하면

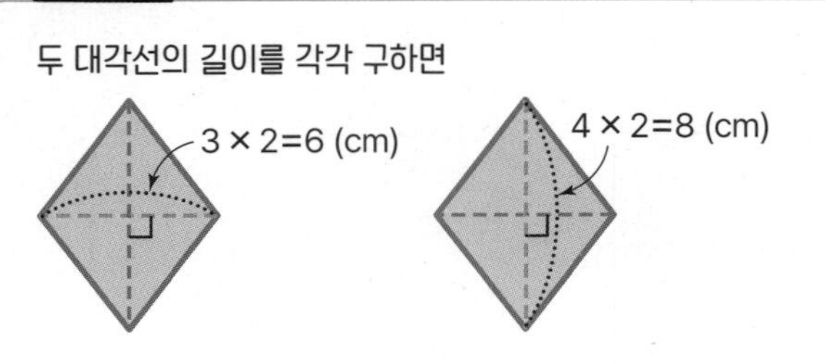

❷

4 cm
7 cm

(　　　　　　　　)

❸

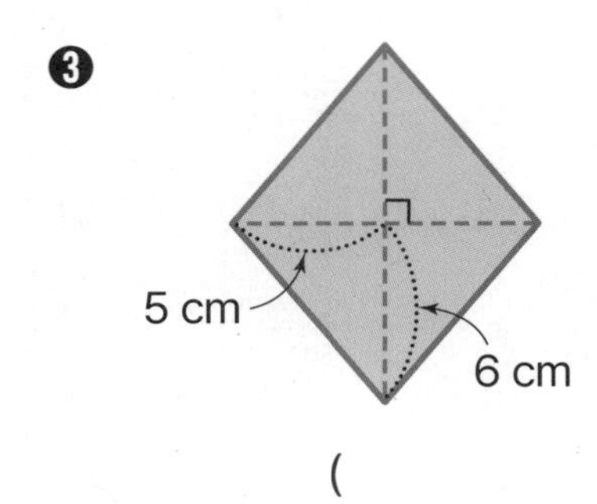

(　　　　　　　　)

❹

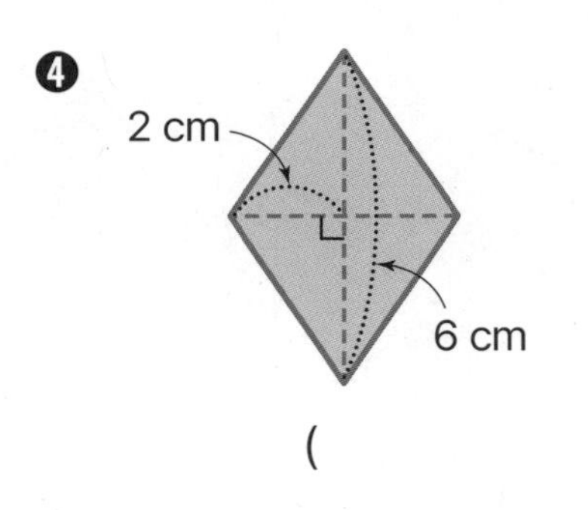

(　　　　　　　　)

❺

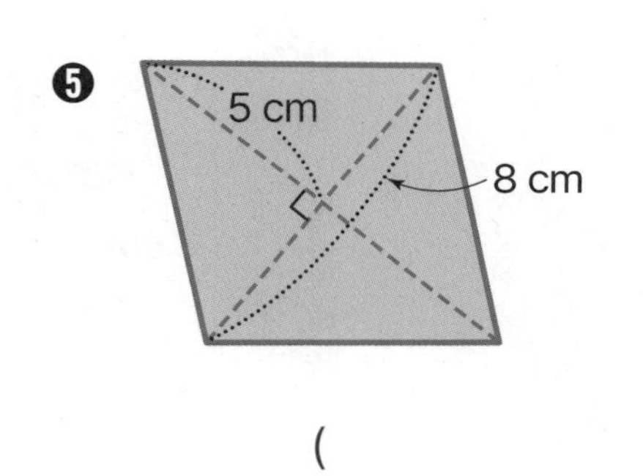

(　　　　　　　　)

❻

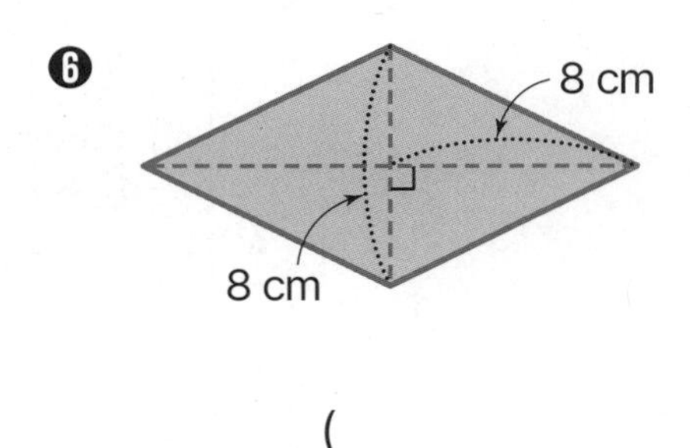

(　　　　　　　　)

❼

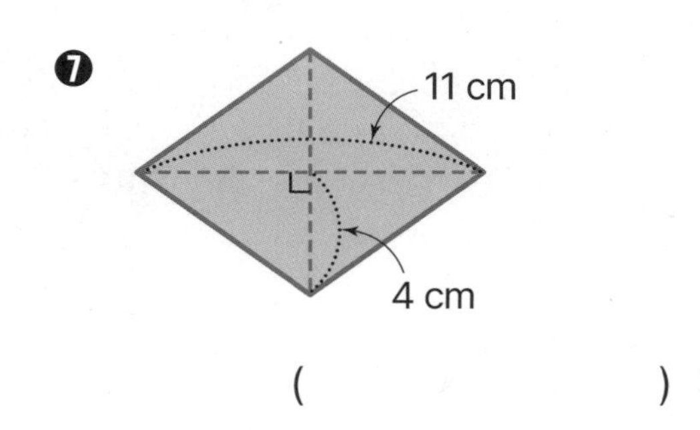

(　　　　　　　　)

공부한 날 /

공식 변형 **4**

마름모의 넓이가 다음과 같을 때 □ 안에 알맞은 수를 써넣으세요.

❶ 넓이: 30 cm^2

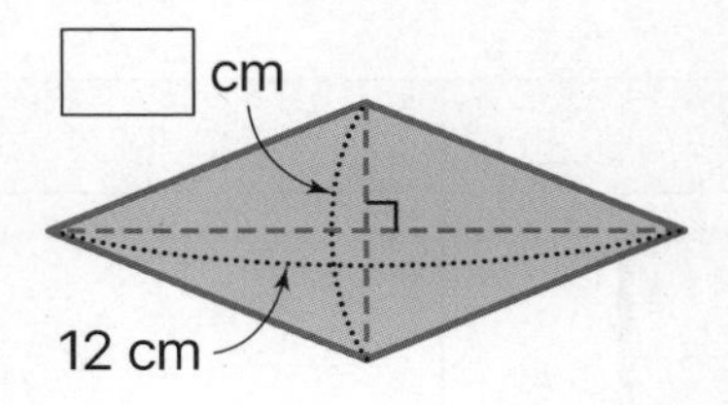

먼저 □를 사용하여 넓이 공식을 써요.

(1) 마름모의 넓이 공식에 적용하여 식 쓰기
12 × □ ÷ 2 = 30

(2) 곱셈과 나눗셈의 관계를 이용하여 □ 구하기
12 × □ ÷ 2 = 30 ⇨ 12 × □ = 60, □ = 60 ÷ 12

❷ 넓이: 48 cm^2

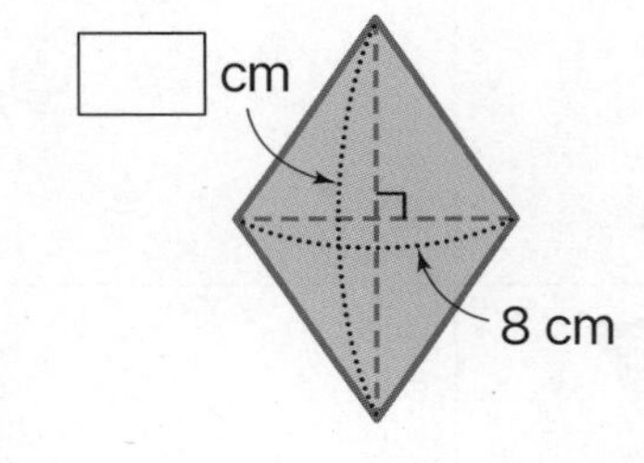

❸ 넓이: 30 cm^2

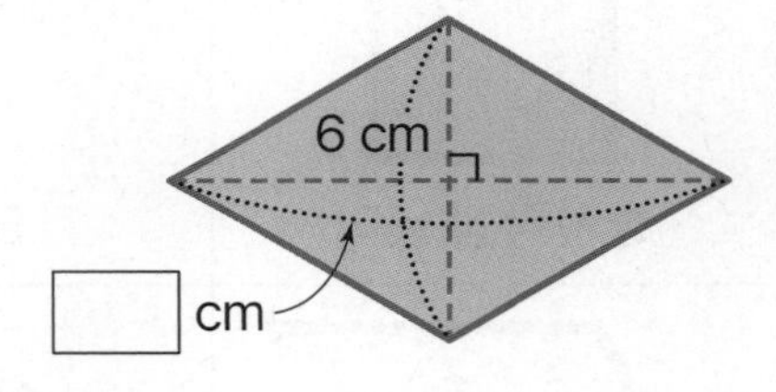

❹ 넓이: 110 cm^2

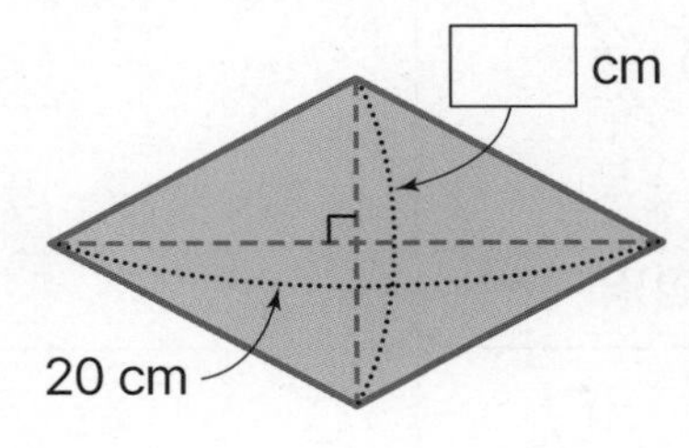

❺ 넓이: 120 cm^2

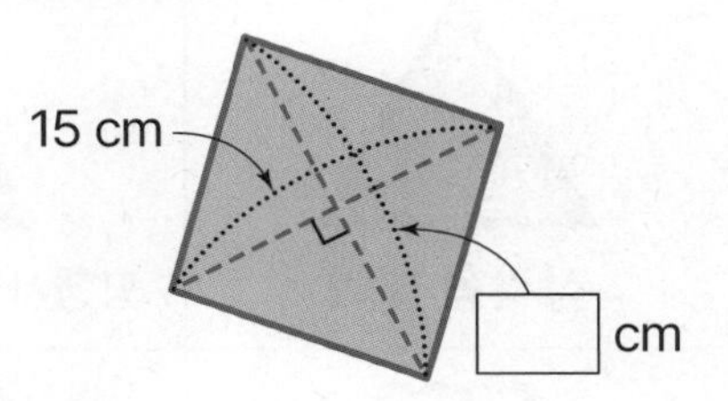

❻ 넓이: 32 cm^2

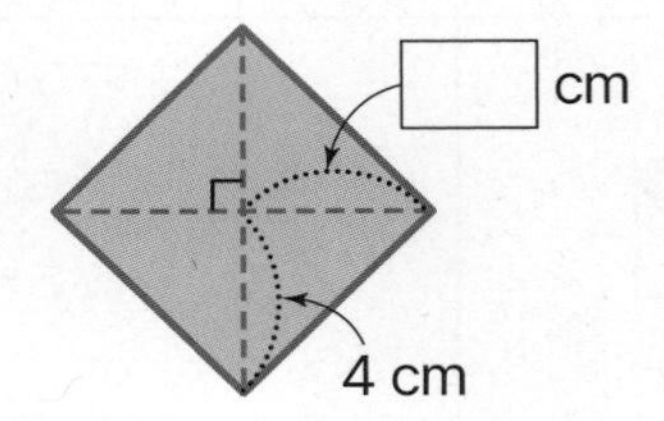

❼ 넓이: 70 cm^2

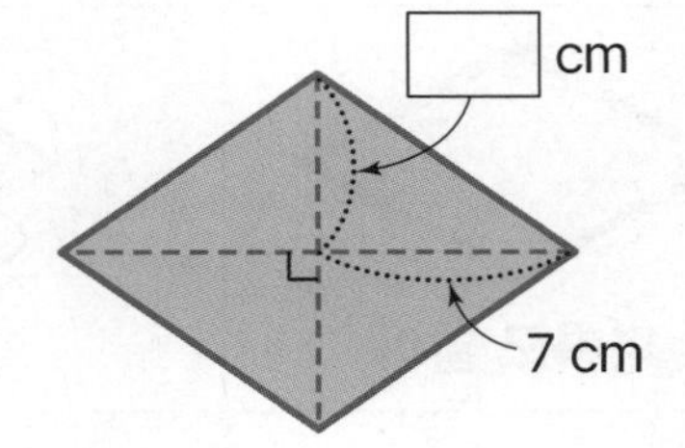

15강 다각형의 넓이 총정리

넓이 공식 한 번에 정리

❶ 지금까지 배운 다각형의 넓이 공식들을 모두 써 보면서 정리해 보세요.

평면도형	원리 이해	넓이 공식 쓰기
직사각형 넓이	단위넓이의 개수!	(가로) x (세로)
정사각형 넓이	단위넓이의 개수!	
평행사변형 넓이	직사각형과 같다!	
삼각형 넓이	평행사변형(직사각형)의 절반!	
사다리꼴 넓이	평행사변형(직사각형의)의 절반!	
마름모 넓이	직사각형의 절반!	

헷갈리는 공식 빅 매치

❷ 직사각형의 둘레 공식과 넓이 공식이 헷갈린다면 그림을 떠올리면서 외워요. 맞는 연산 기호에 ○표 하세요.

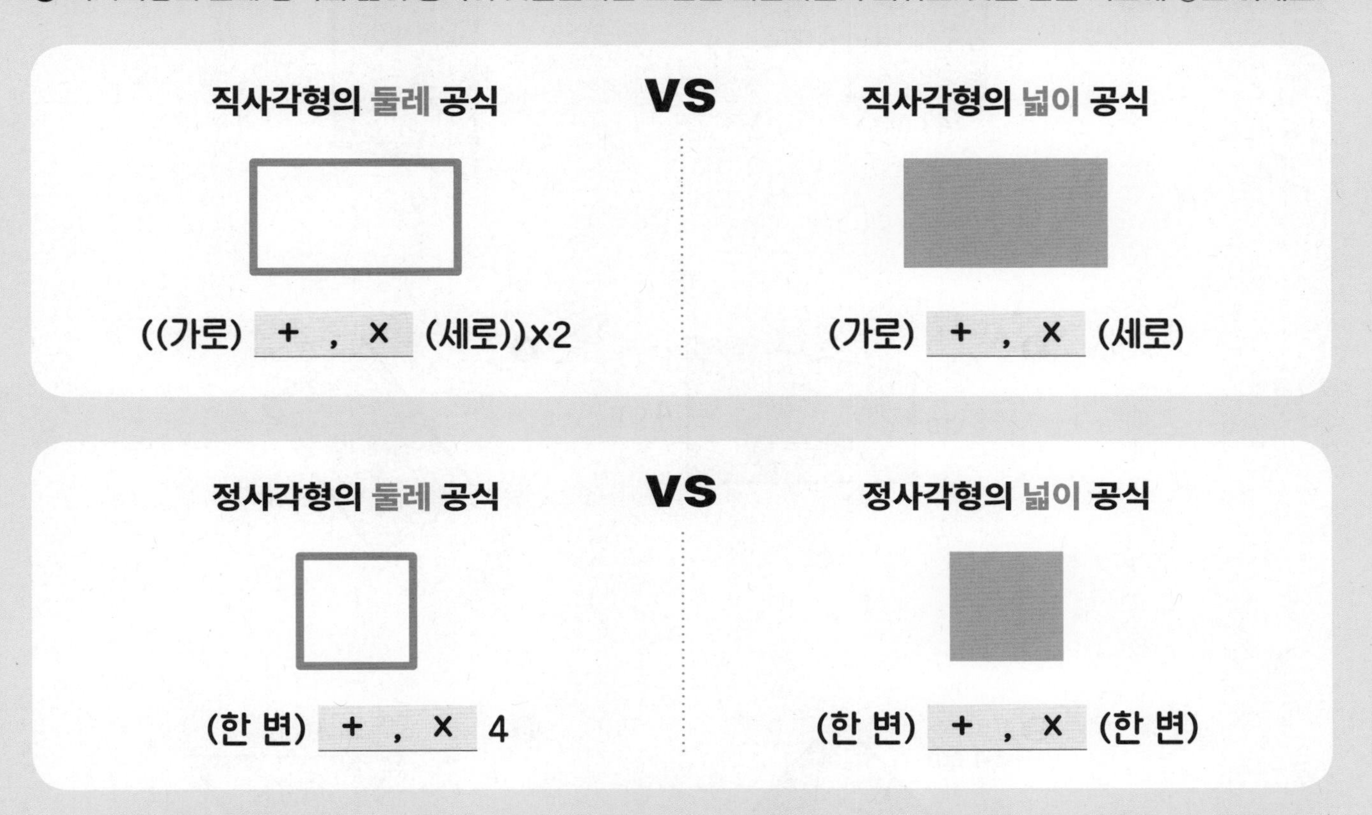

직사각형의 둘레 공식
VS
직사각형의 넓이 공식
((가로) + , × (세로))×2
(가로) + , × (세로)
정사각형의 둘레 공식
VS
정사각형의 넓이 공식
(한 변) + , × 4
(한 변) + , × (한 변)

❸ 여러 개의 넓이 공식을 한꺼번에 외우다 보면 헷갈리기 쉬워요.
공식에 ÷2가 있는 것과 ÷2가 없는 것을 나누어 공식에 맞는 도형의 이름을 쓰세요.

공식에 ÷2가 있는 것	VS	공식에 ÷2가 없는 것
삼각형 : (밑변) × (높이) ÷ 2		직사각형 : (가로) × (세로)
______ : ((윗변) + (아랫변)) × (높이) ÷ 2		______ : (밑변) × (높이)
______ : (한 대각선) × (다른 대각선) ÷ 2		______ : (한 변) × (한 변)

15강 · 다각형의 넓이 총정리

공식 적용 완성 **1**

도형의 넓이를 구하세요.

❶
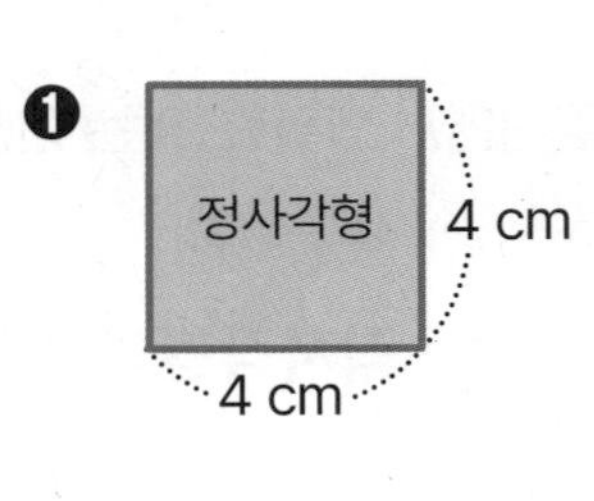

( )

❷
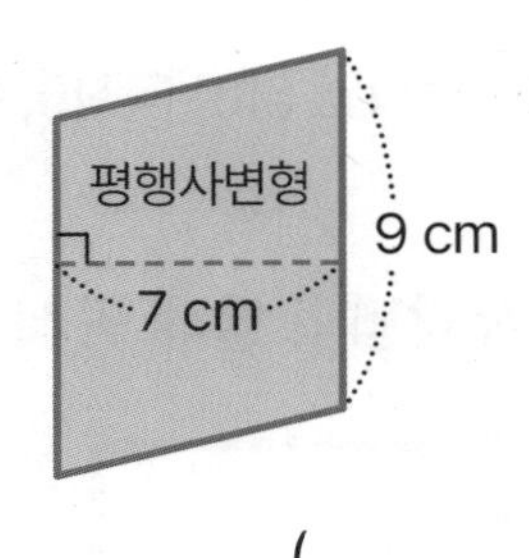

( )

❸
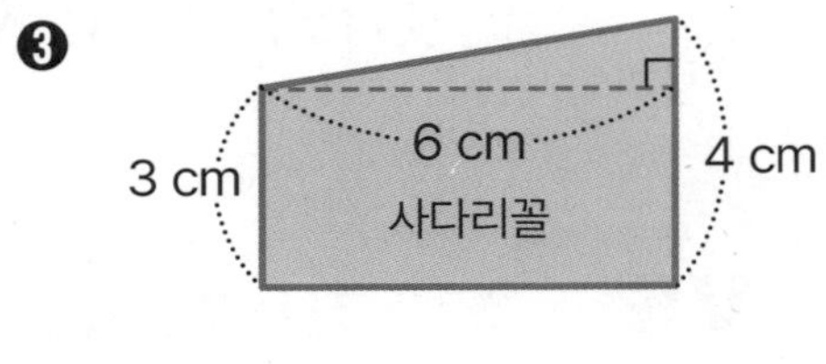

( )

❹
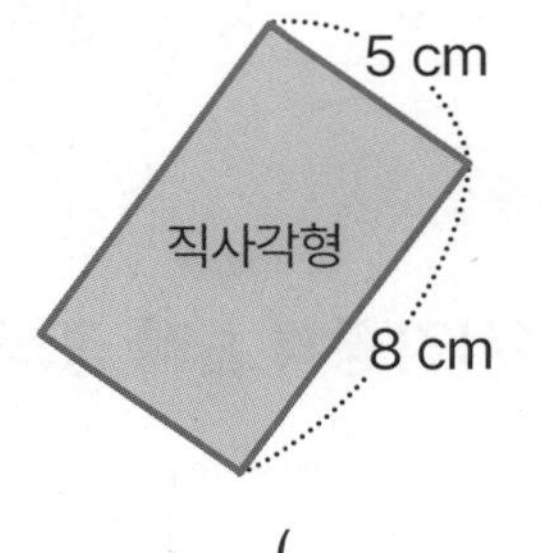

( )

❺
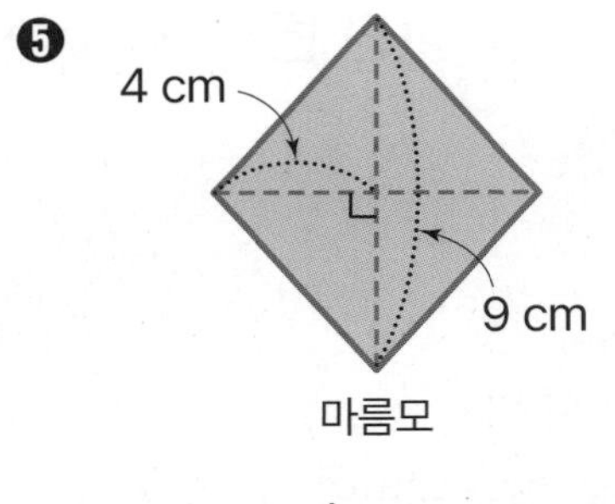

( )

❻
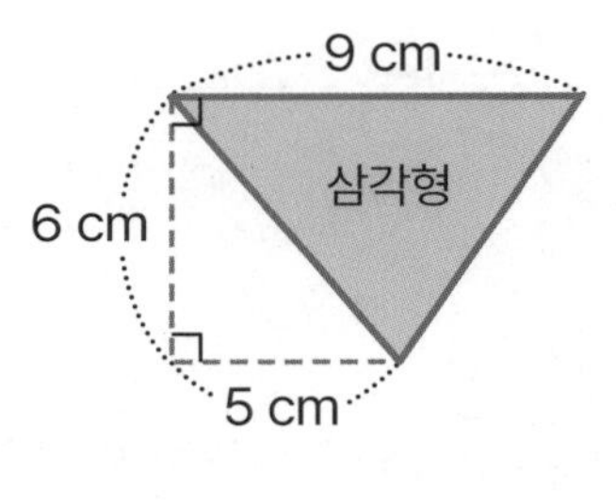

( )

❼
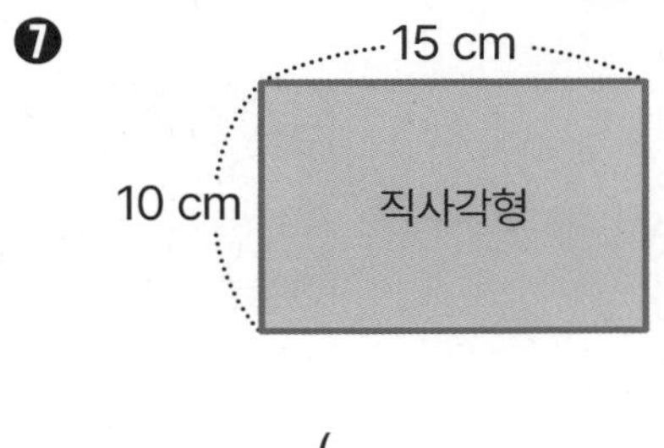

( )

❽
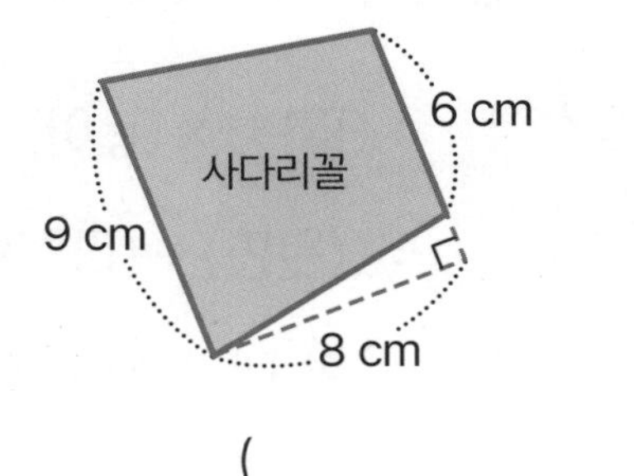

( )

공식 변형 완성 **2**

도형의 넓이가 다음과 같을 때 □ 안에 알맞은 수를 써넣으세요.

❶ 평행사변형의 넓이: 30 cm^2

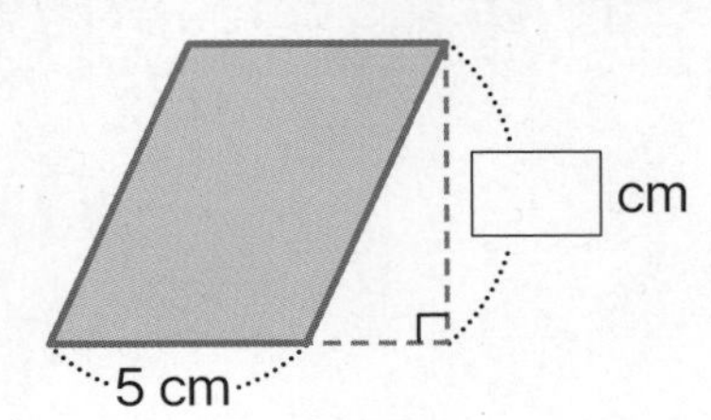

❷ 삼각형의 넓이: 14 cm^2

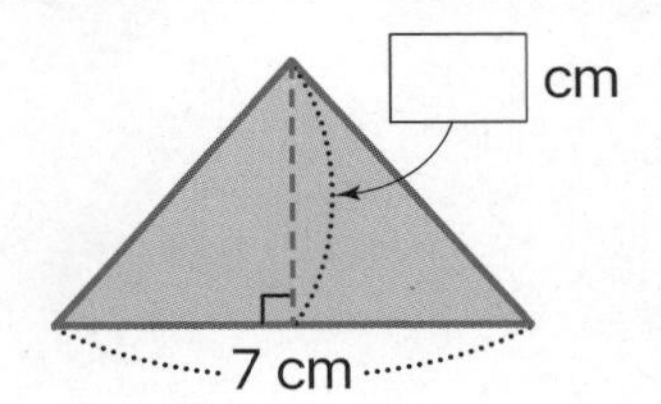

❸ 정사각형의 넓이: 81 cm^2

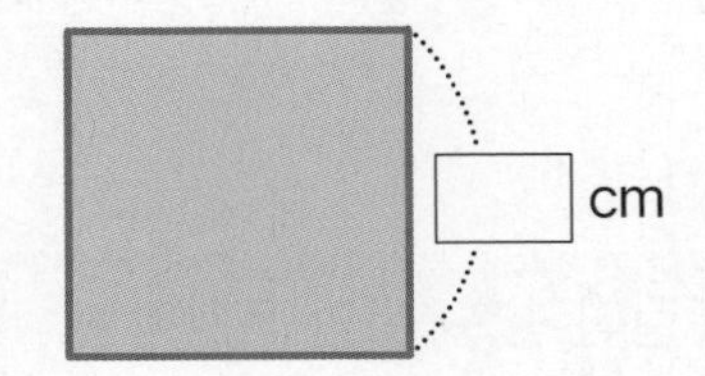

❹ 마름모의 넓이: 42 cm^2

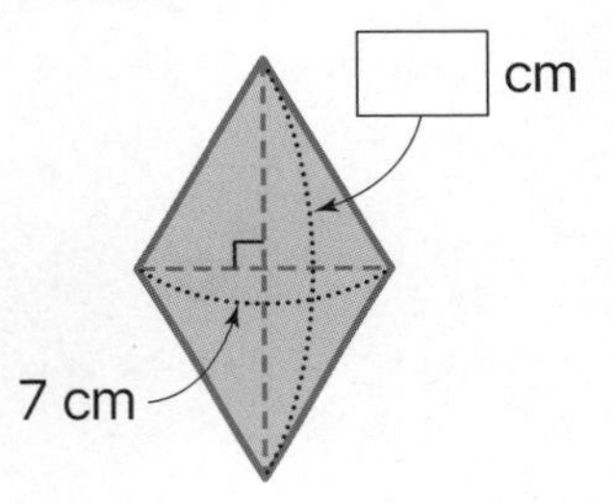

❺ 직사각형의 넓이: 72 cm^2

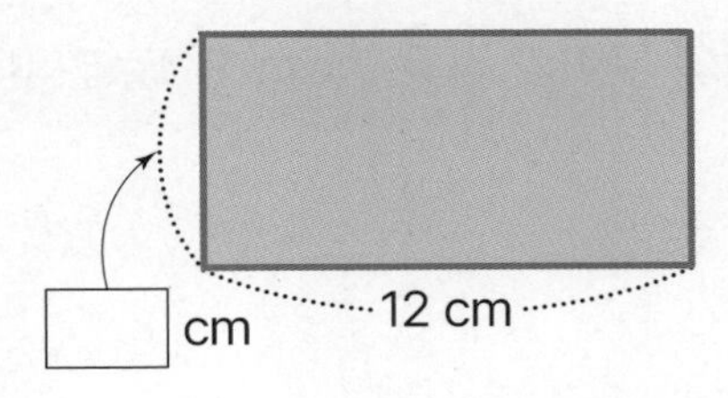

❻ 사다리꼴의 넓이: 20 cm^2

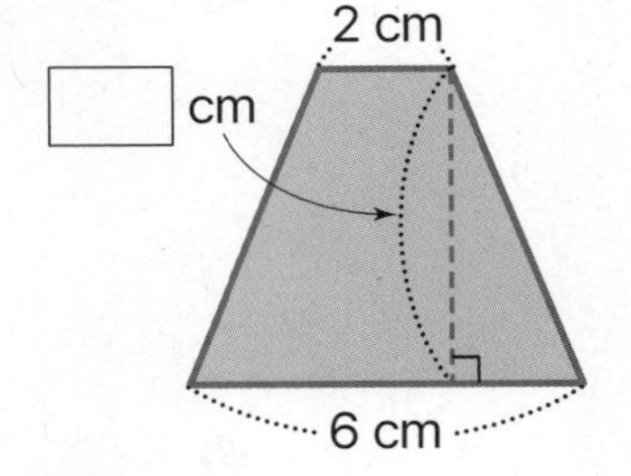

❼ 평행사변형의 넓이: 56 cm^2

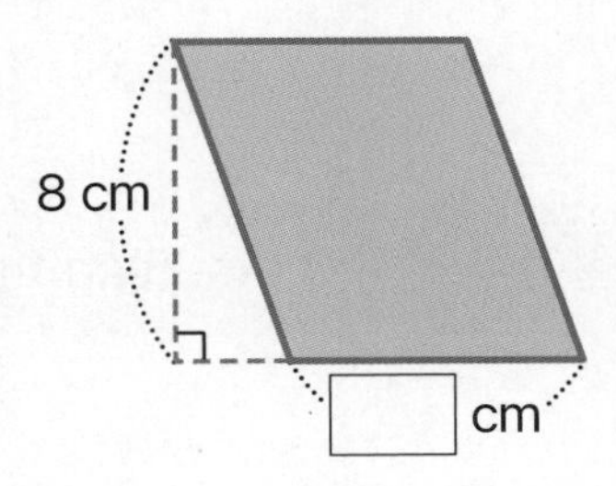

❽ 삼각형의 넓이: 24 cm^2

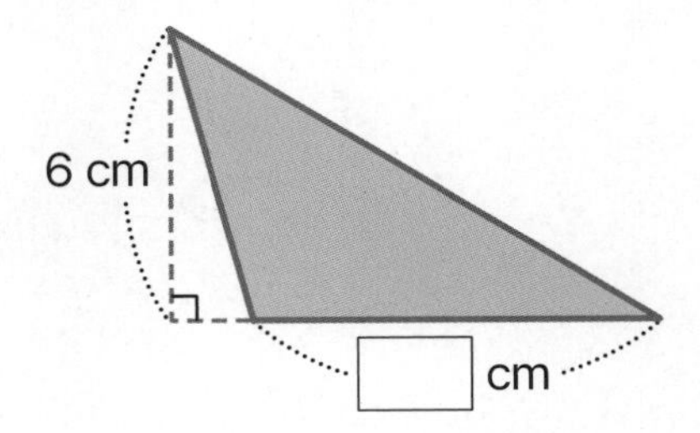

도형 문장제 **3**

조건에 알맞은 도형의 넓이를 구하세요.

❶ 가로가 8 cm, 세로가 5 cm인 직사각형

( )

❷ 밑변의 길이와 높이가 모두 10 cm인 삼각형

( )

❸ 한 변의 길이가 7 cm인 정사각형

( )

❹ 두 대각선의 길이가 각각 7 cm, 6 cm인 마름모

( )

❺ 밑변의 길이가 9 cm, 높이가 2 cm인 평행사변형

( )

❻ 윗변과 아랫변의 길이가 각각 9 cm, 5 cm이고 높이가 4 cm인 사다리꼴

( )

공부한 날 /

둘레, 넓이 완성 **4**

둘레와 넓이는 공식도 다르고, 단위도 달라요.

도형의 둘레와 넓이를 구하세요.

❶

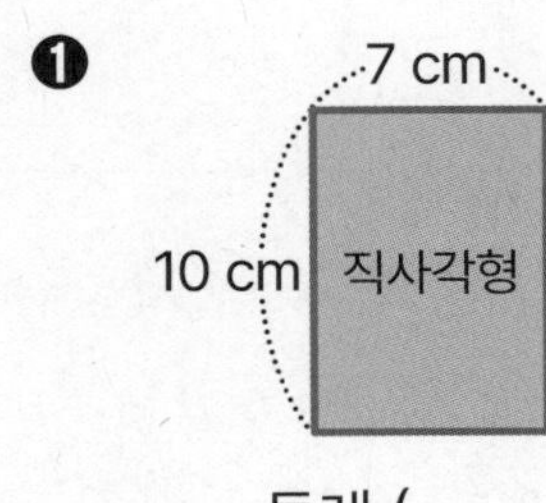

둘레 ( )

넓이 ( )

❷

16 cm

8 cm

평행사변형

10 cm

둘레 ( )

넓이 ( )

❸

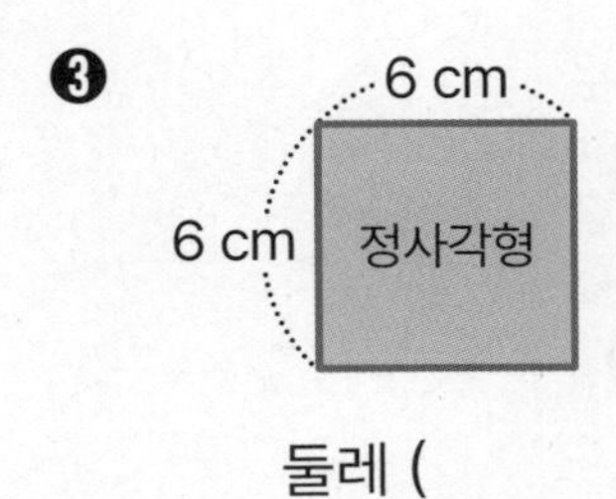

둘레 ( )

넓이 ( )

❹

20 cm

직사각형

11 cm

둘레 ( )

넓이 ( )

❺

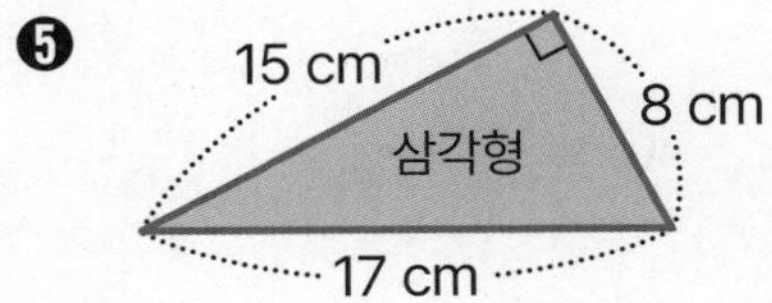

둘레 ( )

넓이 ( )

❻

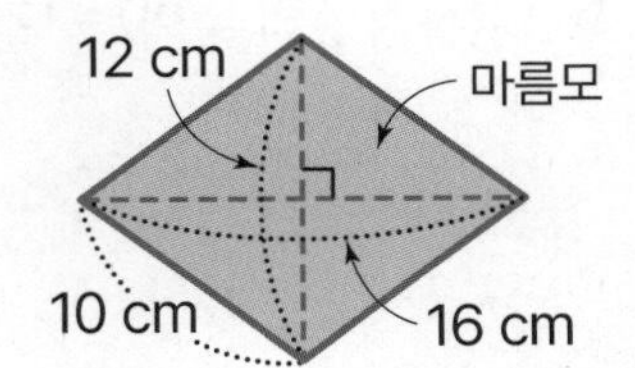

둘레 ( )

넓이 ( )

16강 둘레 알 때 넓이 구하기

둘레가 30 cm인 직사각형의 넓이는 몇 cm^2일까요?

직사각형의 둘레를 구하는 공식과 넓이를 구하는 공식을 헷갈리면 안 돼요.
(직사각형의 둘레) = ((가로) + (세로)) × 2이고,
(직사각형의 넓이) = (가로) × (세로)임을 한 번 더 기억해요.

❶ 가로와 세로의 합은 몇 cm인지 구해요.

▶ (직사각형의 둘레) = ((가로) + (세로)) × 2이므로

(가로) + (세로) = (직사각형의 둘레) ÷ 2

⇨ (가로) + (세로) = 30 ÷ 2 = ______ (cm)

❷ 직사각형의 가로는 몇 cm인지 구해요.

▶ (가로) + 6 = ______ ⇨ (가로) = ______ − 6 = ______ (cm)

❸ 직사각형의 넓이는 몇 cm^2인지 구해요.

▶ (직사각형의 넓이) = (가로) × (세로)

= ______ × 6 = ______ (cm^2)

답 ______________

문제 적용 **1**

둘레가 다음과 같을 때 직사각형의 넓이를 구하세요.

❶ 둘레: 24 cm

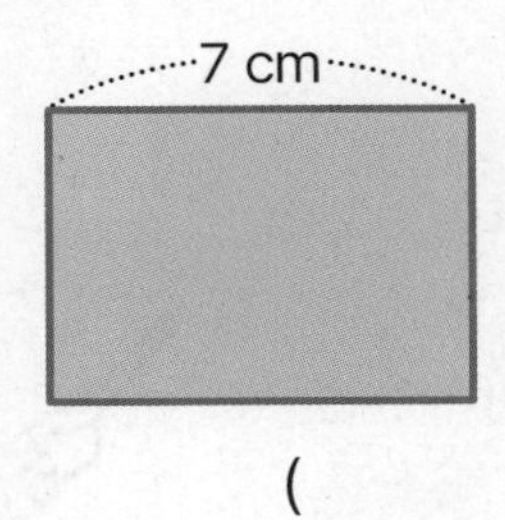

(   )

❷ 둘레: 36 cm

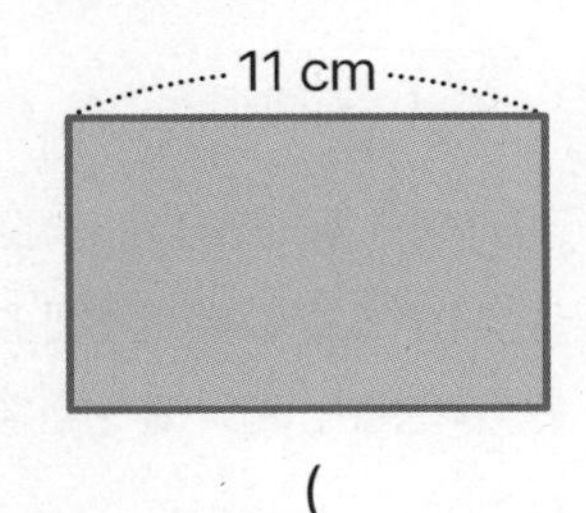

(   )

❸ 둘레: 26 cm

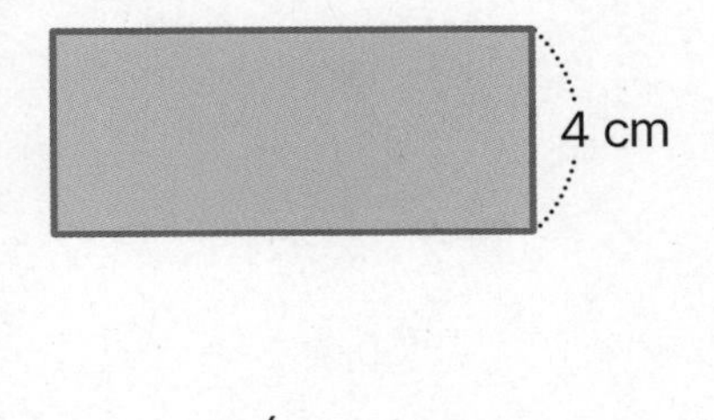

(   )

❹ 둘레: 20 cm

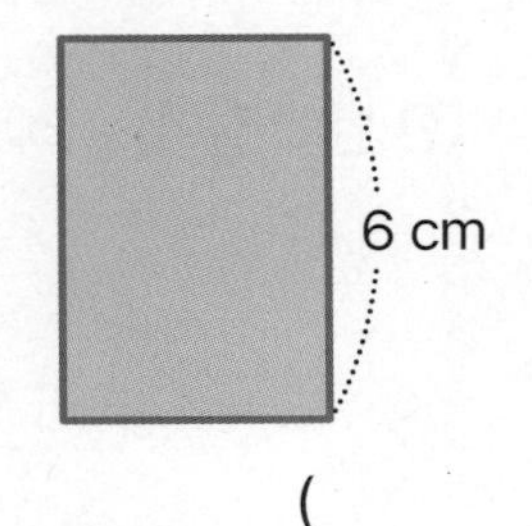

(   )

❺ 둘레: 32 cm

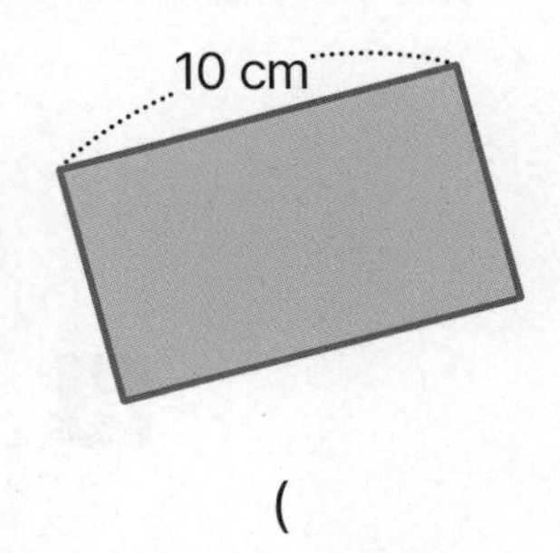

(   )

❻ 둘레: 34 cm

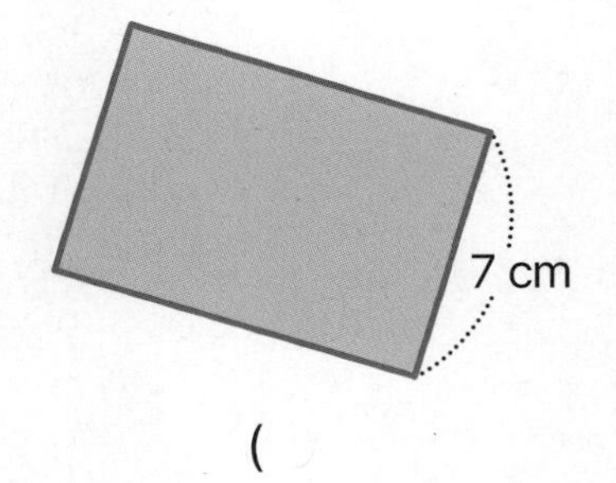

(   )

둘레 알 때 넓이 구하기

둘레가 20 cm인 정사각형의 넓이는 몇 cm^2일까요?

정사각형의 둘레를 구하는 공식과 넓이를 구하는 공식도 헷갈리면 안 돼요.
(정사각형의 둘레) = (한 변의 길이) × 4이고,
(정사각형의 넓이) = (한 변의 길이) × (한 변의 길이)임을 잊지 마세요.

❶ 한 변의 길이는 몇 cm인지 구해요.

▶ (한 변의 길이) × 4 = 20

⇨ (한 변의 길이) = 20 ÷ ____ = ____ (cm)

❷ 정사각형의 넓이는 몇 cm^2인지 구해요.

▶ (정사각형의 넓이) = (한 변의 길이) × (한 변의 길이)

= ____ × ____ = ______ (cm^2)

답 ______________

복습

공부한 날 /

문제 적용 **2**

둘레가 다음과 같을 때 정사각형의 넓이를 구하세요.

❶ 둘레가 16 cm인 정사각형

( )

❷ 둘레가 28 cm인 정사각형

( )

❸ 둘레가 36 cm인 정사각형

( )

❹ 둘레가 32 cm인 정사각형

( )

❺ 둘레가 60 cm인 정사각형

( )

❻ 둘레가 80 cm인 정사각형

( )

17강 높이가 같은 도형

두 직선은 서로 평행합니다. 평행사변형과 삼각형의 넓이가 같을 때, 평행사변형의 밑변의 길이는 몇 cm일까요?

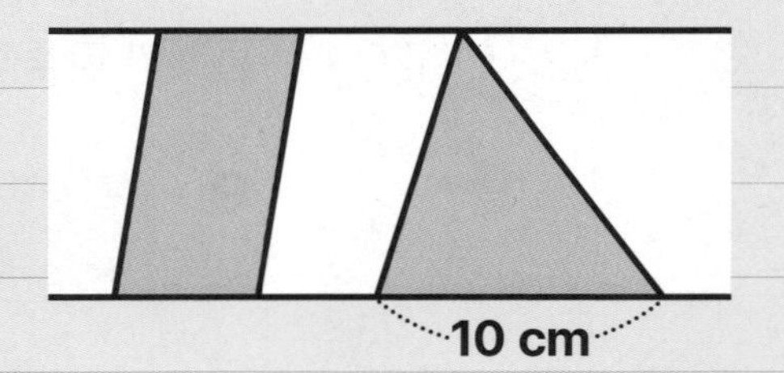

문제에서 그림만 확인하지 말고 문장도 꼼꼼하게 읽어 보세요.
'두 직선이 서로 평행하다.', '평행사변형과 삼각형의 넓이가 같다.'를
이용하여 두 도형의 높이 관계, 넓이로 식 세우기를 할 수 있어요.

❶ 평행사변형과 삼각형의 높이를 비교하여 알맞은 것에 ○표 하세요.

▶ 두 직선이 서로 평행하므로 평행사변형과 삼각형의 높이는 (같습니다 , 다릅니다).

❷ 평행사변형의 밑변의 길이를 □ cm라고 하여 평행사변형과 삼각형의 넓이를 구하는 식을 써요.

▶ 평행사변형과 삼각형의 높이가 같으므로 높이를 ○ cm라고 하면

(평행사변형의 넓이) = □ × ○, (삼각형의 넓이) = 10 × ○ ÷ ____

❸ 평행사변형의 밑변의 길이는 몇 cm인지 구해요.

▶ 평행사변형과 삼각형의 넓이가 같으므로

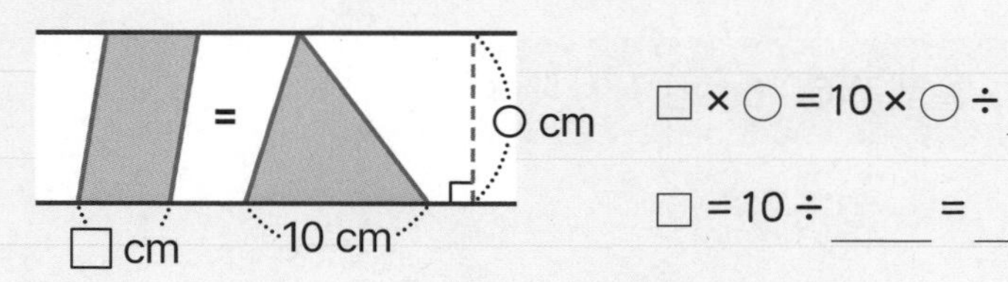

□ × ○ = 10 × ○ ÷ ____,

□ = 10 ÷ ____ = ____

따라서 평행사변형의 밑변의 길이는 ____ cm입니다.

등호(=) 양쪽을
같은 수로 나눌 수 있어요.
□×∅=10×∅÷2
□=10÷2

답 ______________

문제 적용 **1**

두 직선은 서로 평행합니다. 두 도형의 넓이가 같을 때 □ 안에 알맞은 수를 구하세요.

❶

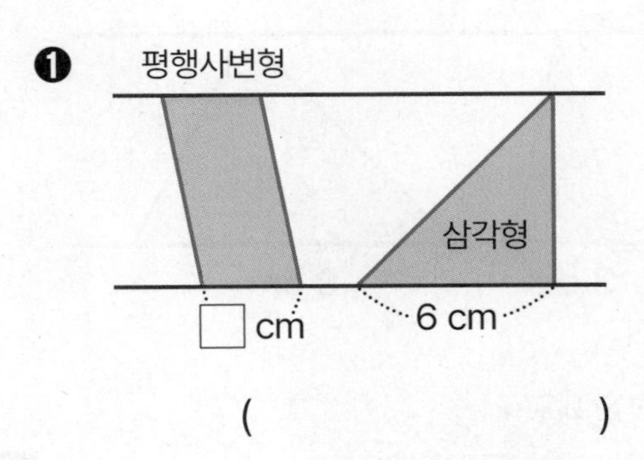

(　　　　　　　　)

❷

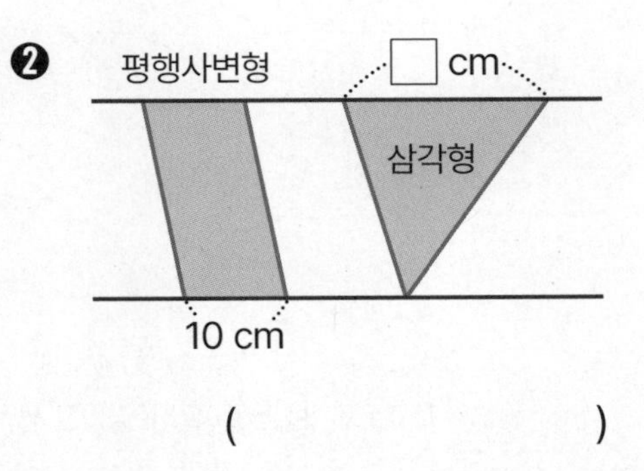

(　　　　　　　　)

❸

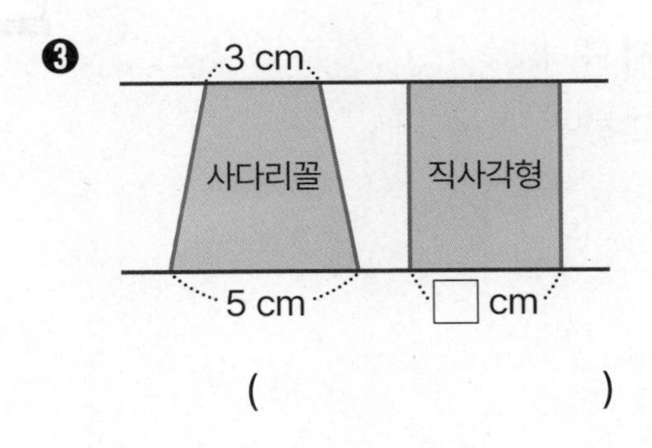

(　　　　　　　　)

❹

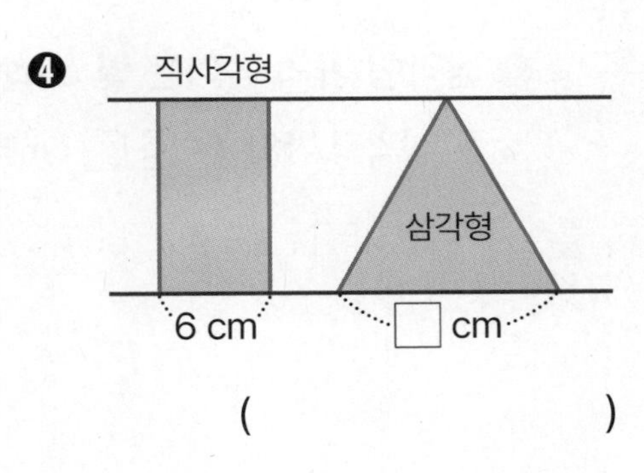

(　　　　　　　　)

❺

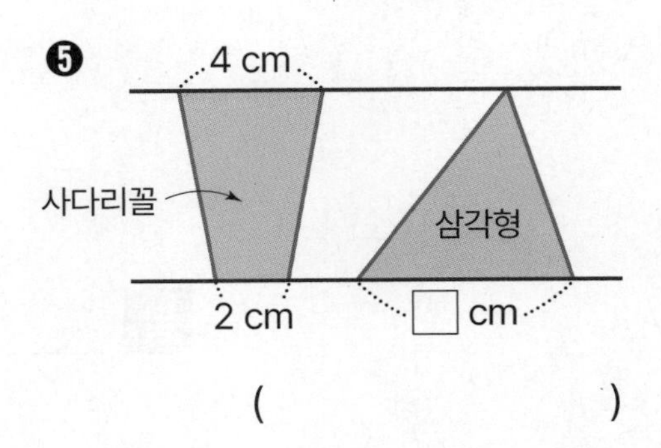

(　　　　　　　　)

❻

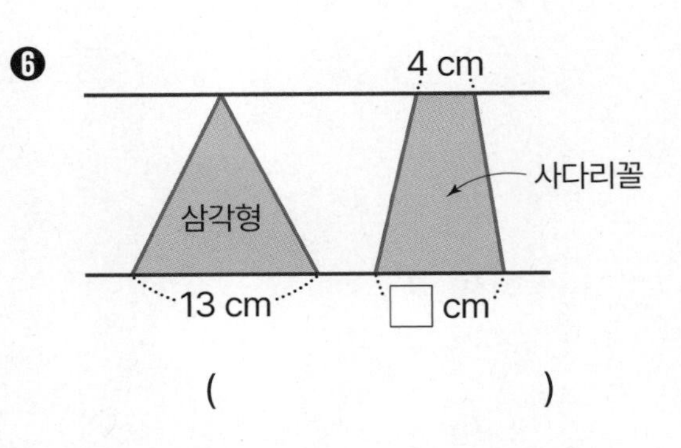

(　　　　　　　　)

높이가 같은 도형

두 삼각형 가와 나는 **높이가 같습니다. 삼각형** 가의 **넓이가 9 cm²일 때 삼각형** 나의 **넓이는 몇 cm²일까요?**

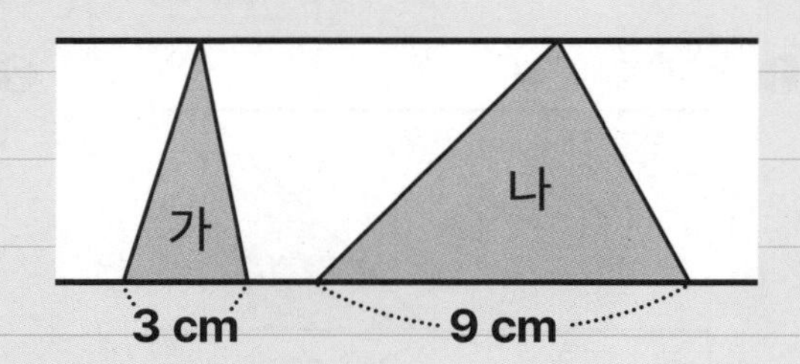

대표문제 1번과 풀이가 똑같다고 생각하면 안 돼요.
두 삼각형 가와 나는 높이는 같지만, 넓이가 같다는 조건은 없어요.
제일 먼저 삼각형 가에서 높이를 구하면 삼각형 나의 높이도 알 수 있어요.

❶ 삼각형 가의 높이는 몇 cm인지 구해요.

▶ 삼각형 가의 높이를 □ cm라고 하면

$3 \times \square \div 2 = 9$, $\square$ = ____

❷ 삼각형 나의 넓이는 몇 cm²인지 구해요.

▶ 두 삼각형 가와 나의 높이가 같으므로

(삼각형 나의 넓이) = 9 × ____ ÷ 2

= ____ (cm²)

답 ____

공부한 날 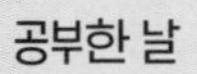

문제 적용 **2**

두 삼각형 가와 나는 높이가 같습니다. 삼각형 가의 넓이가 다음과 같을 때 삼각형 나의 넓이를 구하세요.

❶ 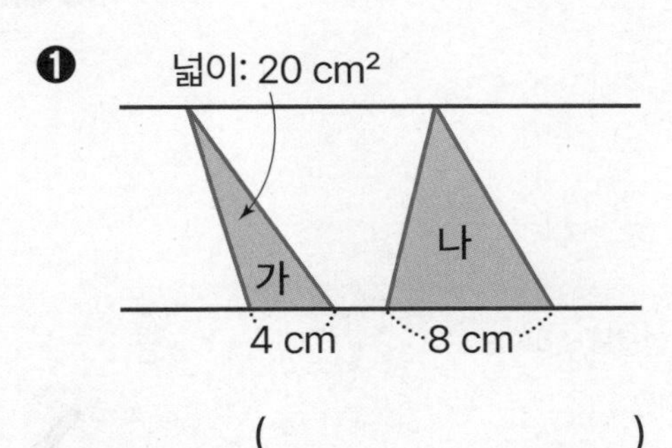

( )

❷ 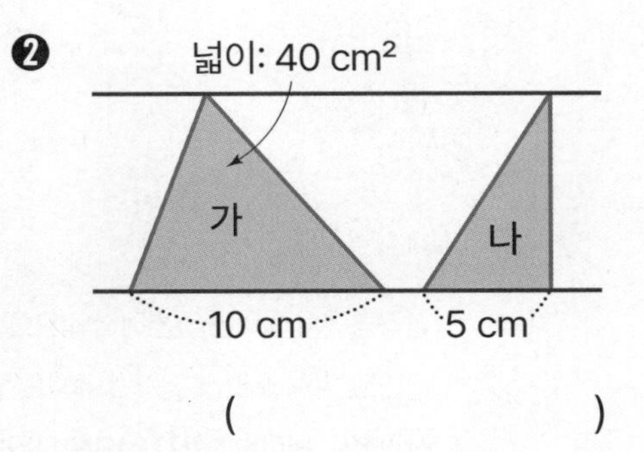

( )

❸ 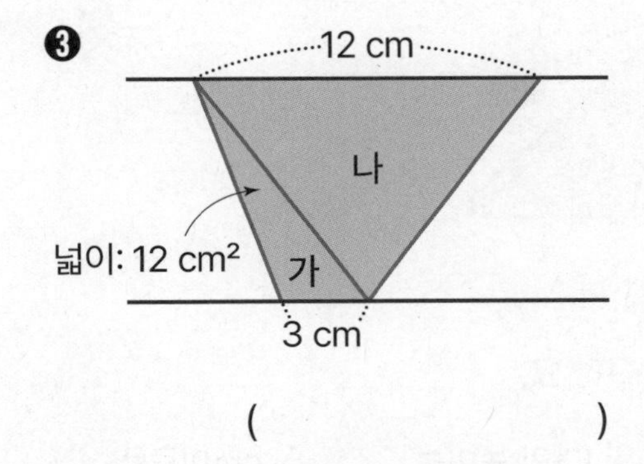

( )

❹ 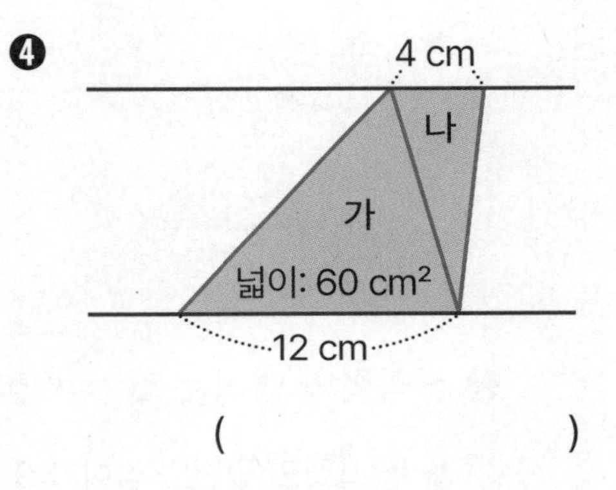

( )

❺ ❻ 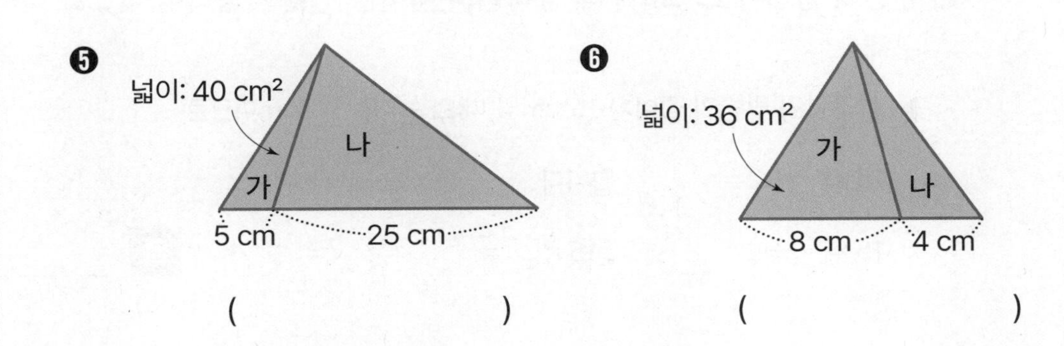

( ) ( )

18강 삼각형의 높이 활용

삼각형에서 □ 안에 알맞은 수는 얼마일까요?

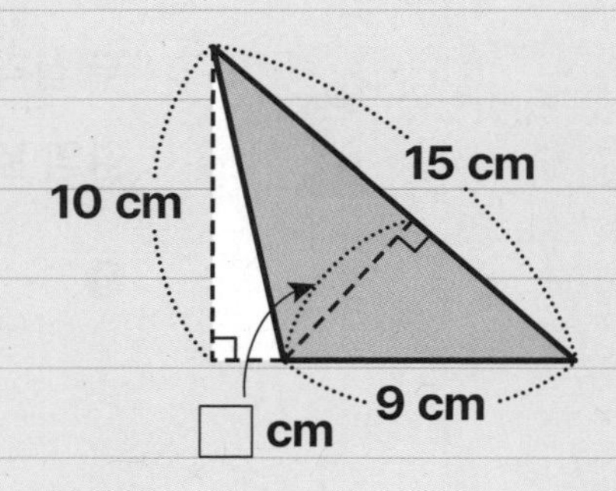

삼각형에서 높이는 밑변에 수직으로 그은 선분의 길이이므로
밑변의 위치에 따라 높이의 위치도 달라져요.
삼각형의 넓이는 2가지 식으로 나타낼 수 있고, 두 식으로 구하는 넓이는 같아야겠죠?

❶ 삼각형에서 밑변의 위치에 따른 높이를 각각 표시해요.

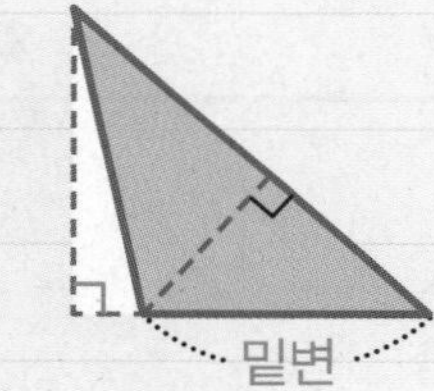

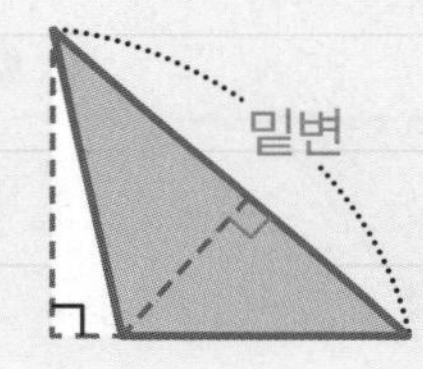

❷ 삼각형의 넓이는 몇 cm^2인지 구해요.

▶ 삼각형의 밑변의 길이가 9 cm일 때의 높이는 ______ cm이므로

(삼각형의 넓이) = 9 × ______ ÷ 2 = ______ (cm^2)

❸ 밑변의 길이가 15 cm일 때 삼각형의 넓이를 □를 사용하여 식으로 나타내고, □를 구해요.

▶ 삼각형의 밑변의 길이가 15 cm일 때의 높이는 □ cm이므로

15 × □ ÷ 2 = ______ 입니다.

15 × □ ÷ 2 = ______ , 15 × □ = ______ , □ = ______

____

문제 적용 **1**

삼각형에서 □ 안에 알맞은 수를 구하세요.

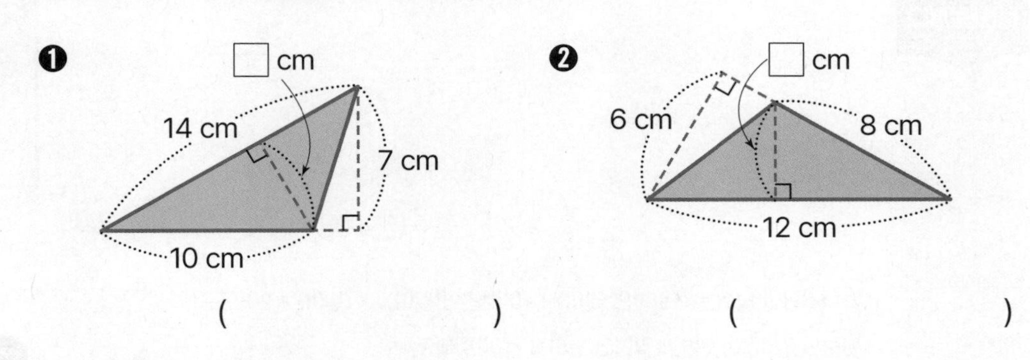

( ) ( )

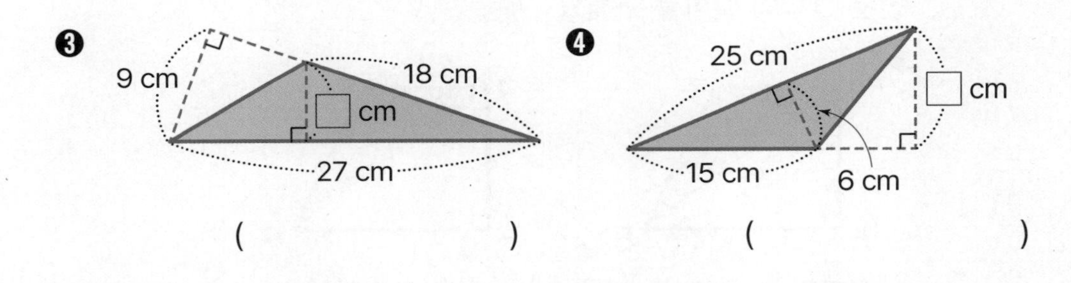

( ) ( )

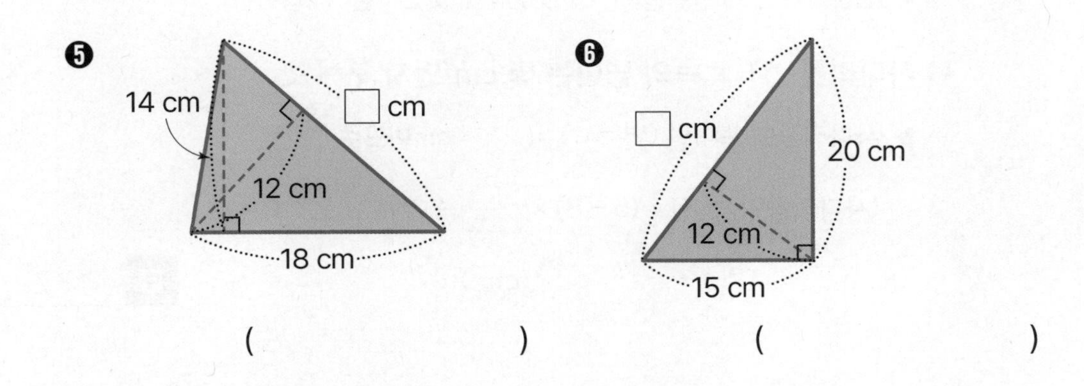

( ) ( )

삼각형의 높이 활용

사다리꼴 ㄱㄴㄷㄹ의 넓이는 몇 cm^2일까요?

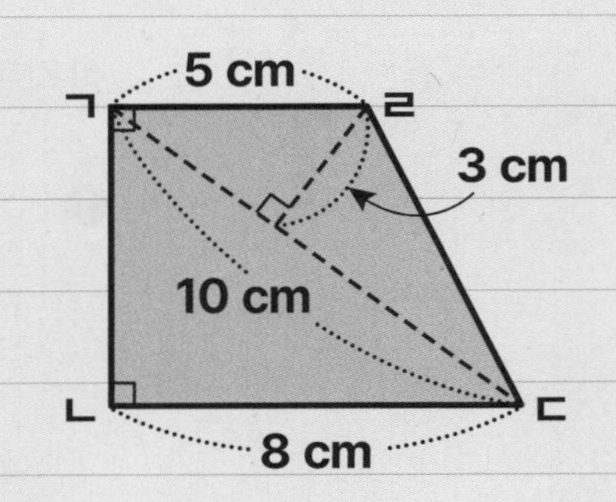

사다리꼴의 넓이는 ((윗변의 길이) + (아랫변의 길이)) × (높이) ÷ 2이므로
윗변의 길이, 아랫변의 길이와 높이를 알아야 해요.
삼각형 ㄱㄷㄹ과 사다리꼴 ㄱㄴㄷㄹ의 높이를 먼저 나타내서 비교해요.

❶ 삼각형 ㄱㄷㄹ에서 밑변의 위치에 따른 높이를 각각 표시하고, 선분 ㄱㄴ의 길이를 구해요.

▶

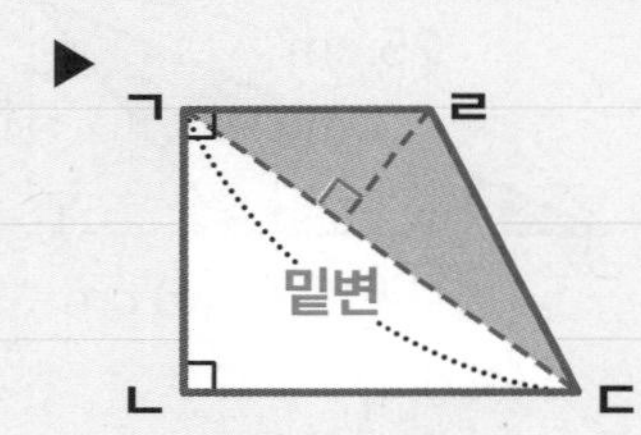

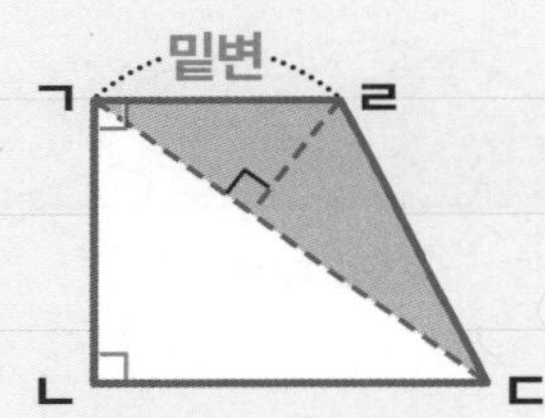

삼각형 ㄱㄷㄹ에서 넓이를 2가지 방법으로 표현하여 식으로 나타내면

10 × 3 ÷ 2 = ____ × (선분 ㄱㄴ) ÷ 2 ⇨ (선분 ㄱㄴ) = ____ (cm)

❷ 선분 ㄱㄴ은 사다리꼴에서 무엇인지 알맞은 것에 ○표 하세요.

▶ 선분 ㄱㄴ은 사다리꼴에서 (윗변 , 아랫변 , 높이)입니다.

❸ 사다리꼴 ㄱㄴㄷㄹ의 넓이는 몇 cm^2인지 구해요.

▶ 사다리꼴의 높이인 (변 ㄱㄴ) = ____ cm이므로

(사다리꼴의 넓이) = (5 + 8) × ____ ÷ 2

= ____ (cm^2)

문제 적용 **2**

사다리꼴 ㄱㄴㄷㄹ의 넓이를 구하세요.

❶
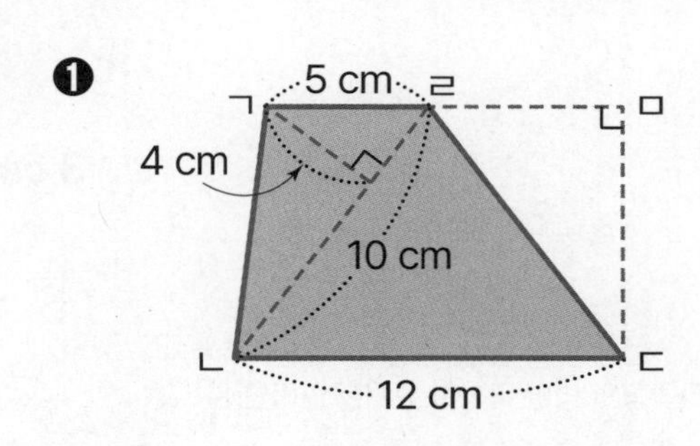

(　　　　　　　　)

❷
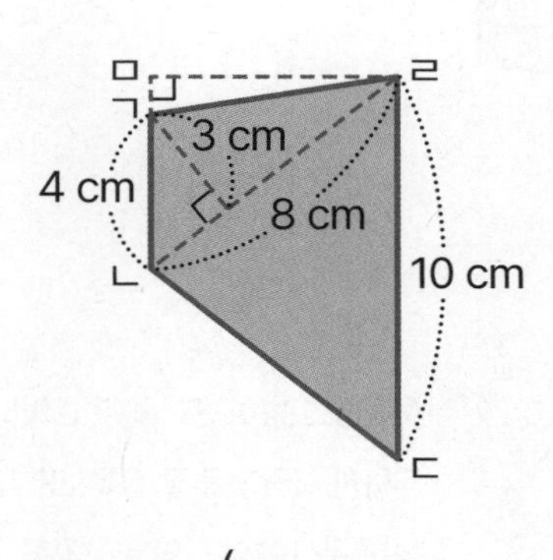

(　　　　　　　　)

❸
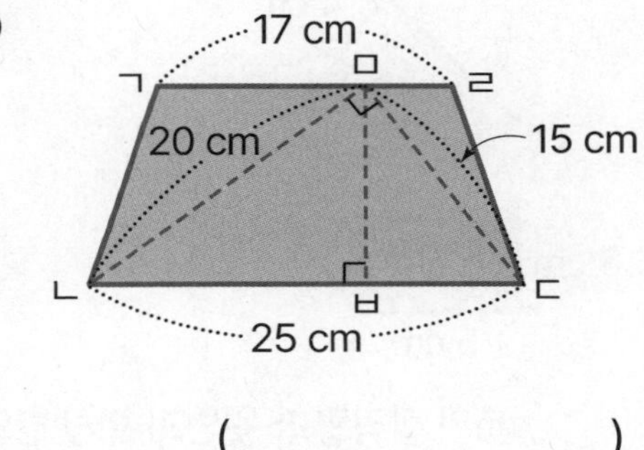

(　　　　　　　　)

❹
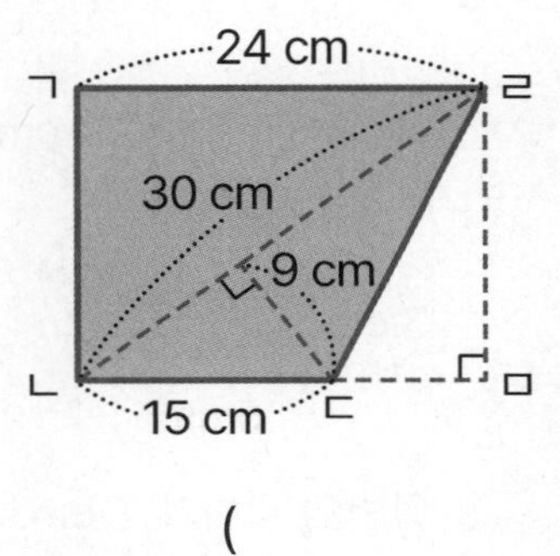

(　　　　　　　　)

❺
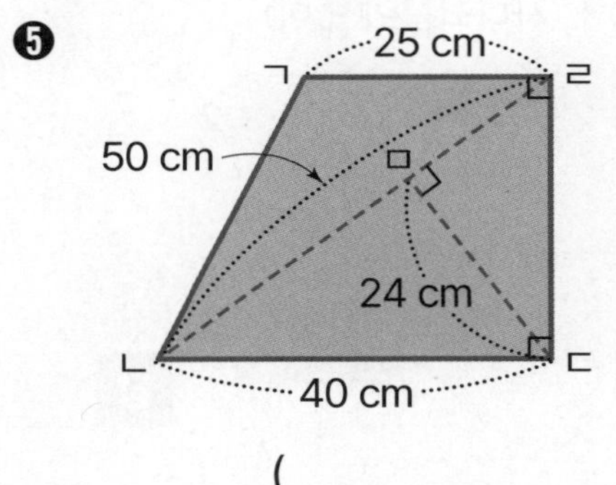

(　　　　　　　　)

❻
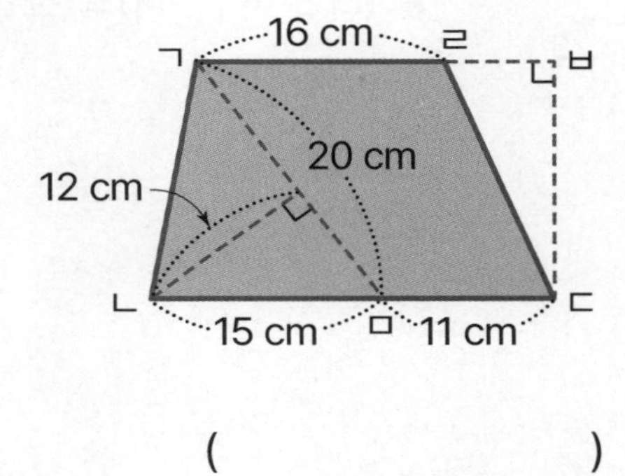

(　　　　　　　　)

색칠한 부분의 넓이①

- 도형의 합 또는 차

다각형의 넓이는 몇 cm^2일까요?

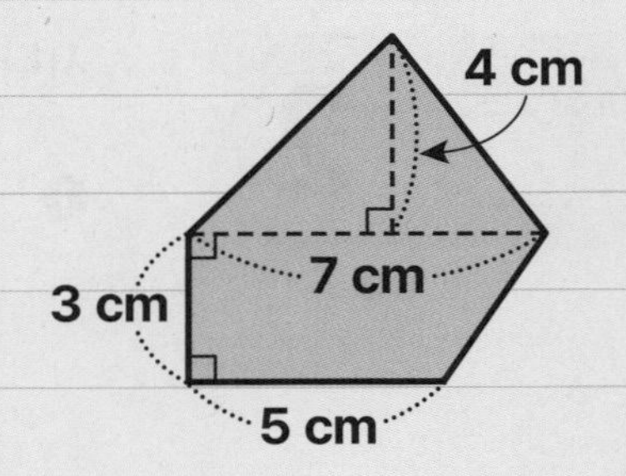

오각형의 넓이 공식을 찾고 있나요? 모든 다각형의 넓이 공식이 있지는 않아요.
주어진 다각형을 잘 살펴보면 두 도형을 붙여서 만든 모양임을 알 수 있어요.
넓이 공식을 알고 있는 삼각형, 사각형의 넓이의 합을 구하면 돼요.

❶ 주어진 다각형은 어떤 두 도형을 붙여서 만들었나요?

▶

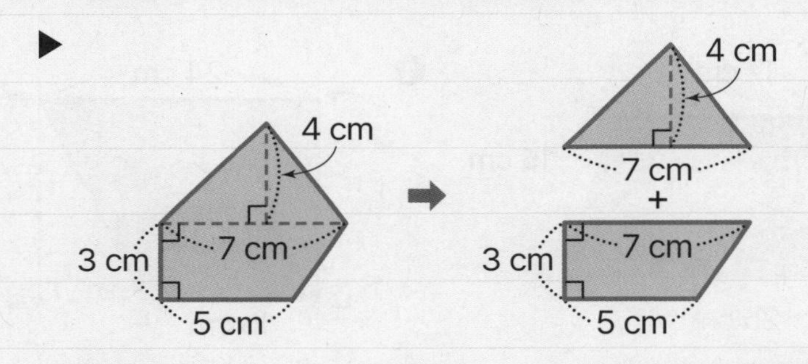

밑변의 길이가 7 cm, 높이가 ____ cm인 삼각형과 윗변과 아랫변의 길이가

각각 7 cm, 5 cm이고 높이가 ____ cm인 사다리꼴을 붙여서 만들었습니다.

❷ 삼각형과 사다리꼴의 넓이를 더해서 다각형의 넓이는 몇 cm^2인지 구해요.

▶ (다각형의 넓이) = (삼각형의 넓이) + (사다리꼴의 넓이)

= ____ × ____ ÷ 2 + (7 + 5) × ____ ÷ 2

= ______ + ______ = ______ (cm^2)

문제 적용 **1**

점선을 따라 나누어지는 두 도형의 넓이의 합을 구해요.

색칠한 다각형의 넓이를 구하세요.

❶

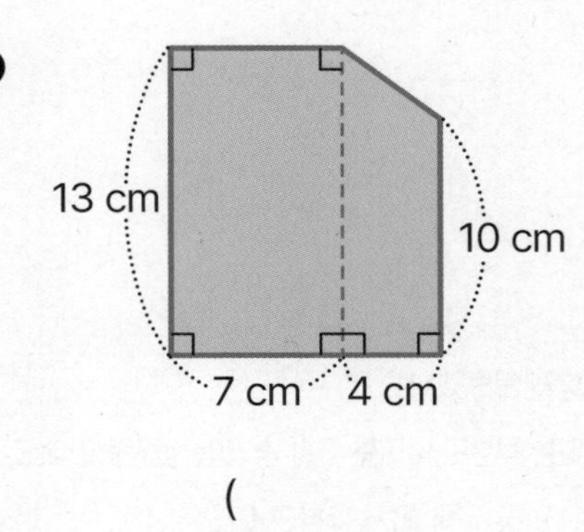

(　　　　　　　　)

❷

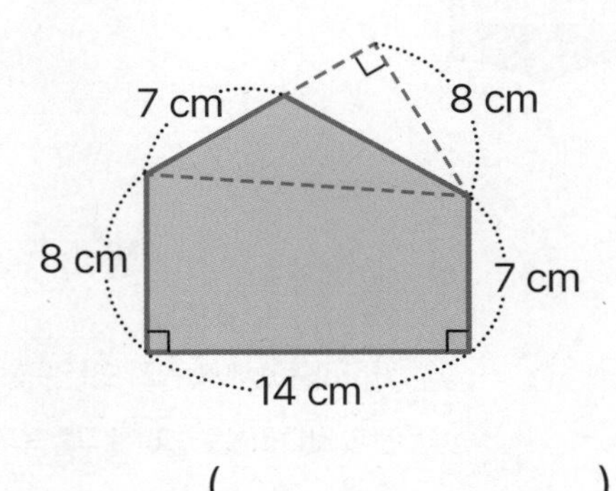

(　　　　　　　　)

❸

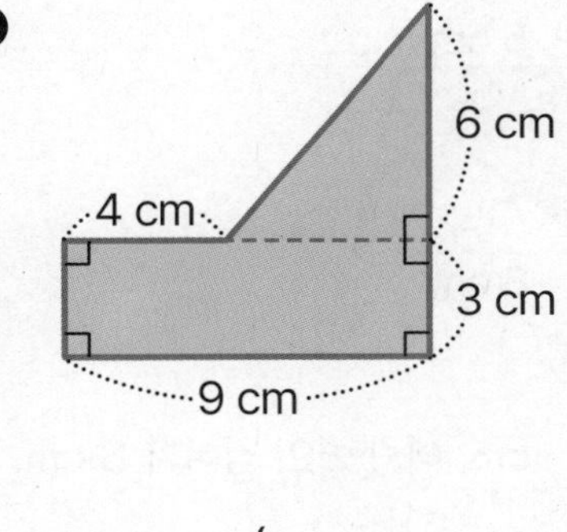

(　　　　　　　　)

❹

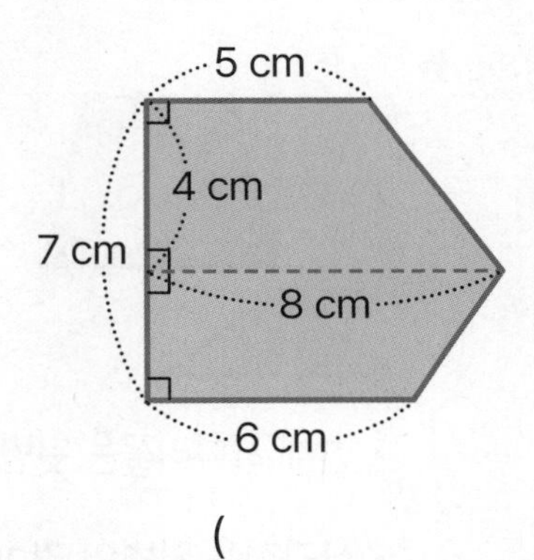

(　　　　　　　　)

❺

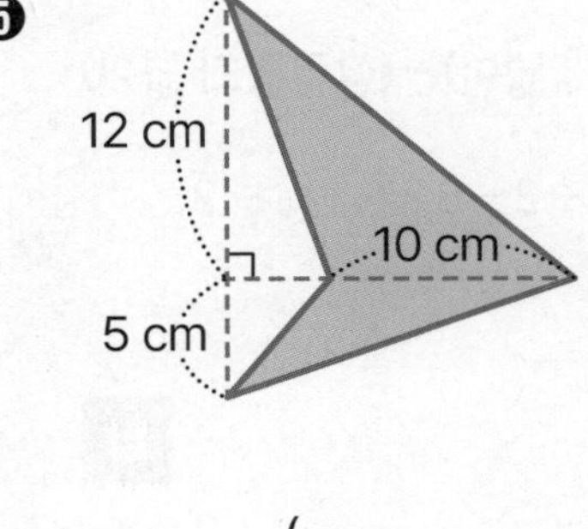

(　　　　　　　　)

❻

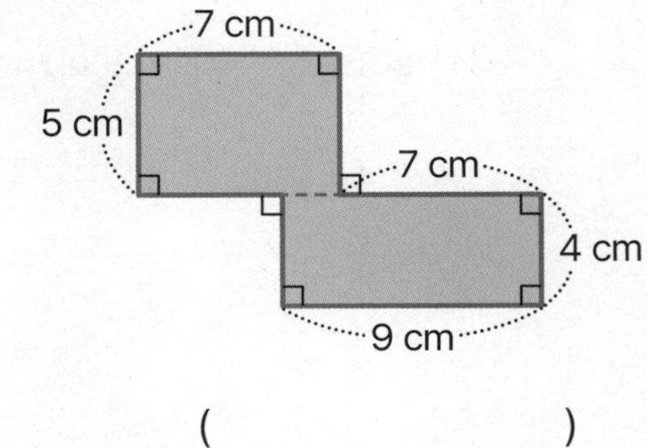

(　　　　　　　　)

색칠한 부분의 넓이① - 도형의 합 또는 차

색칠한 부분의 넓이는 몇 cm^2일까요?

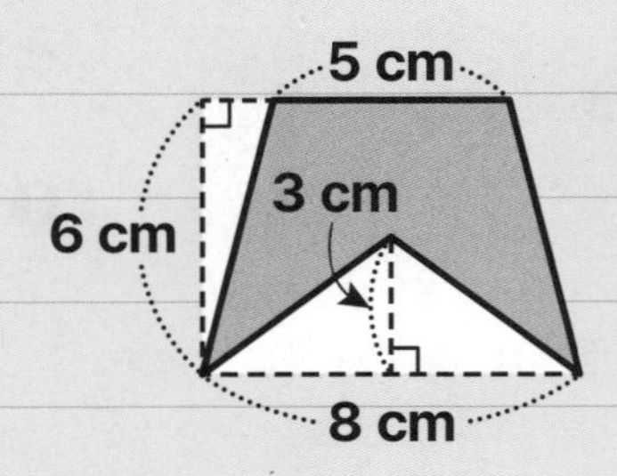

사다리꼴에서 뻥 뚫려 있는 도형이라 어떻게 할지 모르겠나요?
전체 사다리꼴도 넓이를 구할 수 있고, 뻥 뚫려 있는 부분도 넓이를 구할 수 있는 삼각형이에요.
전체 사다리꼴의 넓이에서 뻥 뚫려 있는 삼각형의 넓이를 빼서 구하면 돼요.

❶ 전체 사다리꼴과 색칠하지 않은 삼각형에서 변의 길이를 각각 구해요.

▶

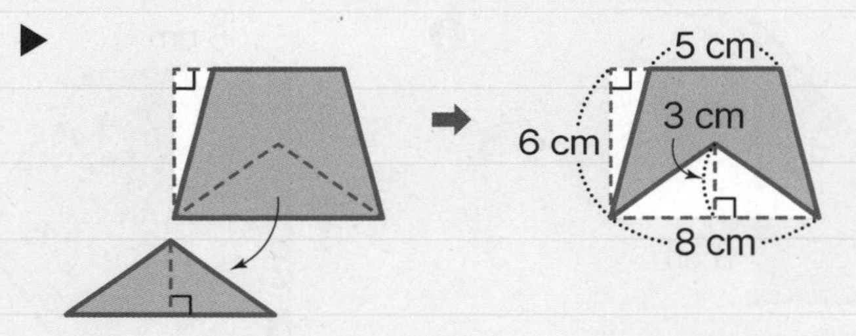

- 전체 사다리꼴은 윗변의 길이가 ____ cm, 아랫변의 길이가 8 cm, 높이가 6 cm입니다.
- 삼각형은 밑변의 길이가 8 cm, 높이가 ____ cm입니다.

❷ 전체 사다리꼴의 넓이에서 삼각형의 넓이를 빼서 색칠한 부분의 넓이는 몇 cm^2인지 구해요.

▶ (색칠한 부분의 넓이) = (전체 사다리꼴의 넓이) - (삼각형의 넓이)

= (____ + 8) × 6 ÷ 2 - 8 × ____ ÷ 2

= ______ - ______

= ______ (cm^2)

답 ______________

공부한 날 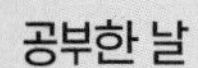

문제 적용 **2**

색칠하지 않은 부분이 없다고 생각했을 때 전체 큰 도형, 색칠하지 않은 부분의 도형의 넓이를 구할 수 있는지 알아봐요.

색칠한 부분의 넓이를 구하세요.

❶
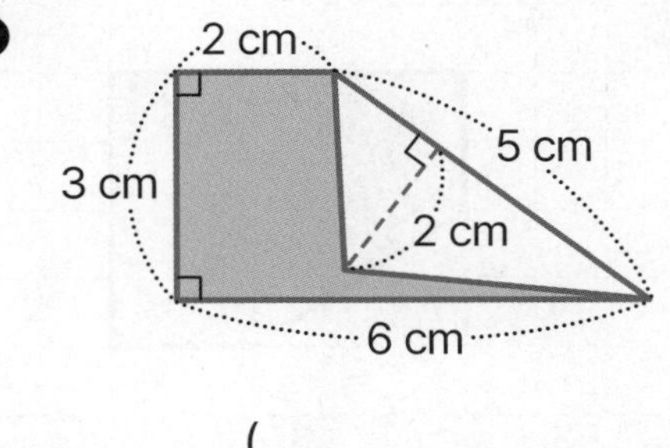

( )

❷
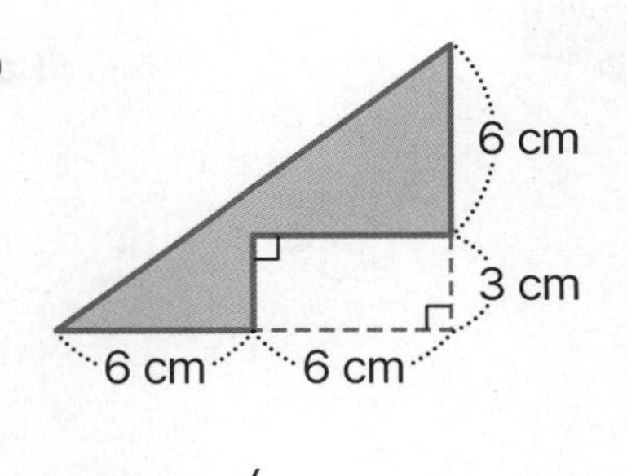

( )

❸
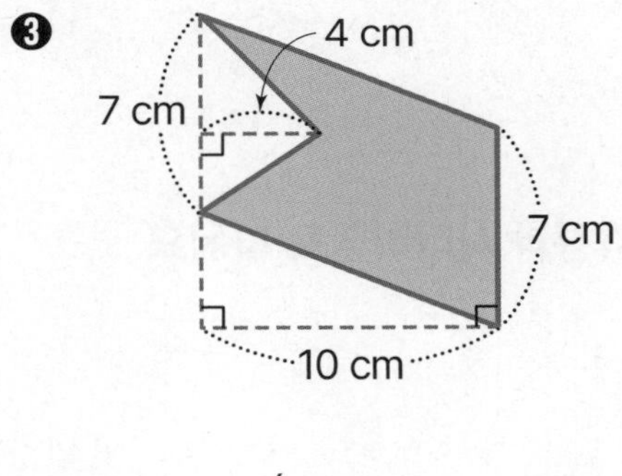

( )

❹
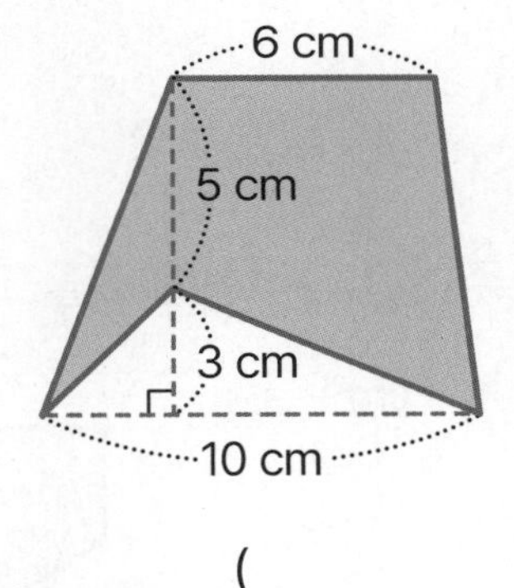

( )

❺
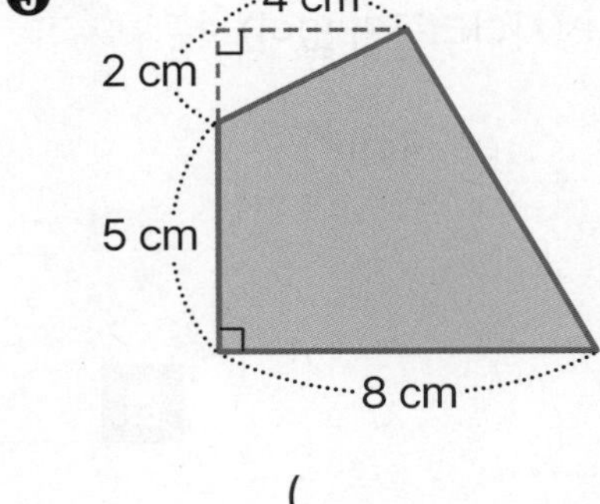

( )

❻
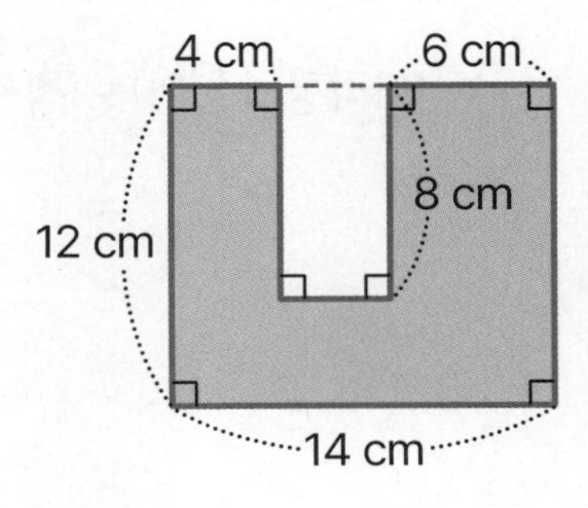

( )

20강 색칠한 부분의 넓이② - 도형을 나눠서

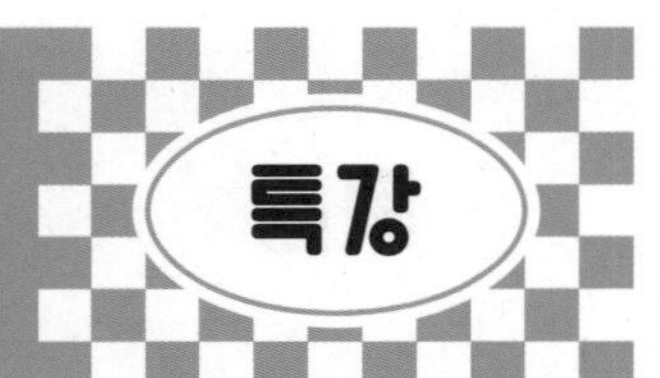

다각형을 직사각형과 사다리꼴로 나누어 넓이를 구하세요.

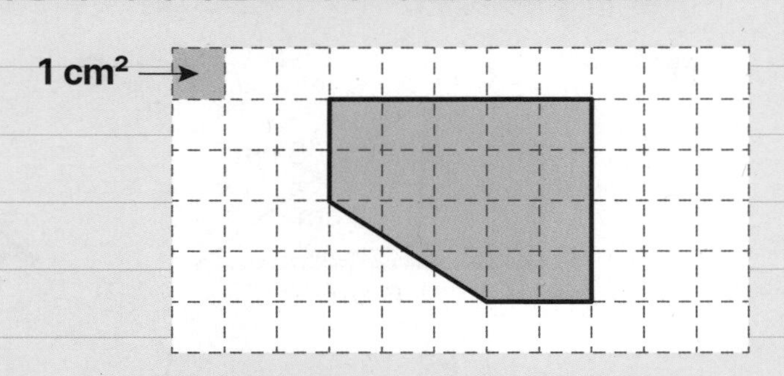

대표문제 2번을 풀기 위한 도움 문제예요.

주어진 다각형은 변이 5개 있어서 오각형이고 오각형의 넓이 공식은 배우지 않았지만, 모눈을 따라서 도형을 나눠 보면 넓이를 구할 수 있는 직사각형과 사다리꼴로 나눌 수 있어요.

❶ 주어진 다각형에 선을 그어 직사각형과 사다리꼴로 나눠요.

▶ 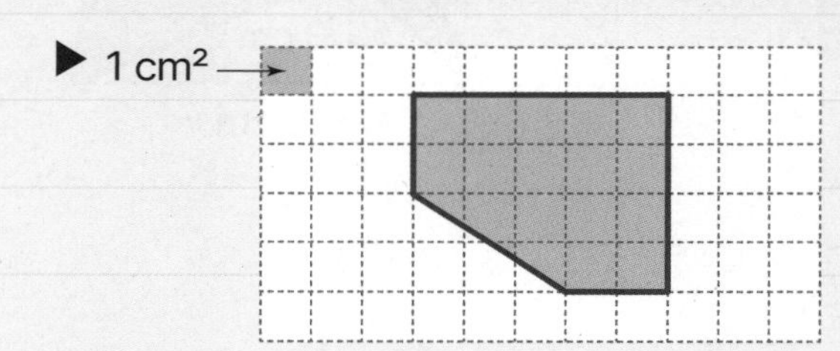

❷ 다각형의 넓이는 몇 cm^2인지 구해요.

▶ (다각형의 넓이) = (직사각형의 넓이) + (사다리꼴의 넓이)

= ______ + ______ = ______ (cm^2)

______

문제 적용 **1**

다각형을 두 도형 또는 세 도형으로 나누어 넓이를 구하세요.

❶ 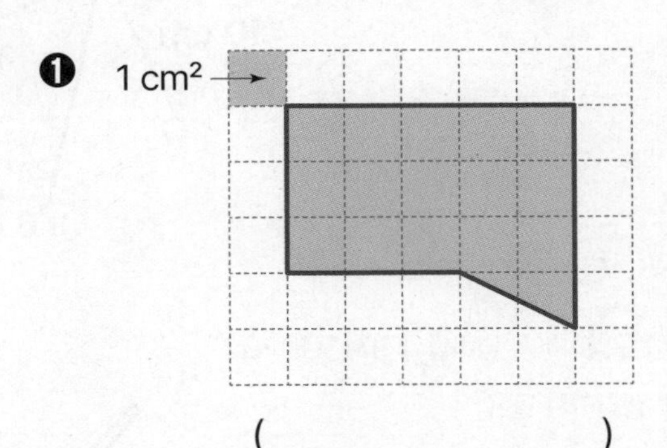

(　　　　　　　　)

❷ 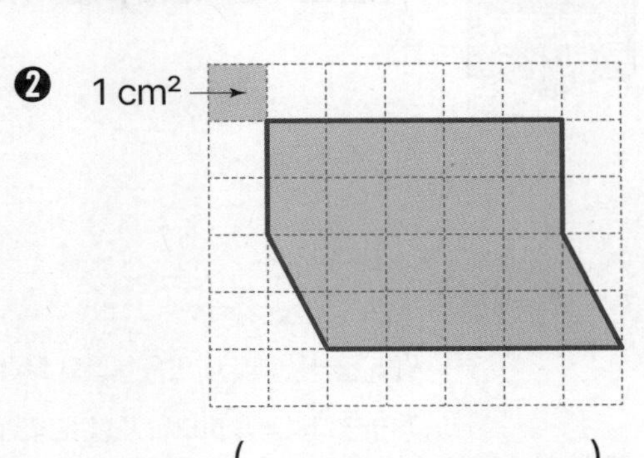

(　　　　　　　　)

❸ 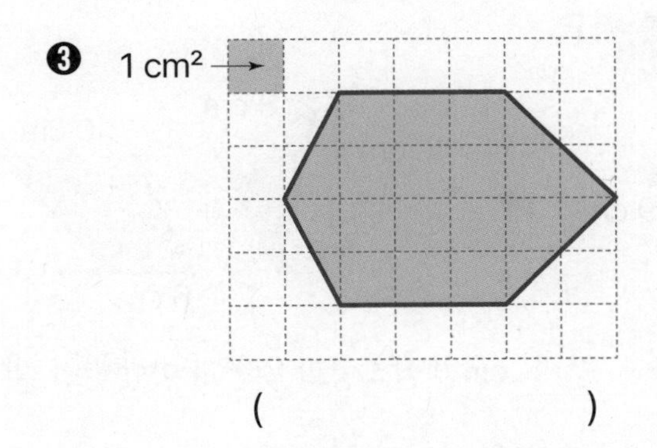

(　　　　　　　　)

❹ 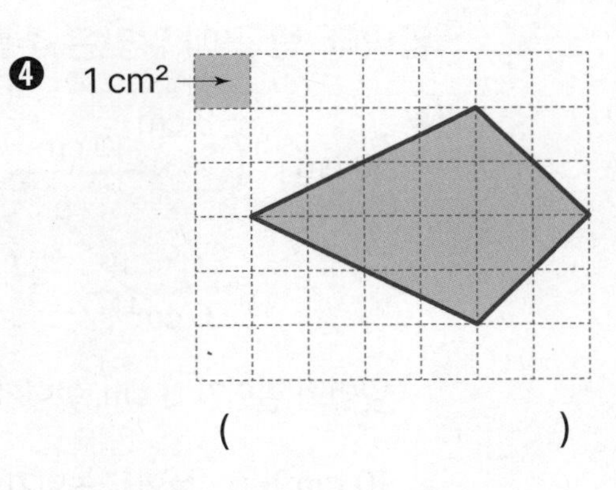

(　　　　　　　　)

❺ 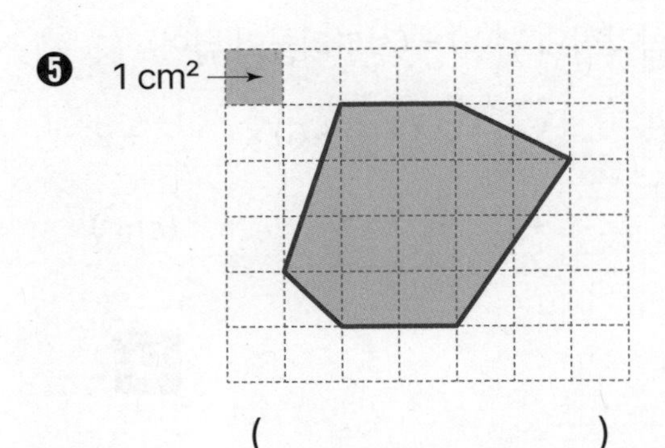

(　　　　　　　　)

❻ 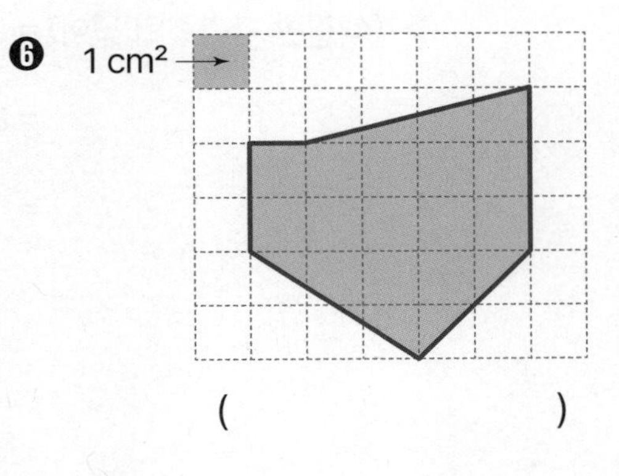

(　　　　　　　　)

색칠한 부분의 넓이② - 도형을 나눠서

색칠한 다각형의 넓이는 몇 cm^2일까요?

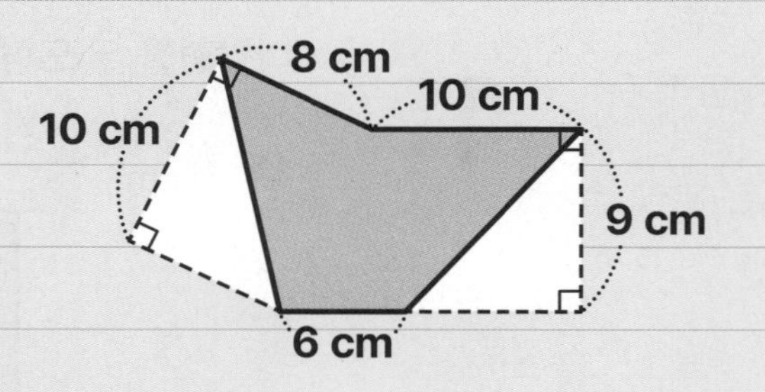

넓이 공식을 배우지 않은 복잡한 다각형 모양이어서 넓이를 구하지 못했나요?
주어진 다각형을 하나의 도형 모양으로 생각하지 말고
넓이를 구할 수 있는 삼각형 또는 사각형이 되도록 선을 그어 보세요.

❶ 주어진 다각형에 선을 그어 넓이를 구할 수 있는 삼각형과 사다리꼴로 나눈 그림입니다. 빈 곳에 알맞은 수를 써요.

▶ 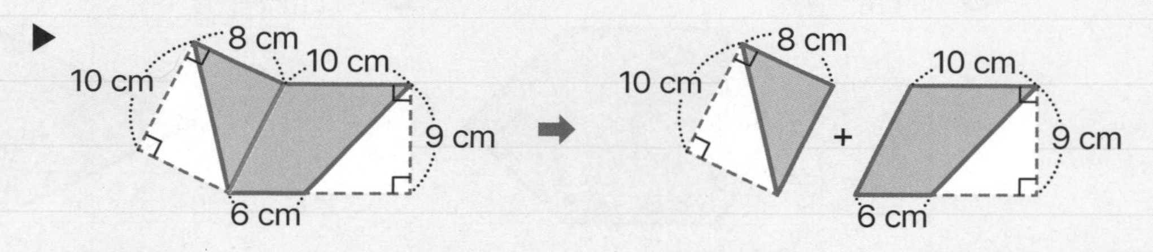

밑변의 길이가 8 cm, 높이가 ______ cm인 삼각형과 윗변과 아랫변의 길이가 각각 10 cm와 6 cm이고 높이가 ____ cm인 사다리꼴로 나눕니다.

높이가 항상 도형 내부에 있다고 생각하지 마세요.

❷ ❶번에서 나눈 두 도형의 넓이를 더해서 색칠한 다각형의 넓이는 몇 cm^2인지 구해요.

▶ (색칠한 다각형의 넓이) = (삼각형의 넓이) + (사다리꼴의 넓이)

= 8 × ______ ÷ 2 + (10 + 6) × ____ ÷ 2

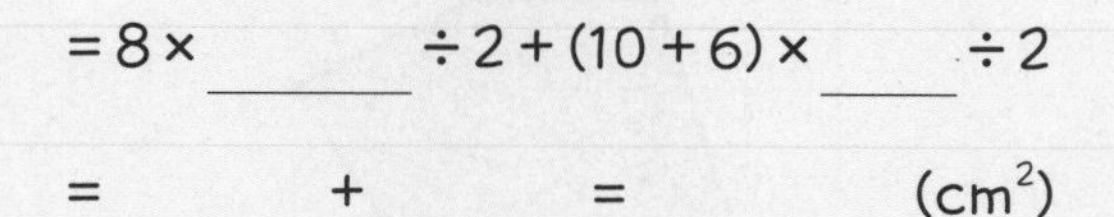

답 ______________

공부한 날 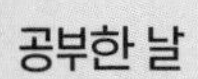

문제 적용 **2**

선을 그어 넓이를 구할 수 있는
두 도형으로 나눠요.

색칠한 다각형의 넓이를 구하세요.

❶
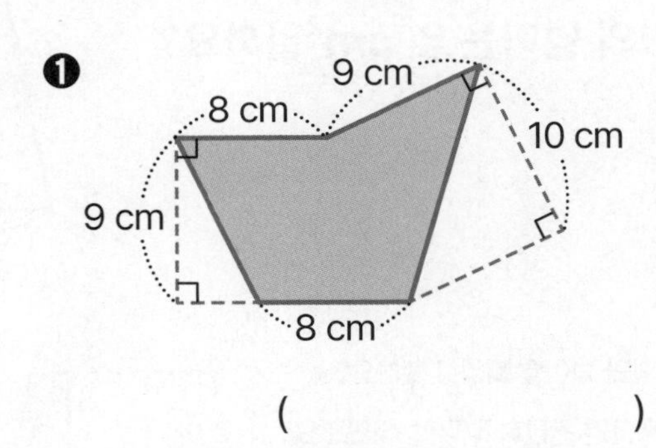

(　　　　　　　　)

❷
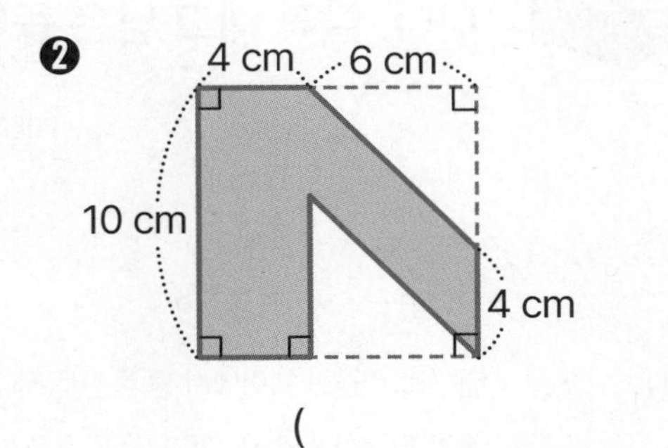

(　　　　　　　　)

❸
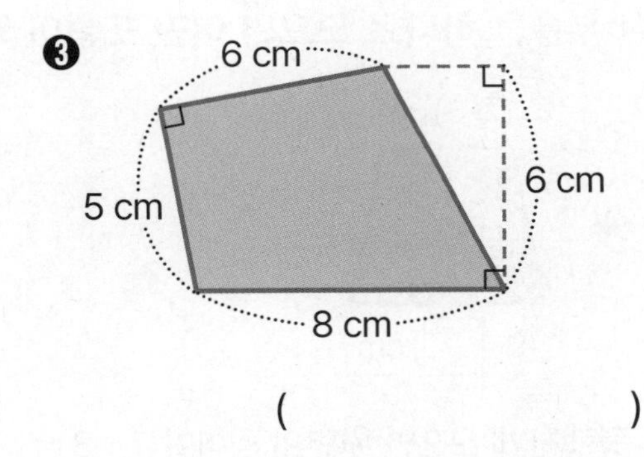

(　　　　　　　　)

❹
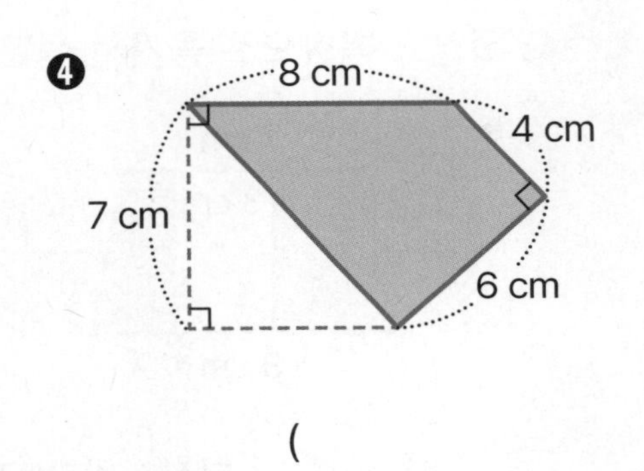

(　　　　　　　　)

❺
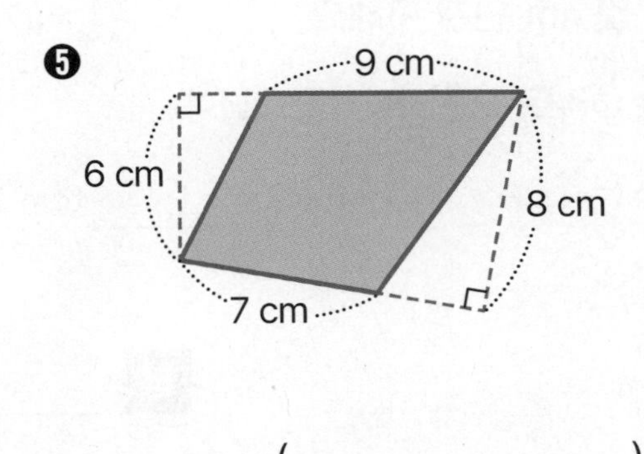

(　　　　　　　　)

❻
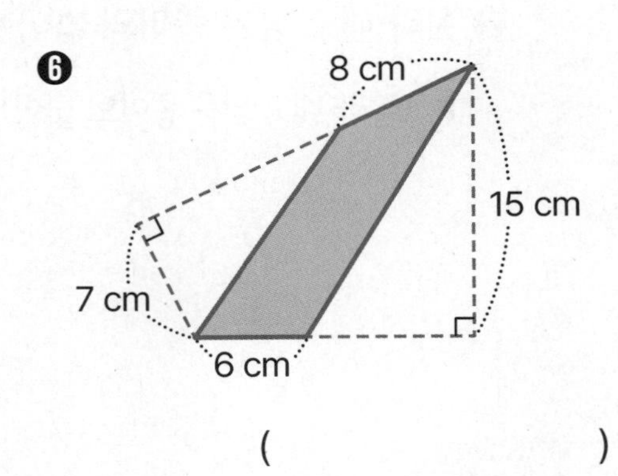

(　　　　　　　　)

21강 색칠한 부분의 넓이③
– 부분을 모아서

사다리꼴 모양의 종이를 폭이 일정하게 잘라 낸 것입니다. 잘라 내고 남은 종이의 넓이는 몇 cm^2일까요?

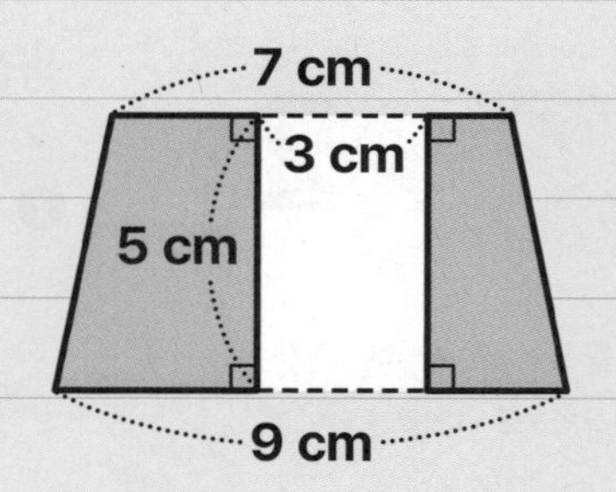

큰 사다리꼴의 넓이에서 뻥 뚫린 직사각형의 넓이를 빼려고 했나요?
폭이 일정하게 잘라 내었다는 조건을 이용하면 간단하게 구할 수 있어요.
㉮와 ㉯를 평행하게 옮겨서 하나의 도형으로 만들어 봐요.

❶ 화살표 방향으로 옮겨서 색칠한 부분을 하나로 모으면 어떤 도형이 되는지 설명해요.

▶

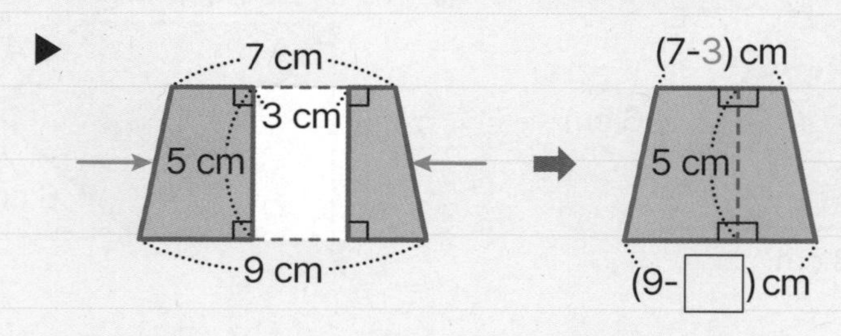

색칠한 부분을 화살표 방향으로 평행하게 모으면 윗변의 길이가 7 - 3 = ____ (cm),

아랫변의 길이가 9 - ____ = ____ (cm)이고 높이가 5 cm인 사다리꼴이 됩니다.

❷ 잘라 내고 남은 종이의 넓이는 몇 cm^2인지 구해요.

▶ (잘라 내고 남은 종이의 넓이) = (하나로 모은 사다리꼴의 넓이)

= (____ + ____) × 5 ÷ 2 = ______ (cm^2)

답 ____________

문제 적용 **1**

사각형 모양의 종이를 폭이 일정하게 잘라 낸 것입니다. 잘라 내고 남은 종이의 넓이를 구하세요.

잘라 낸 부분을 없애고 종이 조각을 하나로 모으면 사다리꼴이 돼요.

❶

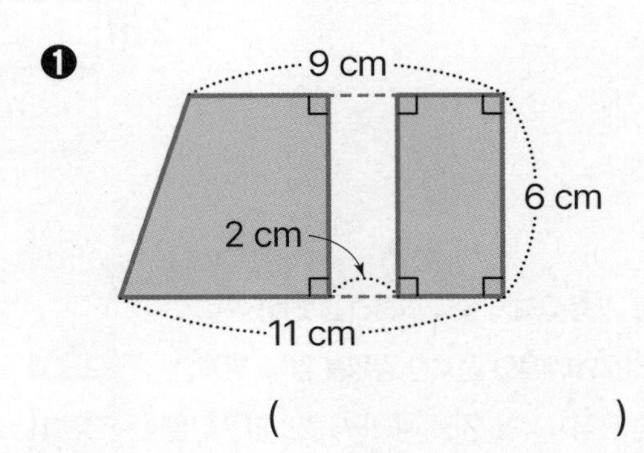

(   )

❷

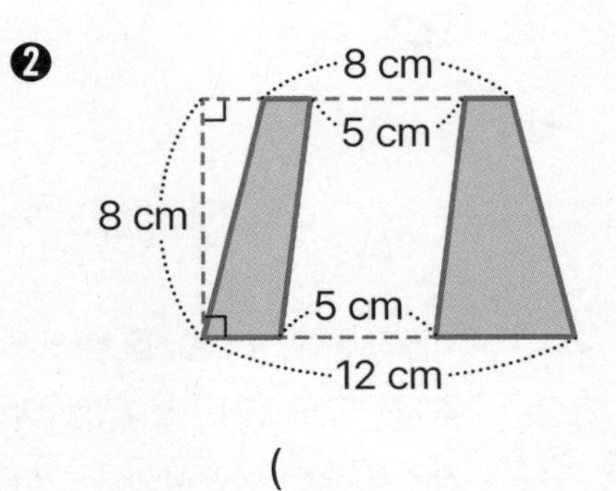

(   )

잘라 낸 부분을 없애고 종이 조각을 하나로 모으면 직사각형이 돼요.

❸

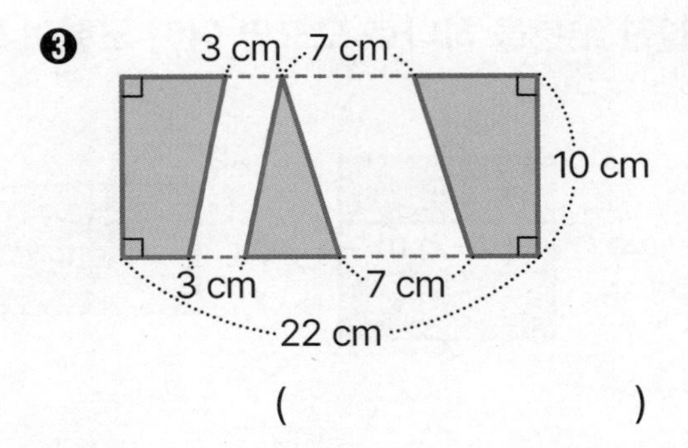

(   )

❹

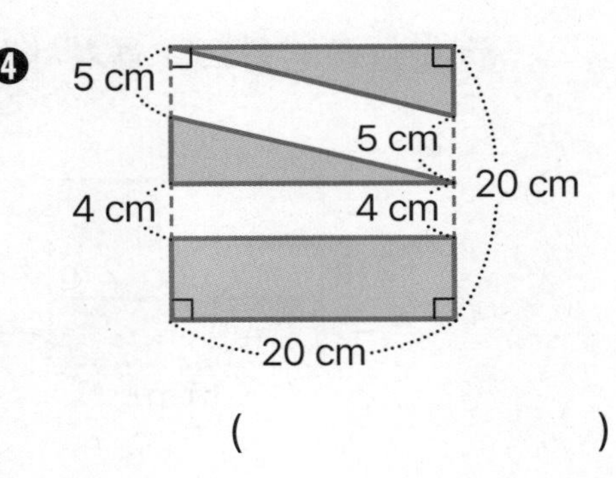

(   )

❺

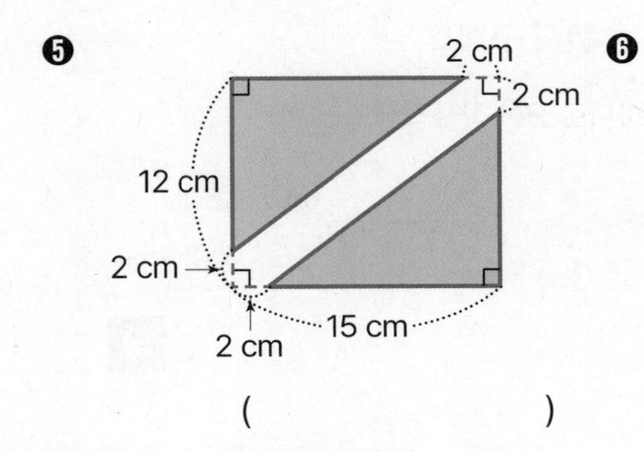

(   )

❻

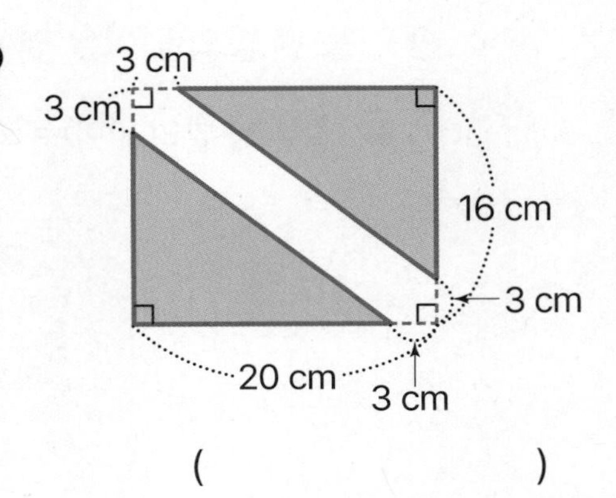

(   )

색칠한 부분의 넓이③ - 부분을 모아서

직사각형 모양의 밭에 폭이 일정하게 길을 만들었습니다. 길을 뺀 밭의 넓이는 몇 m^2일까요?

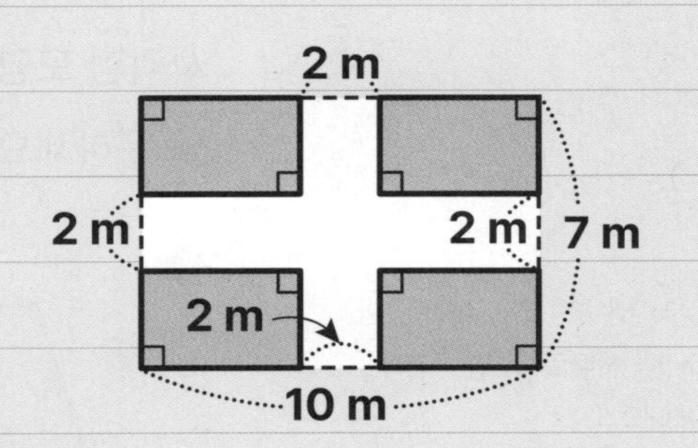

작은 직사각형 ㉮, ㉯, ㉰, ㉱의 넓이를 각각 구해서 모두 더하려고 했나요?
주어진 조건으로 작은 직사각형 4개의 가로와 세로의 정확한 길이를 알 수 없지만, 작은 직사각형 ㉮와 ㉯의 가로의 합, 작은 직사각형 ㉮와 ㉰의 세로의 합은 구할 수 있어요. 4조각의 밭을 하나로 모아 보세요.

❶ 화살표 방향으로 옮겨서 색칠한 부분을 하나로 모으면 어떤 도형이 되는지 설명해요.

▶

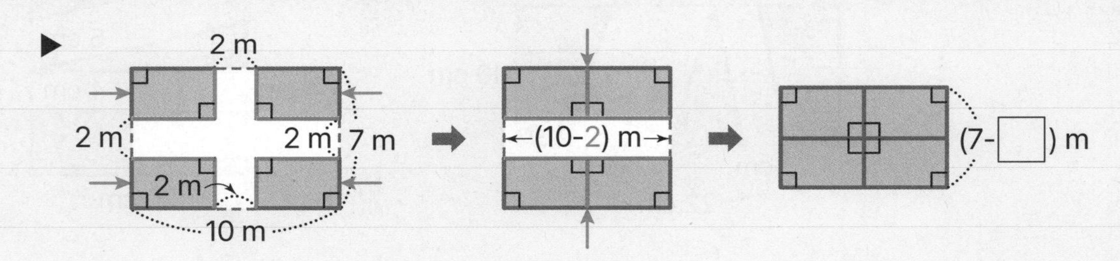

색칠한 부분을 화살표 방향으로 평행하게 모으면

가로가 10 - 2 = ____ (m), 세로가 7 - ____ = ____ (m)인 직사각형이 됩니다.

❷ 길을 뺀 밭의 넓이는 몇 m^2인지 구해요.

▶ (길을 뺀 밭의 넓이) = (하나로 모은 직사각형의 넓이)

= ____ × ____ = ______ (m^2)

답 ______________

공부한 날 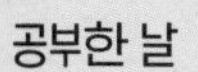

문제 적용 **2**

길을 만든 부분을 없애고 밭 조각을 하나로 모으면 직사각형이 돼요.

직사각형 모양의 밭에 폭이 일정하게 길을 만들었습니다. 길을 뺀 밭의 넓이를 구하세요.

❶

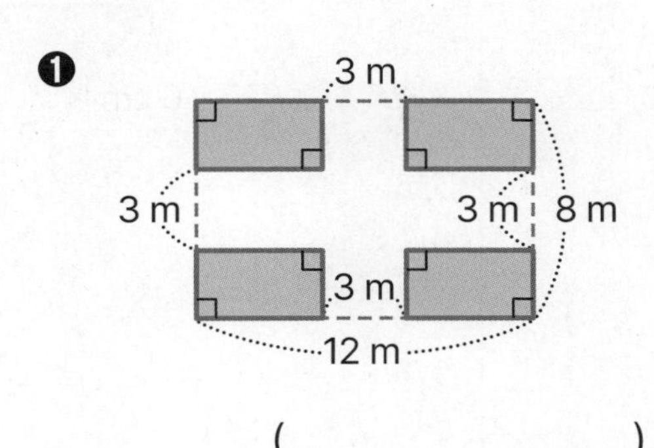

(   )

❷

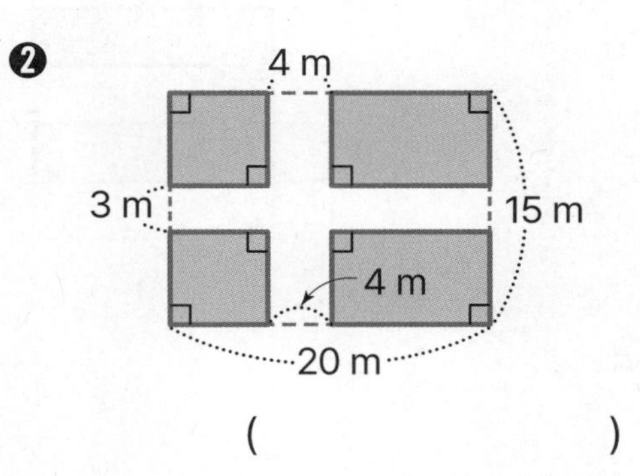

(   )

❸

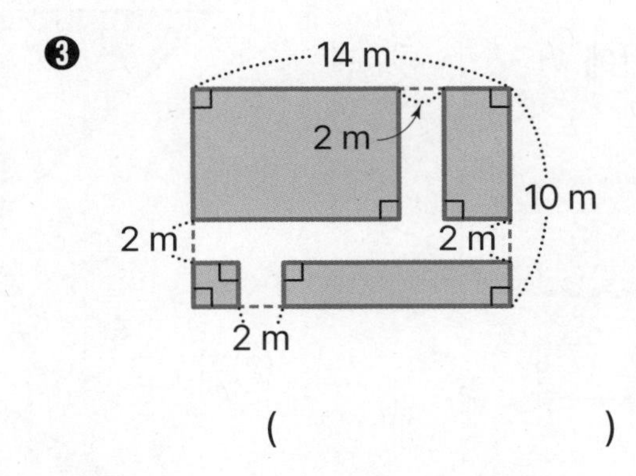

(   )

❹

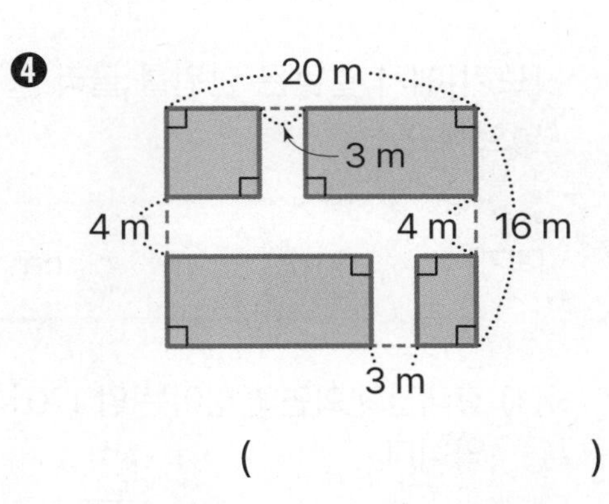

(   )

❺ ❻

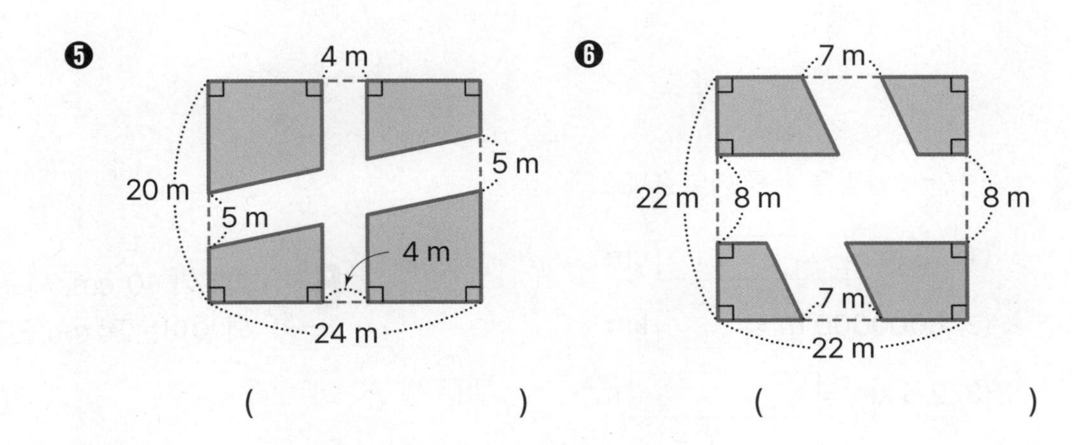

(   )

(   )

22 강 다각형의 넓이

1 $1\ cm^2$를 이용하여 도형의 넓이를 구하세요.

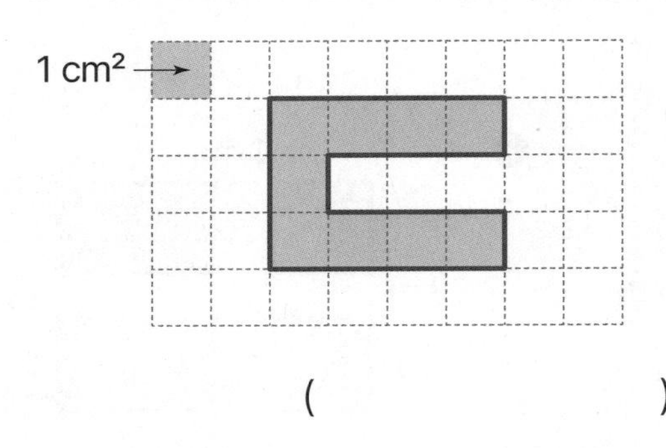

( )

2 [보기]에서 알맞은 단위를 골라 □ 안에 써넣으세요.

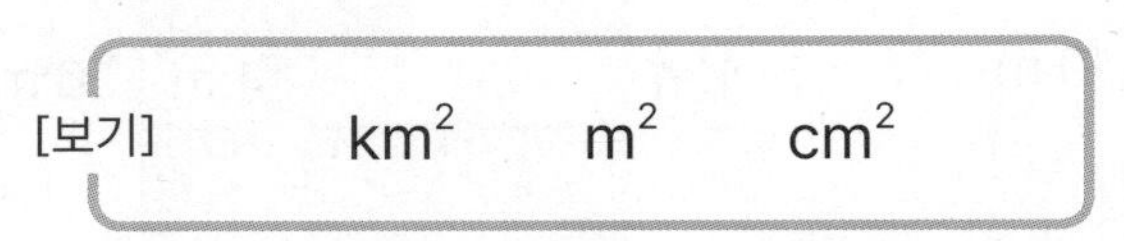

(1) 휴대전화 화면의 넓이는 약 120 □ 입니다.

(2) 교실의 넓이는 약 80 □입니다.

3 □ 안에 알맞은 수를 써넣으세요.

(1) $13\ m^2$= □ cm^2

(2) $8000000\ m^2$= □ km^2

(3) $2.5\ km^2$= □ m^2

4 평행사변형의 넓이를 구하세요.

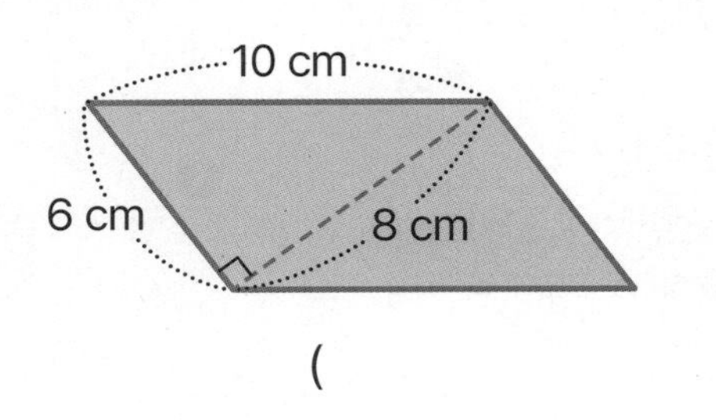

( )

5 삼각형의 넓이를 구하세요.

(1)

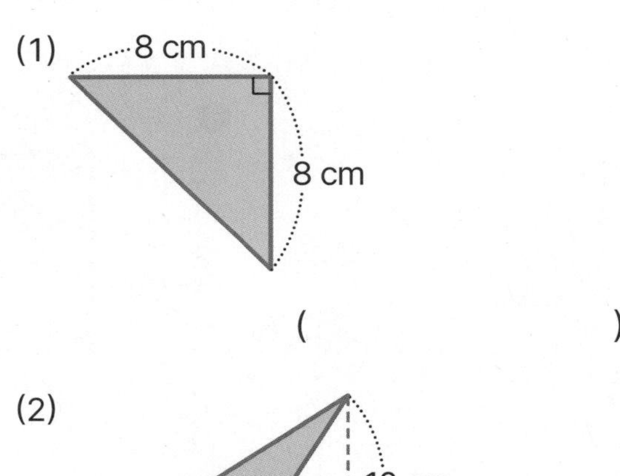

( )

(2)

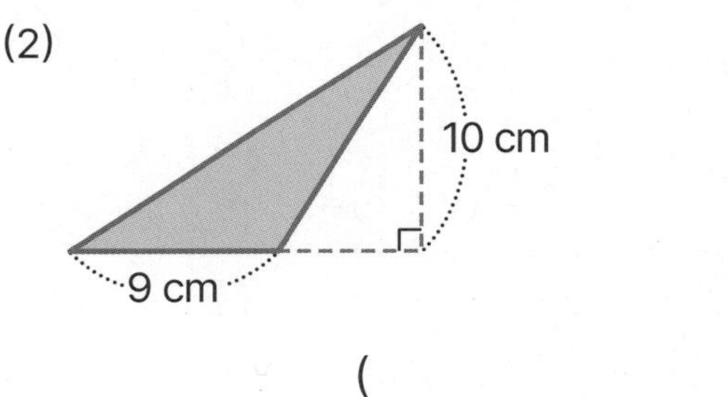

( )

6 가로가 10 cm, 세로가 13 cm인 직사각형의 넓이는 몇 cm^2인지 구하세요.

( )

7 마름모의 넓이를 구하세요.

(1)

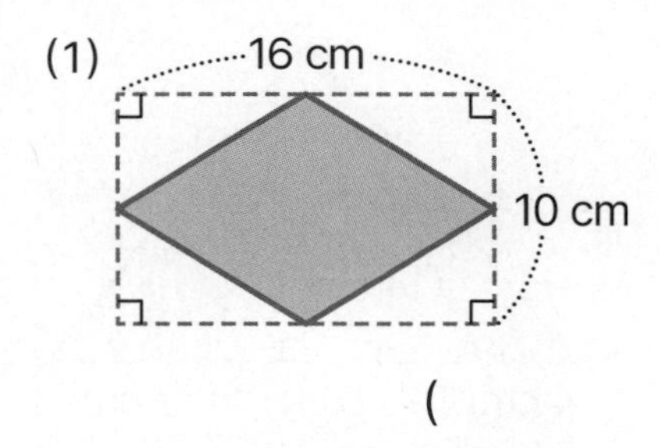

(　　　　　　　　)

(2)

3 cm
8 cm

(　　　　　　　　)

8 직사각형의 넓이가 84 cm^2일 때 □ 안에 알맞은 수를 써넣으세요.

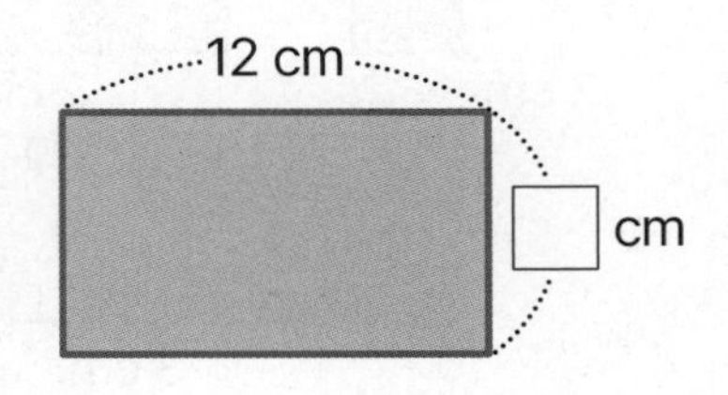

9 윗변의 길이가 5 cm, 아랫변의 길이가 7 cm 이고 높이가 8 cm인 사다리꼴의 넓이는 몇 cm^2인지 구하세요.

(　　　　　　　　)

10 도형의 넓이와 밑변의 길이가 다음과 같을 때 높이를 구하세요.

(1) 삼각형의 넓이: 25 cm^2

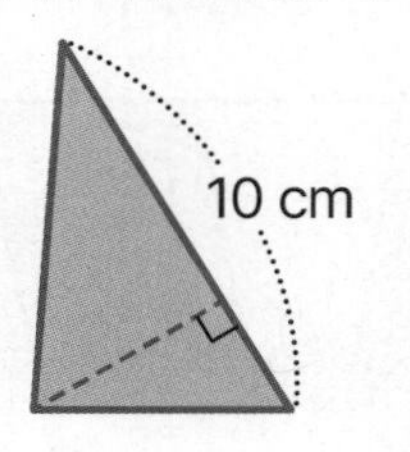

(　　　　　　　　)

(2) 사다리꼴의 넓이: 49 cm^2

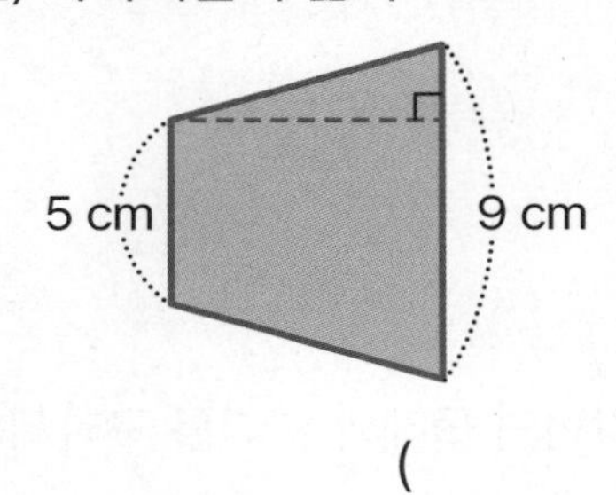

(　　　　　　　　)

11 도형의 넓이가 다음과 같을 때 □ 안에 알맞은 수를 써넣으세요.

(1) 평행사변형의 넓이: 63 cm^2

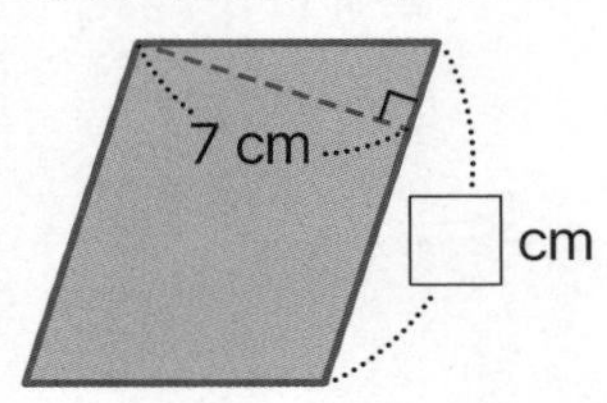

(2) 마름모의 넓이: 96 cm^2

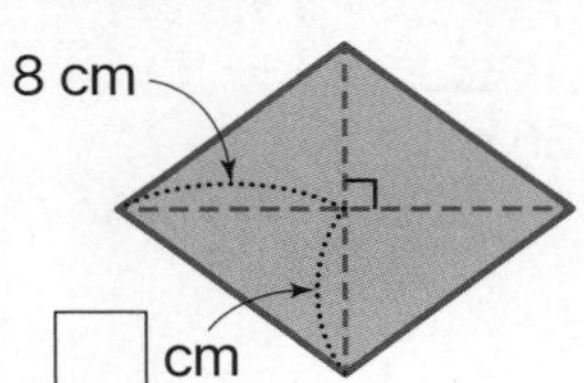

12 두 직선은 서로 평행합니다. 사다리꼴과 평행사변형의 넓이가 같을 때, ㉠에 알맞은 수를 구하세요.

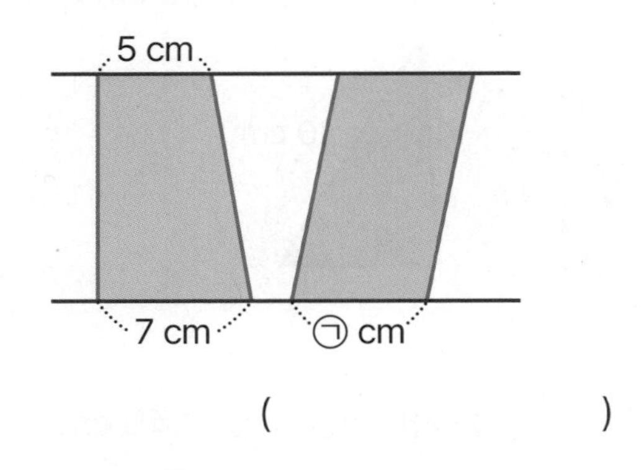

( )

13 직사각형의 둘레와 넓이를 구하세요.

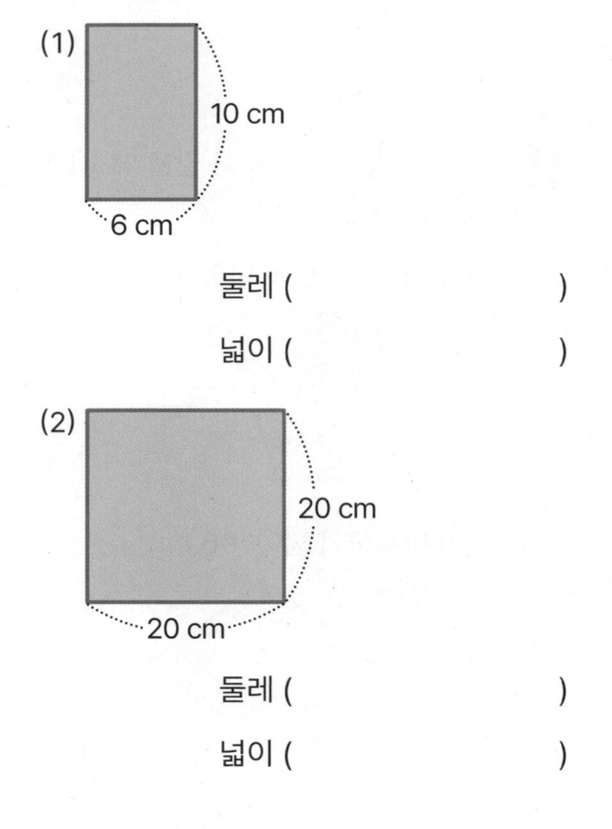

(1) 둘레 ( )

넓이 ( )

(2) 둘레 ( )

넓이 ( )

14 색칠한 부분의 넓이는 몇 cm^2인지 구하세요.

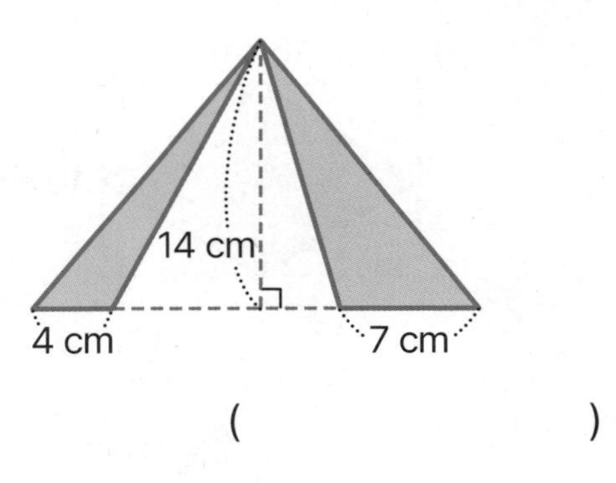

( )

15 색칠한 부분의 넓이는 몇 cm^2인지 구하세요.

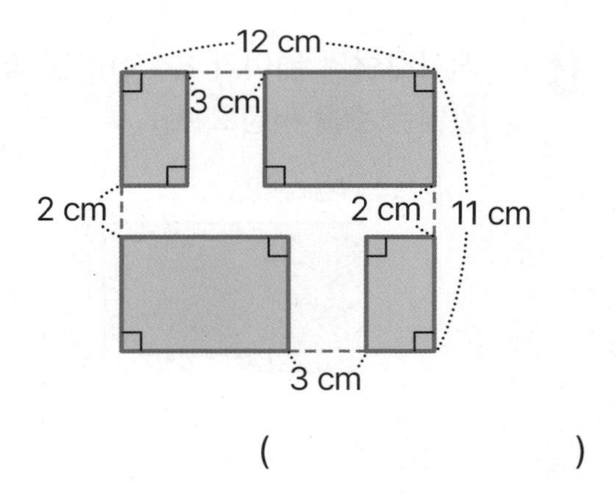

( )

1 다각형의 둘레

2 다각형의 넓이

3 원의 둘레와 넓이

	[학습 주제]	[교과 단원]
23강	원과 원주율	6-2 원의 넓이
24강	원의 둘레	
25강	원의 넓이	
26강	둘레 센스 UP	
27강	색칠한 부분의 둘레①	
28강	색칠한 부분의 둘레②	
29강	넓이 센스 UP	
30강	색칠한 부분의 넓이①	
31강	색칠한 부분의 넓이②	
32강	여러 개 원을 두른 둘레	
33강	원이 굴러간 거리, 넓이	
34강	평가	

23강 원과 원주율

원

수학 교과서에서 사각형은 '네 개의 선분으로 둘러싸인 도형'으로 정의해요.
그럼 원은 어떻게 정의할까요? 초등 교과서에서는 제대로 된 원의 정의가 없이 그냥 '동그란 모양'이라 하고 끝이에요. 그렇다면 중등 교과서의 내용을 살짝 미리 볼까요?

'원은 **한 점에서 같은 거리에 있는 점들의 집합**이다.'

음... 거리, 집합? 무슨 소리죠? 어렵겠지만 그림을 그려서 찬찬히 이해해 봅시다.

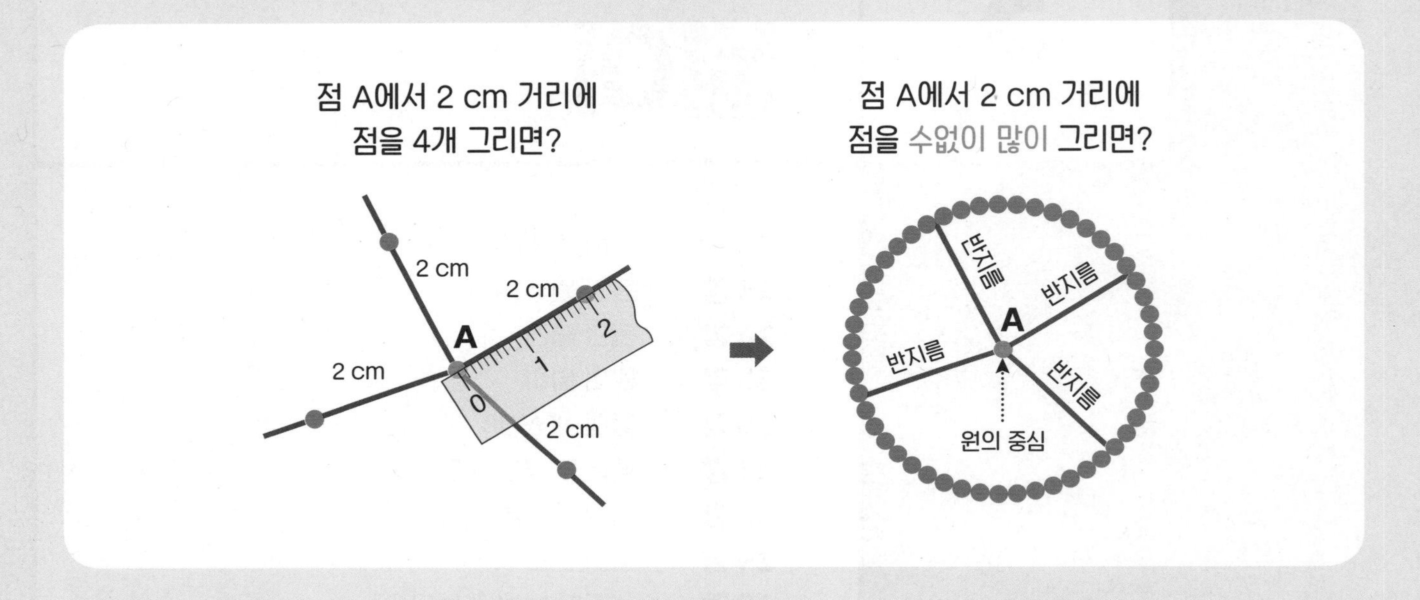

어때요? 점을 수없이 많이 그렸더니 모여서 원 모양이 됐죠!
이때 수학자들은 '모임' 대신 '집합'이라는 용어를 사용해요.
그리고 점 A가 '원의 중심'이 되고, '같은 거리'가 '반지름'이 된다는 사실도 알 수 있어요.

초등에서 배우는
원의 **용어!**

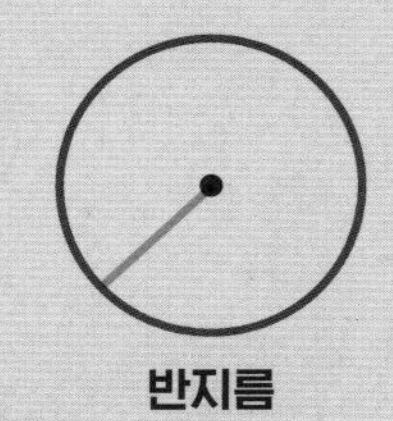

반지름

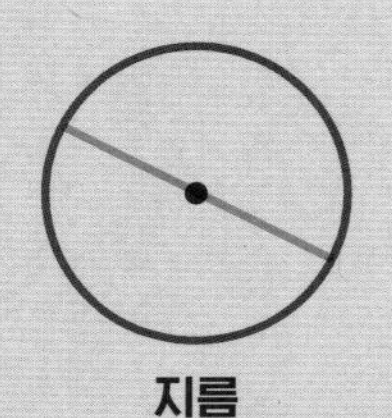

지름

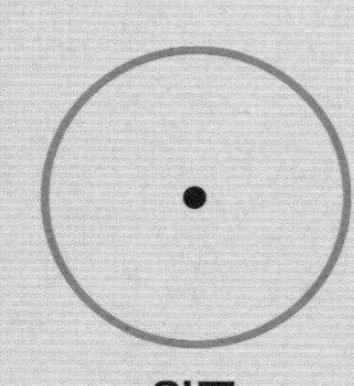

원주
(원의 둘레)

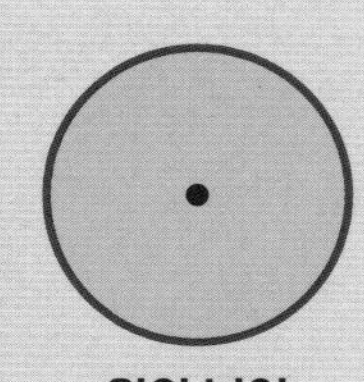

원의 넓이

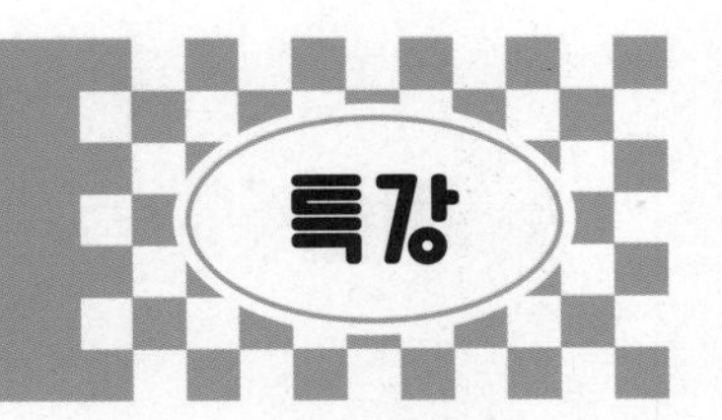

원주율

고대 바빌로니아 사람들은 원 모양의 바퀴를 보며 곰곰이 생각했어요.

'원의 지름이 커지면, 당연히 둘레도 같이 커지는데... 어떤 규칙이 있지 않을까?'

그래서 밧줄을 지름의 길이만큼 여러 개 잘라서 원의 둘레에 놓아 봤어요.

그랬더니 원이 작건 크건 상관없이 '**원의 둘레는 지름의 3배보다 조금 더 길다.**'라는 규칙을 발견했어요.

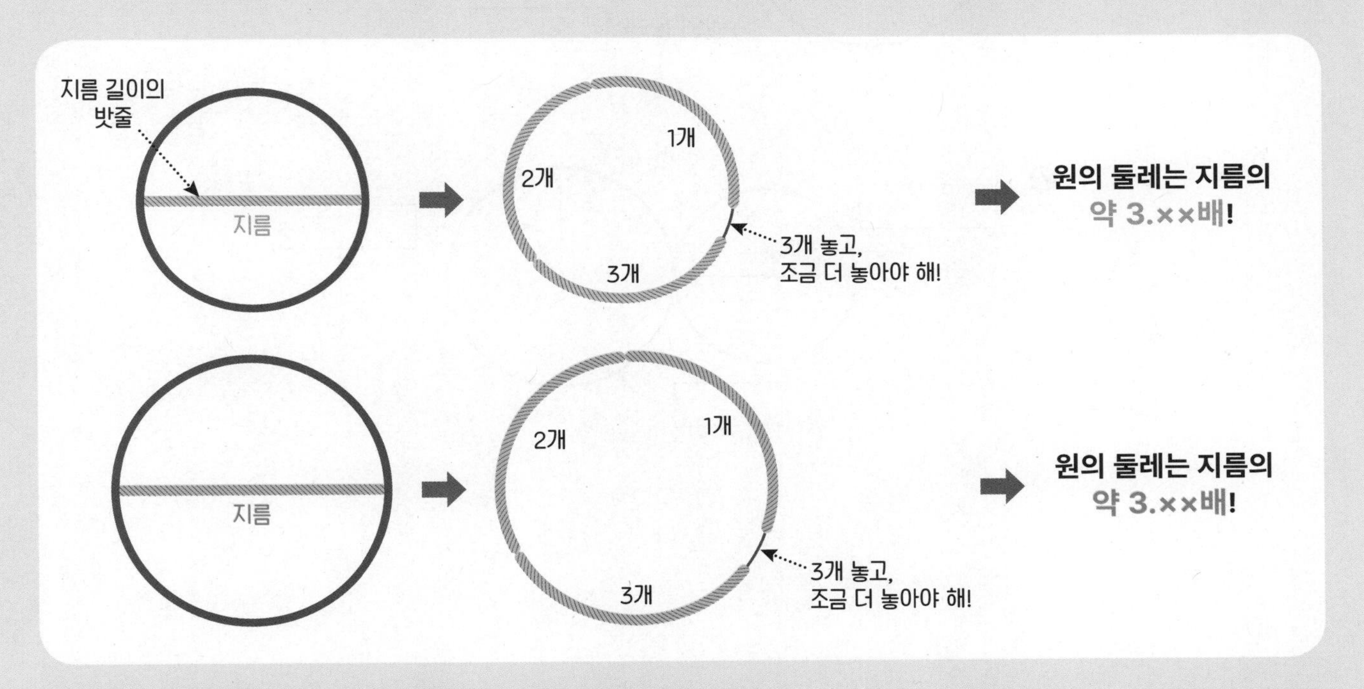

이후 현대의 수학자들이 '조금 더'를 정확한 숫자로 계산했더니

3.14159265358979323846264338327950288419 71······로 끝없는 소수가 나왔어요.

이 수를 원주율이라고 부른답니다. 초등에서는 간단히 3.14로 계산하고, 중등에서는 π(파이)로 나타내요.

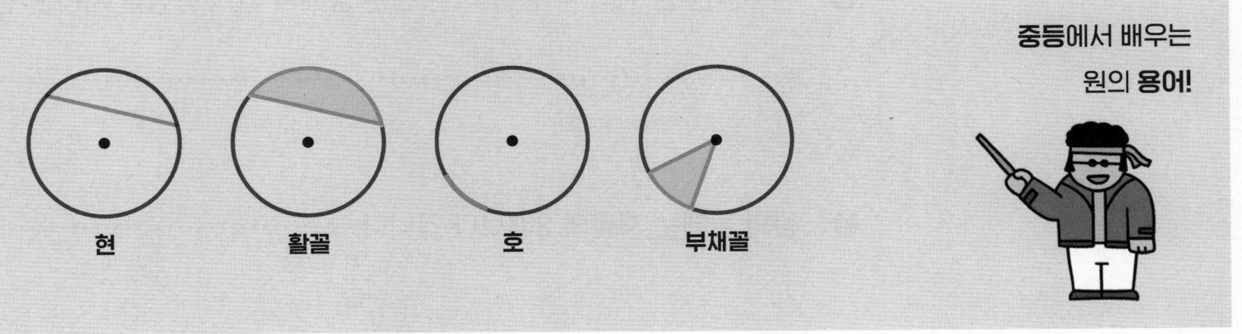

복습

23강 · 원과 원주율

약속 확인 **1**

□ 안에 알맞은 말을 써넣으세요.

❶

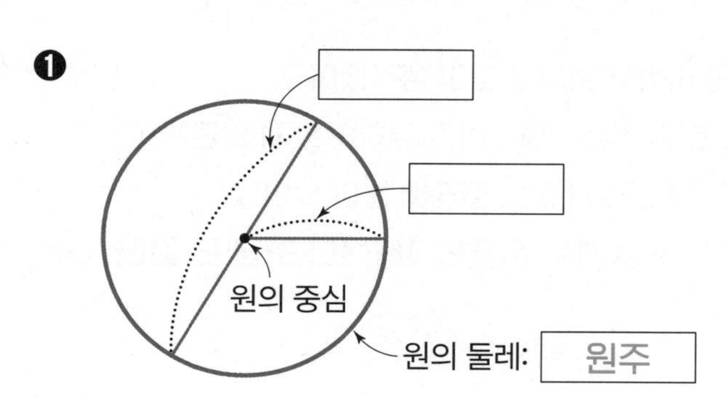

❷

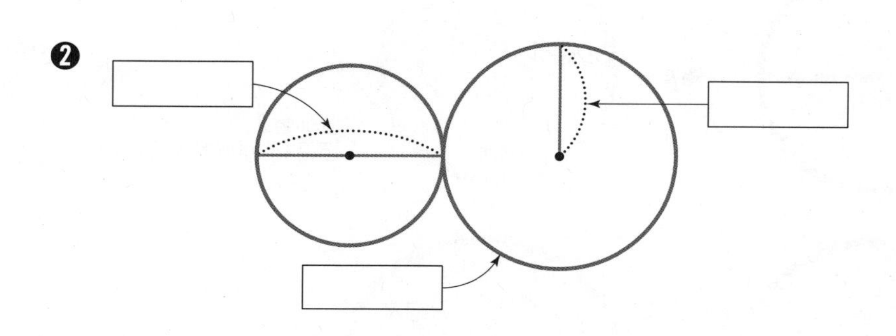

오개념 확인 **2**

원에 대한 설명으로 옳은 것에 ○표, 틀린 것에 ×표 하세요.

❶ 원주율은 원이 크거나 작거나 원의 크기와 상관없이 일정합니다. ········ □

❷ 원주율은 원 위의 두 점을 이은 선분 중에서 원의 중심을 지나는 선분입니다.

·· □

❸ 원의 둘레는 지름의 3배보다 깁니다. ································ □

약속 확인 3

원에서 주어진 구성 요소를 모두 찾아 빨간색으로 표시하세요.

❶ 지름

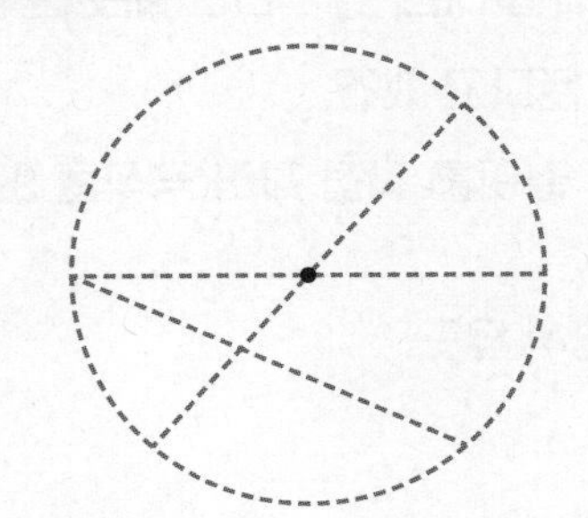

❷ 지름

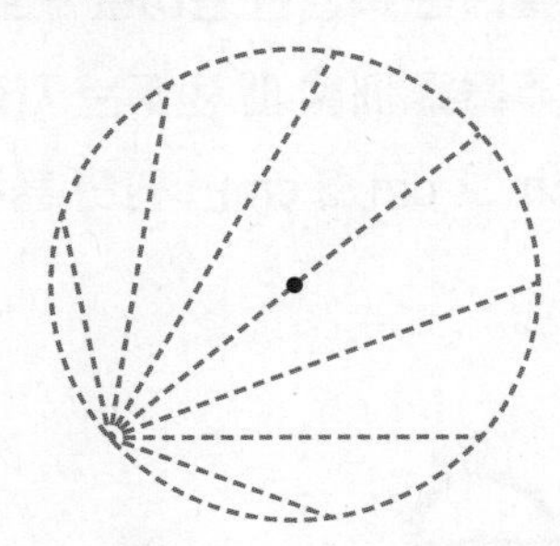

❸ 반지름

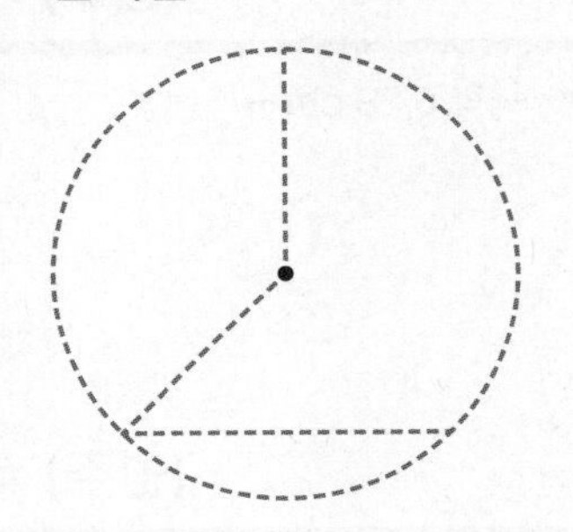

❹ 원의 중심

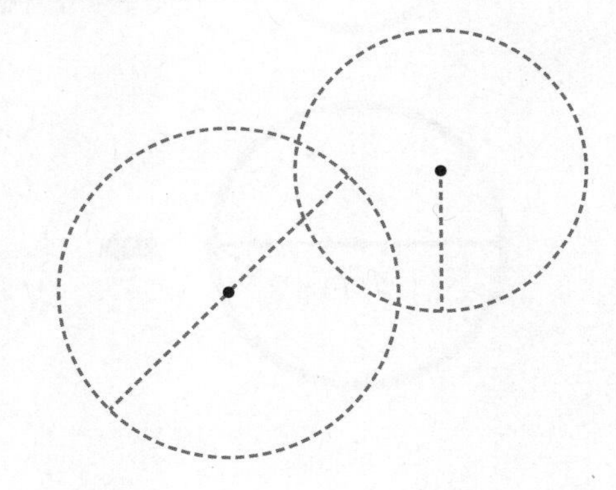

❺ 원주

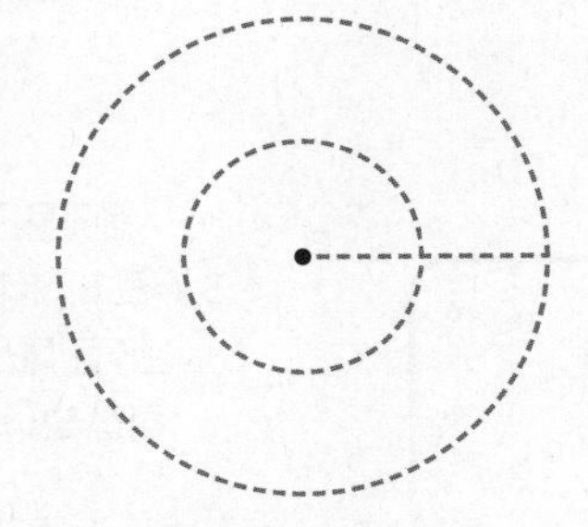

❻ 반지름

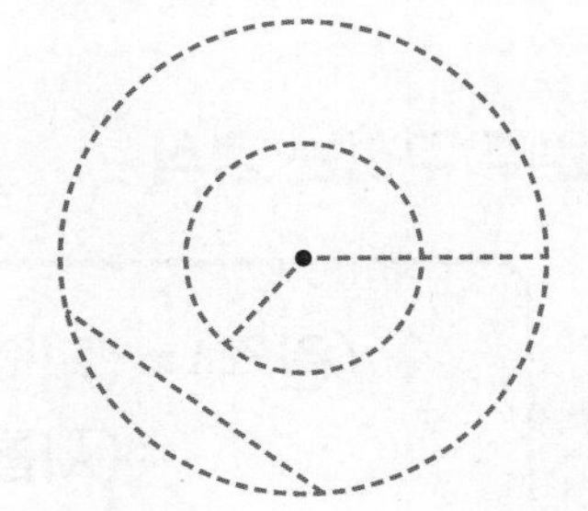

24강 원의 둘레

원주 구하는 공식 만들기

다각형의 둘레는 특별한 용어로 부르지 않았는데 원의 둘레는 **원주**라는 새로운 용어로 불러요.
앞에서 원주율을 배울 때 원주는 지름의 약 3.14배가 된다고 했죠.
지름이 1 cm, 2 cm, 3 cm인 원의 둘레를 잘라서 직선 길이를 직접 재어 공식을 만들어 봅시다.

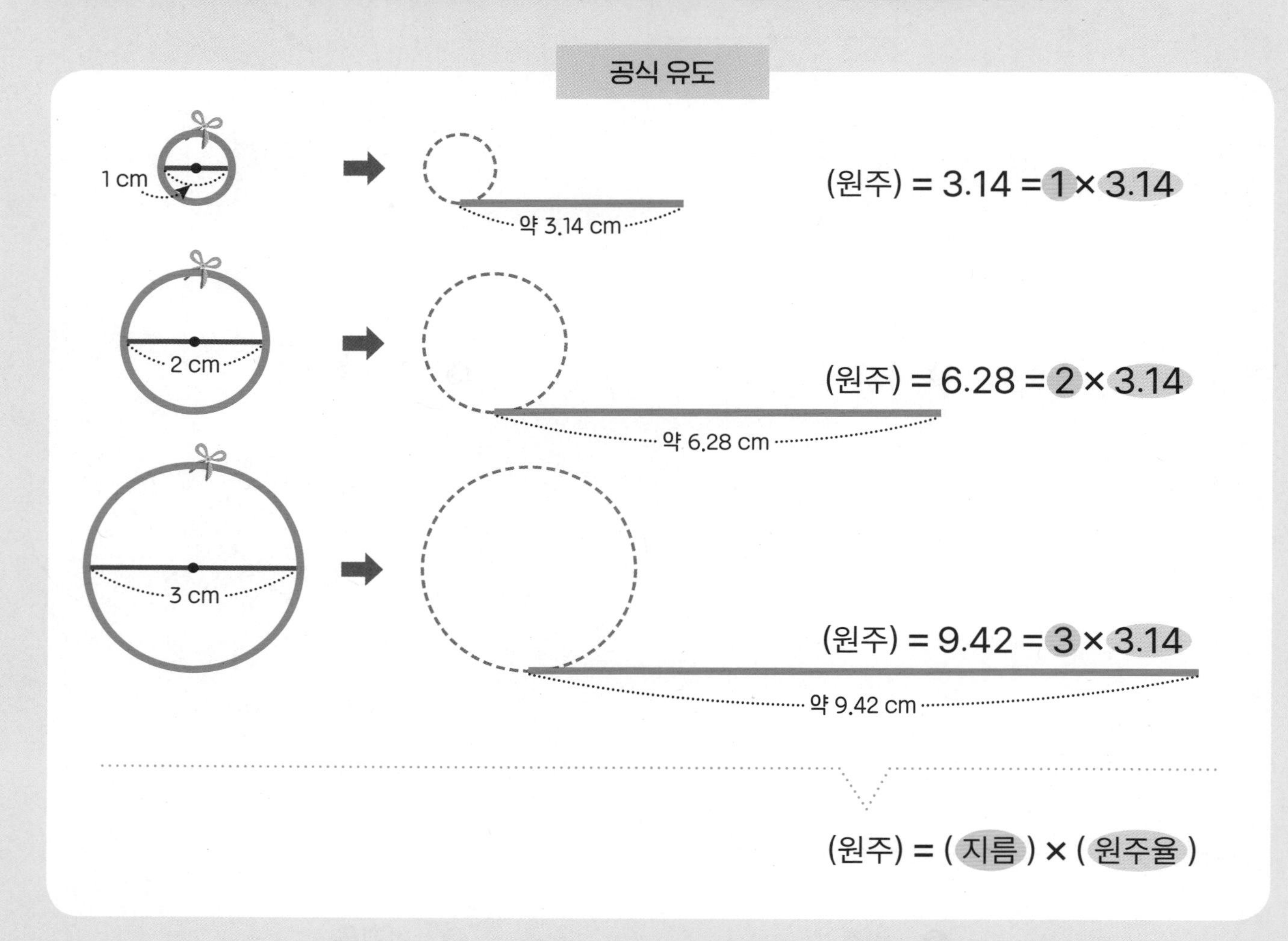

공식

원주 구하는 공식

(원주) = (지름) × (원주율)
= (지름) × 3.14

원주율은 간단히 3.14로 나타내기로 했으므로 원주율 대신에 3.14를 직접 넣어서 외워요.

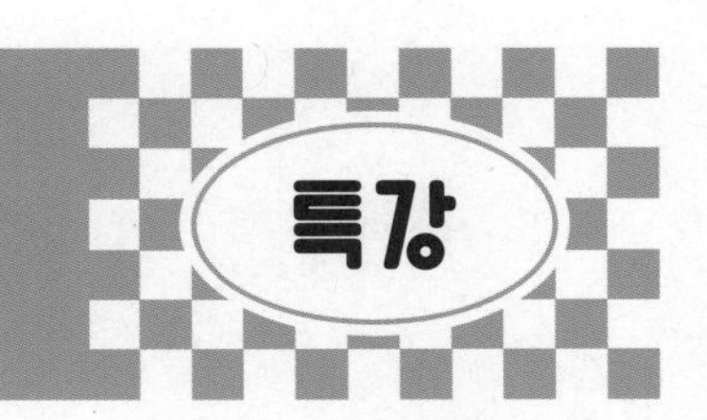

공식 변형하는 방법

원의 둘레를 구하는 원주 공식을 잘 변형하면 원주를 알 때 지름을 구할 수 있어요.
앞에서 공부했던 것과 같은 방법으로 곱셈과 나눗셈의 관계를 이용하여
원주를 구하는 공식을 변형하여 봅시다.

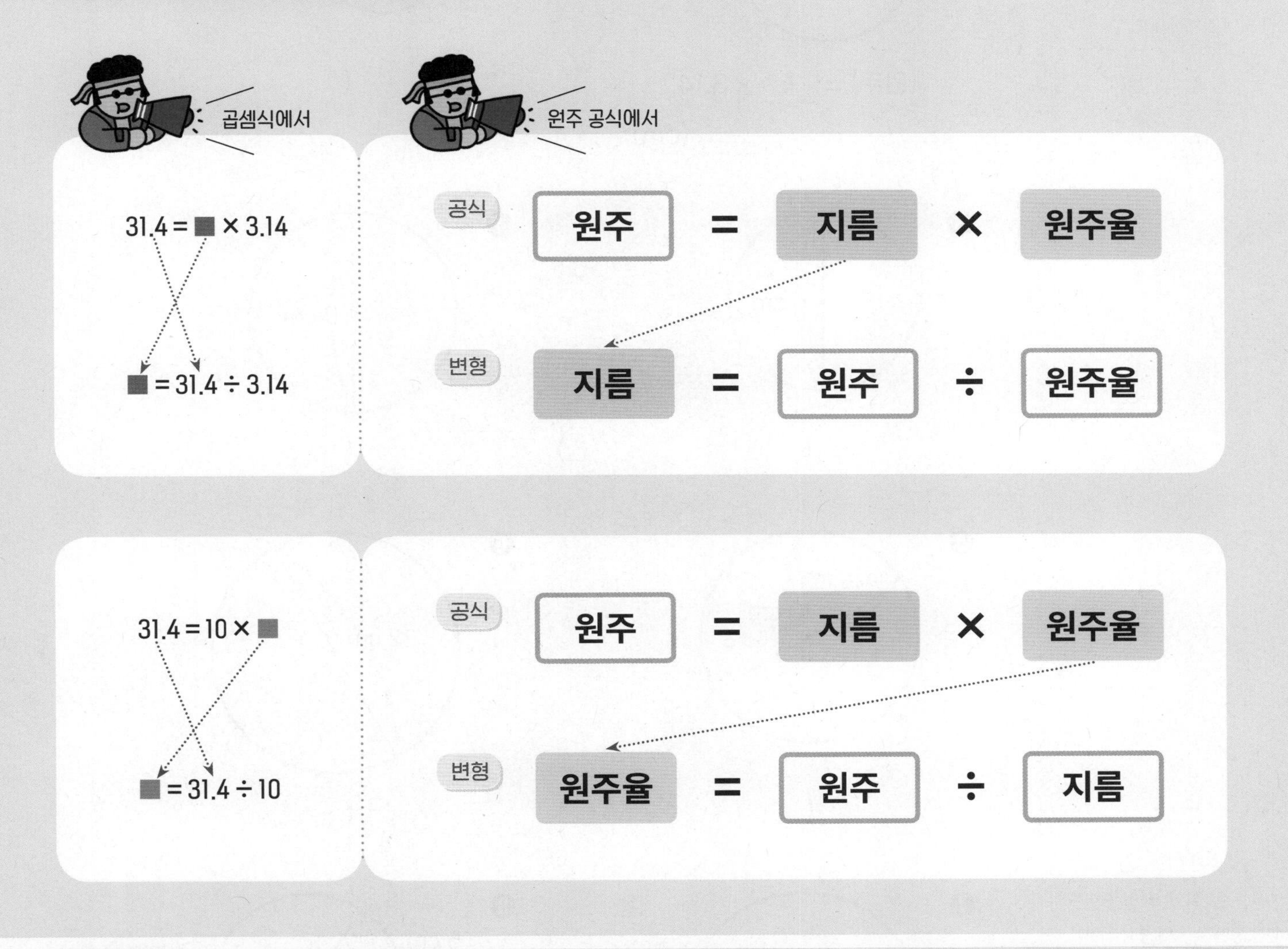

공식 변형

지름의 길이 구하는 공식

(지름) = (원주) ÷ (원주율)
= (원주) ÷ 3.14

24강 · 원의 둘레

공식 적용 **1**

원주를 구하는 공식을 한번 써 보고, 원주율은 문제에서 주어진 3.14로 계산해요.

원주를 구하세요. (원주율: 3.14)

❶
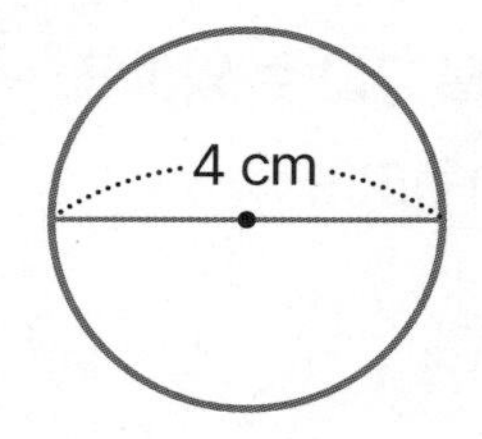

(원주) = 4 × 3.14
= ______ (cm)

❷
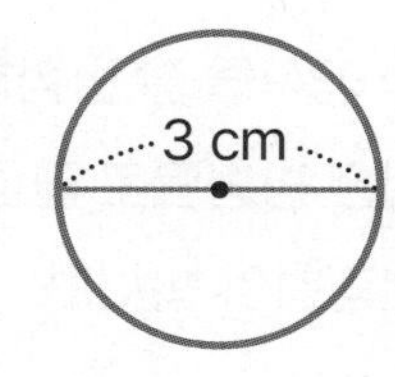

(   )

❸
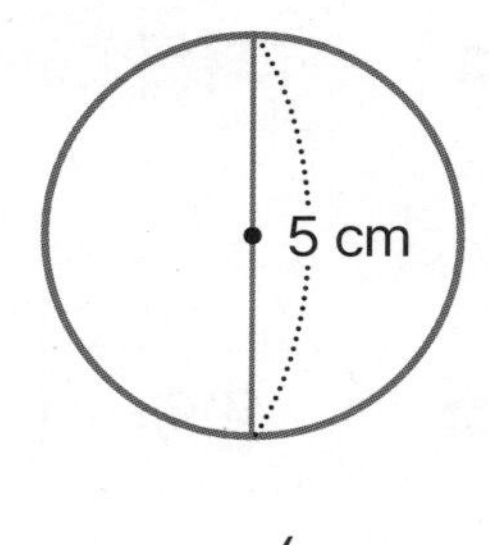

(   )

❹
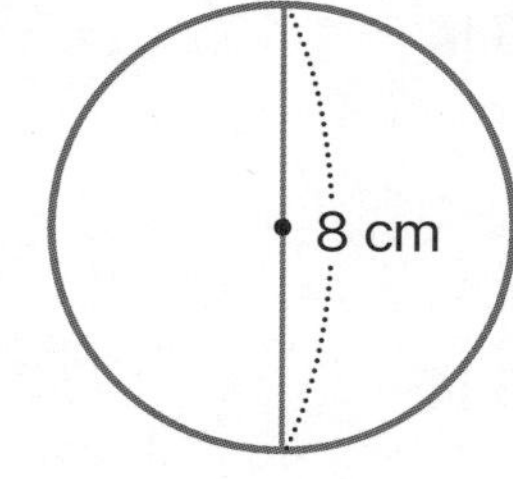

(   )

❺
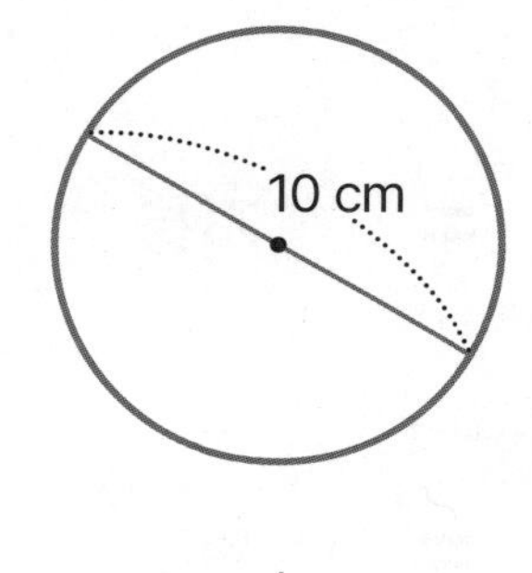

(   )

❻
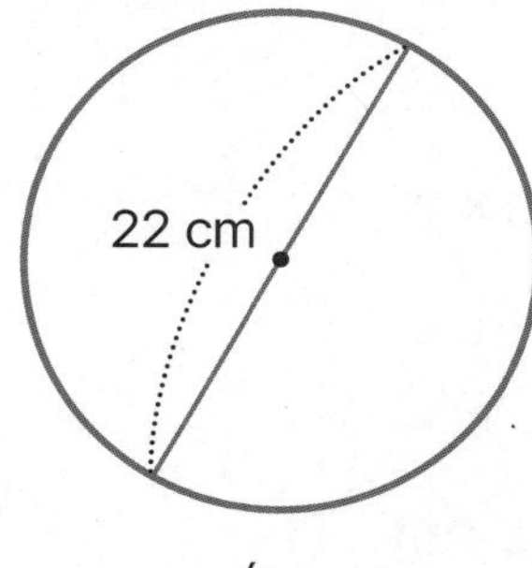

(   )

지름은 원 위의 두 점을 이은 선분 중에서 원의 중심을 지나는 선분이에요.

❼
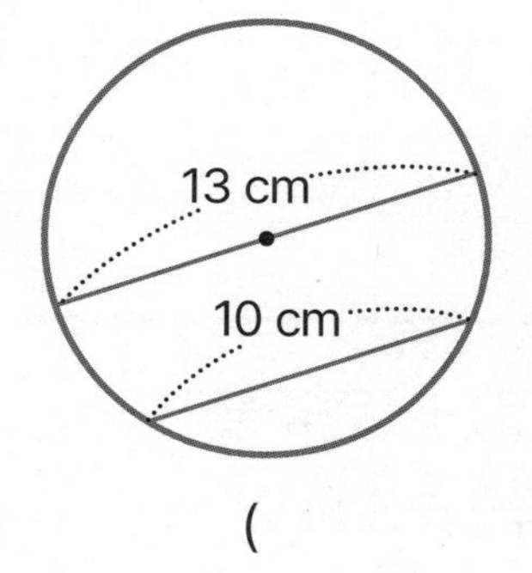

(   )

❽
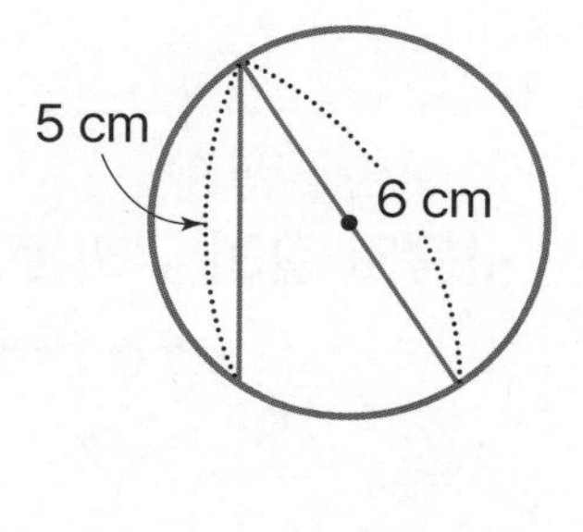

(   )

공식 적용 **2**

(지름) = (반지름) × 2이므로
(원주) = (반지름) × 2 × (원주율)

원주를 구하세요. (원주율: 3.14)

❶

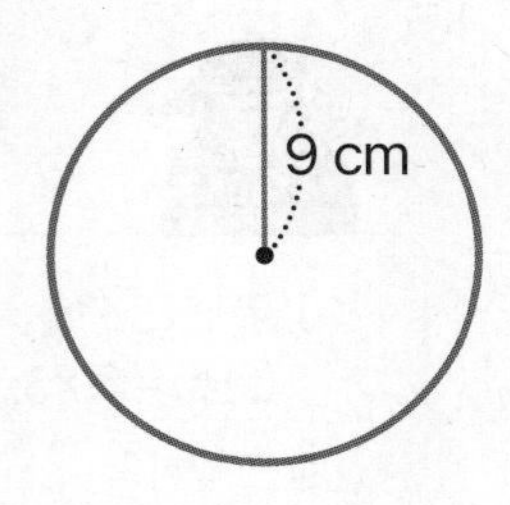

(원주) = 9 × 2 × 3.14
= ______ (cm)

❷

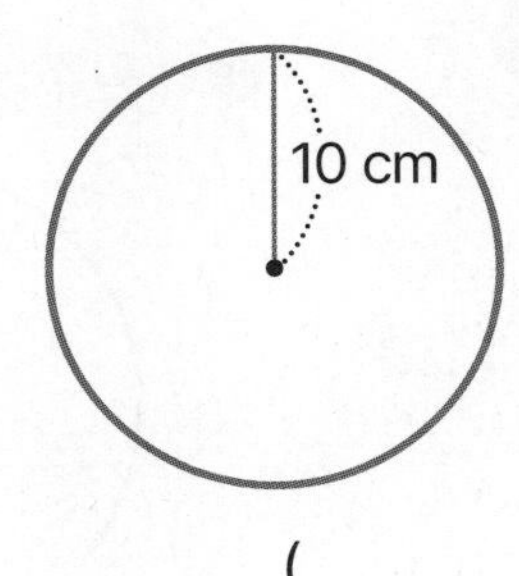

(　　　　　)

❸

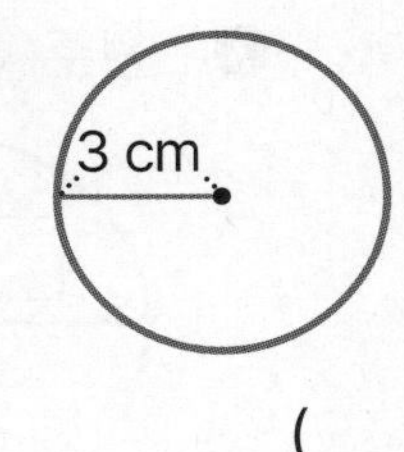

(　　　　　)

❹

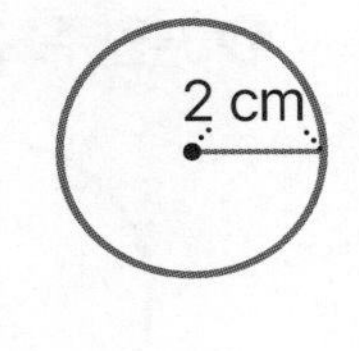

(　　　　　)

❺

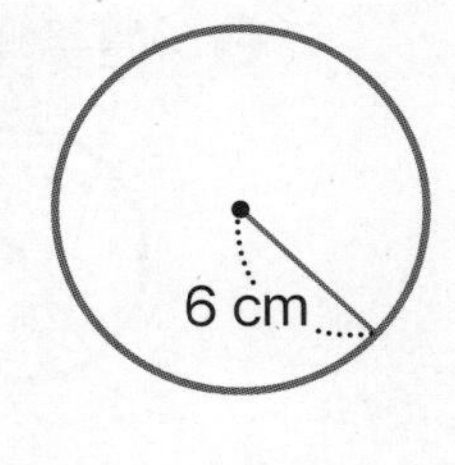

(　　　　　)

❻

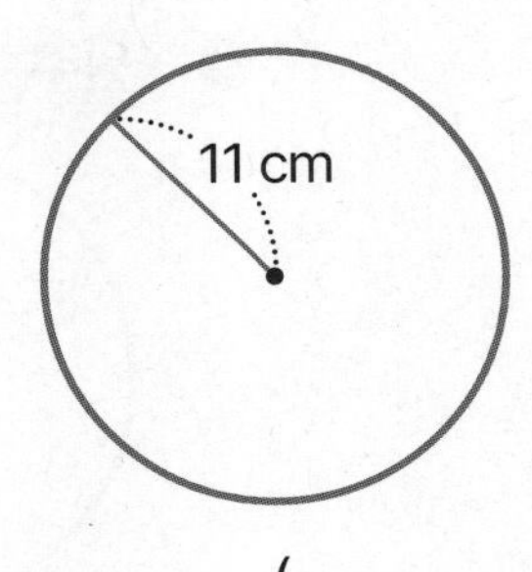

(　　　　　)

❼

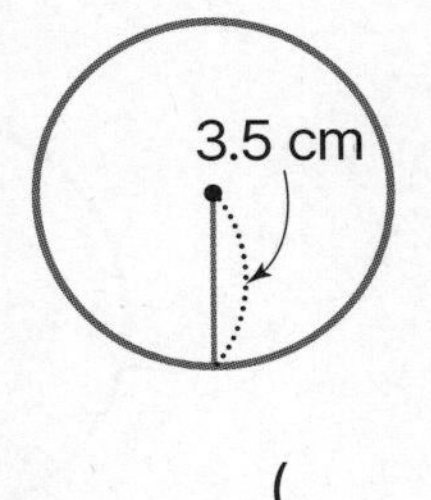

(　　　　　)

❽

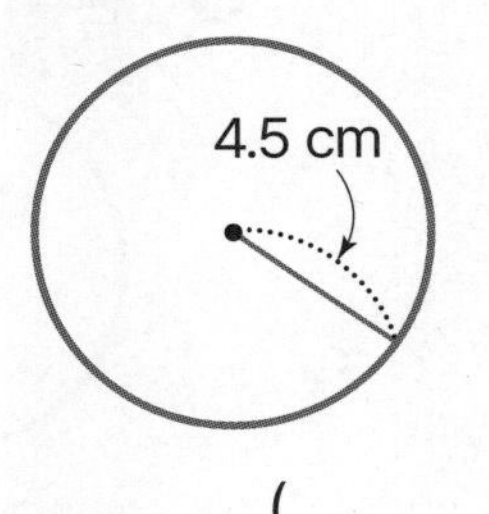

(　　　　　)

24강 · 원의 둘레

공식 변형 3

(원주) = (지름) × 3.14

↓

(지름) = (원주) ÷ 3.14

원주가 다음과 같을 때 □ 안에 알맞은 수를 써넣으세요. (원주율: 3.14)

❶ 원주: 94.2 cm

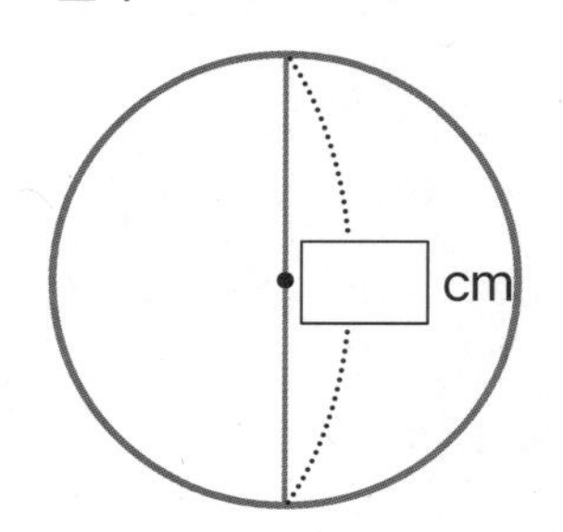

원주 공식을 변형하여 □를 구해요.

(1) 문제의 조건을 식으로 나타내기

(원주)=□×3.14=94.2

(2) □ 구하기

□×3.14=94.2 ⇨ □=94.2÷3.14

❷ 원주: 21.98 cm

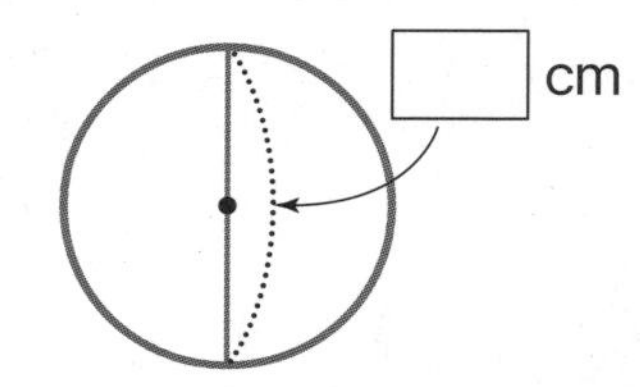

❸ 원주: 31.4 cm

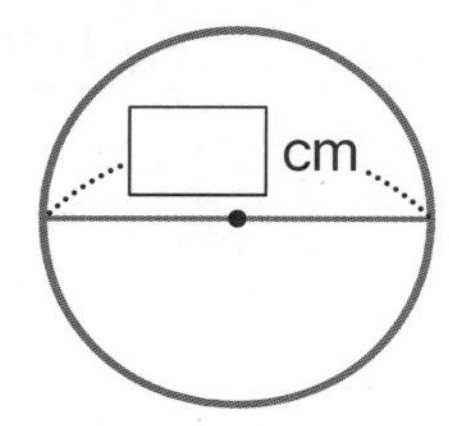

❹ 원주: 81.64 cm

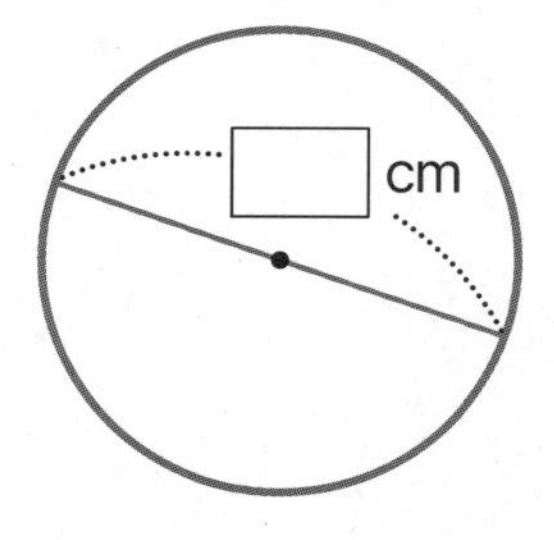

❺ 원주: 15.7 cm

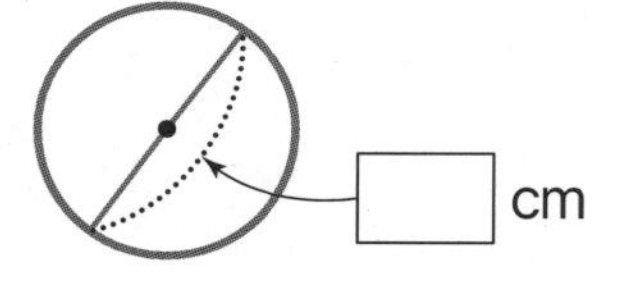

❻ 원주: 25.12 cm

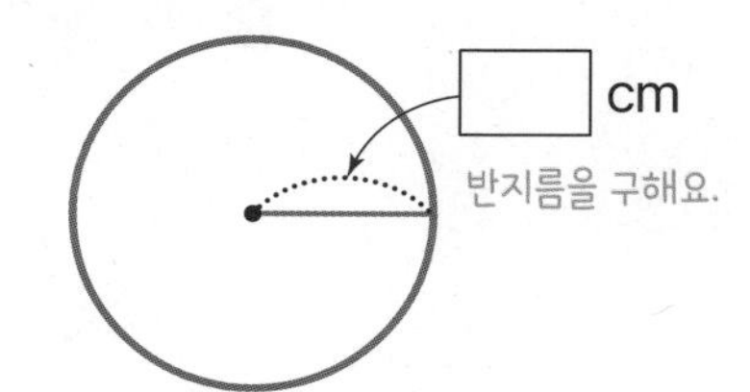

❼ 원주: 37.68 cm

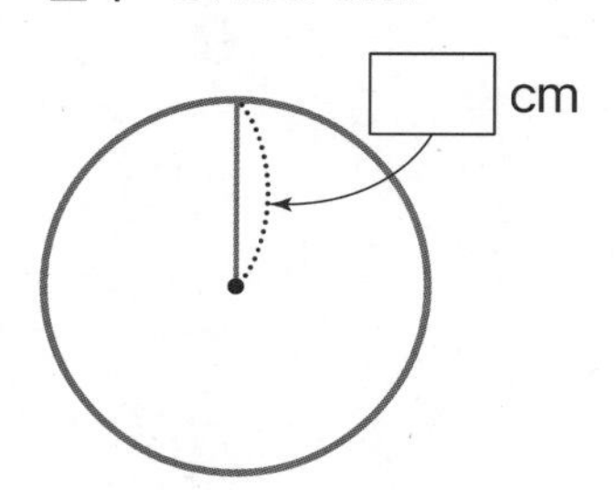

공부한 날 /

공식 완성 **4**

표의 빈칸에 알맞게 써넣으세요. (원주율: 3.14)

	반지름	지름	원주
❶		20 cm	
❷		100 cm	
❸	4 cm		
❹	5 cm		
❺	15 cm		
❻			18.84 cm
❼			157 cm

원주를 이용하여 지름과 반지름을 차례로 구해요.

25강 원의 넓이

원의 넓이 구하는 공식 만들기

'다각형의 넓이'에서 평행사변형의 넓이는 직사각형을 이용하고, 삼각형의 넓이는 평행사변형을 이용한 것처럼 원의 넓이도 다각형을 이용할 수 있다면 공식 만들기가 어렵지 않겠죠?
원을 한없이 잘게 잘라 이어 붙이면 직사각형에 가까워져서 직사각형의 넓이를 이용할 수 있어요.

공식 유도

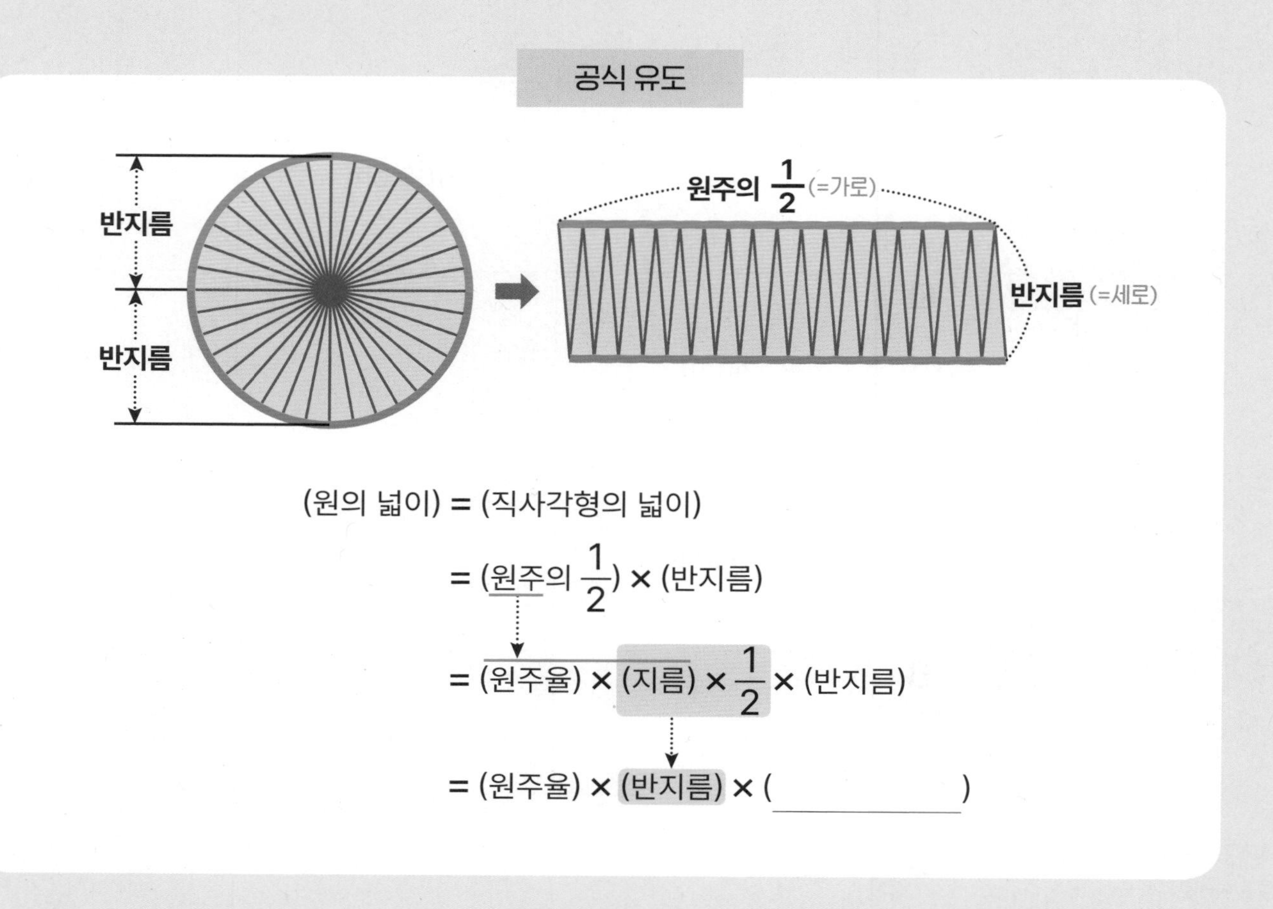

(원의 넓이) = (직사각형의 넓이)
= (원주의 $\frac{1}{2}$) × (반지름)
= (원주율) × (지름) × $\frac{1}{2}$ × (반지름)
= (원주율) × (반지름) × (______)

공식

원의 넓이 구하는 공식

(원의 넓이) = (반지름) × (반지름) × (원주율)
= (반지름) × (반지름) × 3.14

공식 적용 1

(원의 넓이)
= (반지름) × (반지름) × (원주율)
= (반지름) × (반지름) × 3.14

원의 넓이를 구하세요. (원주율: 3.14)

❶
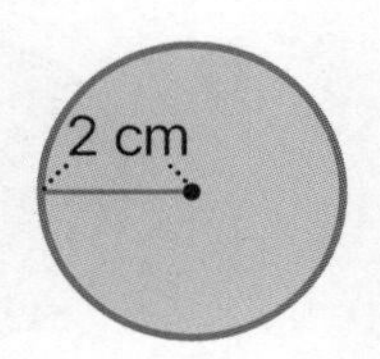

(원의 넓이) = 2 × 2 × 3.14
= ______ (cm^2)

❷
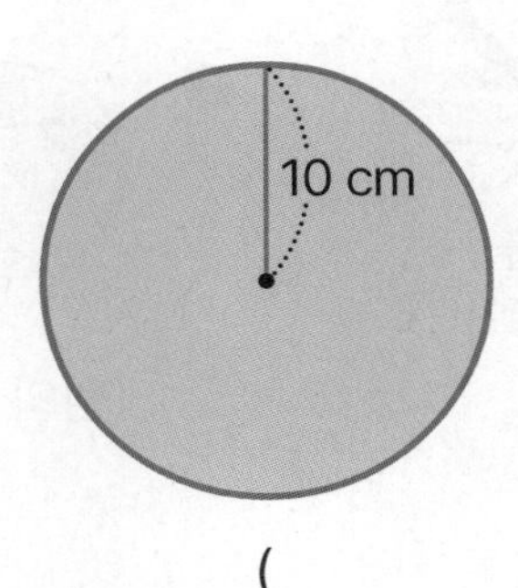

(　　　　　　　　)

❸
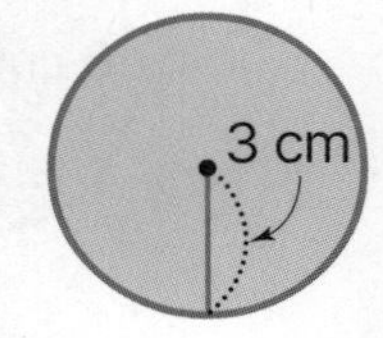

(　　　　　　　　)

❹
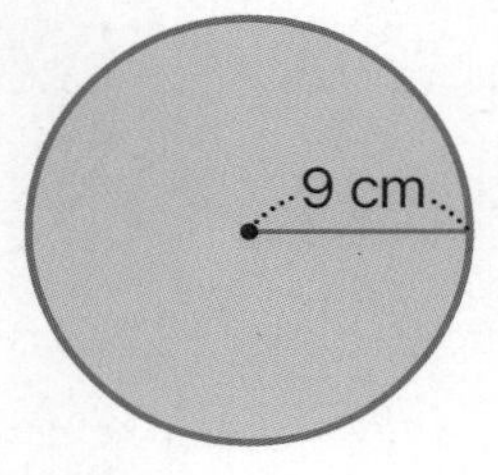

(　　　　　　　　)

❺
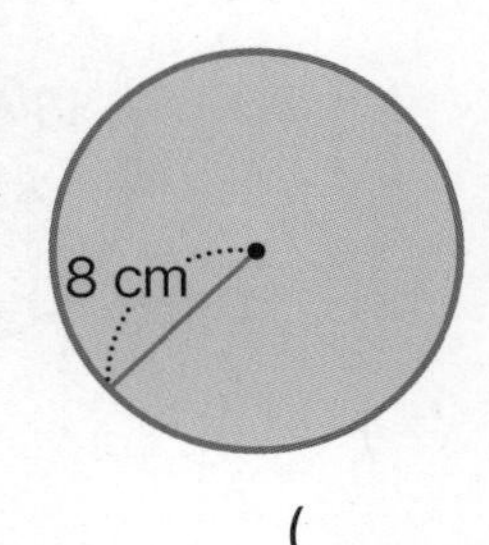

(　　　　　　　　)

❻

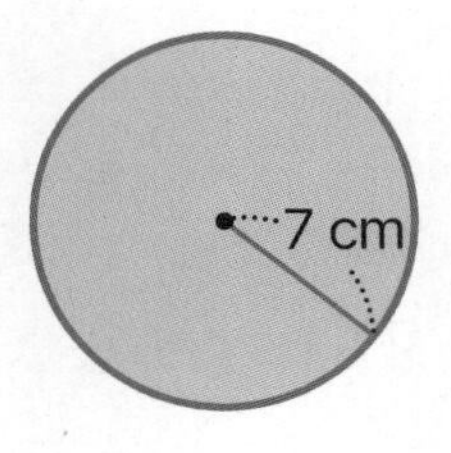

(　　　　　　　　)

❼
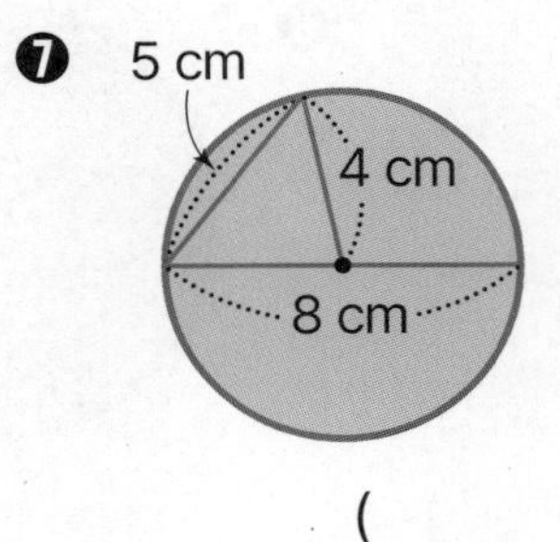

(　　　　　　　　)

❽
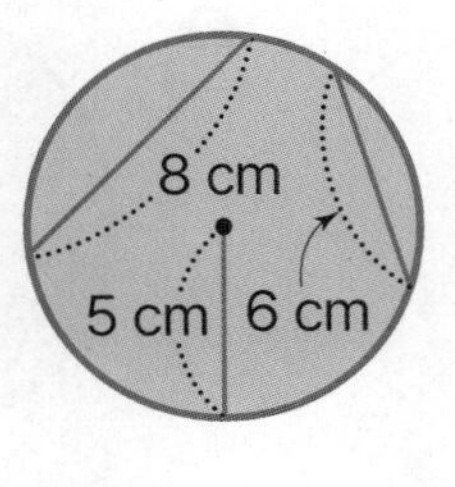

(　　　　　　　　)

25강 · 원의 넓이

공식 적용 **2**

반지름은 지름의 반임을 이용하여 반지름의 길이를 먼저 구해요.

원의 넓이를 구하세요. (원주율: 3.14)

❶ 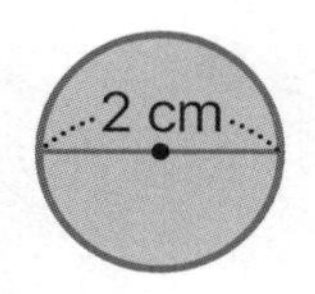

(원의 넓이) = 1 × 1 × 3.14
= ______ (cm^2)

❷ 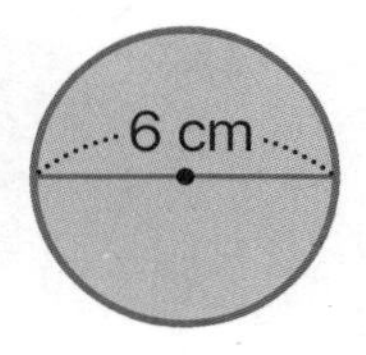

(　　　　　　)

❸ 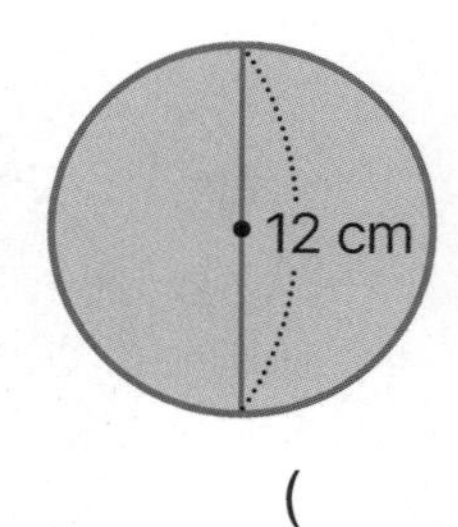

(　　　　　　)

❹ 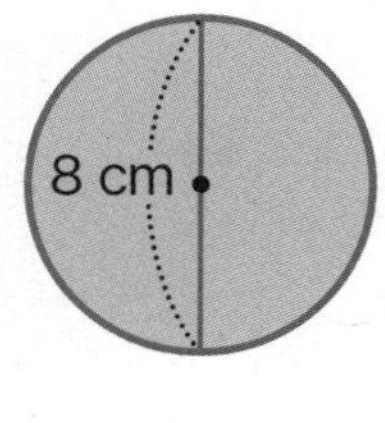

(　　　　　　)

❺ 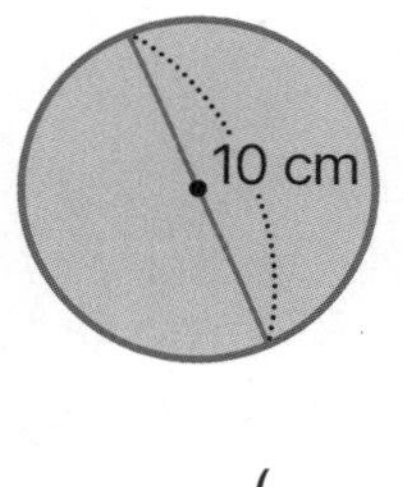

(　　　　　　)

❻ 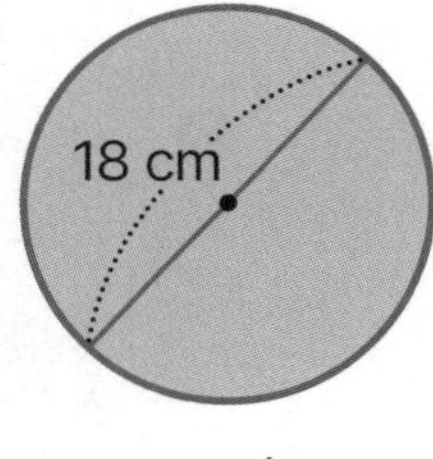

(　　　　　　)

❼ 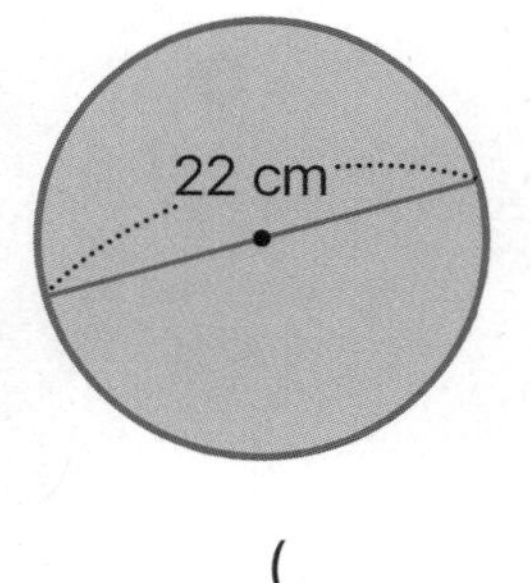

(　　　　　　)

❽ 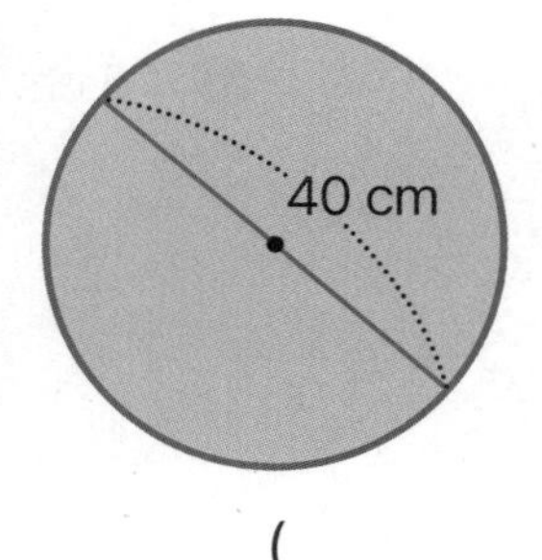

(　　　　　　)

공식 변형 **3**

(원의 넓이)
= (반지름) × (반지름) × 3.14
↓
(반지름) × (반지름)
= (원의 넓이) ÷ 3.14

원의 넓이가 다음과 같을 때 □ 안에 알맞은 수를 써넣으세요. (원주율: 3.14)

❶ 넓이: 50.24 cm^2

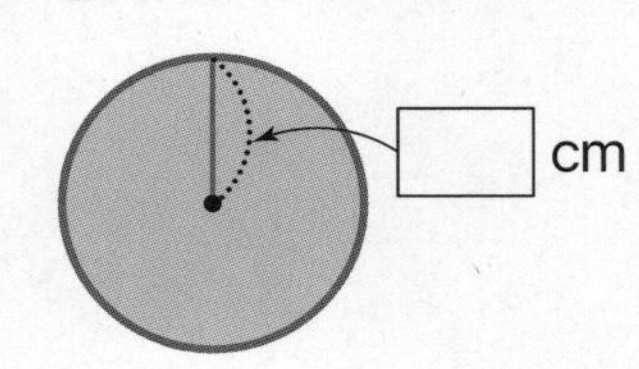

넓이 공식을 변형하여 □×□를 먼저 구해요.

(1) 문제의 조건을 식으로 나타내어 □ × □ 구하기
(원의 넓이)=□×□×3.14=50.24
□×□×3.14=50.24 ⇨ □×□=50.24÷3.14=16

(2) □ 구하기
같은 수를 2번 곱하여 16이 되는 수를 찾으면
4×4=16이므로 □=4

❷ 넓이: 28.26 cm^2

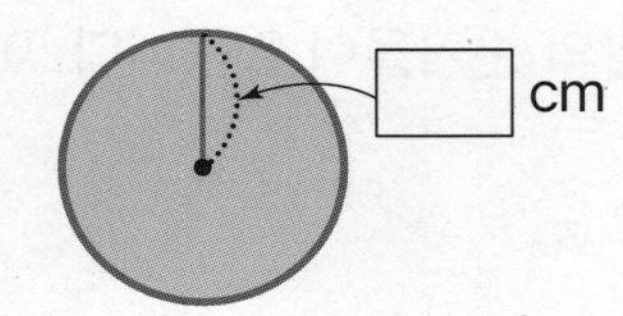

❸ 넓이: 314 cm^2

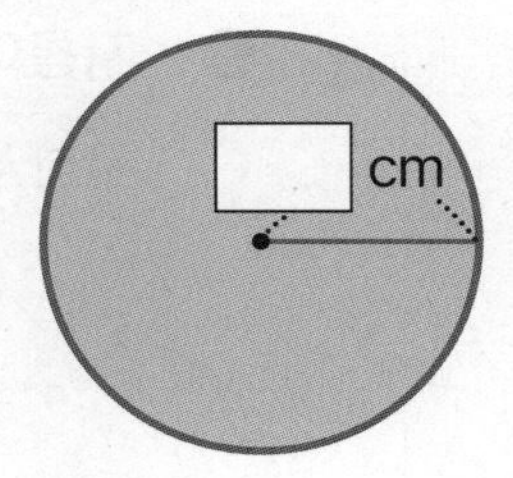

❹ 넓이: 706.5 cm^2

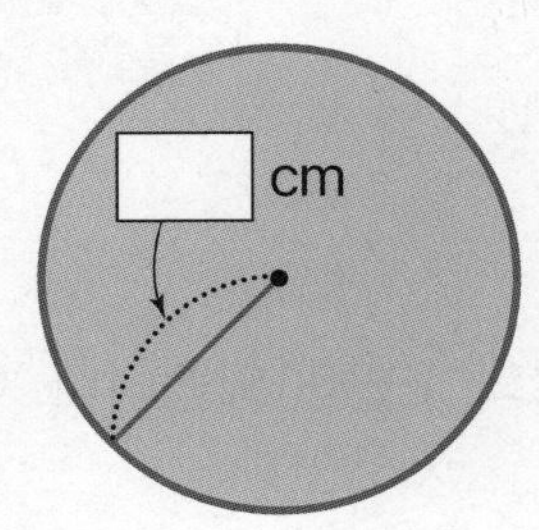

❺ 넓이: 153.86 cm^2

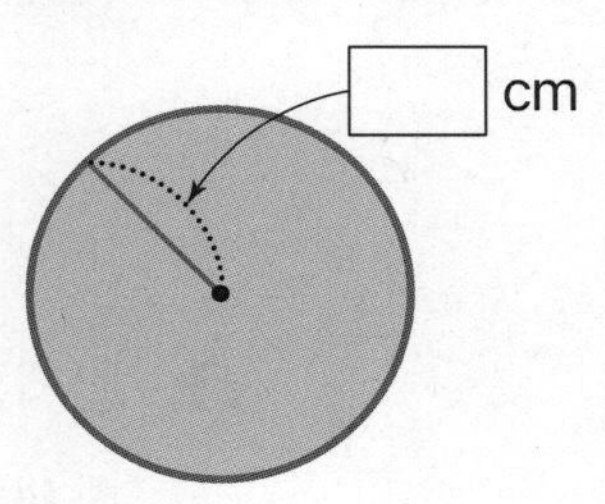

❻ 넓이: 12.56 cm^2

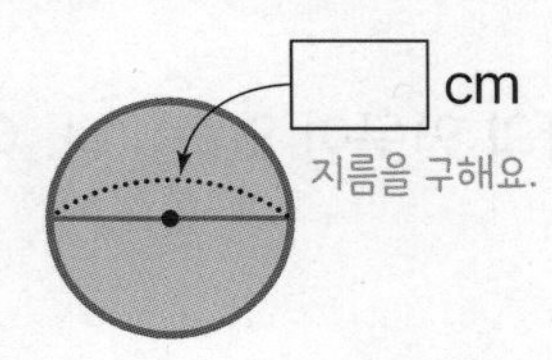

❼ 넓이: 78.5 cm^2

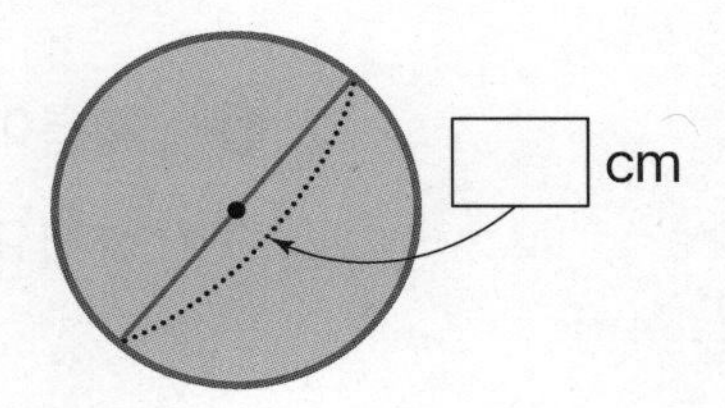

도형 문장제 **4**

물음에 답하세요. (원주율 : 3.14)

❶ 반지름이 50 cm인 원 모양의 탁자가 있습니다. 이 탁자의 넓이는 몇 cm^2인지 구하세요.

( )

❷ 반지름이 30 cm인 원 모양의 교통표지판이 있습니다. 이 교통표지판의 넓이는 몇 cm^2인지 구하세요.

( )

❸ 지름이 8 cm인 원 모양의 손거울이 있습니다. 이 손거울의 넓이는 몇 cm^2인지 구하세요.

( )

❹ 지름이 24 cm인 원 모양의 접시가 있습니다. 이 접시의 넓이는 몇 cm^2인지 구하세요.

( )

❺ 반지름이 11 m인 원 모양의 꽃밭이 있습니다. 이 꽃밭의 넓이는 몇 m^2인지 구하세요.

( )

❻ 지름이 100 m인 원 모양의 연못이 있습니다. 이 연못의 넓이는 몇 m^2인지 구하세요.

( )

공식 활용 5

- 원주 공식, 원의 넓이 공식을 헷갈리지 않게 이용해요.
- 길이 단위는 cm, 넓이 단위는 cm^2로 단위도 헷갈리지 않도록 주의해요.

표의 빈칸에 알맞게 써넣으세요. (원주율: 3.14)

	원주	반지름	원의 넓이
❶	12.56 cm	(1) cm	(2) cm^2

원주를 알 때 원의 넓이를 구하는 방법을 알아봅시다.

(1) 원주를 이용하여 반지름 구하기
(반지름)=□ cm라고 하면 원주가 12.56 cm이므로
□×2×3.14=12.56, □×6.28=12.56, □=12.56÷6.28=2

(2) 반지름을 이용하여 원의 넓이 구하기
(원의 넓이)=2×2×3.14=12.56 (cm^2)

	원주	반지름	원의 넓이
❷	25.12 cm		
❸	31.4 cm		
❹	43.96 cm		
❺	62.8 cm		
❻	188.4 cm		

26강 둘레 센스 UP

센스1 원주 조각을 분수 비율로 나타내라!

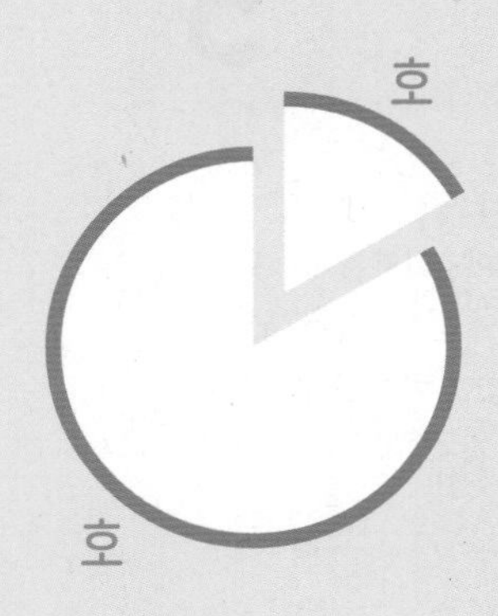

센스가 있으면 어려운 일도 쉽게 해결할 수 있죠?
이제부터 알려줄 도형 센스를 잘 알아두면,
복잡한 도형의 둘레 문제를 쉽게 풀 수 있어요.
첫 번째 센스는 원의 둘레 중 일부 조각을 구하는 원리예요.
원의 둘레에서 일부를 잘라낸 조각을 중학교에서는 '호'라고 불러요.
호의 길이는 완전한 원의 둘레를 '1'이라고 할 때,
둘레 조각이 '몇 분의 몇'인지를 알면 곱해서 구할 수 있어요.

	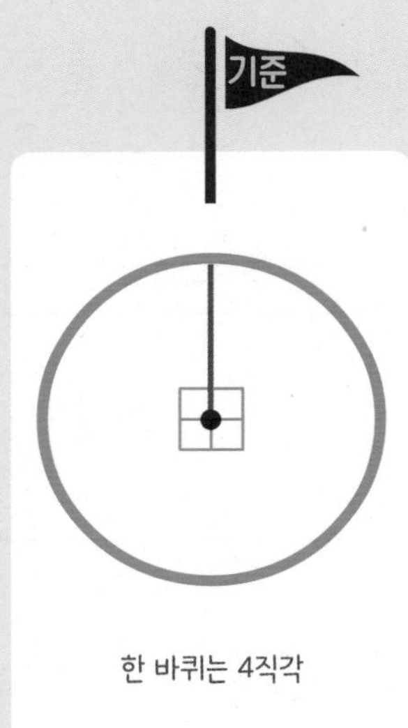	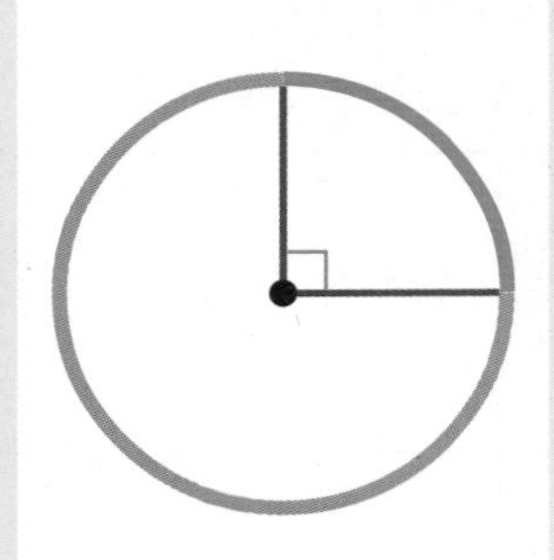	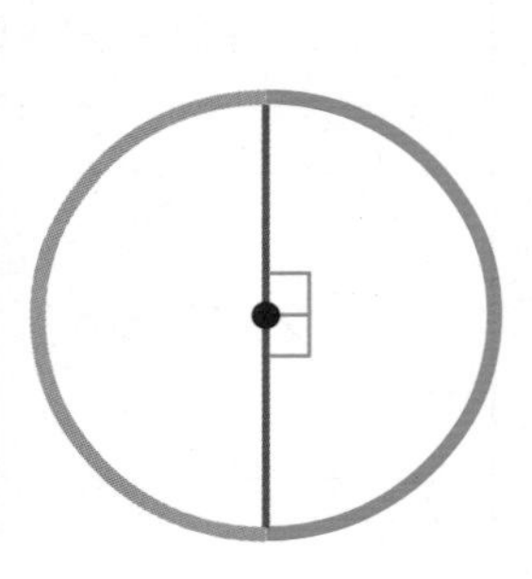	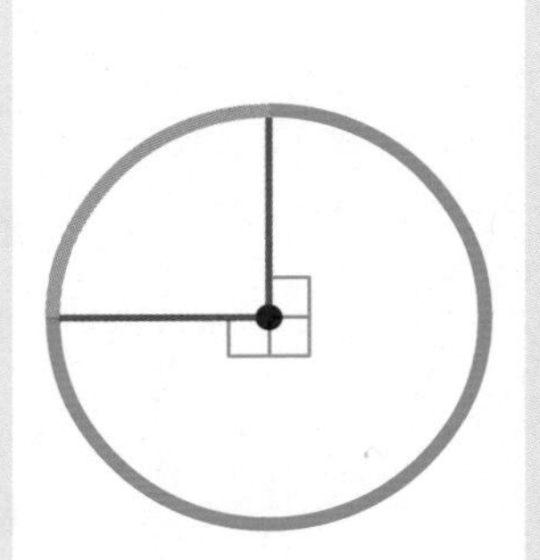
	한 바퀴는 4직각	4직각 중의 1직각	4직각 중의 2직각 $(\frac{2}{4}=\frac{1}{2})$	4직각 중의 3직각
분수 비율	1	$\frac{1}{4}$ 원주	$\frac{1}{2}$ 원주	$\frac{3}{4}$ 원주
호의 길이	원주	(원주) $\times \frac{1}{4}$	(원주) $\times \frac{1}{2}$	(원주) $\times \frac{3}{4}$

센스 확인 **1**

계산 센스!

$\frac{1}{4}$은 4로 나눈 것 중의 1이므로 (원주) $\times \frac{1}{4}$ = (원주) ÷ 4로 계산할 수 있어요.

가장 왼쪽 원의 원주가 8일 때, 파란색 선의 길이를 구하세요.

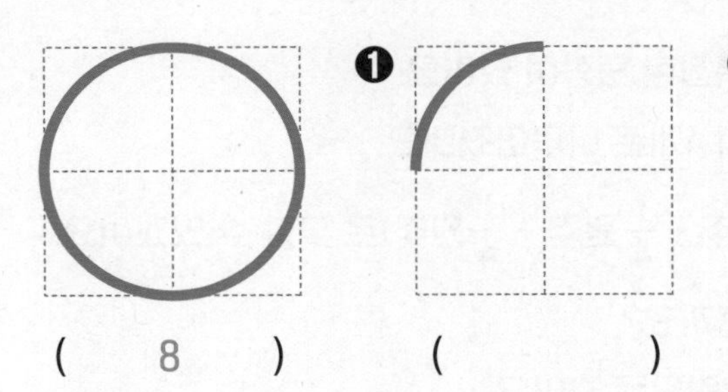

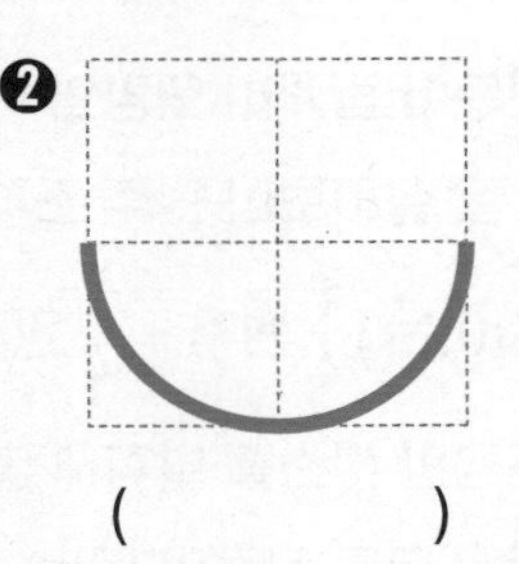

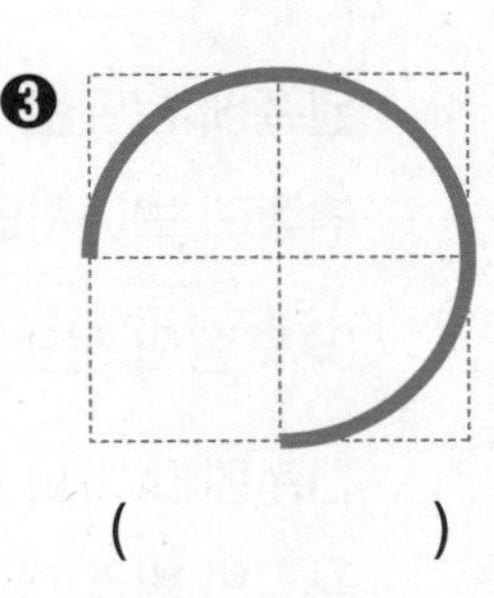

(8) ( ) ( ) ( )

센스 활용 **2**

호의 길이는 원주의 일부분이므로 전체인 원주의 얼마만큼인지를 아는 것이 매우 중요해요.

모눈의 한 변의 길이는 1입니다. 색칠한 선은 어떤 원의 조각인지 식으로 나타내세요. 계산하지 않아도 괜찮아요.

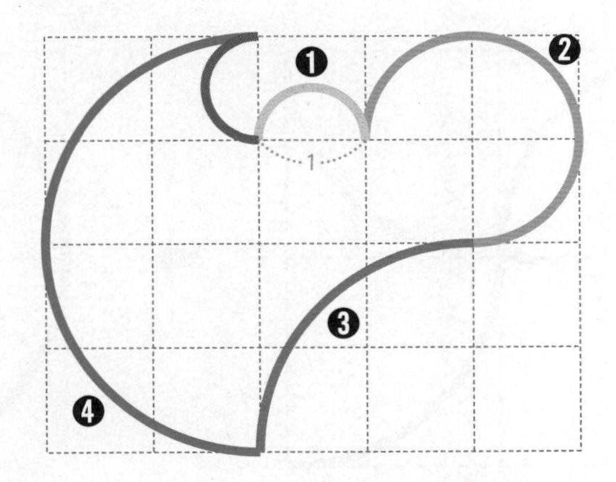

❶ (지름이 1 인 원의 원주) $\times \frac{1}{2}$

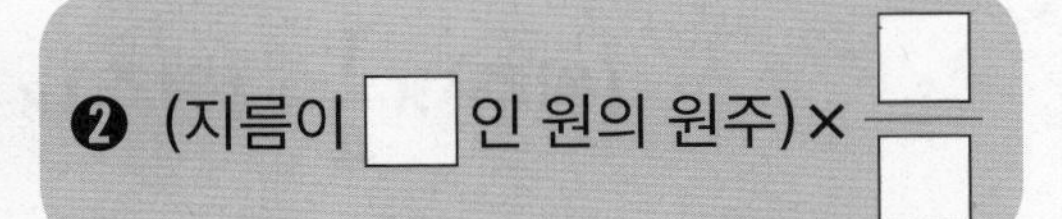

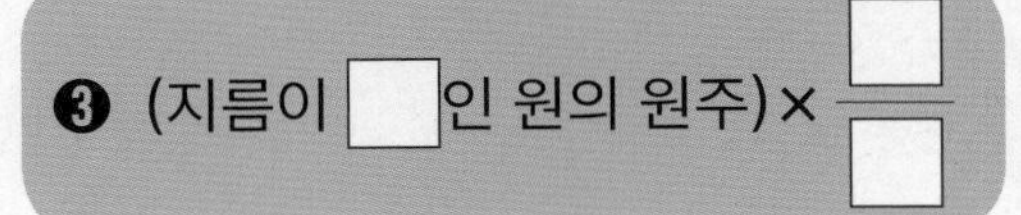

❹ (지름이 □ 인 원의 원주) $\times \frac{□}{□}$

특강

센스2

원주 조각을 하나로 모아라!

왼쪽에 선으로 만든 바람개비 모양의 복잡한 도형이 있어요.
복잡해 보이지만 잘 살펴보니 원주 조각 4개로 이루어졌네요.
이 도형의 선의 길이는 ($\frac{1}{4}$ 원주 + $\frac{1}{4}$ 원주 + $\frac{1}{4}$ 원주 + $\frac{1}{4}$ 원주)로 구할 수 있겠어요.
그런데 여기서 조금만 센스를 발휘해 볼까요?
각각의 원주 조각은 모두 지름이 모눈 2칸으로 같아요.
오른쪽 그림처럼 원주 조각을 각각 돌렸더니 지름이 같은 하나의 원이 되었어요.
그럼 원주 조각의 길이를 각각 구해서 더할 필요 없이 원주 하나만 구하면 돼요.
계산이 엄청 간단해졌어요!

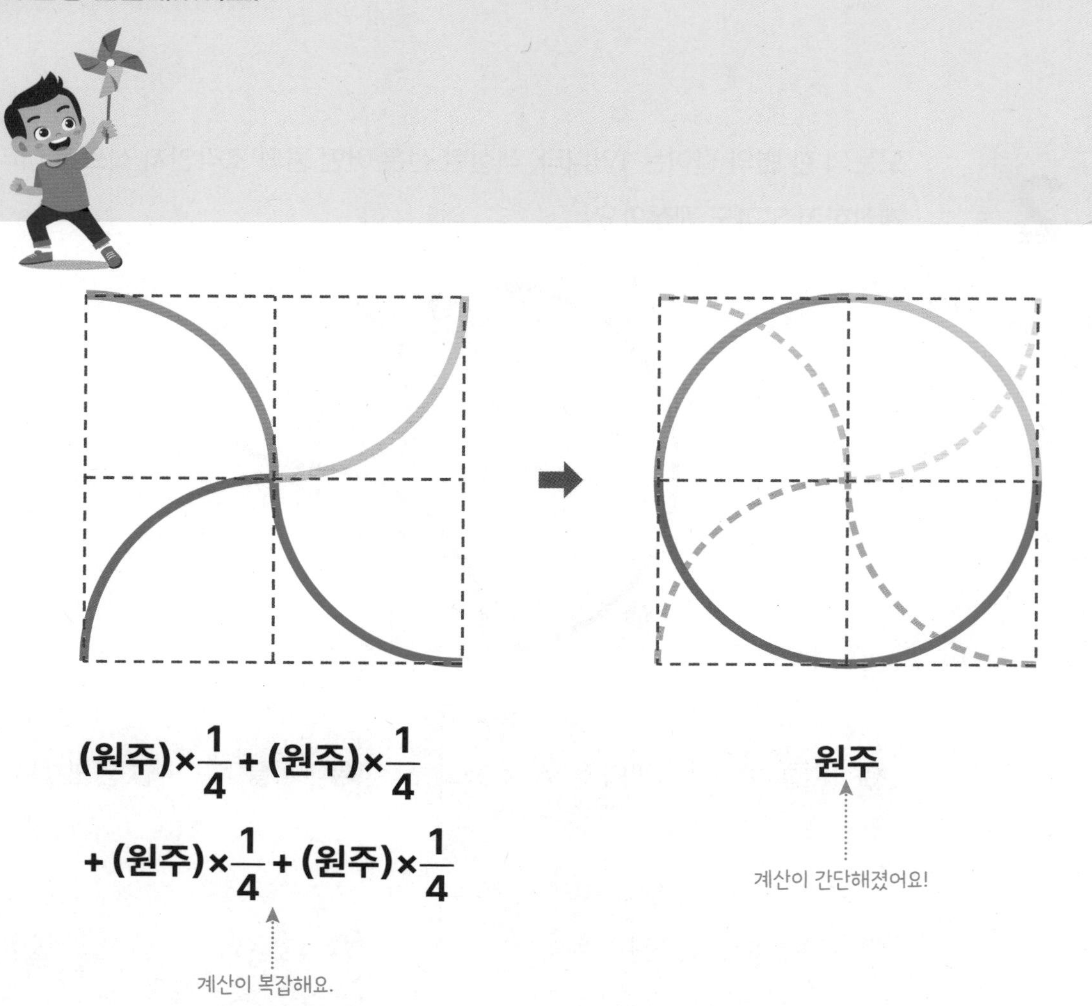
(원주)×$\frac{1}{4}$+(원주)×$\frac{1}{4}$
+(원주)×$\frac{1}{4}$+(원주)×$\frac{1}{4}$
계산이 복잡해요.
원주
계산이 간단해졌어요!

공부한 날 /

센스 활용 **3**

원주 조각인 파란색 선의 전체 길이와 같은 원주의 원을 그리세요.

❶
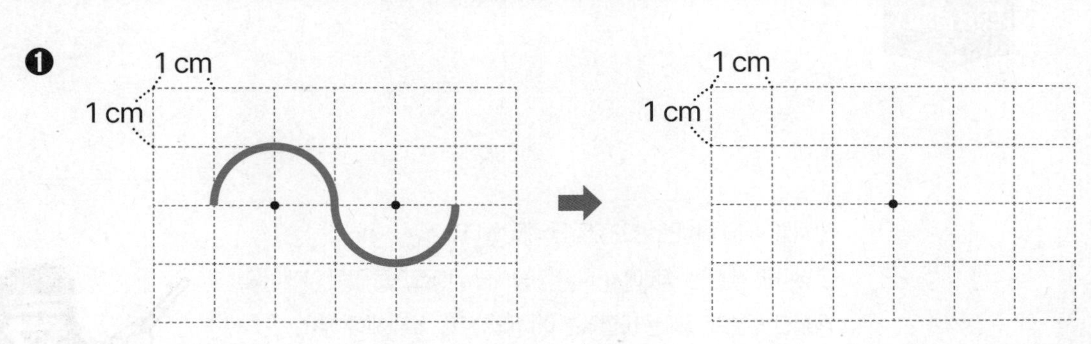

❷
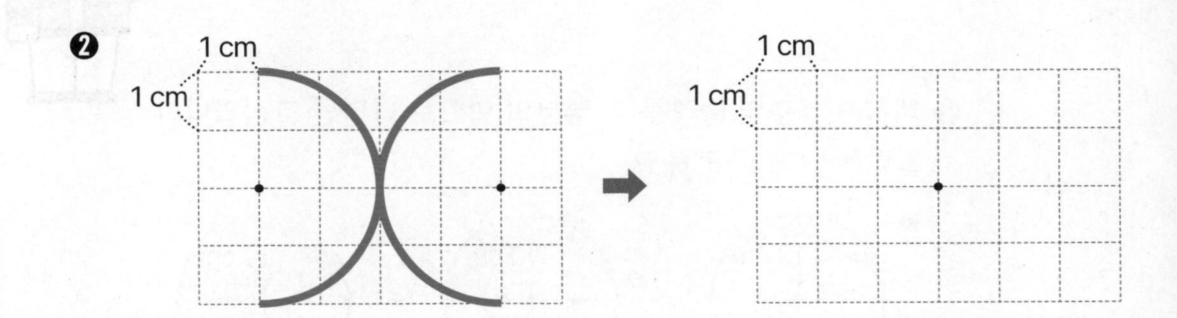

❸
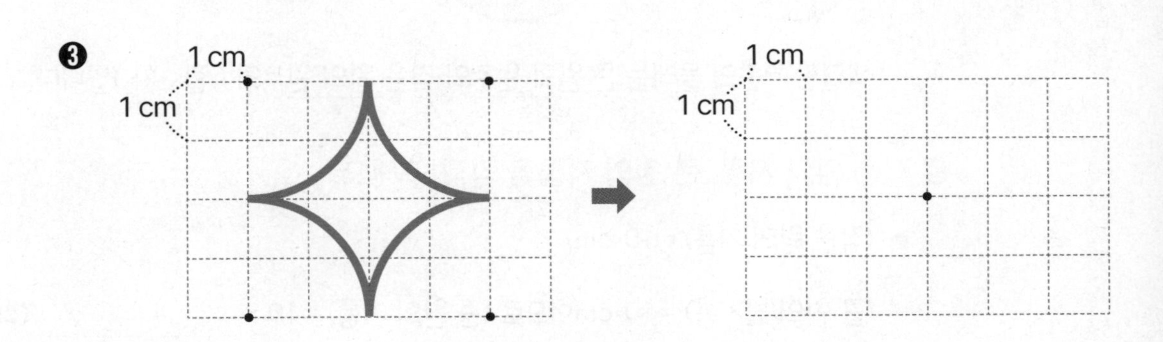

❹
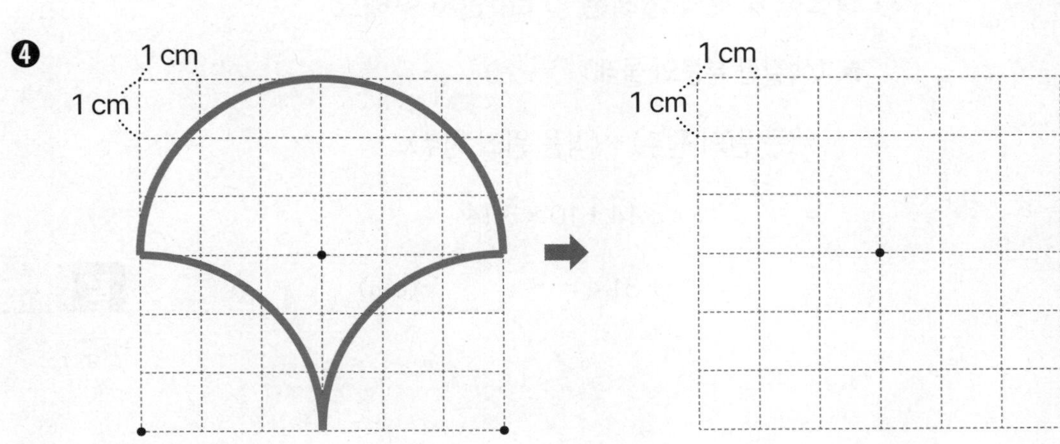

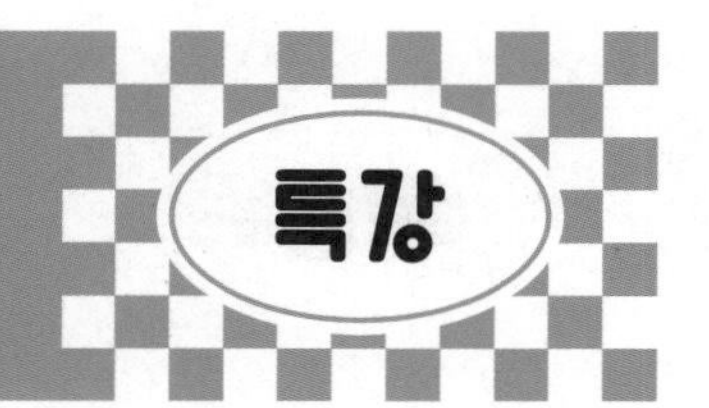

27강 색칠한 부분의 둘레①

– 곡선의 합

색칠한 부분의 둘레는 몇 cm일까요? (원주율: 3.14)

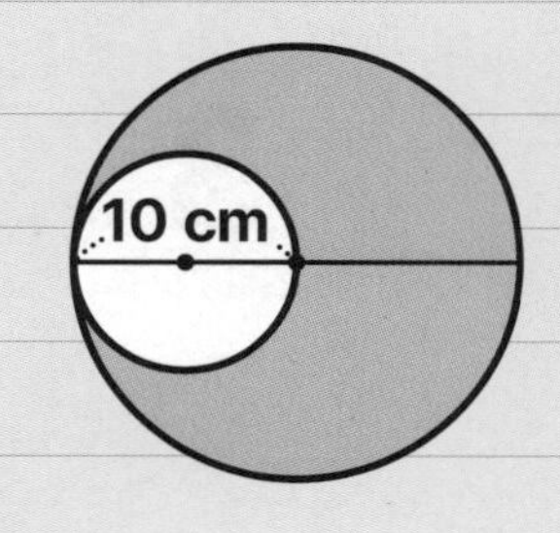

반지름이 10 cm인 원의 원주만 계산했나요?
그렇다면 색칠한 부분에서 바깥쪽 둘레만 구했으므로 잘못 구했어요.
색칠한 부분의 둘레는 바깥쪽뿐 아니라 안쪽도 포함해야 해요.

❶ 색칠한 부분의 둘레를 두 부분의 합으로 나타낸 그림입니다. 알맞은 말에 ○표 해요.

▶

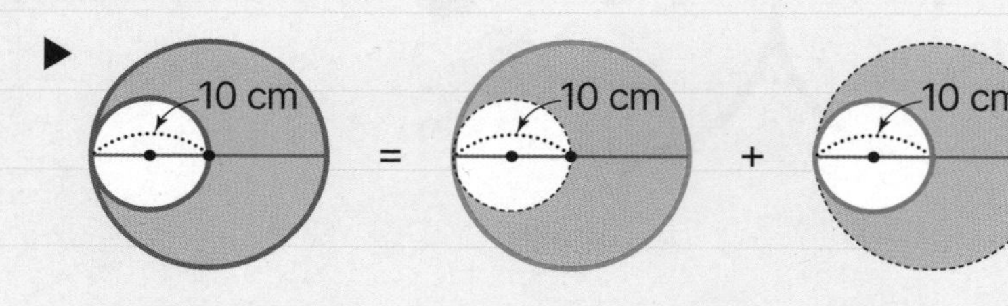

색칠한 부분의 둘레는 큰 원의 원주(바깥쪽)와 작은 원의 원주(안쪽)의 (합 , 차)입니다.

❷ 작은 원의 지름, 큰 원의 지름을 각각 구해요.

▶ (작은 원의 지름) = 10 cm

(큰 원의 반지름) = 10 cm이므로 (큰 원의 지름) = 10 × ____ = ______ (cm)

❸ 색칠한 부분의 둘레는 몇 cm인지 구해요.

▶ (색칠한 부분의 둘레)

= (큰 원의 원주) + (작은 원의 원주)

= ______ × 3.14 + 10 × 3.14

= ______ + 31.4 = ______ (cm)

탑 ____________

문제 적용 **1**

색칠한 부분의 둘레를 구하세요. (원주율: 3.14)

❶

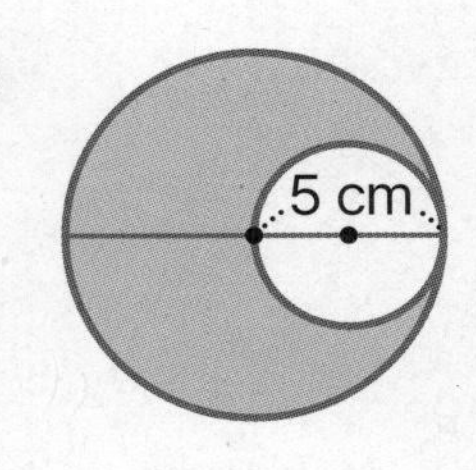

(   )

❷

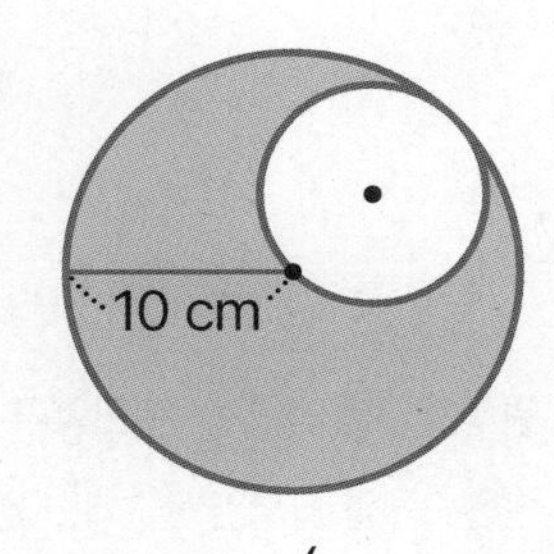

(   )

❸

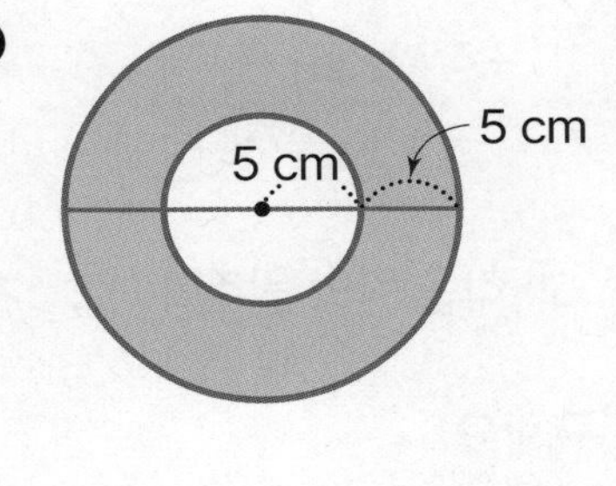

(   )

❹

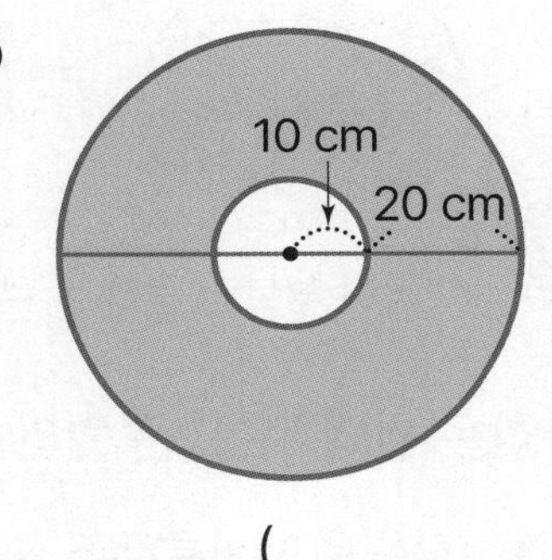

(   )

❺

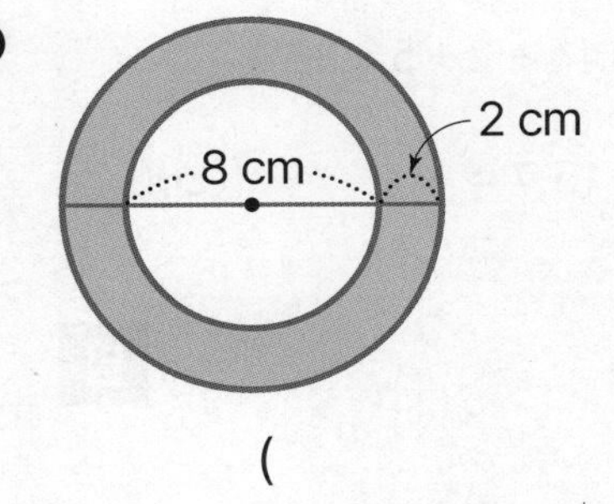

(   )

❻

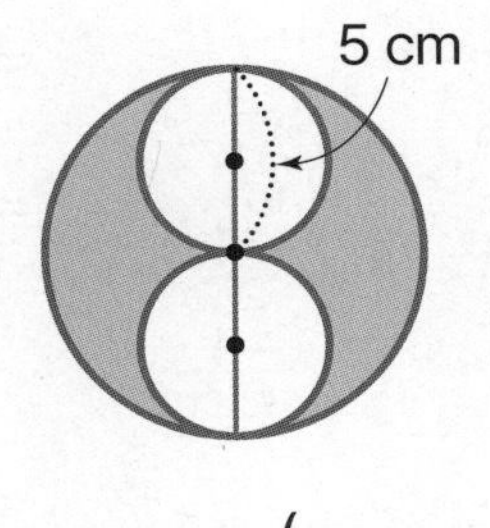

(   )

색칠한 부분의 둘레① - 곡선의 합

색칠한 부분의 둘레는 몇 cm일까요? (원주율: 3.14)

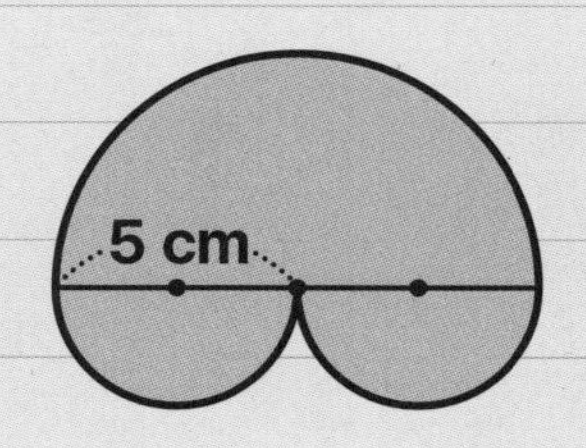

원주를 구할 수 있는 원 모양이 아니어서 둘레를 구하기 어렵나요?
반원 2개를 합치면 원 1개의 원주와 같아요.

❶ 색칠한 부분의 둘레를 두 부분의 합으로 나타낸 그림입니다.
알맞은 말에 ○표 해요.

▶

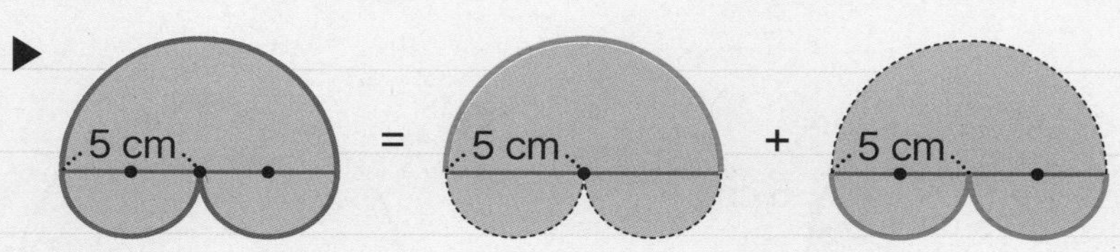

색칠한 부분의 둘레는 큰 원의 원주의 $\frac{1}{2}$과 작은 원의 원주의 (합 , 차)입니다.

❷ 작은 원의 지름, 큰 원의 지름을 각각 구해요.

▶ (작은 원의 지름) = 5 cm

(큰 원의 반지름) = 5 cm이므로 (큰 원의 지름) = 5 × ____ = ______ (cm)

❸ 색칠한 부분의 둘레는 몇 cm인지 구해요.

▶ (색칠한 부분의 둘레) = (큰 원의 원주의 $\frac{1}{2}$) + (작은 원의 원주)

= ______ × 3.14 ÷ 2 + 5 × 3.14

= ______ + 15.7 = ______ (cm)

답 ______

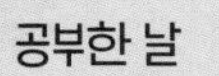

문제 적용 **2**

색칠한 부분의 둘레를 구하세요. (원주율: 3.14)

❶
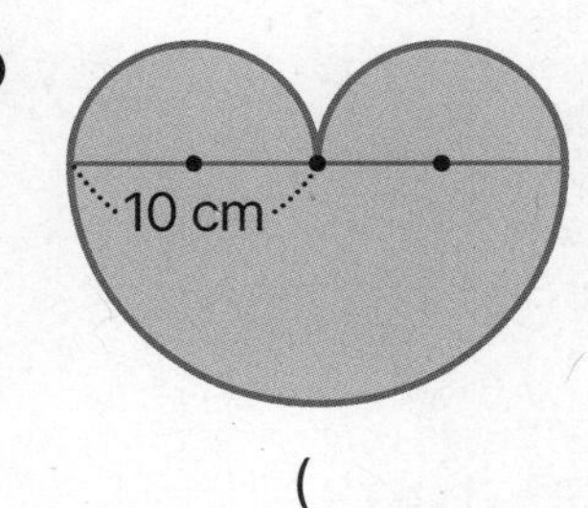

(　　　　　　　　)

❷
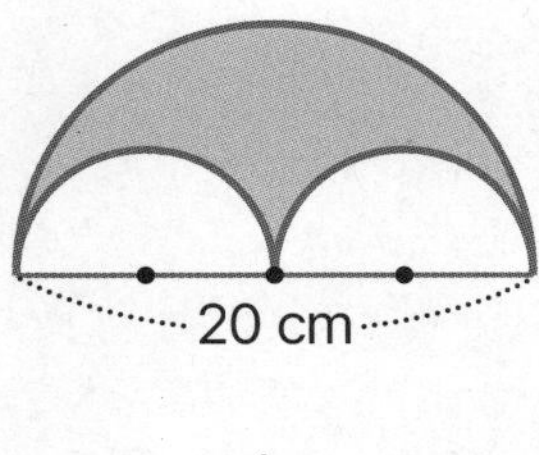

(　　　　　　　　)

❸
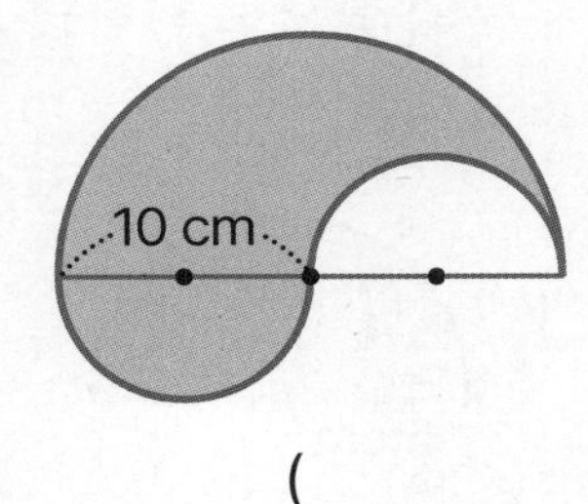

(　　　　　　　　)

❹
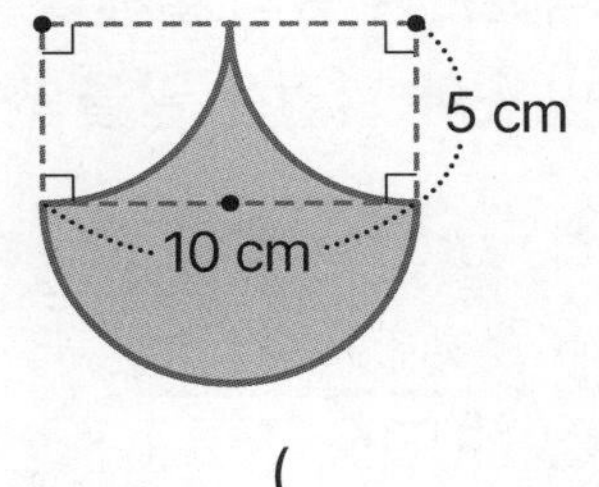

(　　　　　　　　)

❺
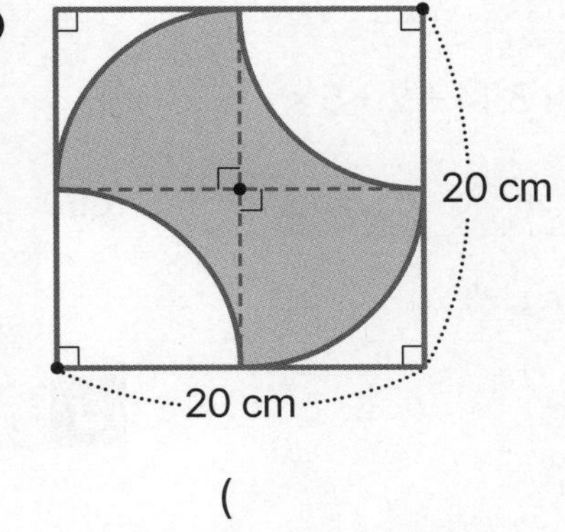

(　　　　　　　　)

❻
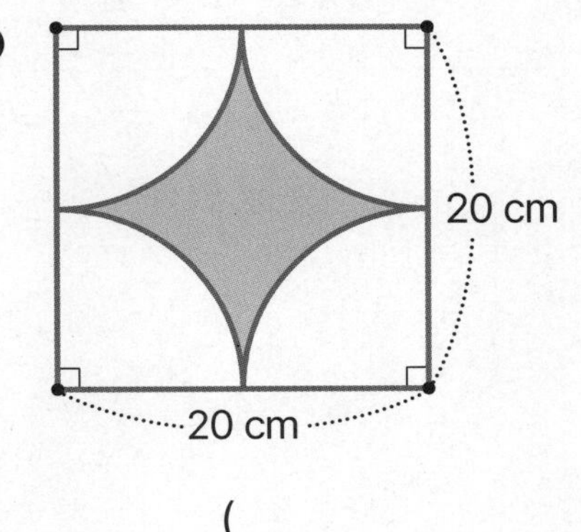

(　　　　　　　　)

28강 색칠한 부분의 둘레② - 곡선과 직선의 합

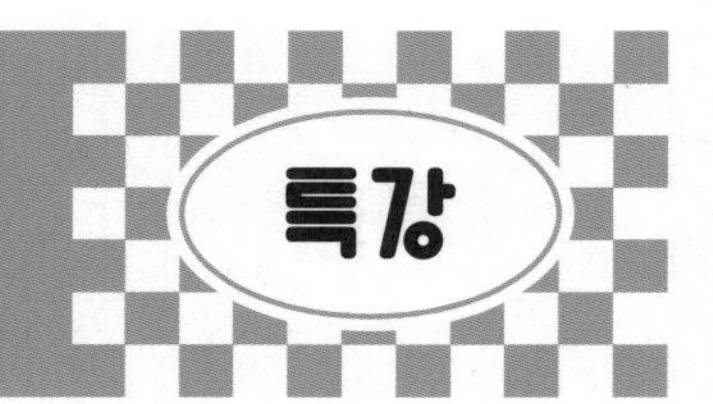

색칠한 부분의 둘레는 몇 cm일까요? (원주율: 3.14)

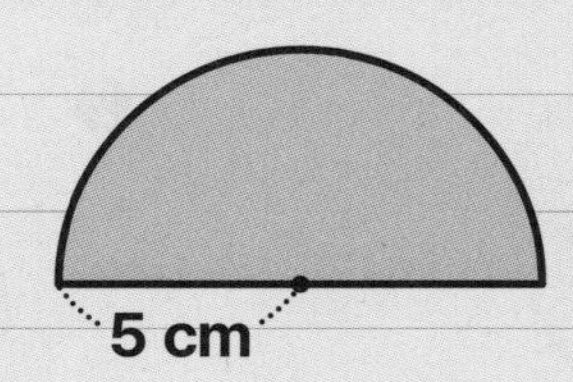

반지름이 5 cm인 원의 일부분인 원주의 $\frac{1}{2}$만 계산했나요? 곡선 부분은 원주의 $\frac{1}{2}$이 맞지만, 색칠한 부분의 둘레 중 일부의 길이만 구한 것이에요. 주어진 도형에서 색칠한 부분은 곡선 부분과 직선 부분으로 이루어져 있어요.

❶ 색칠한 부분의 둘레를 곡선 부분과 직선 부분의 합으로 나타낸 그림입니다. 빈 곳에 알맞은 말을 써요.

▶ (5 cm 반원) = (5 cm 반원) + (5 cm 반원)

색칠한 부분의 둘레는 원주의 $\frac{1}{2}$과 원의 ______의 합입니다.

❷ 색칠한 부분의 둘레는 몇 cm인지 구해요.

▶ (색칠한 부분의 둘레) = (원주의 $\frac{1}{2}$) + (지름)

곡선 부분의 길이 / 직선 부분의 길이

= 5 × ____ × 3.14 ÷ 2 + 5 × ____

= ______ + ______ = ______ (cm)

답 ____________

문제 적용 **1**

색칠한 부분의 둘레를 구하세요. (원주율: 3.14)

❶
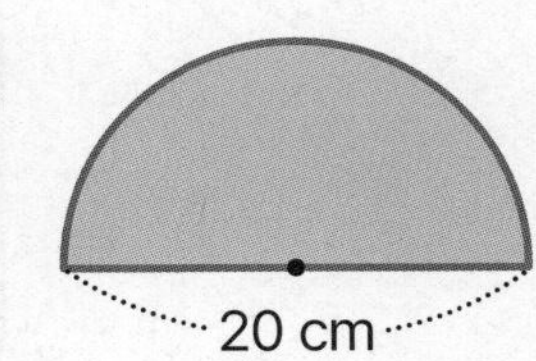

(　　　　　　　　)

❷
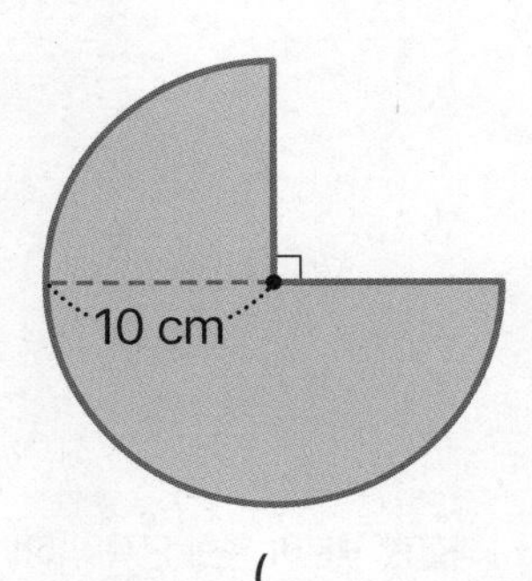

(　　　　　　　　)

❸
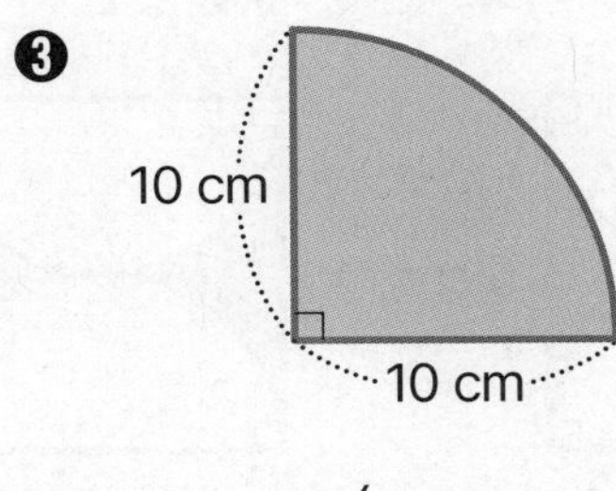

(　　　　　　　　)

❹
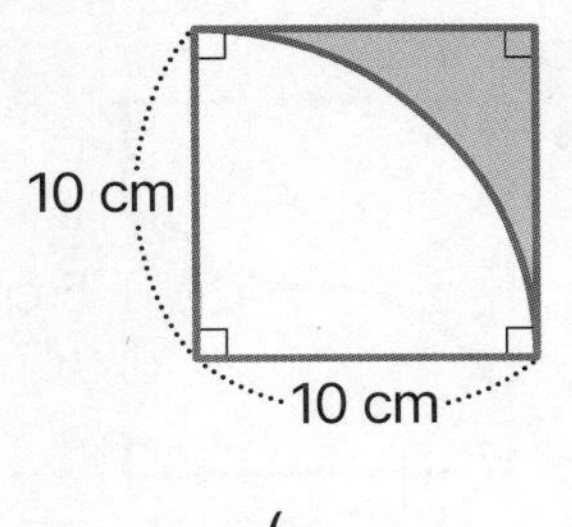

(　　　　　　　　)

❺
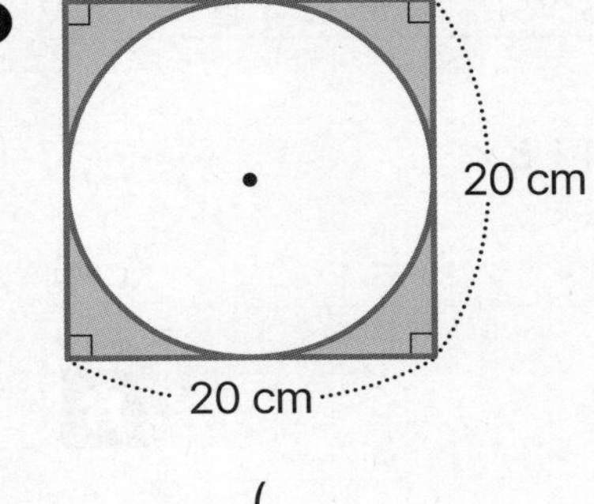

(　　　　　　　　)

❻
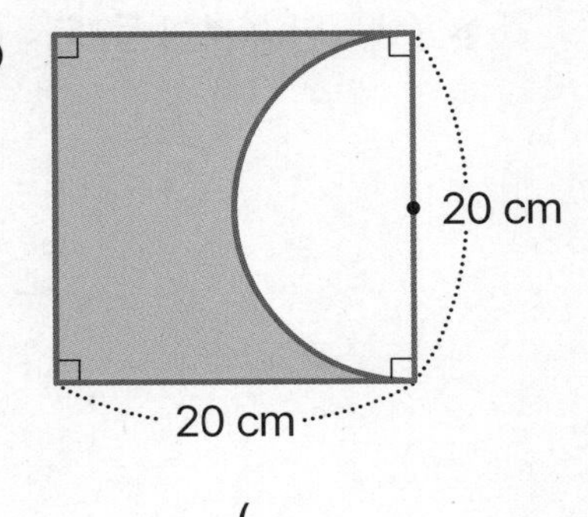

(　　　　　　　　)

색칠한 부분의 둘레② - 곡선과 직선의 합

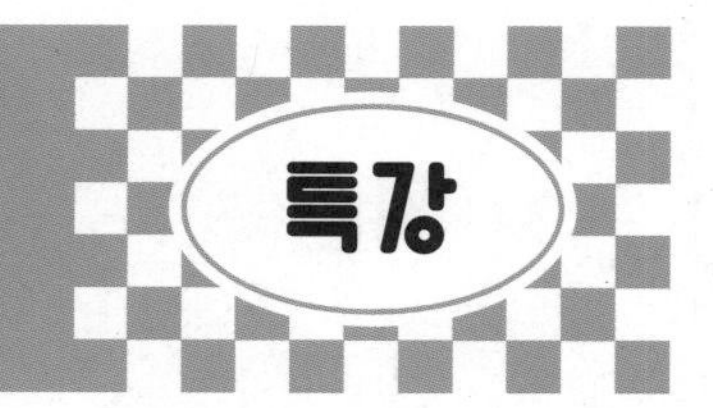
특강

대표문제 2

색칠한 부분의 둘레는 몇 cm일까요? (원주율: 3.14)

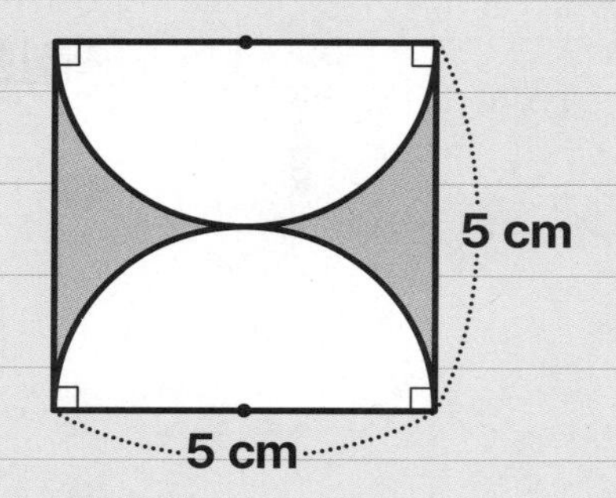
5 cm
5 cm

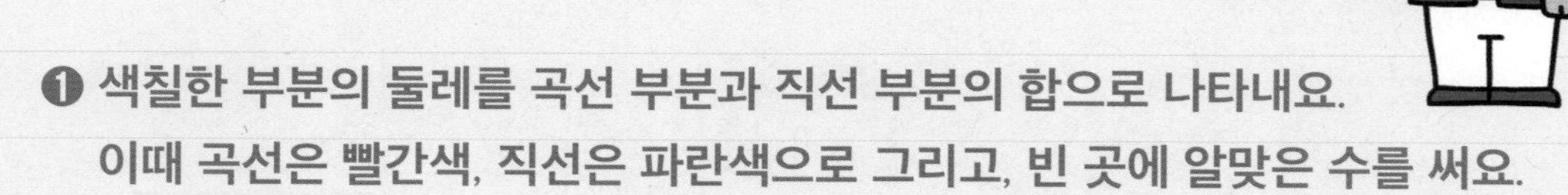
색칠한 부분이 원의 안쪽이 아니어서 둘레를 구하기 어렵나요?
색칠한 부분이 원의 바깥쪽이어도 곡선 부분을 합치면 원 1개의 원주와 같아요.

❶ 색칠한 부분의 둘레를 곡선 부분과 직선 부분의 합으로 나타내요.
이때 곡선은 빨간색, 직선은 파란색으로 그리고, 빈 곳에 알맞은 수를 써요.

▶ 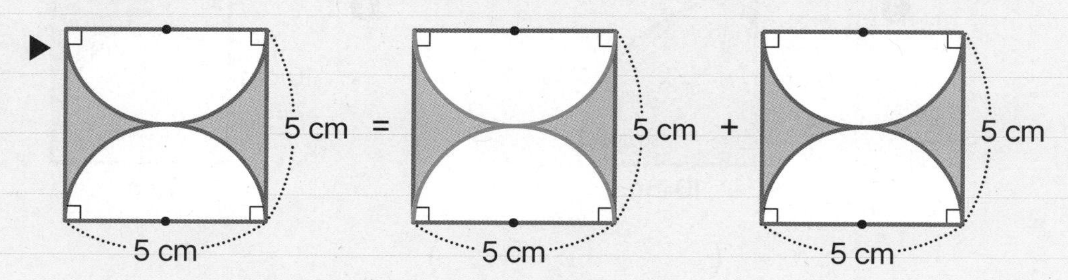
5 cm
=
5 cm
+
5 cm
5 cm
5 cm
5 cm

색칠한 부분의 둘레는 지름이 5 cm인 원의 원주와 한 변의 길이가 ____ cm인 정사각형의 두 변의 길이의 합입니다.

❷ 색칠한 부분의 둘레는 몇 cm인지 구해요.

▶ (색칠한 부분의 둘레) = (원주) + (정사각형의 두 변의 길이의 합)

곡선 부분의 길이의 합 / 직선 부분의 길이의 합

= ____ × 3.14 + 5 × ____

= ______ + ______ = ______ (cm)

답 ____________

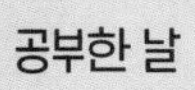

문제 적용 **2**

색칠한 부분의 둘레를 구하세요. (원주율: 3.14)

❶

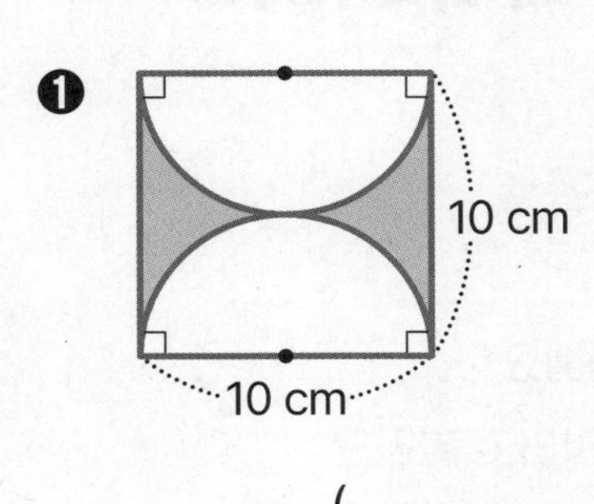

( )

❷

10 cm
10 cm

( )

❸

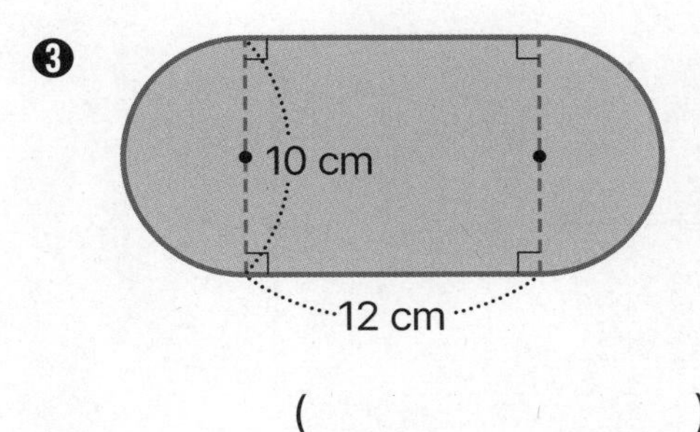

( )

❹

5 cm

( )

❺

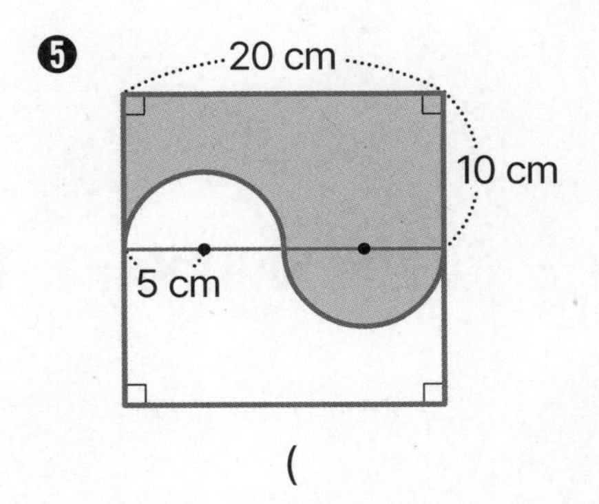

( )

❻

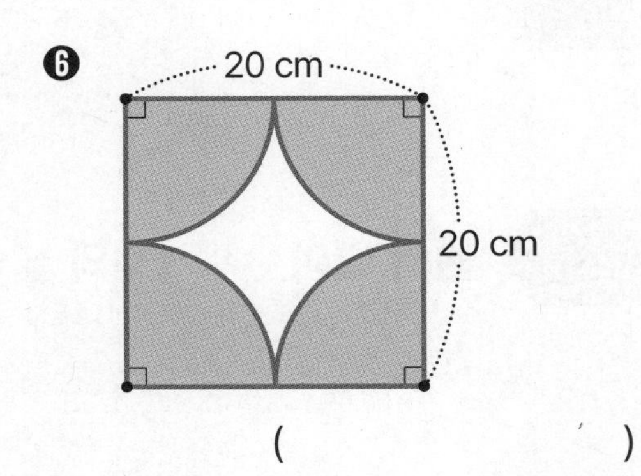

( )

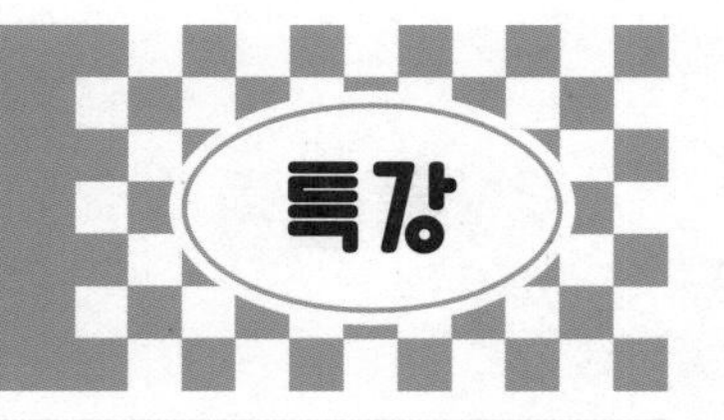

센스1 부채꼴을 분수 비율로 나타내라!

26강에서 둘레에 관한 센스를 공부했어요.
이번에 배울 넓이에 관한 센스도 둘레 센스와 비슷해요.
한번 공부했으니 척하면 척, 척척 알 수 있을 거예요.
첫 번째 센스는 원의 넓이 중 일부 조각을 구하는 원리예요.
원에서 일부를 잘라낸 조각을 중학교에서는 '부채꼴'이라고 불러요.
부채꼴의 넓이는 완전한 원의 넓이를 '1'이라고 할 때,
넓이 조각이 '몇 분의 몇'인지를 알면 곱해서 구할 수 있어요.

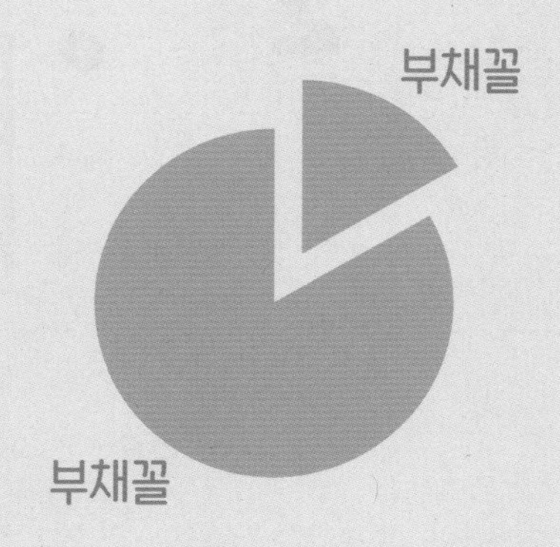

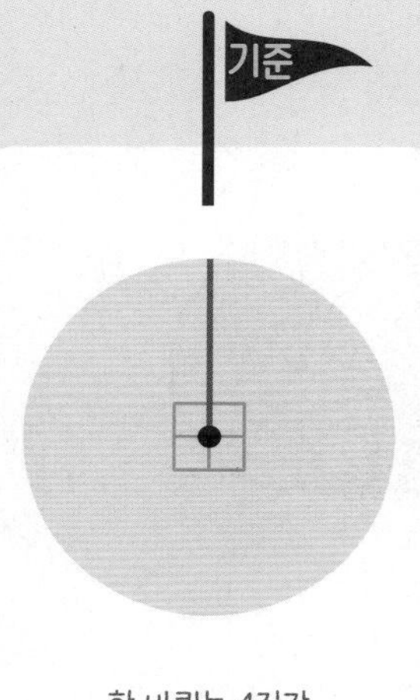

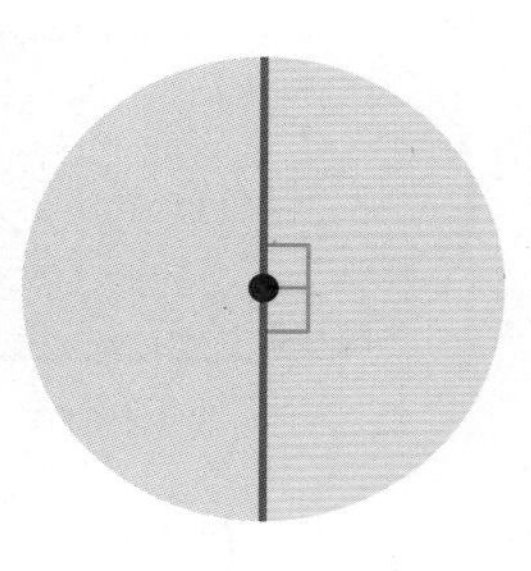

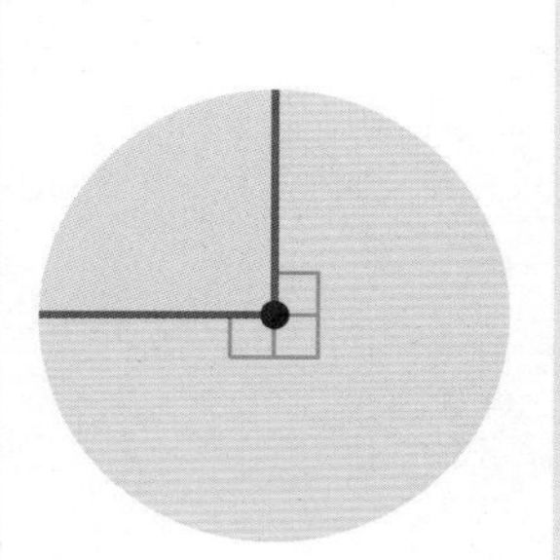

	한 바퀴는 4직각	4직각 중의 1직각	4직각 중의 2직각 $(\frac{2}{4}=\frac{1}{2})$	4직각 중의 3직각
분수 비율	1	$\frac{1}{4}$ 원의 넓이	$\frac{1}{2}$ 원의 넓이	$\frac{3}{4}$ 원의 넓이
부채꼴의 넓이	원의 넓이	(원의 넓이) $\times \frac{1}{4}$	(원의 넓이) $\times \frac{1}{2}$	(원의 넓이) $\times \frac{3}{4}$

센스 확인 **1**

가장 왼쪽 원의 넓이가 16일 때, 파란색 부채꼴의 넓이를 구하세요.

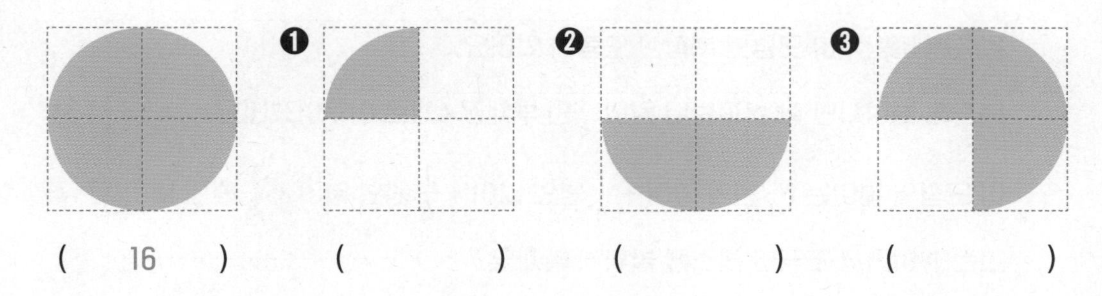

(16) ( ) ( ) ( )

센스 활용 **2**

모눈의 한 변의 길이는 1입니다. 색칠한 부채꼴의 넓이는 어떤 원의 조각인지 식으로 나타내세요. 계산하지 않아도 괜찮아요.

색칠한 부분이 원의 넓이의 얼마만큼인지를 아는 것이 매우 중요해요.

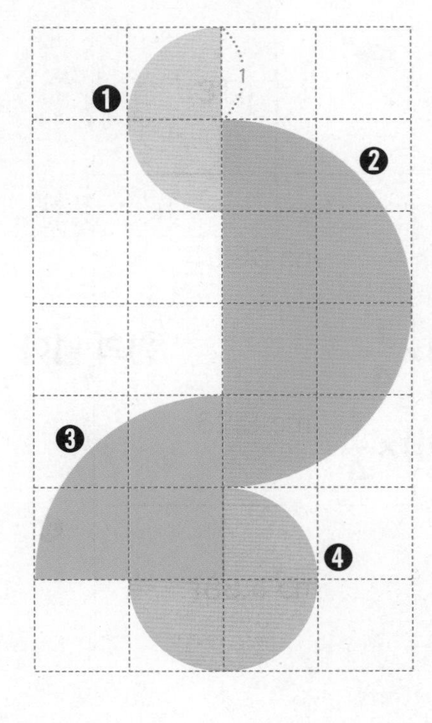

❶ (반지름이 1 인 원의 넓이) × $\frac{1}{2}$

❷ (반지름이 □ 인 원의 넓이) × $\frac{□}{□}$

❸ (반지름이 □ 인 원의 넓이) × $\frac{□}{□}$

❹ (반지름이 □ 인 원의 넓이) × $\frac{□}{□}$

넓이 센스 UP

특강

센스2 부채꼴을 하나로 모아라!

왼쪽에 바람개비 모양의 복잡한 도형이 있어요.

복잡해 보이지만 잘 살펴보니 원의 $\frac{1}{4}$인 부채꼴 4개로 이루어졌네요.

이 도형의 넓이는 ($\frac{1}{4}$ 원의 넓이 + $\frac{1}{4}$ 원의 넓이 + $\frac{1}{4}$ 원의 넓이 + $\frac{1}{4}$ 원의 넓이)로 구할 수 있겠어요.

그런데 여기서 조금만 센스를 발휘해 볼까요?
각각의 부채꼴 조각은 모두 반지름이 모눈 1칸으로 같아요.
오른쪽 그림처럼 부채꼴 조각을 각각 돌렸더니 반지름이 같은 하나의 원이 되었어요.
그럼 부채꼴의 넓이를 각각 구해서 더할 필요 없이 하나의 원의 넓이만 구하면 돼요.
계산이 엄청 간단해졌어요!

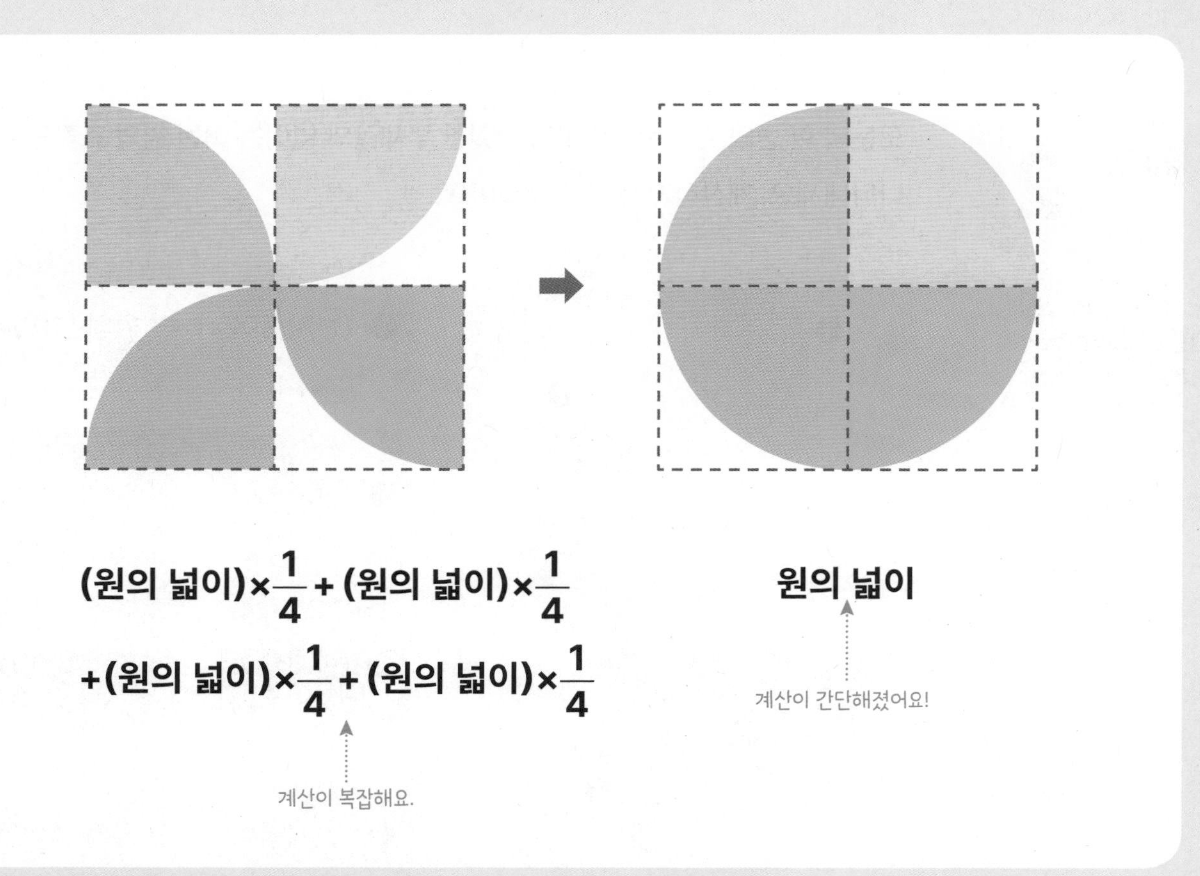
(원의 넓이)×$\frac{1}{4}$+(원의 넓이)×$\frac{1}{4}$
+(원의 넓이)×$\frac{1}{4}$+(원의 넓이)×$\frac{1}{4}$
계산이 복잡해요.
원의 넓이
계산이 간단해졌어요!

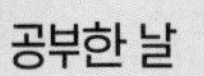

센스 활용 **3**

색칠한 도형과 넓이가 같은 간단한 도형을 만들려고 합니다. 부채꼴 조각을 돌리거나 일부를 옮겨서 원 또는 반원을 그리고 색칠하세요.

❶

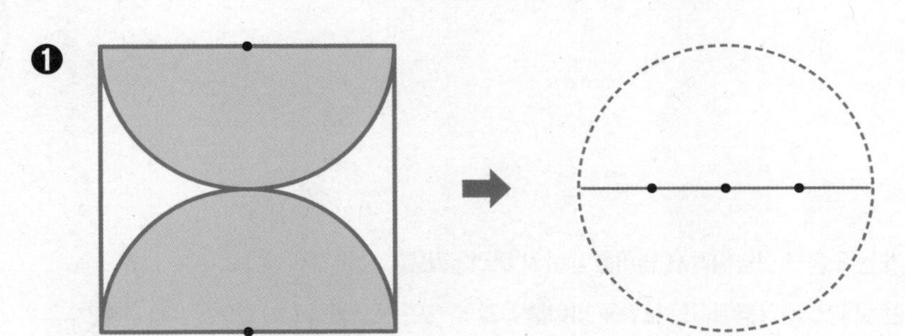

❷

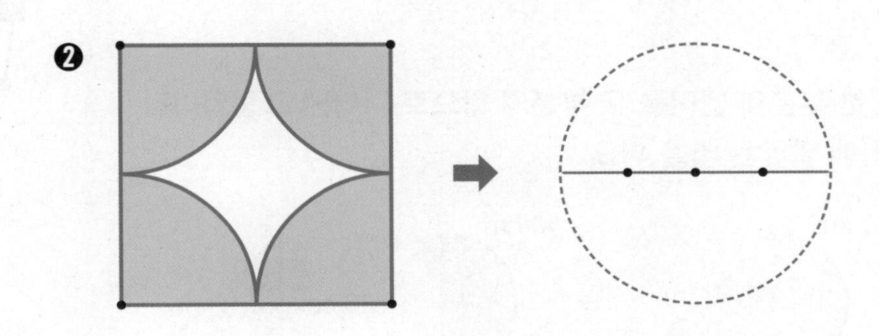

❸

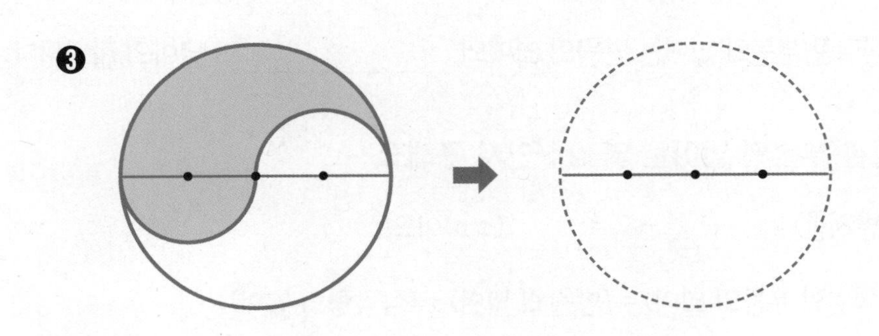

❹

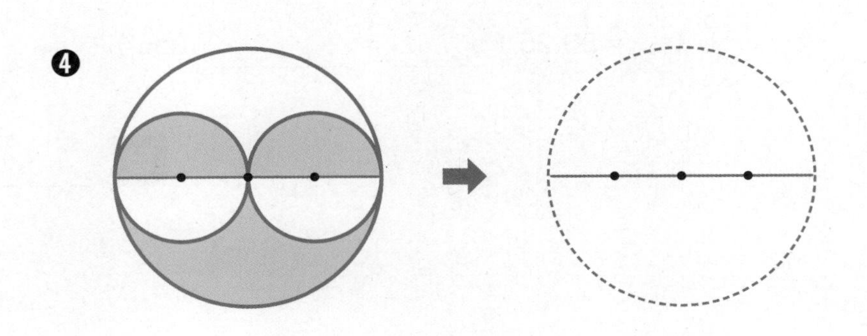

30강 색칠한 부분의 넓이① - 도형의 합 또는 차

색칠한 부분의 넓이는 몇 cm^2일까요? (원주율: 3.14)

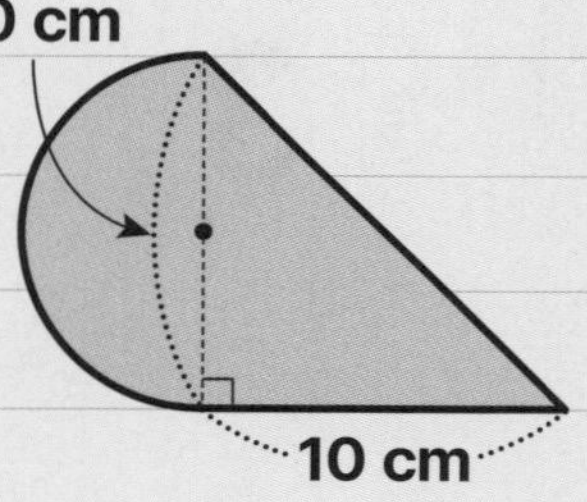

처음 보는 도형의 모양이라서 넓이를 구하기 어려운가요?
복잡한 모양의 다각형에서도 도형을 넓이를 구할 수 있는 도형들로 나누었어요.
색칠한 부분을 넓이를 구할 수 있는 두 도형으로 나누어 봐요.

❶ 색칠한 부분의 넓이를 두 부분의 합으로 나타낸 그림입니다. 빈 곳에 알맞은 말을 써요.

▶ 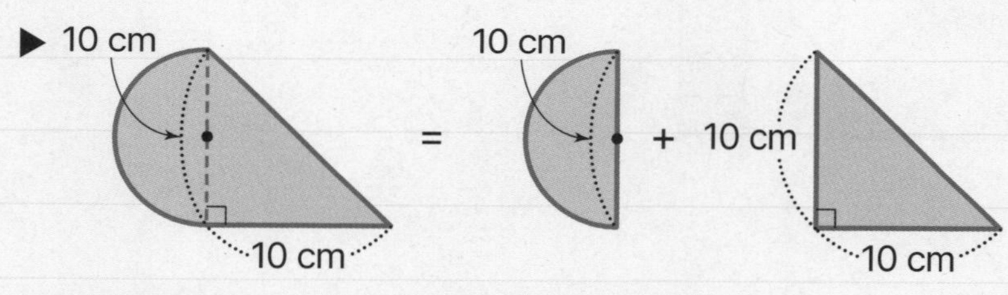

색칠한 부분의 넓이는 반원의 넓이와 ______의 넓이의 합입니다.

❷ 색칠한 부분의 넓이는 몇 cm^2인지 구해요.

▶ (반지름) = ______ ÷ 2 = ______ (cm)이므로

(색칠한 부분의 넓이) = (반원의 넓이) + (삼각형의 넓이)

= ______ × ______ × 3.14 ÷ 2 + ______ × ______ ÷ 2

= 39.25 + ______ = ______ (cm^2)

답 ______

문제 적용 **1**

색칠한 부분의 넓이를 구하세요. (원주율: 3.14)

❶
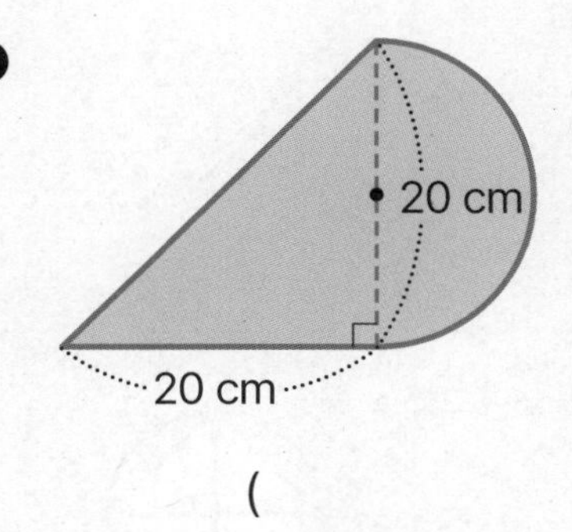

(　　　　　　　　　　)

❷
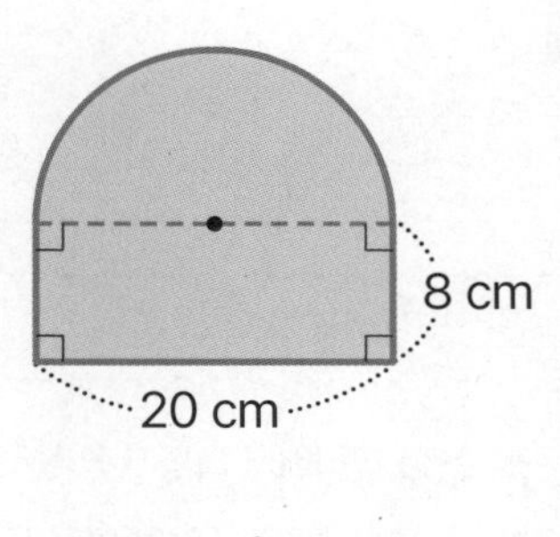

(　　　　　　　　　　)

❸
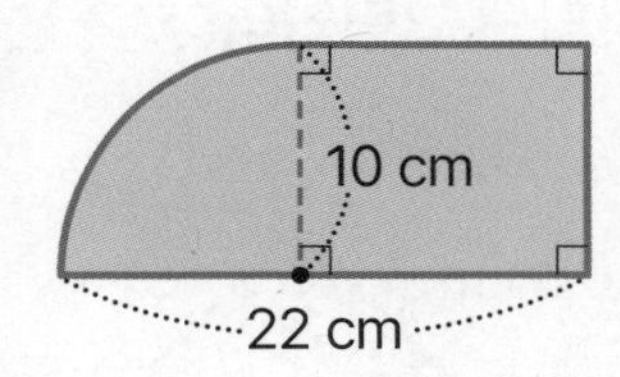

(　　　　　　　　　　)

❹
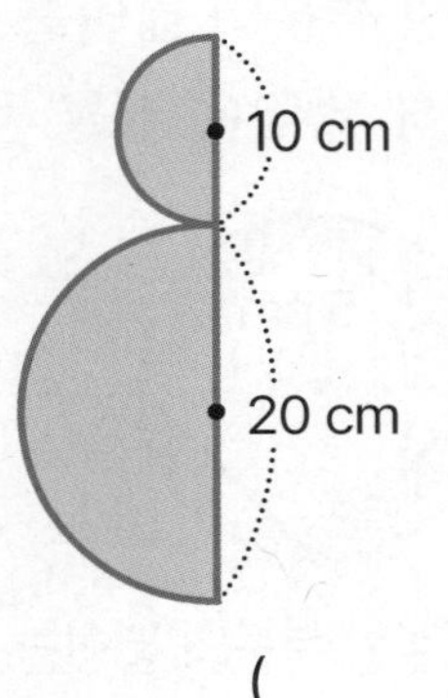

(　　　　　　　　　　)

❺
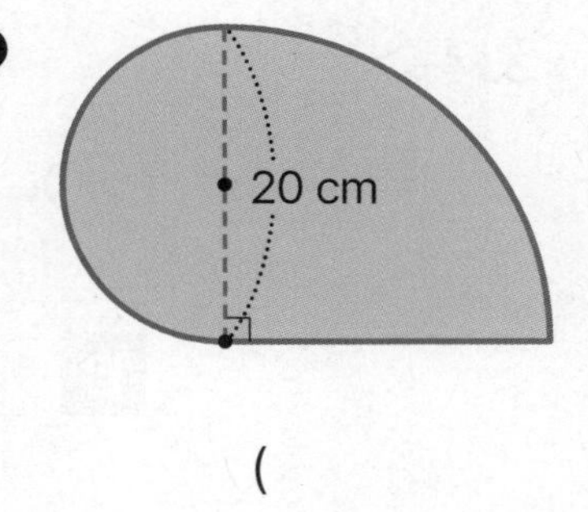

(　　　　　　　　　　)

❻
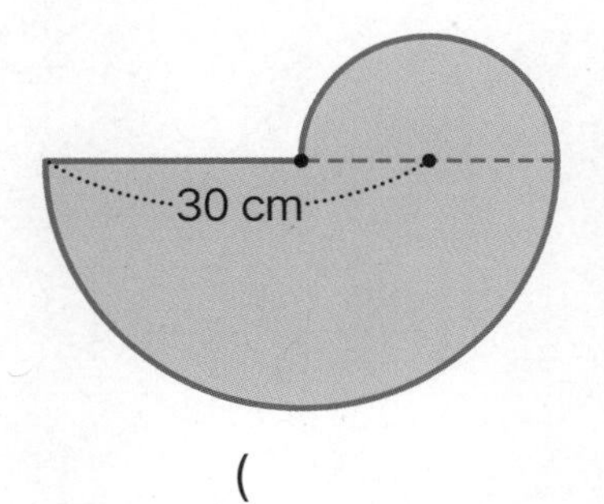

(　　　　　　　　　　)

색칠한 부분의 넓이① - 도형의 합 또는 차

색칠한 부분의 넓이는 몇 cm^2일까요? (원주율: 3.14)

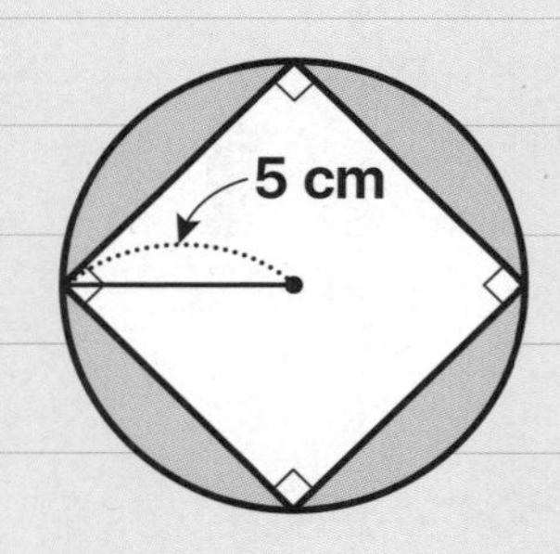

원의 넓이에서 내부에 뻥 뚫려 있는 도형의 넓이를 빼면 구할 수 있는데 내부의 도형이 어떤 도형인지 모르겠나요?
문제에서 주어진 원의 반지름을 이용하여 지름을 나타내어 보면 두 대각선의 길이가 같은 마름모임을 알 수 있어요.

❶ 색칠한 부분의 넓이를 두 부분의 차로 나타낸 그림입니다. 빈 곳에 알맞은 말을 써요.

▶ 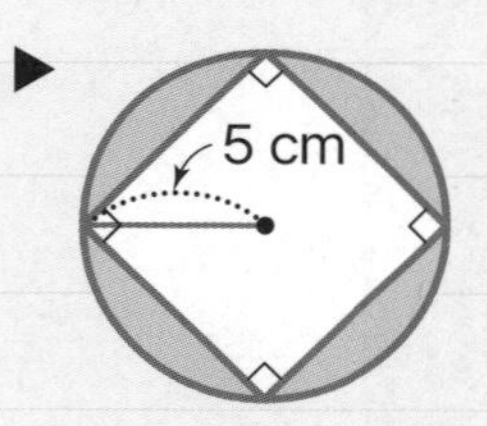

=
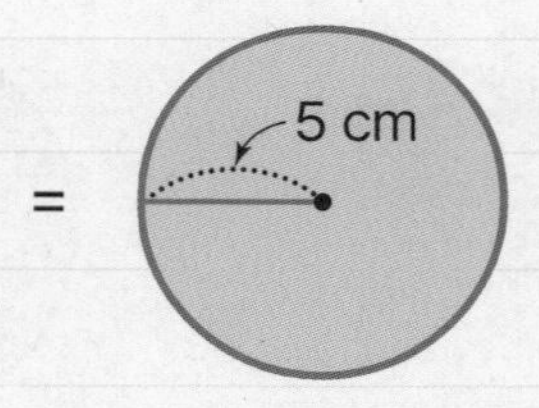

-
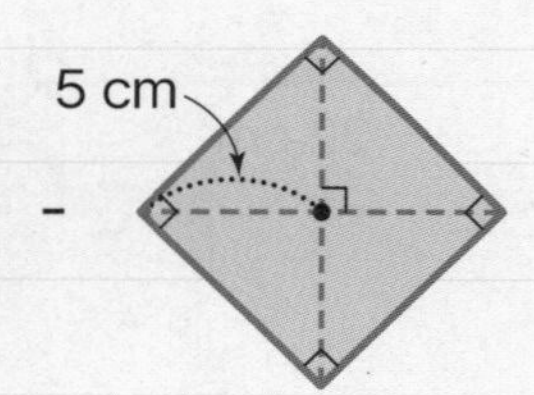

색칠한 부분의 넓이는 ______의 넓이에서 마름모의 넓이를 뺍니다.

❷ 색칠한 부분의 넓이는 몇 cm^2인지 구해요.

▶ 마름모에서 두 대각선의 길이는 각각 $5 \times 2 =$ ______ (cm)이므로

(색칠한 부분의 넓이) = (원의 넓이) - (마름모의 넓이)

= ______ × ______ × 3.14 - ______ × ______ ÷ 2

= ______ - ______ = ______ (cm^2)

답 ______________

공부한 날 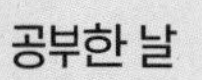

문제 적용 **2**

색칠한 부분의 넓이를 구하세요. (원주율: 3.14)

❶

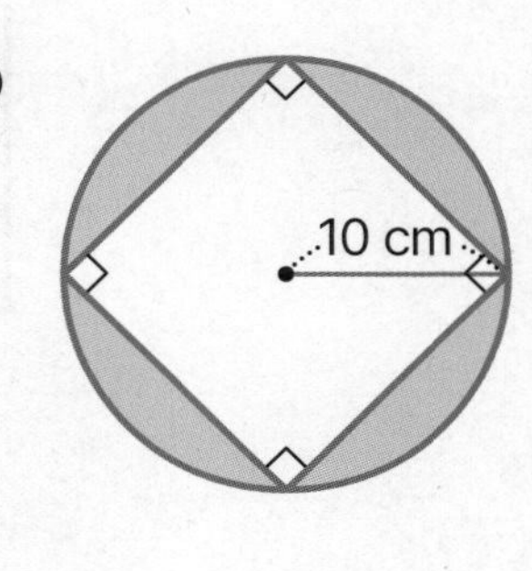

(　　　　　　　　)

❷

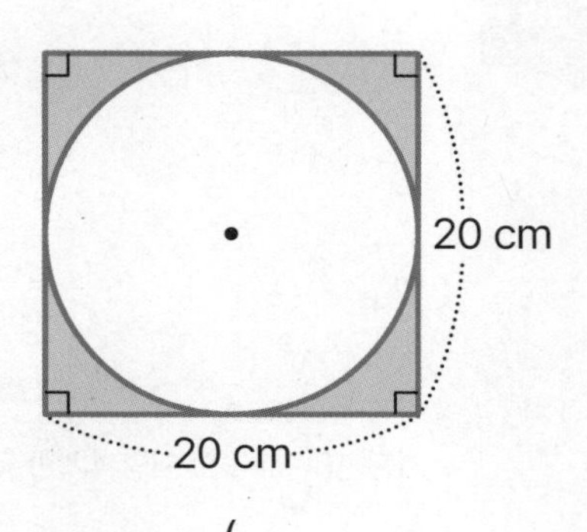

(　　　　　　　　)

❸

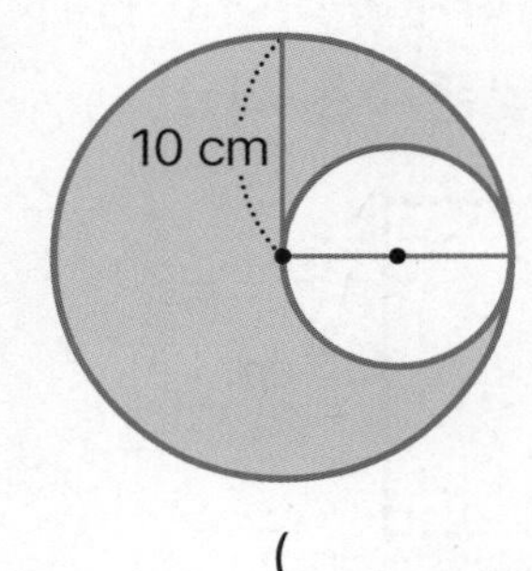

(　　　　　　　　)

❹

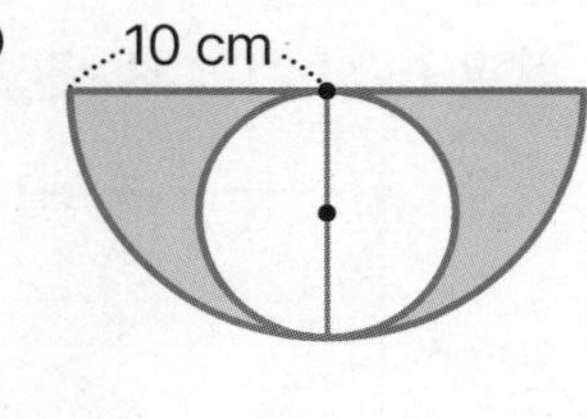

(　　　　　　　　)

❺

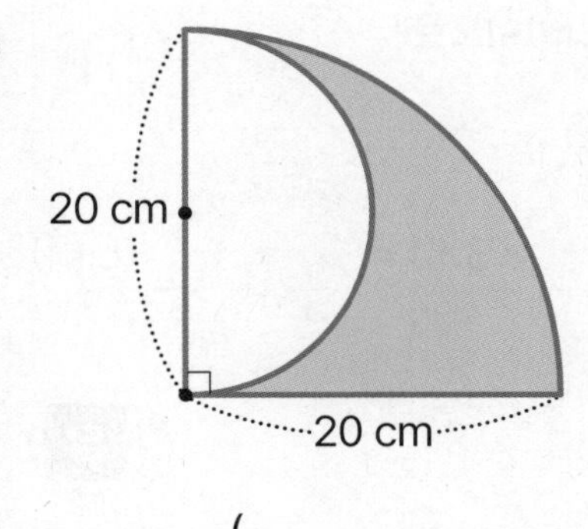

(　　　　　　　　)

❻

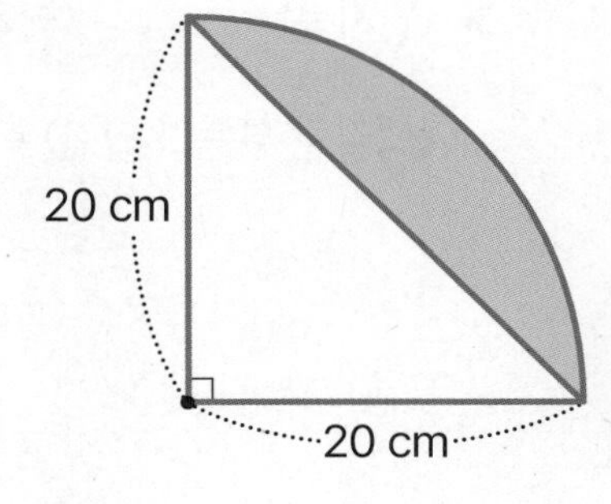

(　　　　　　　　)

31강 색칠한 부분의 넓이②

- 자르고 옮기기

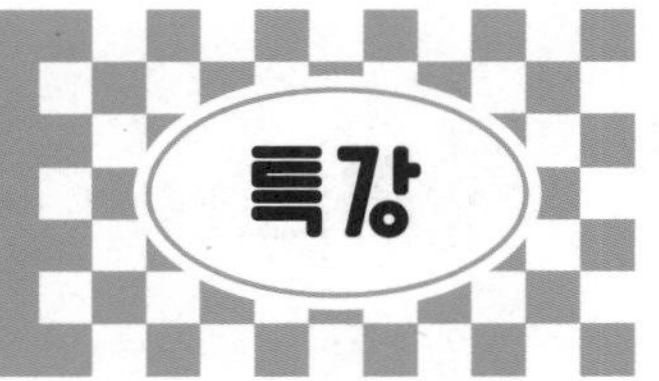

색칠한 부분의 넓이는 몇 cm^2일까요? (원주율: 3.14)

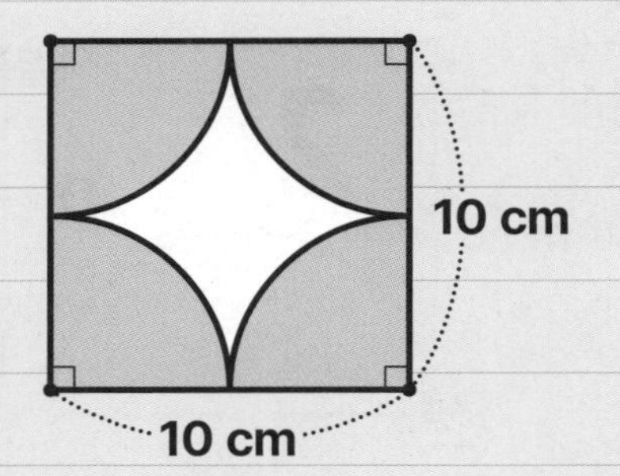

사분원( ) 모양 4개의 넓이를 구해서 합을 계산했나요?

계산을 정확하고 빠르게 했다면 이 방법으로도 해결할 수 있지만,

사분원 모양 4개를 자르고 옮기면 원이 되어서 계산을 한 번에 끝낼 수 있어요.

❶ 색칠한 부분을 자르고 옮겨서 넓이를 간단하게 구하려고 합니다.
도형을 다시 그려서 색칠하고, 빈 곳에 알맞은 수를 써요.

▶

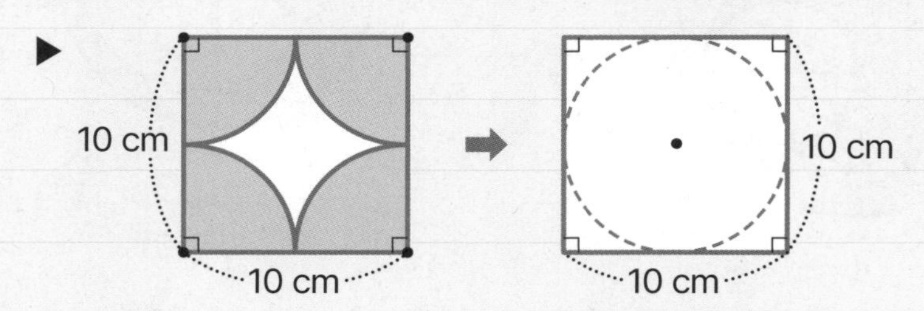

색칠한 부분을 자르고 옮기면 지름이 ______ cm인 원이 됩니다.

❷ 색칠한 부분의 넓이는 몇 cm^2인지 구해요.

▶ (반지름) = ______ ÷ 2 = ______ (cm)이므로

(색칠한 부분의 넓이) = (원의 넓이)

= ______ × ______ × 3.14 = ______ (cm^2)

답 ______

문제 적용 **1**

색칠한 부분의 넓이를 구하세요. (원주율: 3.14)

❶
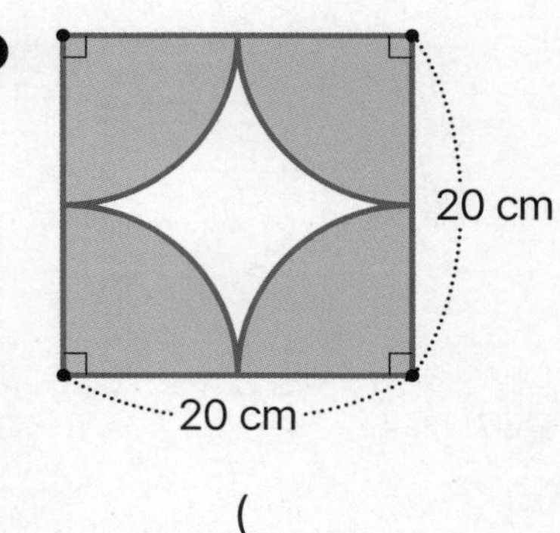

(　　　　　　　　)

❷
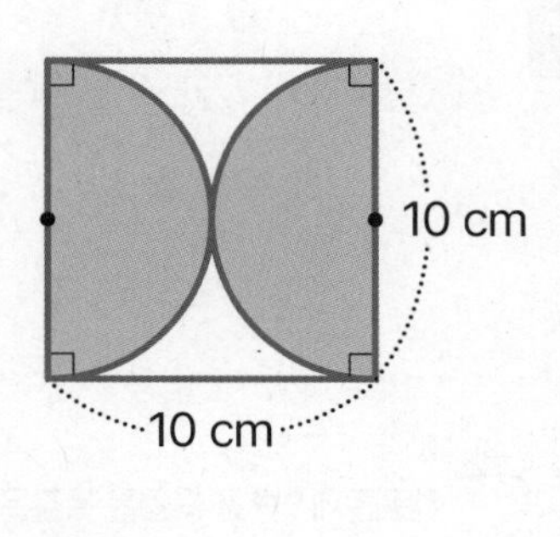

(　　　　　　　　)

색칠한 부분 중 일부를 자르고 옮겨서 넓이를 간단하게 구할 수 있는 도형으로 만들어요.

❸
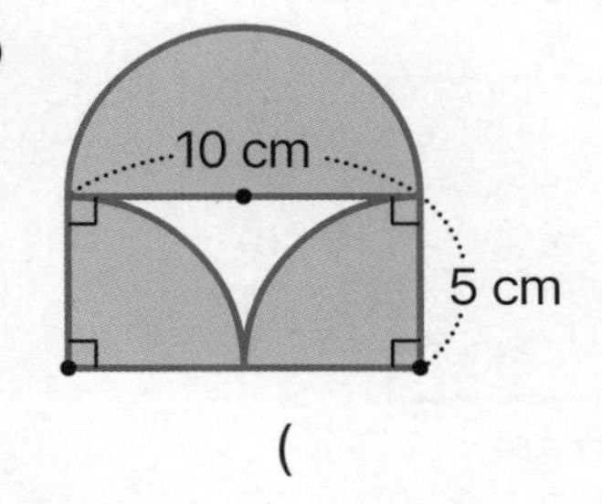

(　　　　　　　　)

❹
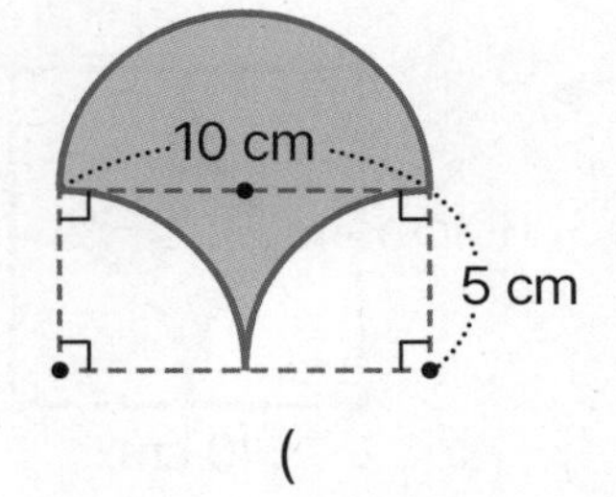

(　　　　　　　　)

색칠한 부분 중 일부를 옮겨서 넓이를 간단하게 구할 수 있는 도형으로 만들어요.

❺
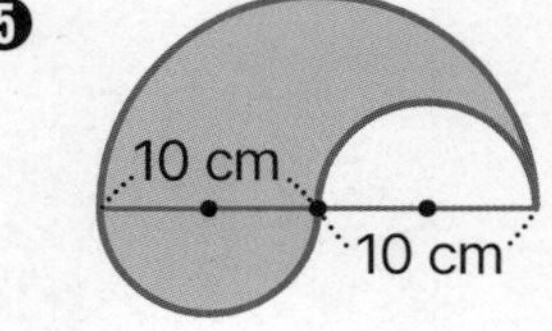

(　　　　　　　　)

❻
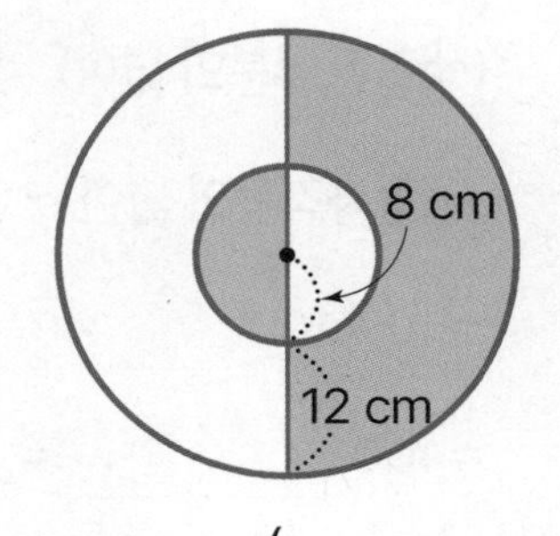

(　　　　　　　　)

색칠한 부분의 넓이② - 자르고 옮기기

색칠한 부분의 넓이는 몇 cm^2일까요? (원주율: 3.14)

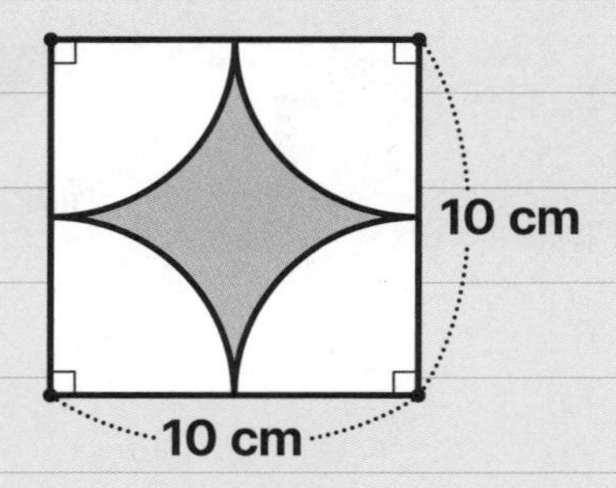

대표문제 1번과 모양은 똑같은데 색칠한 부분이 달라서 어렵나요?
색칠하지 않은 사분원 모양 4개도 모으면 원이 돼요.
원으로 모으고 색칠한 부분을 다시 나타내면 정사각형과 원의 넓이의 차로 구할 수 있어요.

❶ 색칠한 부분을 자르고 옮겨서 넓이를 간단하게 구하려고 합니다.
도형을 다시 그려서 색칠하고, 빈 곳에 알맞은 말을 써요.

▶

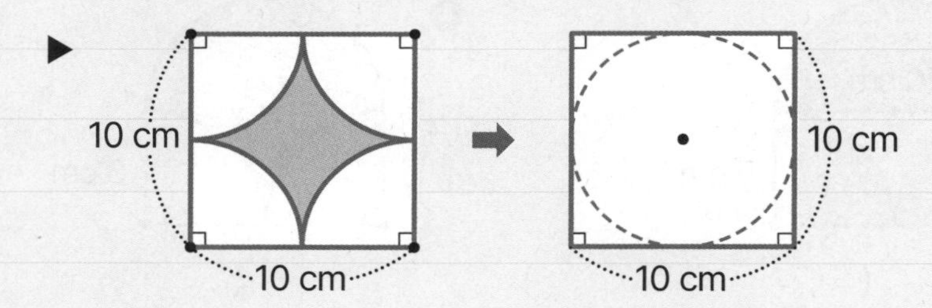

색칠한 부분을 자르고 옮기면 정사각형의 넓이에서 _____의 넓이를 뺀 것과 같습니다.

❷ 색칠한 부분의 넓이는 몇 cm^2인지 구해요.

▶ (반지름) = _______ ÷ 2 = _____ (cm)이므로

(색칠한 부분의 넓이)

= (정사각형의 넓이) − (원의 넓이)

= 10 × 10 − _____ × _____ × 3.14

= 100 − _________ = _________ (cm^2)

답 ______________________

공부한 날 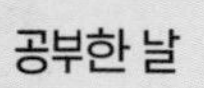

문제 적용 **2**

색칠한 부분의 넓이를 구하세요. (원주율: 3.14)

❶
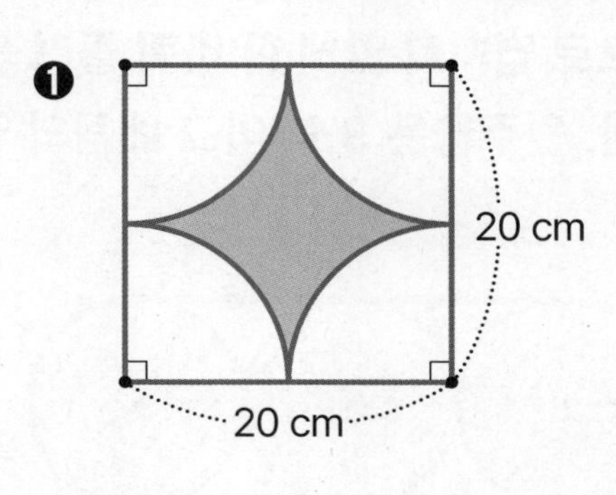

(　　　　　　　　)

❷
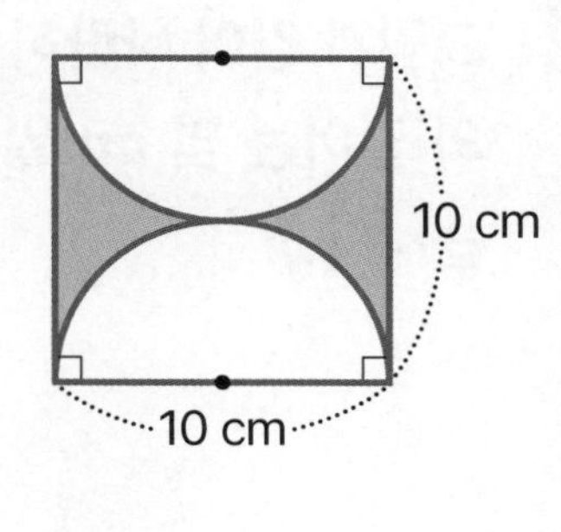

(　　　　　　　　)

❸
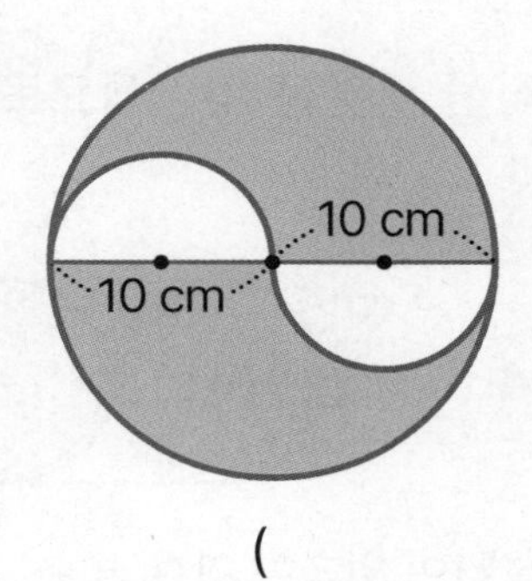

(　　　　　　　　)

❹
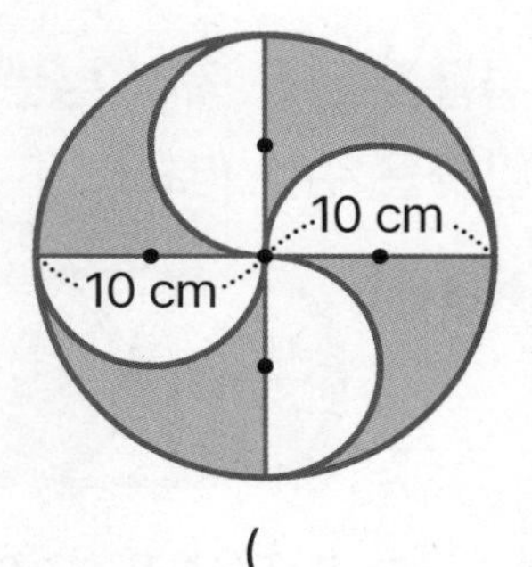

(　　　　　　　　)

❺
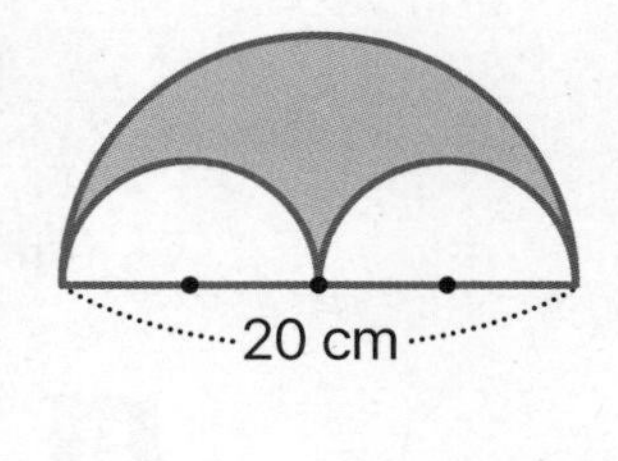

(　　　　　　　　)

❻
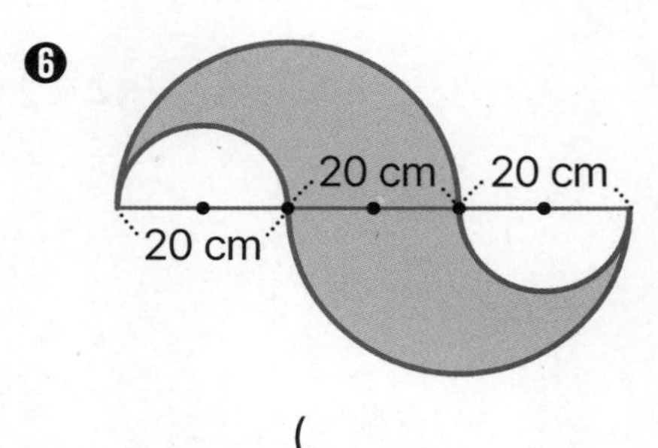

(　　　　　　　　)

32강 여러 개 원을 두른 둘레

바닥 면이 반지름 4 cm인 원 모양으로 되어 있는 통이 있습니다. 이 통 3개를 그림과 같이 나란히 놓고 끈으로 겹치지 않게 한 바퀴 돌려 묶었을 때 사용한 끈의 길이는 몇 cm일까요? (단, 원주율은 3.14이고 매듭의 길이는 생각하지 않습니다.)

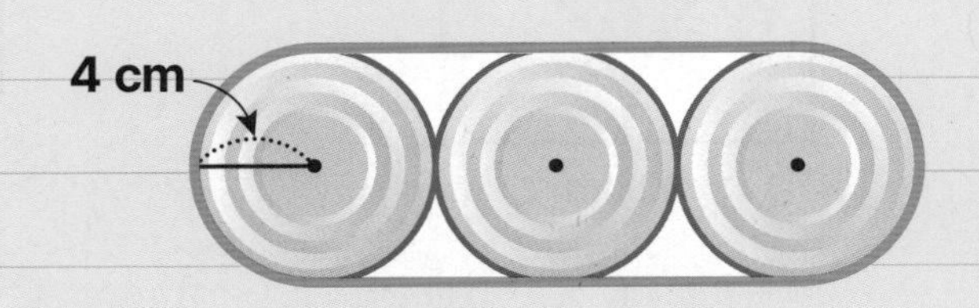

사용한 끈의 길이를 곡선 부분과 직선 부분으로 나누어 생각해요.
양쪽의 두 곡선 부분을 모으면 원이 돼요. 직선 부분은 반지름의 몇 배인지 알아봐요.

❶ 사용한 끈을 곡선 부분은 빨간색으로, 직선 부분은 파란색으로 나타내고, 빈 곳에 알맞은 수를 써요.

▶ 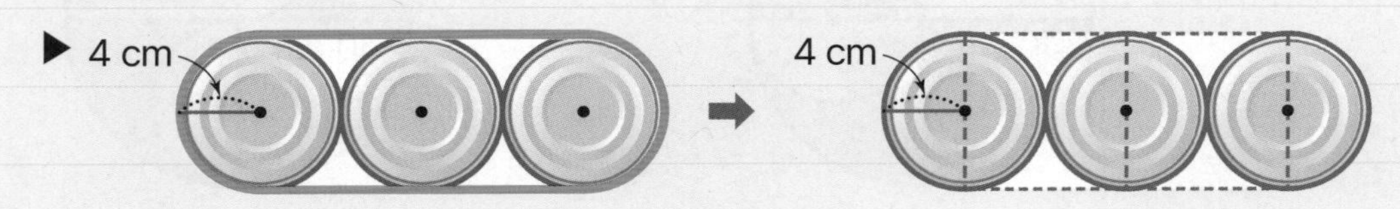

- 두 곡선 부분을 모으면 반지름이 4 cm인 원의 원주와 같습니다.
- 직선 부분의 길이의 합은 반지름의 ____배와 같습니다.

❷ 사용한 끈의 길이는 몇 cm인지 구해요.

▶ (사용한 끈의 길이) = (곡선 부분의 길이의 합) + (직선 부분의 길이의 합)

= 4 × 2 × 3.14 + 4 × ____

= ______ + ______ = ______ (cm)

답 ______

문제 적용 **1**

바닥 면이 주어진 반지름인 원 모양으로 되어 있는 통이 있습니다. 이 통을 주어진 개수만큼 그림과 같이 나란히 놓고 끈으로 겹치지 않게 한 바퀴 돌려 묶었을 때 사용한 끈의 길이를 구하세요. (단, 원주율은 3.14이고 매듭의 길이는 생각하지 않습니다.)

❶ 바닥 면의 반지름이 5 cm인 통 2개

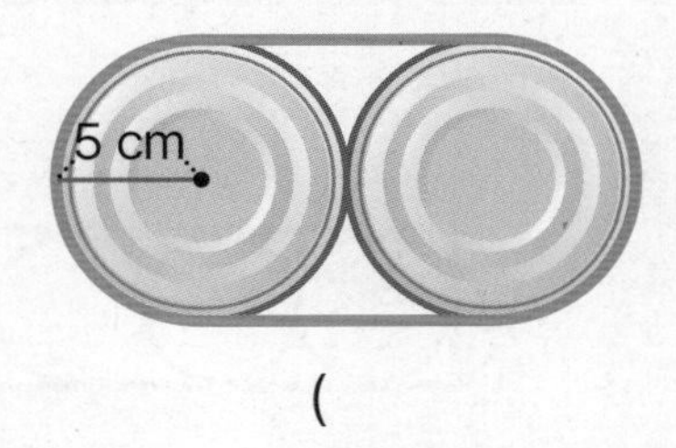

( )

❷ 바닥 면의 반지름이 6 cm인 통 3개

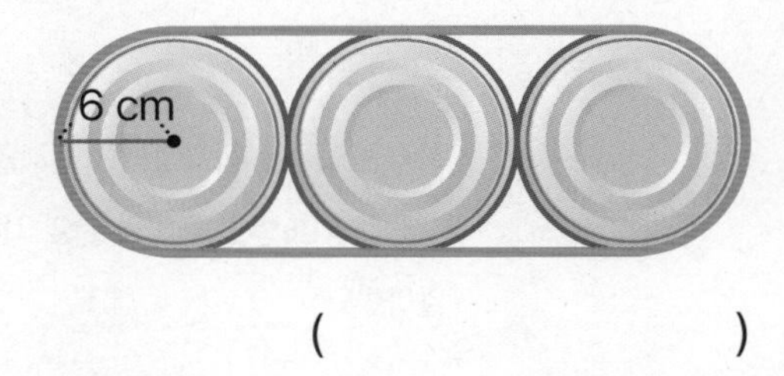

( )

❸ 바닥 면의 반지름이 10 cm인 통 4개

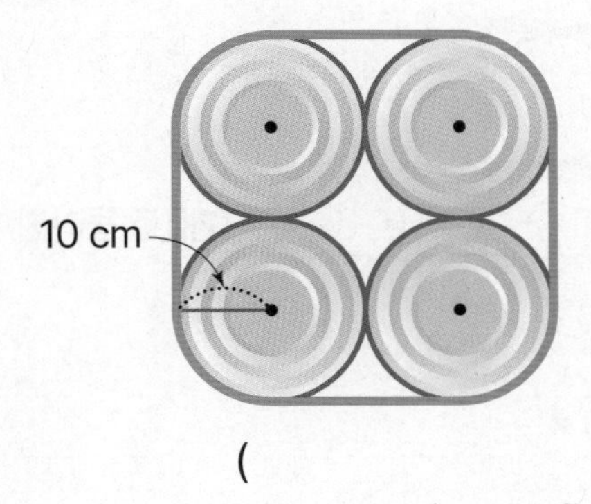

( )

❹ 바닥 면의 반지름이 9 cm인 통 3개

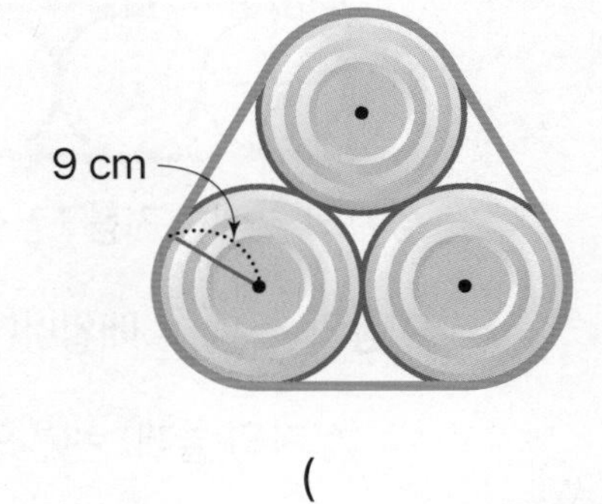

( )

여러 개 원을 두른 둘레

한 원의 원주가 31.4 cm인 원 4개가 들어 있는 상자의 둘레는 몇 cm일까요?
(원주율: 3.14)

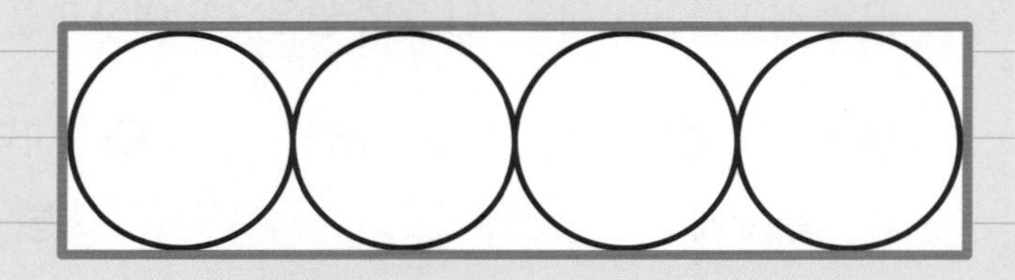

상자의 둘레는 직사각형의 둘레를 구하는 것이므로 직사각형의 변의 길이와 원의 지름 사이의 관계를 알아봐요.

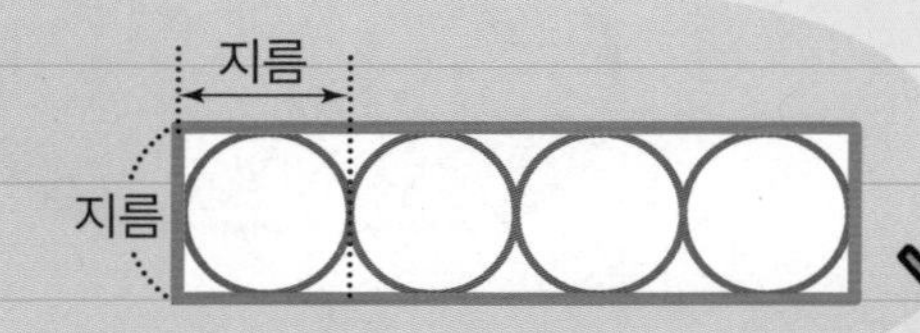

❶ 원의 지름은 몇 cm인지 구해요.

▶ (원주) = 31.4 cm이므로 (지름) = (원주) ÷ (원주율) = 31.4 ÷ 3.14 = ______ (cm)

❷ 상자의 둘레는 몇 cm인지 구해요.

▶

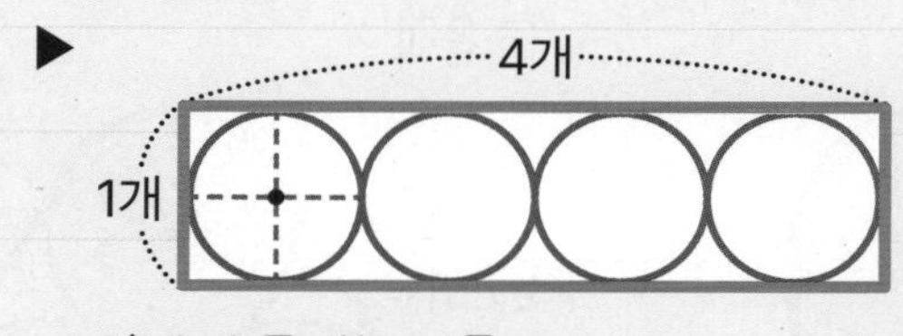

상자의 둘레는 지름 1 + 4 + ______ + ______ = ______ (개)로 둘러싸여 있으므로

지름의 ______ 배입니다.

⇨ (상자의 둘레) = (원의 지름) × ______

= ______ × ______ = ______ (cm)

답 ______________

공부한 날 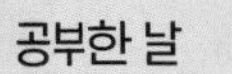 /

문제 적용 **2**

한 원의 원주가 다음과 같은 원이 여러 개 들어 있는 상자의 둘레를 구하세요.

(원주율: 3.14)

❶ 한 원의 원주: 314 cm

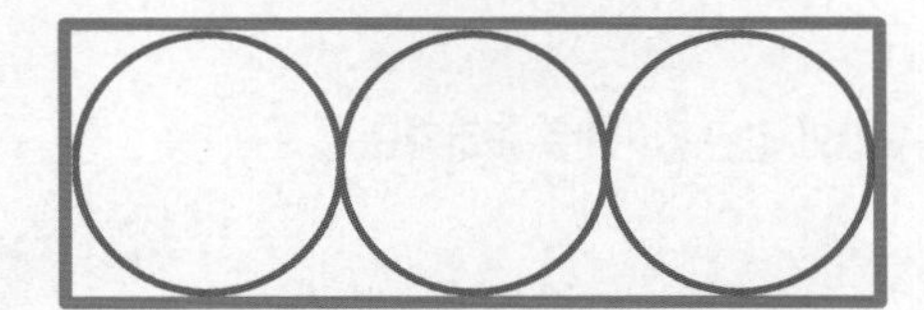

(　　　　　　　　)

❷ 한 원의 원주: 62.8 cm

(　　　　　　　　)

❸ 한 원의 원주: 15.7 cm

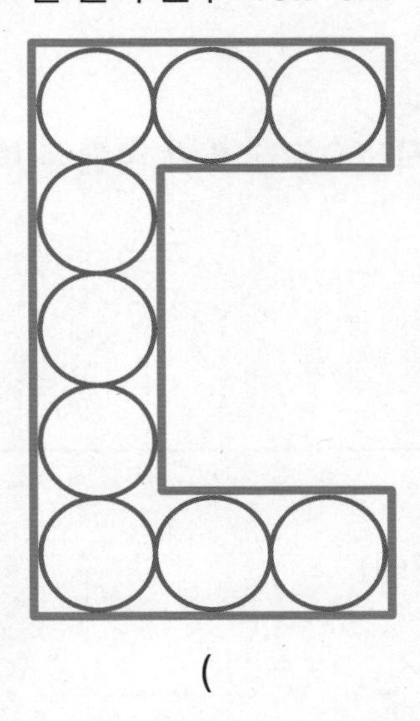

(　　　　　　　　)

❹ 한 원의 원주: 31.4 cm

(　　　　　　　　)

33강 원이 굴러간 거리, 넓이

지름이 8 cm인 원 모양의 고리를 일직선으로 3바퀴 굴렸습니다. 고리가 굴러간 거리는 몇 cm일까요?

(원주율: 3.14)

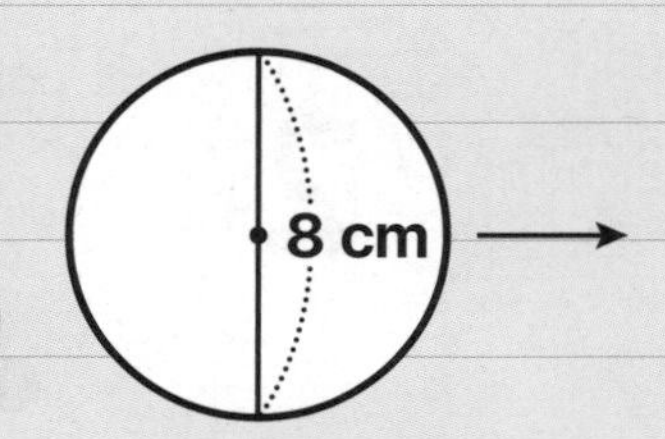

원을 일직선으로 한 바퀴 굴리면 원의 둘레와 같은 길이만큼 굴러가요.

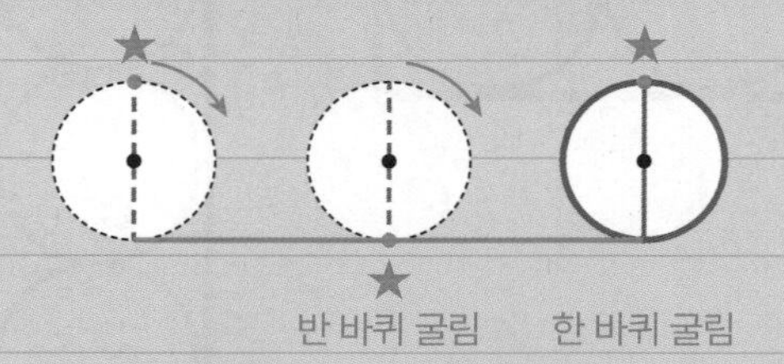

❶ 지름이 8 cm인 원 모양의 고리를 일직선으로 한 바퀴 굴렸을 때 고리가 굴러간 거리는 무엇과 같은지 알맞은 말에 ○표 해요.

▶ 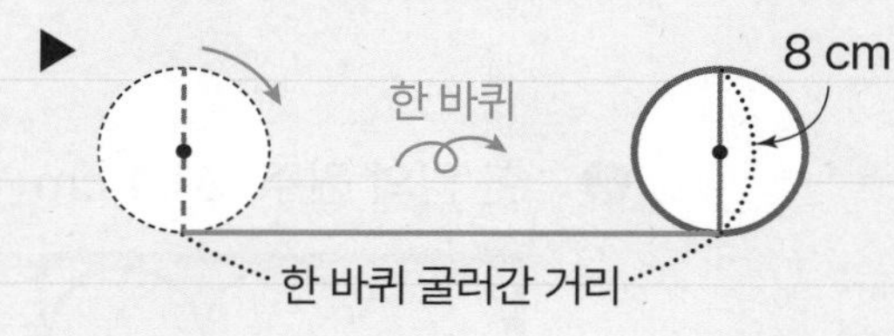

(고리가 한 바퀴 굴러간 거리) = (지름 , 원주)

❷ 지름이 8 cm인 원 모양의 고리를 일직선으로 3바퀴 굴렸을 때 고리가 굴러간 거리는 몇 cm인지 구해요.

▶ 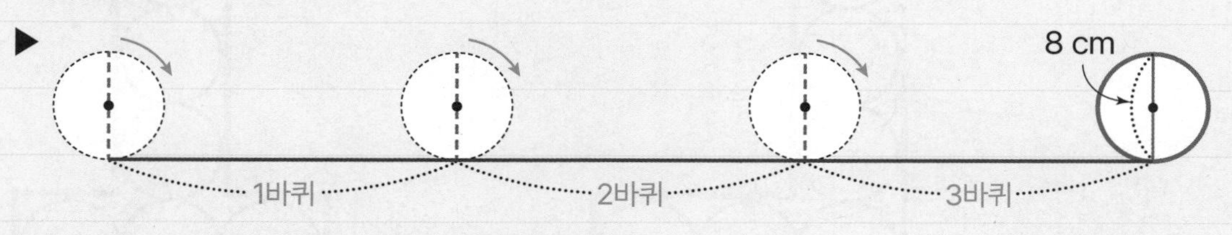

(고리가 3바퀴 굴러간 거리) = (원주의 3배)

$= 8 \times 3.14 \times$ ____ $=$ ________ (cm)

답 ________

문제 적용 **1**

다음과 같은 원 모양의 고리를 일직선으로 주어진 바퀴 수만큼 굴렸습니다. 고리가 굴러간 거리를 구하세요. (원주율: 3.14)

주어진 조건이 지름일 때
(원주) = (지름) × (원주율)

❶

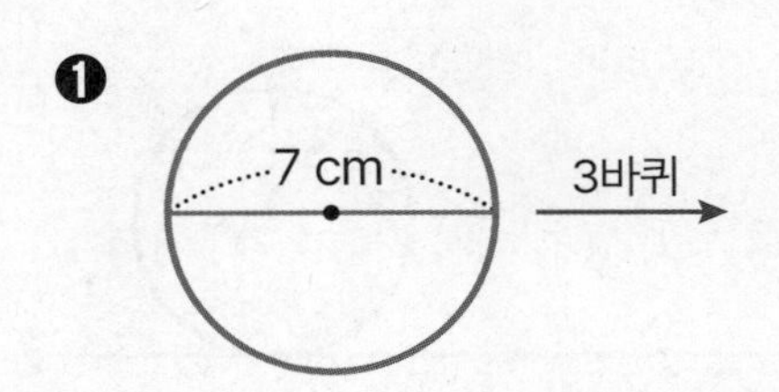

(　　　　　　)

❷

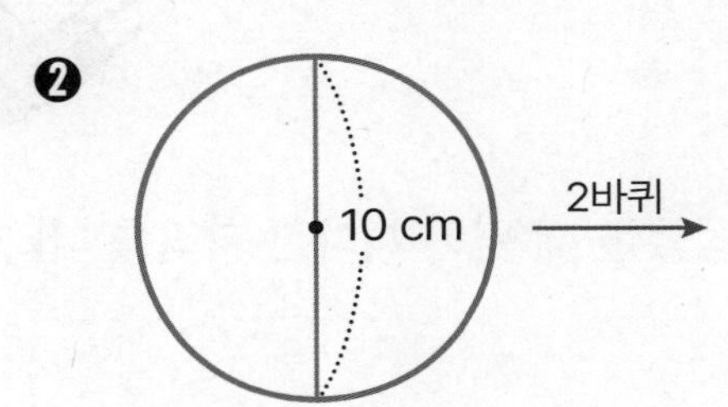

(　　　　　　)

❸

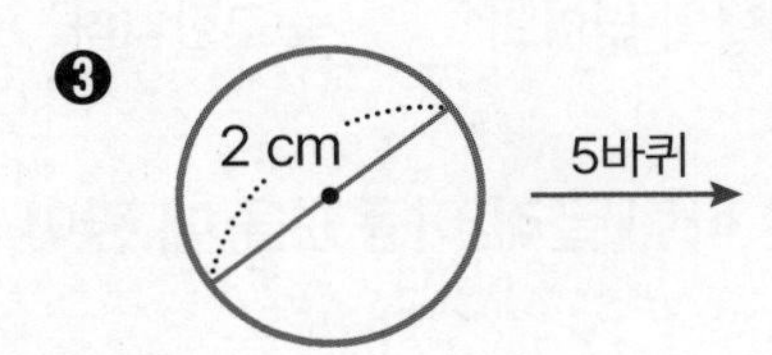

(　　　　　　)

주어진 조건이 반지름일 때
(원주) = (반지름) × 2 × (원주율)

❹

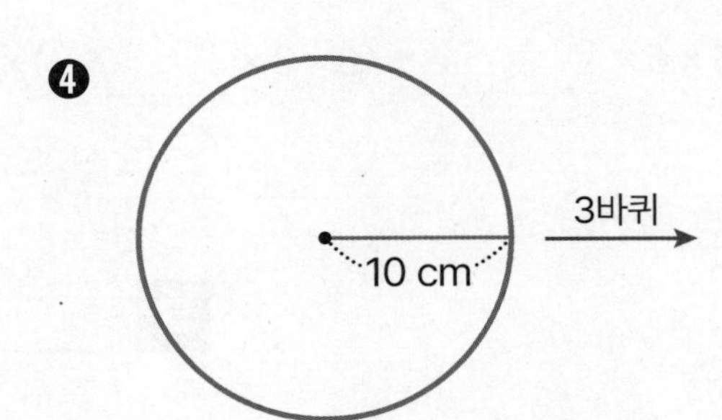

(　　　　　　)

원이 굴러간 거리, 넓이

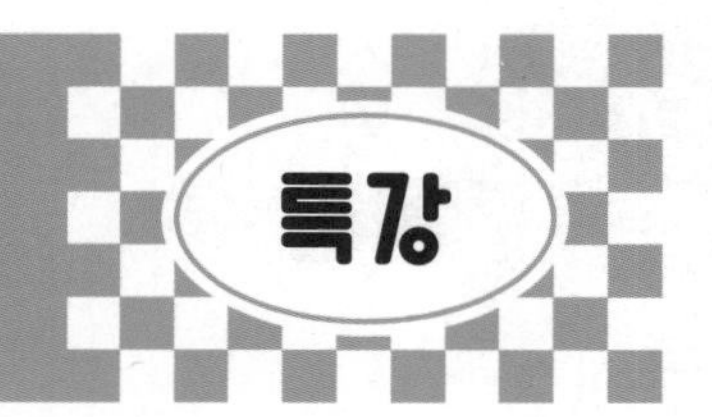

반지름이 6 cm인 원이 직선을 따라 한 바퀴 굴러 이동했습니다. 원이 지나간 자리의 넓이는 몇 cm^2일까요? (원주율: 3.14)

원이 지나간 자리를 그림으로 나타내고, 색칠한 부분의 넓이를 구한 방법으로 원이 지나간 자리의 넓이를 구해요.

❶ 원이 직선을 따라 한 바퀴 굴러 이동했을 때 원이 지나간 자리를 나타낸 그림입니다. 빈 곳에 알맞은 말을 써요.

▶ 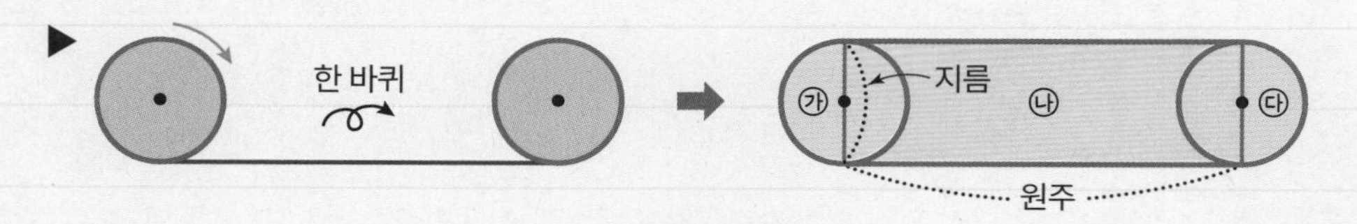

원이 지나간 자리의 넓이는 원과 직사각형의 넓이의 ______을 구합니다.

❷ 반지름이 6 cm인 원이 직선을 따라 한 바퀴 굴러 이동했을 때 원이 지나간 자리의 넓이는 몇 cm^2인지 구해요.

▶ (원이 지나간 자리의 넓이) = (㉮와 ㉰의 넓이의 합) + (직사각형 ㉯의 넓이)

= (원의 넓이) + (원주) × (지름)

= 6 × 6 × ______ + (6 × 2 × ______) × (6 × 2)

= ______ + ______ = ______ (cm^2)

답 ______

공부한 날 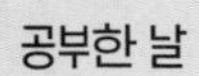

문제 적용 **2**

다음과 같은 원이 직선을 따라 한 바퀴 굴러 이동했습니다. 원이 지나간 자리의 넓이를 구하세요. (원주율: 3.14)

❶

(　　　　　　　　)

❷

(　　　　　　　　)

❸

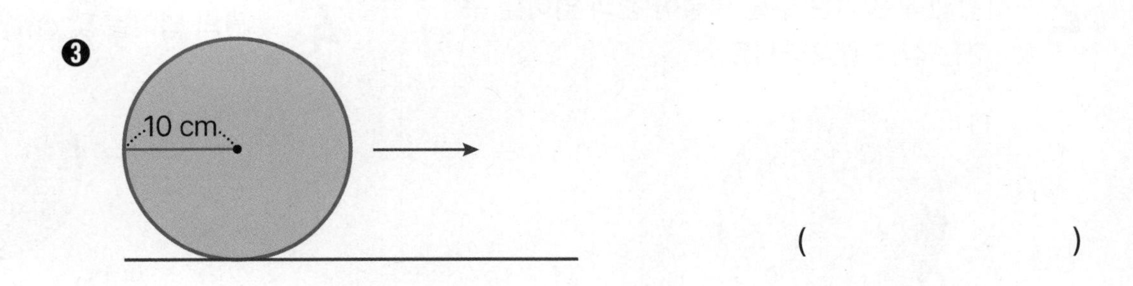

(　　　　　　　　)

❹

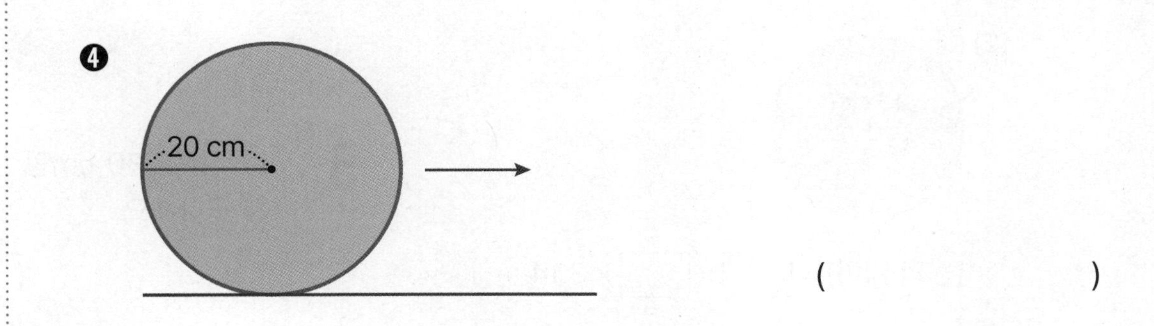

(　　　　　　　　)

34강 원의 둘레와 넓이

1 원주를 구하는 식을 바르게 쓴 것을 찾아 기호를 쓰세요.

(1)

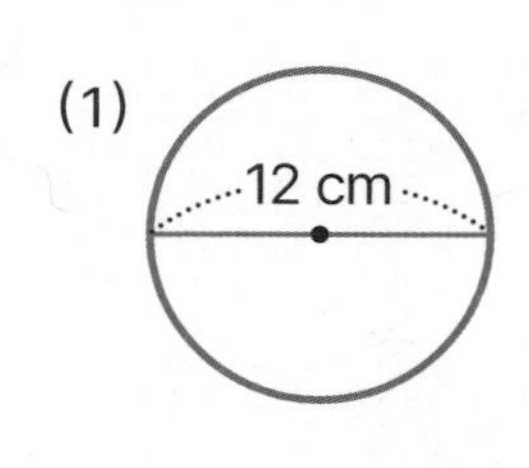

㉠ 6×3.14

㉡ 12×3.14

㉢ $12 \times 2 \times 3.14$

(　　　　　　　　)

(2)

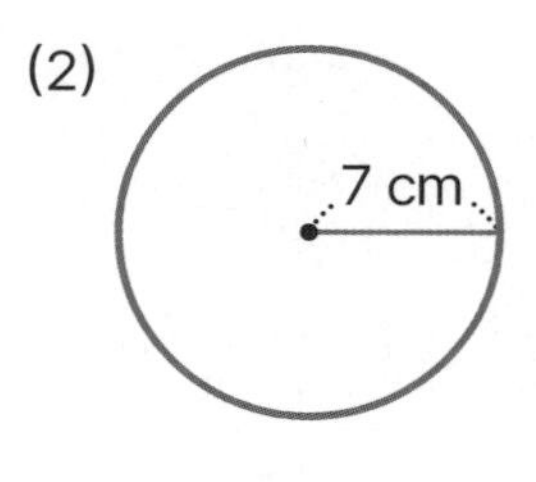

㉠ 7×3.14

㉡ $7 \times 7 \times 3.14$

㉢ $7 \times 2 \times 3.14$

(　　　　　　　　)

2 □ 안에 알맞은 수를 써넣어 원의 넓이를 구하는 식을 완성하세요.

(1)

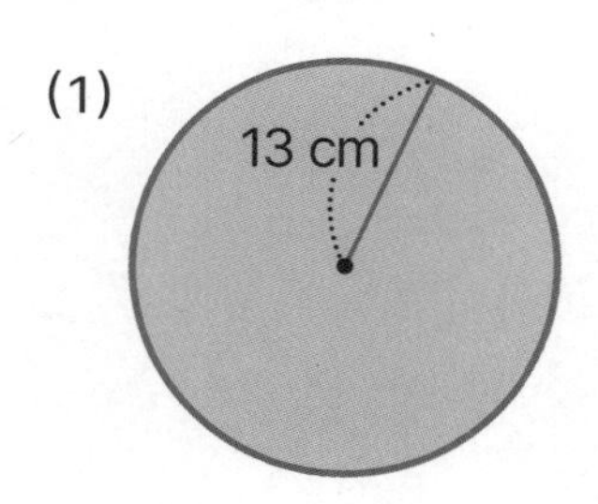

(원의 넓이) = □ × □ × 3.14

(2)

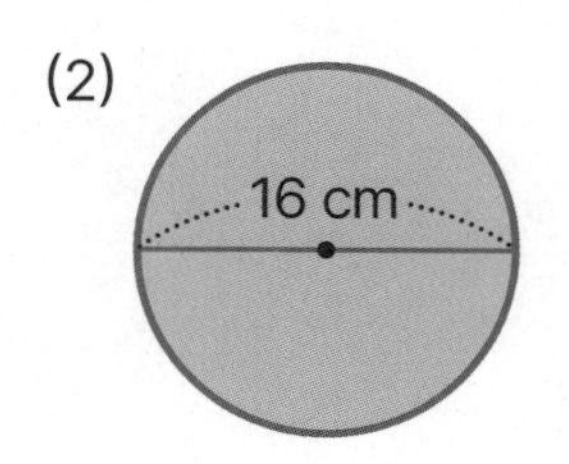

(원의 넓이) = □ × □ × 3.14

3 원주는 몇 cm인지 구하세요.

(1)

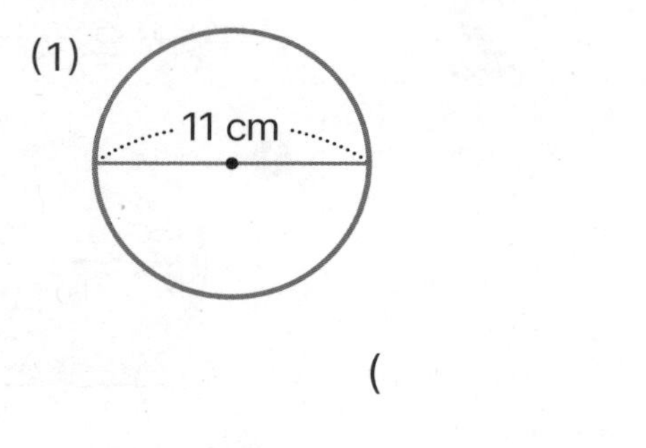

(　　　　　　　　)

(2)

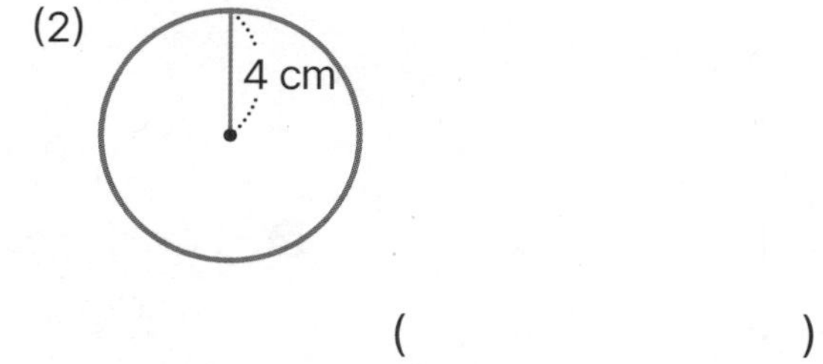

(　　　　　　　　)

4 원의 넓이는 몇 cm^2인지 구하세요.

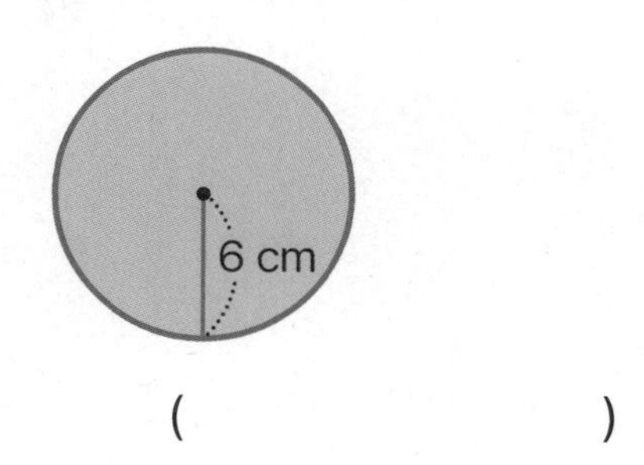

(　　　　　　　　)

5 반지름이 30 cm인 원의 원주는 몇 cm인지 구하세요.

(　　　　　　　　)

※ 원주율은 모두 3.14로 계산합니다.

6 원주가 47.1 cm일 때 □ 안에 알맞은 수를 구하세요.

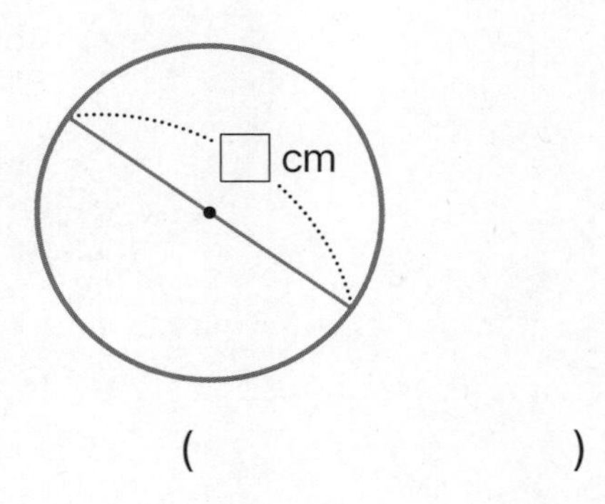

(　　　　　　　　)

7 원의 넓이가 78.5 cm^2일 때 □ 안에 알맞은 수를 구하세요.

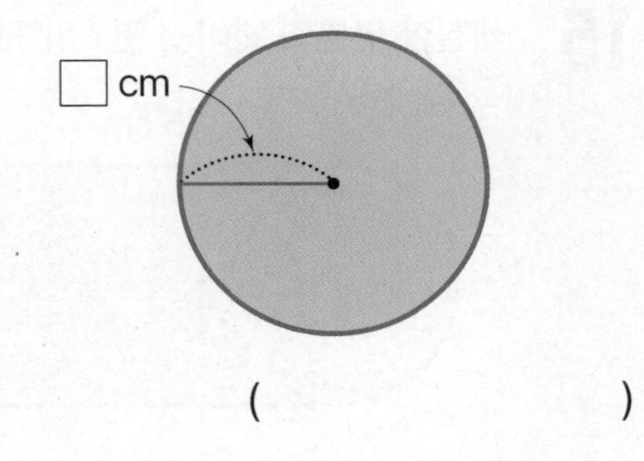

(　　　　　　　　)

8 반지름이 40 cm인 원의 넓이는 몇 cm^2인지 구하세요.

(　　　　　　　　)

9 원주가 12.56 cm일 때 □ 안에 알맞은 수를 구하세요.

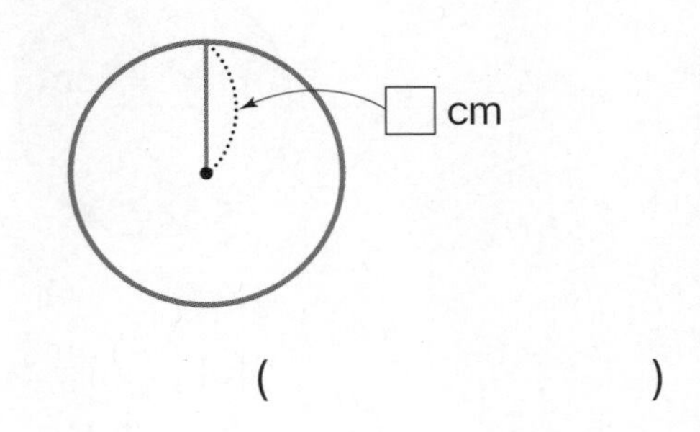

(　　　　　　　　)

10 원의 넓이가 다음과 같을 때 □ 안에 알맞은 수를 구하세요.

(1) 넓이: 28.26 cm^2

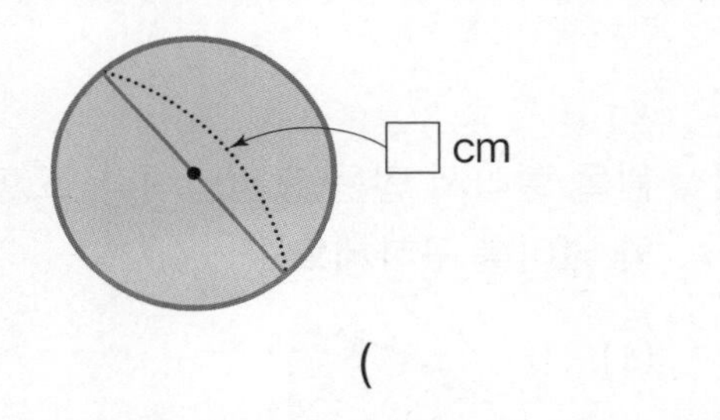

(　　　　　　　　)

(2) 넓이: 50.24 cm^2

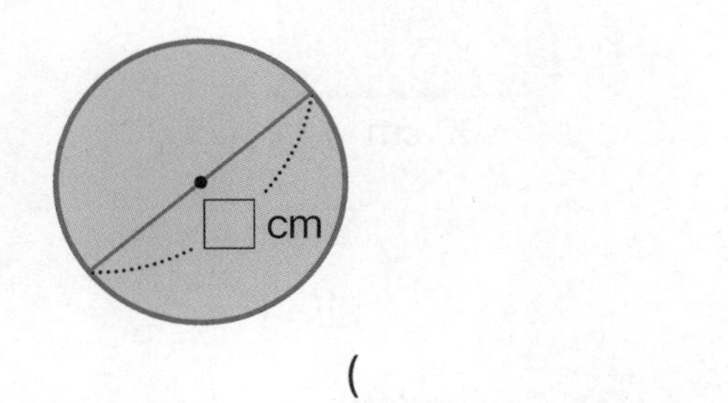

(　　　　　　　　)

11 지름이 20 cm인 원 모양의 쟁반이 있습니다. 이 쟁반의 넓이는 몇 cm^2인지 구하세요.

(　　　　　　　　)

공부한 날 /

12 원의 원주와 넓이를 구하세요.

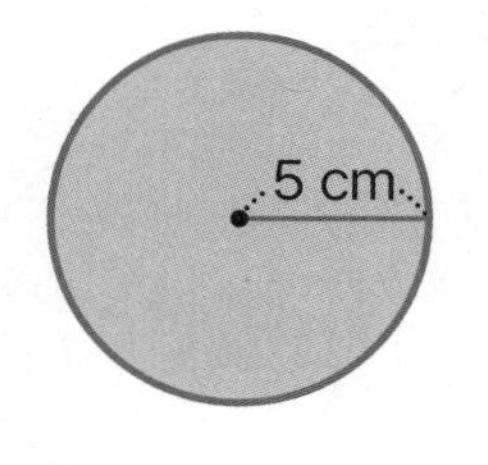

원주 ( )

넓이 ( )

13 원을 잘라서 만든 도형입니다. 도형의 둘레와 넓이를 구하세요.

(1)

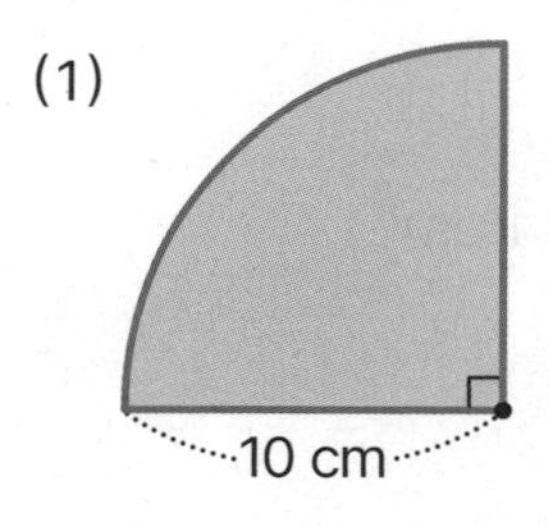

둘레 ( )

넓이 ( )

(2)

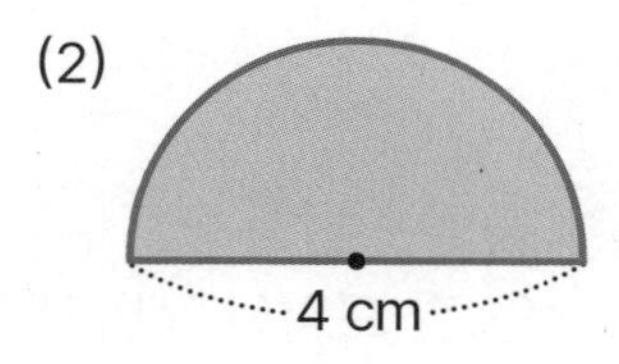

둘레 ( )

넓이 ( )

14 색칠한 부분의 둘레는 몇 cm인지 구하세요.

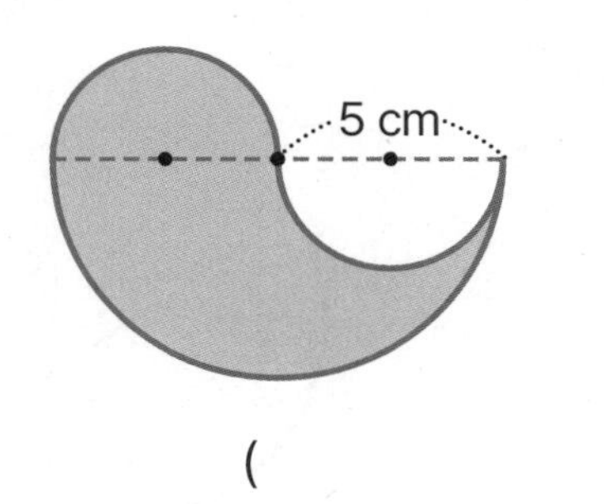

( )

15 색칠한 부분의 넓이는 몇 cm^2인지 구하세요.

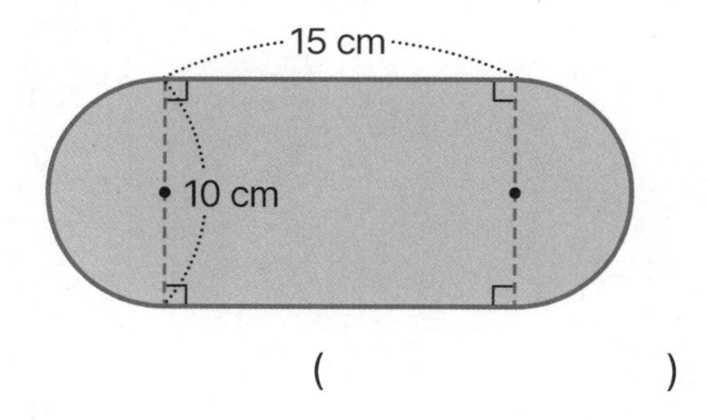

( )

memo

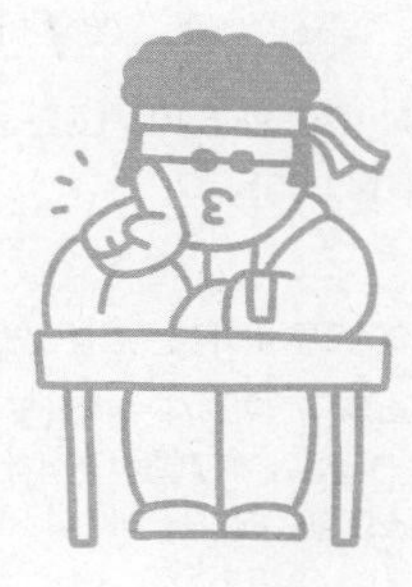

지은이 기적학습연구소

"혼자서 작은 산을 넘는 아이가 나중에 큰 산도 넘습니다"

본 연구소는 아이들이 혼자서 큰 산까지 넘을 수 있는 힘을 키워주고자 합니다.
아이들의 연령에 맞게 학습의 산을 작게 만들어 혼자서도 쉽게 넘을 수 있게 만듭니다.
때로는 작은 고난도 경험하게 하여 성취감도 맛보게 합니다.
그리고 아이들에게 실제로 적용해서 검증을 통해 차근차근 책을 만들어 갑니다.
아이가 주인공인 기적학습연구소 [수학과]의 대표적 저작물은 <기적의 계산법>, <기적의 계산법 응용UP>,
<기적의 문제해결법> 등이 있습니다.

공식이 쏙 외워지는 평면도형

초판 발행 2023년 12월 18일
초판 2쇄 발행 2024년 2월 27일

지은이 기적학습연구소
발행인 이종원
발행처 길벗스쿨
출판사 등록일 2006년 6월 16일
주소 서울시 마포구 월드컵로 10길 56(서교동 467-9)
대표 전화 02)332-0931　**팩스** 02)323-0586
홈페이지 www.gilbutschool.co.kr　**이메일** gilbut@gilbut.co.kr

기획 양민희(judy3097@gilbut.co.kr)　**책임 편집 및 진행** 이지훈
제작 이준호, 손일순, 이진혁　**영업마케팅** 문세연, 박선경, 박다슬　**웹마케팅** 박달님, 이재윤
영업관리 김명자, 정경화　**독자지원** 윤정아

표지 디자인 유어텍스트 배진웅　**본문 디자인** 퍼플페이퍼 정보라
본문 일러스트 김태형
인쇄 교보피앤비　**제본** 경문제책사

ISBN 979-11-6406-632-2 63410 (길벗스쿨 도서번호 10797)
정가 14,000원

앗!

본책의 정답과 풀이를 분실하셨나요?
길벗스쿨 홈페이지에 들어오시면 내려받으실 수 있습니다.
https://school.gilbut.co.kr/

공식이 쏙 외워지는 평면도형

정답과 풀이

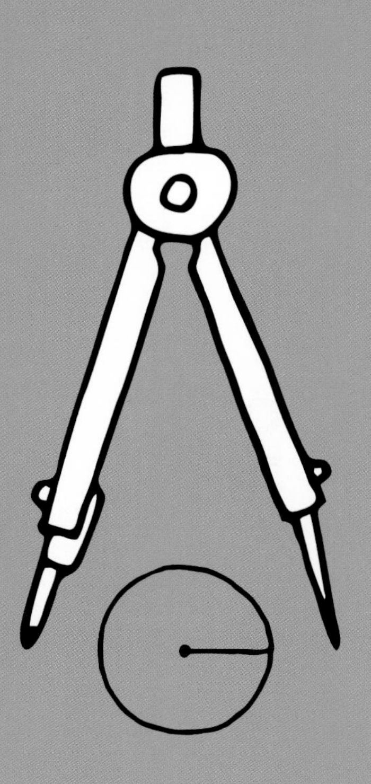

차례

1. 다각형의 둘레 2

2. 다각형의 넓이 9

3. 원의 둘레와 넓이 25

정답과 풀이

1. 다각형의 둘레

01강 둘레 10~13쪽

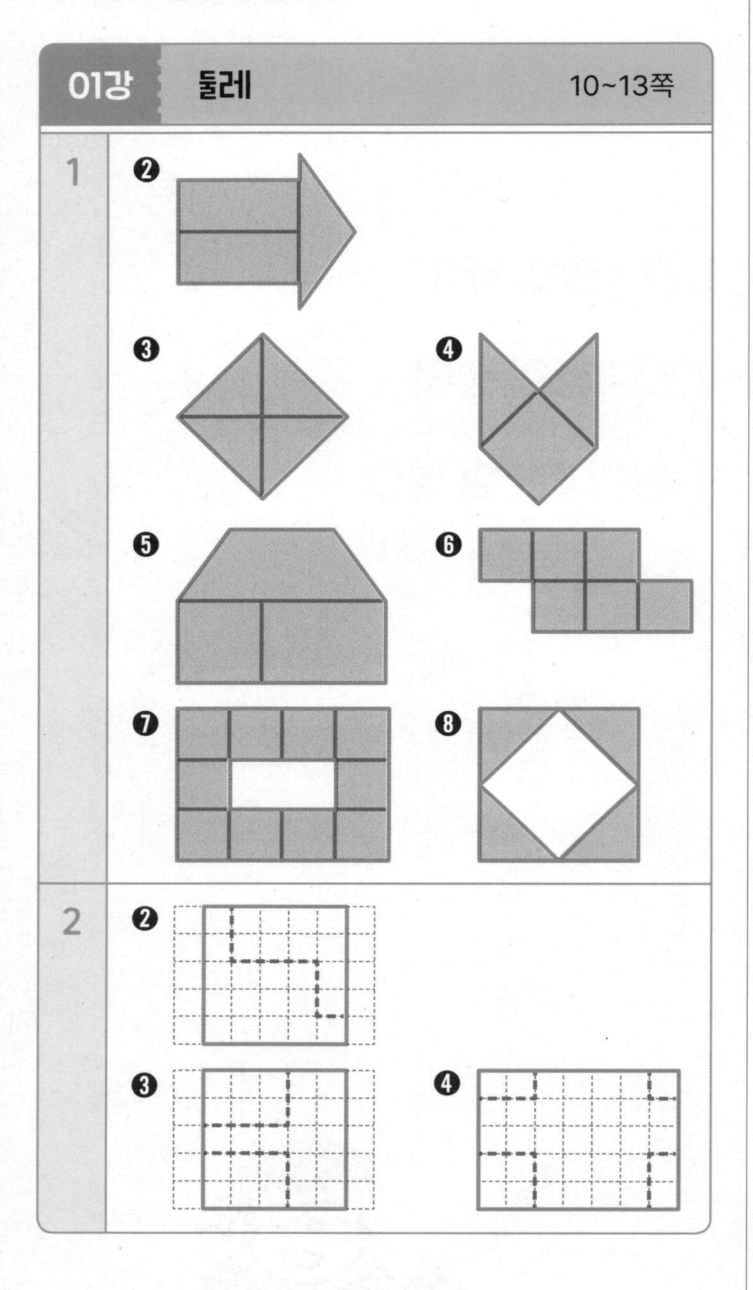

1 도형의 둘레는 가장자리를 한 바퀴 두른 길이를 나타냅니다. ❼번, ❽번처럼 도형 안이 비어 있으면 안쪽 둘레도 포함하여 나타냅니다.

2 변을 평행하게 옮겨서 직사각형으로 만듭니다.

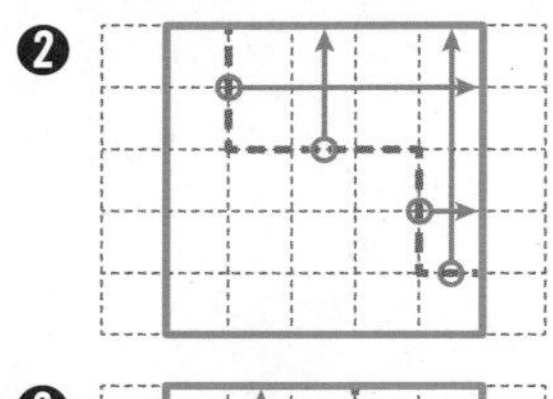

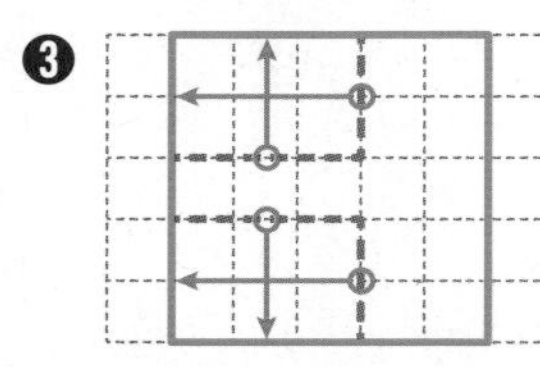

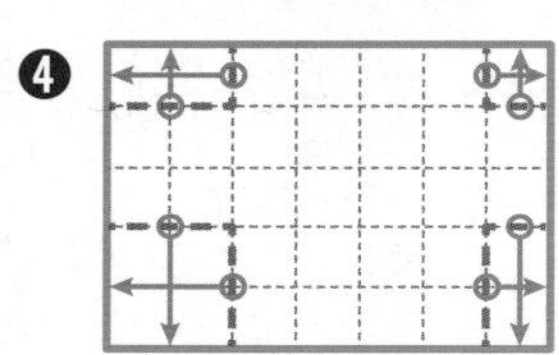

02강 정다각형의 둘레 14~19쪽

특강
- (같다), 다르다
- 2개, (★개)

3, 4, ★

1
❶ 20 cm	❷ 72 cm
❸ 49 cm	❹ 50 cm
❺ 36 cm	❻ 24 cm
❼ 60 cm	❽ 66 cm

2	❶ 5 ❷ 3 ❸ 12 ❹ 12 ❺ 8 ❻ 10 ❼ 7 ❽ 9
3	❶ 20 cm ❷ 18 cm ❸ 80 cm ❹ 24 cm ❺ 42 cm ❻ 12 cm
4	❶ 6개 ❷ 10개 ❸ 7개 ❹ 4개 ❺ 5개 ❻ 9개

1

❶ 5×4=20 (cm) ❷ 9×8=72 (cm)
❸ 7×7=49 (cm) ❹ 10×5=50 (cm)
❺ 4×9=36 (cm) ❻ 8×3=24 (cm)
❼ 6×10=60 (cm) ❽ 11×6=66 (cm)

2

❶ □×3=15 ⇨ □=15÷3=5
❷ □×8=24 ⇨ □=24÷8=3
❸ □×5=60 ⇨ □=60÷5=12
❹ □×4=48 ⇨ □=48÷4=12
❺ □×6=48 ⇨ □=48÷6=8
❻ □×12=120 ⇨ □=120÷12=10
❼ □×9=63 ⇨ □=63÷9=7
❽ □×6=54 ⇨ □=54÷6=9

3

❶ 4×5=20 (cm) ❷ 6×3=18 (cm)
❸ 10×8=80 (cm) ❹ 2×12=24 (cm)
❺ 7×6=42 (cm) ❻ 3×4=12 (cm)

4

정다각형의 변의 수를 □개라고 하여 식을 세웁니다.
❶ 5×□=30 ⇨ □=30÷5=6
❷ 4×□=40 ⇨ □=40÷4=10
❸ 3×□=21 ⇨ □=21÷3=7
❹ 11×□=44 ⇨ □=44÷11=4
❺ 6×□=30 ⇨ □=30÷6=5
❻ 8×□=72 ⇨ □=72÷8=9

03강 삼각형의 둘레 20~25쪽

특강 (20쪽)	• (맞다), 아니다 • 1개, 2개, (3개) 3, 3, 3
(21쪽)	• 2 2, 2, 2
1	❶ 24 cm ❷ 15 cm ❸ 33 cm ❹ 12 cm
2	❶ 10 ❷ 6 ❸ 7 ❹ 12
3	❶ 11 cm ❷ 26 cm ❸ 14 cm ❹ 30 cm ❺ 33 cm ❻ 17 cm ❼ 21 cm ❽ 37 cm
4	❶ 5 ❷ (위에서부터) 4, 7 ❸ (위에서부터) 11, 7 ❹ 9 ❺ 12 ❻ 7 ❼ 14
5	❶ 6, 6 ❷ 5, 5 ❸ 10, 10 ❹ 8 ❺ 11 ❻ 5 ❼ 8

1

❶ (정삼각형의 둘레)=8×3=24 (cm)
❷ (정삼각형의 둘레)=5×3=15 (cm)
❸ (정삼각형의 둘레)=11×3=33 (cm)
❹ (정삼각형의 둘레)=4×3=12 (cm)

2

❶ □=30÷3=10
❷ □=18÷3=6
❸ □=21÷3=7
❹ □=36÷3=12

3

❶ (이등변삼각형의 둘레)=3+3+5=11 (cm)

❷ (이등변삼각형의 둘레)=7+7+12=26 (cm)

❸ (이등변삼각형의 둘레)=4+4+6=14 (cm)

❹ (이등변삼각형의 둘레)=11+11+8=30 (cm)

❺ (이등변삼각형의 둘레)=10+10+13=33 (cm)

❻ (이등변삼각형의 둘레)=5+5+7=17 (cm)

❼ (이등변삼각형의 둘레)=8+8+5=21 (cm)

❽ (이등변삼각형의 둘레)=11+11+15=37 (cm)

다른풀이

이등변삼각형의 둘레 공식을 이용하여 구할 수도 있어요.

❶ (이등변삼각형의 둘레)=3×2+5=11 (cm)

4

❷ 두 변의 길이가 4 cm로 같은 이등변삼각형이므로
(나머지 한 변의 길이)=15-4-4=7 (cm)

❸ 두 변의 길이가 11 cm로 같은 이등변삼각형이므로
(나머지 한 변의 길이)=29-11-11=7 (cm)

❹ 두 변의 길이가 6 cm로 같은 이등변삼각형이므로
(나머지 한 변의 길이)=21-6-6=9 (cm)

❺ 두 변의 길이가 9 cm로 같은 이등변삼각형이므로
(나머지 한 변의 길이)=30-9-9=12 (cm)

❻ 두 변의 길이가 8 cm로 같은 이등변삼각형이므로
(나머지 한 변의 길이)=23-8-8=7 (cm)

❼ 두 변의 길이가 10 cm로 같은 이등변삼각형이므로
(나머지 한 변의 길이)=34-10-10=14 (cm)

5

❷ 두 변의 길이가 □ cm로 같은 이등변삼각형이므로
□+□+5=15, □×2=10, □=5

❸ 두 변의 길이가 □ cm로 같은 이등변삼각형이므로
□+□+11=31, □×2=20, □=10

❹ 두 변의 길이가 □ cm로 같은 이등변삼각형이므로
□+□+10=26, □×2=16, □=8

❺ 두 변의 길이가 □ cm로 같은 이등변삼각형이므로
□+□+13=35, □×2=22, □=11

❻ 두 변의 길이가 □ cm로 같은 이등변삼각형이므로
□+□+9=19, □×2=10, □=5

❼ 두 변의 길이가 □ cm로 같은 이등변삼각형이므로
□+□+15=31, □×2=16, □=8

04강 사각형의 둘레 26~31쪽

특강 (26쪽)	• (같다), 다르다 • 세로 2, 2
(27쪽)	• (같다), 다르다 4, 4
1	❶ 22 cm ❷ 40 cm ❸ 24 cm ❹ 34 cm ❺ 48 cm ❻ 60 cm ❼ 24 cm ❽ 40 cm
2	❶ 16 cm ❷ 32 cm ❸ 34 cm ❹ 20 cm ❺ 36 cm ❻ 48 cm ❼ 50 cm ❽ 36 cm
3	❶ 28 cm ❷ 38 cm ❸ 36 cm
4	❶ 5 ❷ 9 ❸ 4 ❹ 22
5	❶ 4 ❷ 9 ❸ 10 ❹ 7 ❺ 8 ❻ 12 ❼ 16

1

❶ (직사각형의 둘레)=(6+5)×2=22 (cm)

❷ (직사각형의 둘레)=(8+12)×2=40 (cm)

❸ (직사각형의 둘레)=(8+4)×2=24 (cm)

❹ (직사각형의 둘레)=(10+7)×2=34 (cm)

❺ (직사각형의 둘레)=(9+15)×2=48 (cm)

❻ (직사각형의 둘레)=(18+12)×2=60 (cm)

❼ (정사각형의 둘레)=6×4=24 (cm)

❽ (정사각형의 둘레)=10×4=40 (cm)

2

❶ (평행사변형의 둘레)=(5+3)×2=16 (cm)

❷ (마름모의 둘레)=8×4=32 (cm)

❸ (평행사변형의 둘레)=(9+8)×2=34 (cm)

❹ (마름모의 둘레)=5×4=20 (cm)

❺ (평행사변형의 둘레)=(10+8)×2=36 (cm)

❻ (마름모의 둘레)=12×4=48 (cm)

❼ (평행사변형의 둘레)=(15+10)×2=50 (cm)

❽ (마름모의 둘레)=9×4=36 (cm)

3

❶ (마름모의 둘레)=7×4=28 (cm)

❷ (직사각형의 둘레)=(8+11)×2=38 (cm)

❸ (평행사변형의 둘레)=(12+6)×2=36 (cm)

4

❶ □=20÷4=5

❷ □=36÷4=9

❸ □=16÷4=4

❹ □=88÷4=22

5

❷ (5+□)×2=28이므로 5+□=14, □=9

❸ (□+6)×2=32이므로 □+6=16, □=10

❹ (13+□)×2=40이므로 13+□=20, □=7

❺ (□+10)×2=36이므로 □+10=18, □=8

❻ (9+□)×2=42이므로 9+□=21, □=12

❼ (□+11)×2=54이므로 □+11=27, □=16

05강 직각으로 이루어진 도형의 둘레 32~35쪽

대표 문제 1	❶ 6, 4 ❷ 10, 46	답 46 cm
1	❶ 46 cm ❸ 36 cm ❺ 54 cm	❷ 42 cm ❹ 34 cm ❻ 60 cm

1

❶

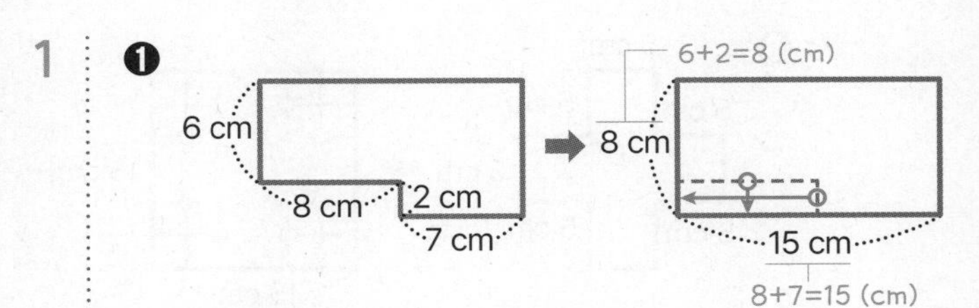

(도형의 둘레)=(직사각형의 둘레)
=(15+8)×2=46 (cm)

❷

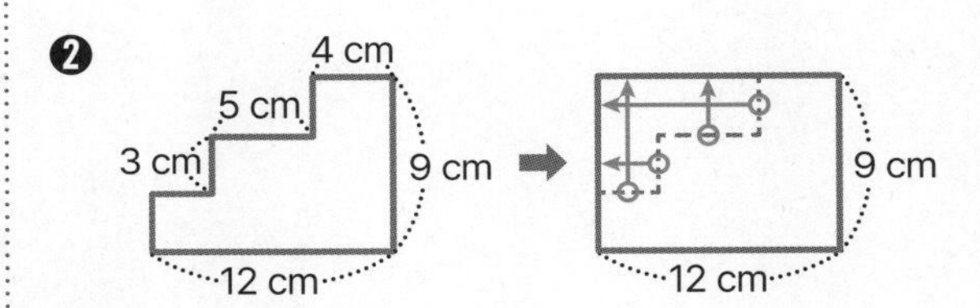

(도형의 둘레)=(직사각형의 둘레)
=(12+9)×2=42 (cm)

❸

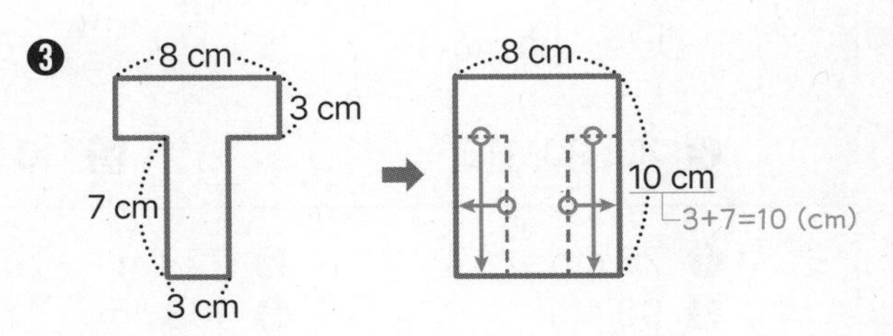

(도형의 둘레)=(직사각형의 둘레)
=(8+10)×2=36 (cm)

❹

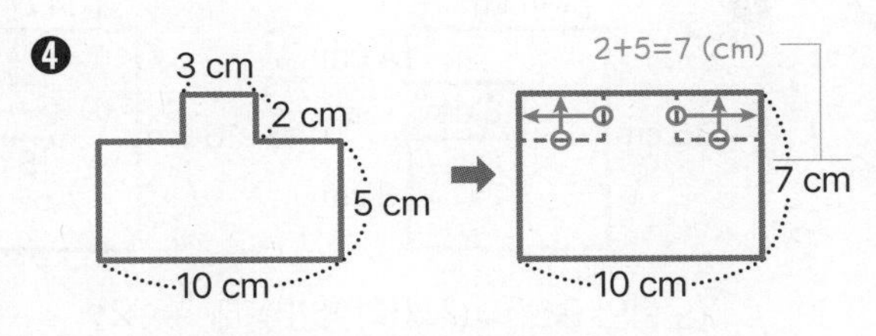

(도형의 둘레)=(직사각형의 둘레)
=(10+7)×2=34 (cm)

❺

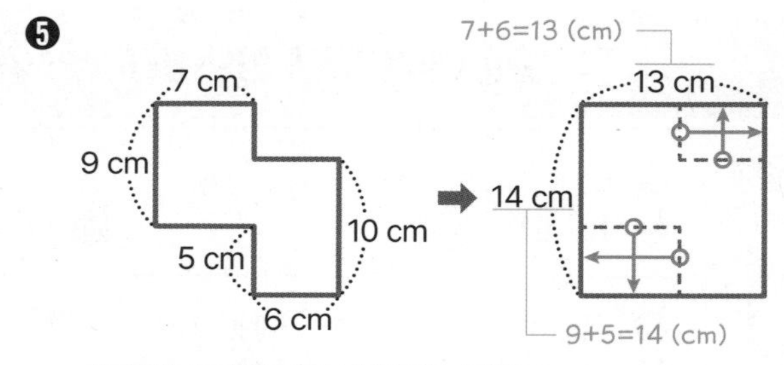

(도형의 둘레)=(직사각형의 둘레)
=(13+14)×2=54 (cm)

❻

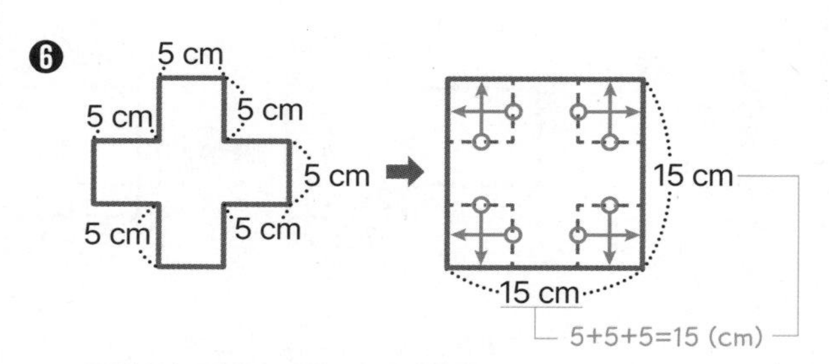

(도형의 둘레)=(정사각형의 둘레)
=15×4=60 (cm)

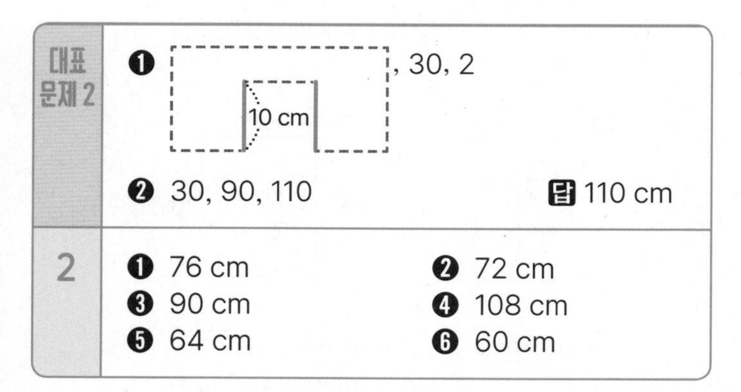

대표 문제 2	❶ (그림), 30, 2 ❷ 30, 90, 110 답 110 cm
2	❶ 76 cm ❷ 72 cm ❸ 90 cm ❹ 108 cm ❺ 64 cm ❻ 60 cm

2 ❶

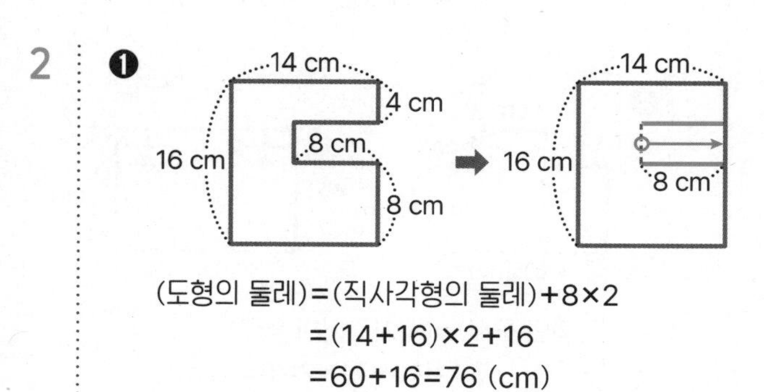

(도형의 둘레)=(직사각형의 둘레)+8×2
=(14+16)×2+16
=60+16=76 (cm)

❷

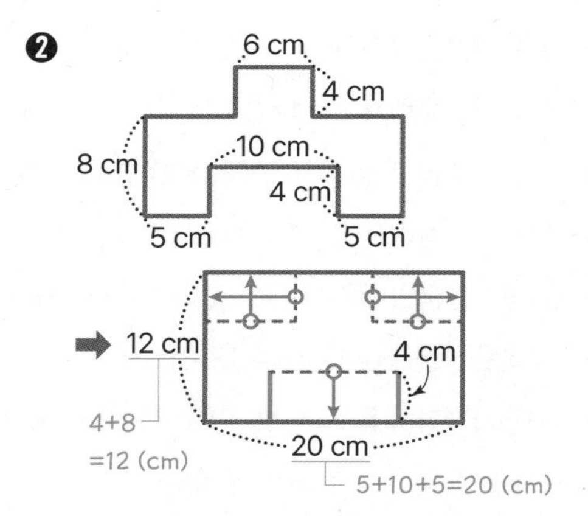

(도형의 둘레)=(직사각형의 둘레)+4×2
=(20+12)×2+8
=64+8=72 (cm)

❸

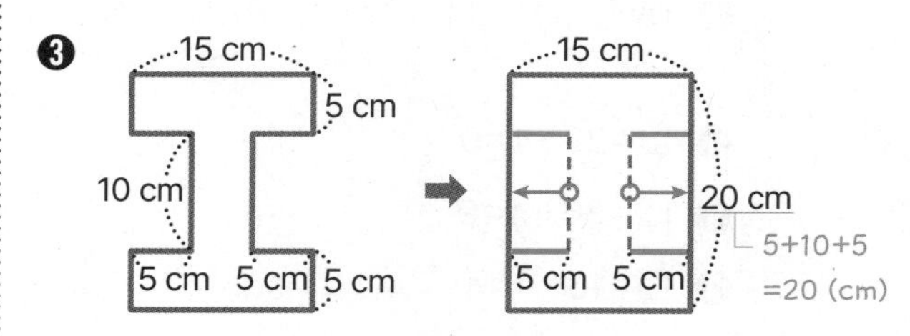

(도형의 둘레)=(직사각형의 둘레)+5×4
=(15+20)×2+20
=70+20=90 (cm)

❹

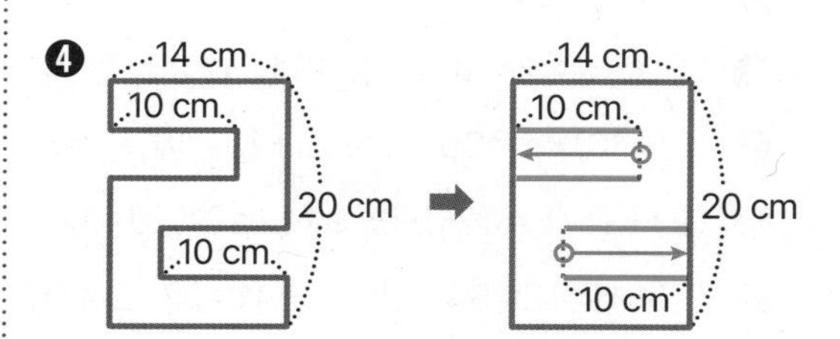

(도형의 둘레)=(직사각형의 둘레)+10×4
=(14+20)×2+40
=68+40=108 (cm)

❺

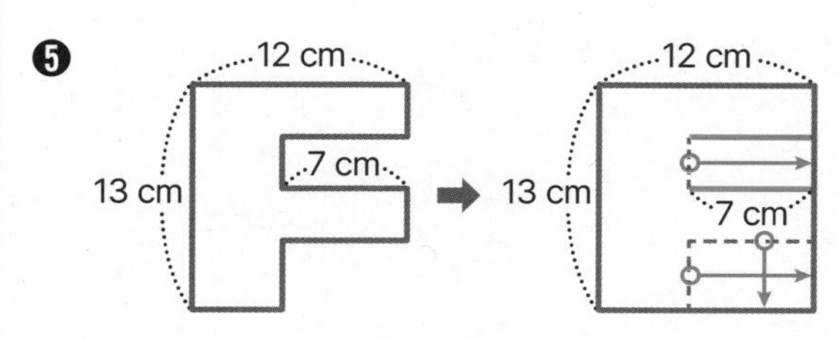

(도형의 둘레)=(직사각형의 둘레)+7×2
=(12+13)×2+14
=50+14=64 (cm)

❻

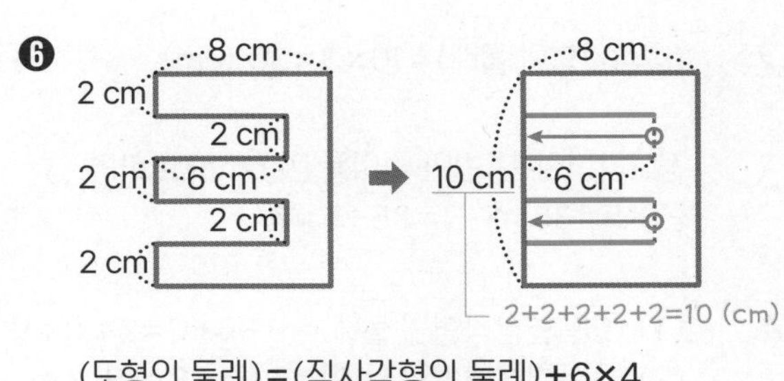

(도형의 둘레)=(직사각형의 둘레)+6×4
=(8+10)×2+24
=36+24=60 (cm)

06강 정다각형으로 만든 도형의 둘레 36~39쪽

대표 문제 1

❶ 3 cm , 11

❷ 11, 33 답 33 cm

1

❶ 40 cm ❷ 60 cm
❸ 60 cm ❹ 36 cm
❺ 28 cm ❻ 48 cm

1

❶ 도형의 둘레에는 정삼각형의 한 변이 8개 있습니다.
⇨ (도형의 둘레)=5×8=40 (cm)

❷ 도형의 둘레에는 정삼각형의 한 변이 6개 있습니다.
⇨ (도형의 둘레)=10×6=60 (cm)

❸ 도형의 둘레에는 정사각형의 한 변이 10개 있습니다.
⇨ (도형의 둘레)=6×10=60 (cm)

❹ 도형의 둘레에는 정사각형의 한 변이 12개 있습니다.
⇨ (도형의 둘레)=3×12=36 (cm)

❺ 도형의 둘레에는 정오각형의 한 변이 14개 있습니다.
⇨ (도형의 둘레)=2×14=28 (cm)

❻ 도형의 둘레에는 정육각형의 한 변이 12개 있습니다.
⇨ (도형의 둘레)=4×12=48 (cm)

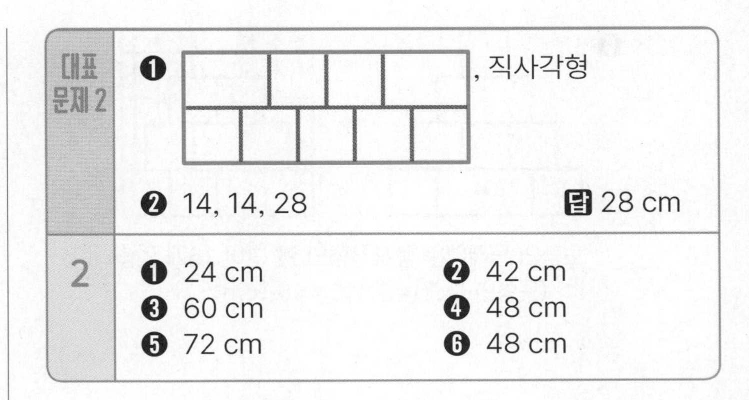

대표 문제 2

❶ , 직사각형

❷ 14, 14, 28 답 28 cm

2

❶ 24 cm ❷ 42 cm
❸ 60 cm ❹ 48 cm
❺ 72 cm ❻ 48 cm

2 변을 평행하게 옮겨서 직사각형으로 만듭니다.

❶

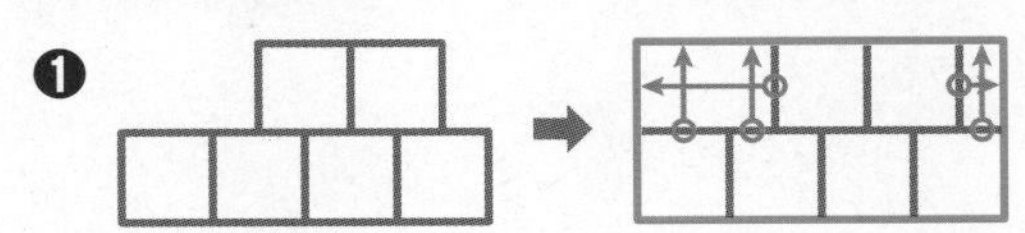

도형의 둘레에는 정사각형의 한 변이 12개 있습니다.
⇨ (도형의 둘레)=2×12=24 (cm)

❷

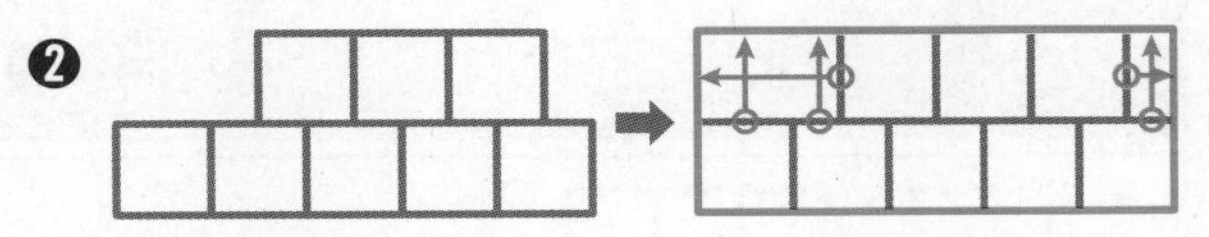

도형의 둘레에는 정사각형의 한 변이 14개 있습니다.
⇨ (도형의 둘레)=3×14=42 (cm)

❸

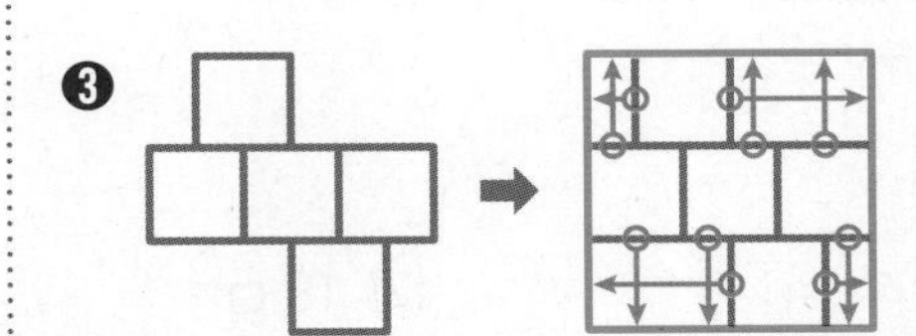

도형의 둘레에는 정사각형의 한 변이 12개 있습니다.
⇨ (도형의 둘레)=5×12=60 (cm)

❹

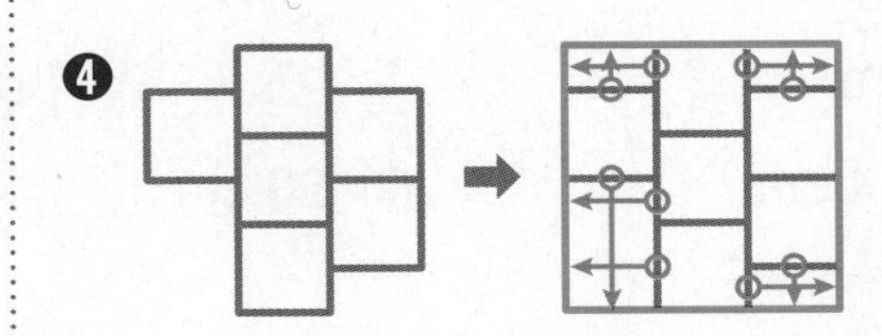

도형의 둘레에는 정사각형의 한 변이 12개 있습니다.
⇨ (도형의 둘레)=4×12=48 (cm)

❺

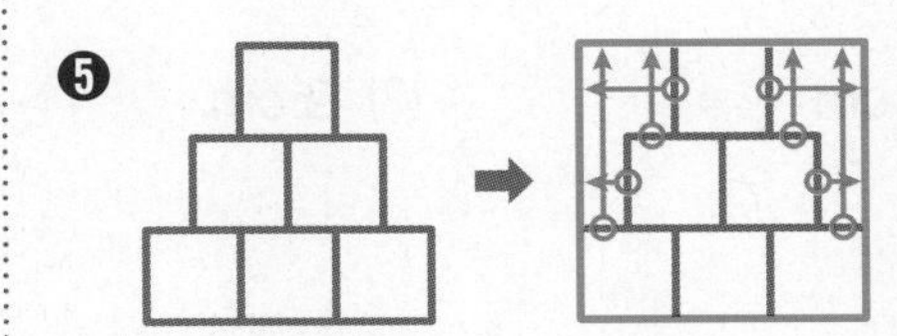

도형의 둘레에는 정사각형의 한 변이 12개 있습니다.
⇨ (도형의 둘레)=6×12=72 (cm)

❻

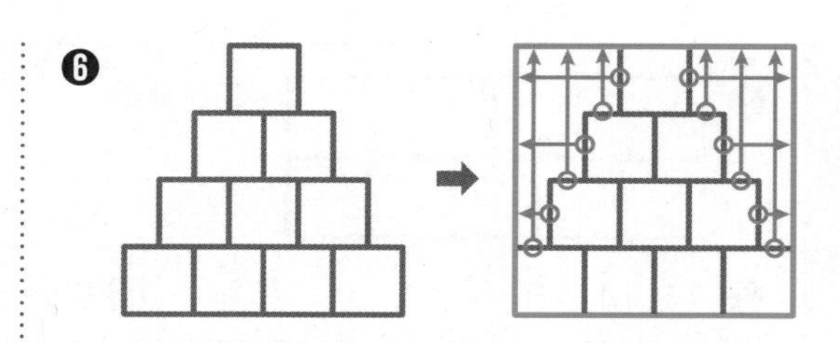

도형의 둘레에는 정사각형의 한 변이 16개 있습니다.
⇨ (도형의 둘레)=3×16=48 (cm)

07강 평가 40~42쪽

1		
2	30 cm	
3	7 cm	
4	(1) 24 cm	(2) 18 cm
5	6	
6	36 cm	
7	40 cm	
8	(1) 24 cm	(2) 60 cm
9	15	
10	(1) 20	(2) 10
11	22 cm	
12	(1) 2 cm	(2) 9 cm
13	7 cm	
14	24 cm	
15	52 cm	

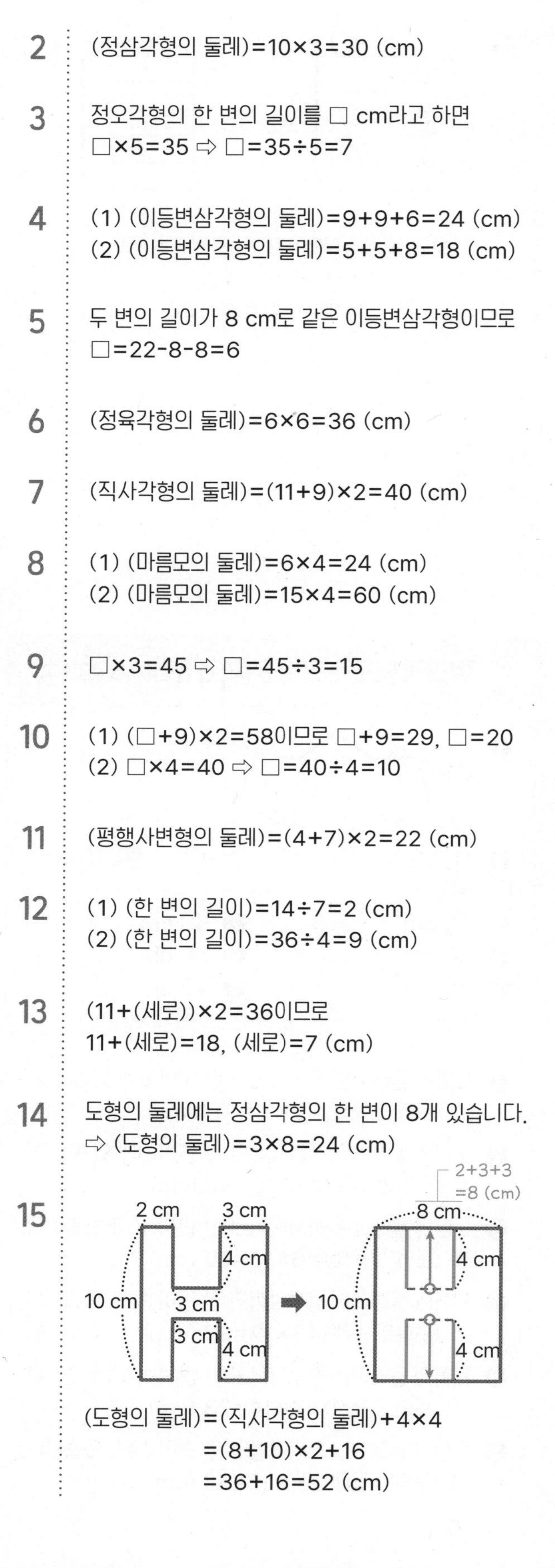

2 (정삼각형의 둘레)=10×3=30 (cm)

3 정오각형의 한 변의 길이를 □ cm라고 하면
□×5=35 ⇨ □=35÷5=7

4 (1) (이등변삼각형의 둘레)=9+9+6=24 (cm)
(2) (이등변삼각형의 둘레)=5+5+8=18 (cm)

5 두 변의 길이가 8 cm로 같은 이등변삼각형이므로
□=22-8-8=6

6 (정육각형의 둘레)=6×6=36 (cm)

7 (직사각형의 둘레)=(11+9)×2=40 (cm)

8 (1) (마름모의 둘레)=6×4=24 (cm)
(2) (마름모의 둘레)=15×4=60 (cm)

9 □×3=45 ⇨ □=45÷3=15

10 (1) (□+9)×2=58이므로 □+9=29, □=20
(2) □×4=40 ⇨ □=40÷4=10

11 (평행사변형의 둘레)=(4+7)×2=22 (cm)

12 (1) (한 변의 길이)=14÷7=2 (cm)
(2) (한 변의 길이)=36÷4=9 (cm)

13 (11+(세로))×2=36이므로
11+(세로)=18, (세로)=7 (cm)

14 도형의 둘레에는 정삼각형의 한 변이 8개 있습니다.
⇨ (도형의 둘레)=3×8=24 (cm)

15

(도형의 둘레)=(직사각형의 둘레)+4×4
=(8+10)×2+16
=36+16=52 (cm)

2. 다각형의 넓이

08강	넓이와 단위	44~47쪽
1	❶ 5, 5 ❸ 6 cm^2 ❺ 7 cm^2 ❼ 7 cm^2	❷ 6 cm^2 ❹ 10 cm^2 ❻ 8 cm^2 ❽ 8 cm^2
2	❶ 27 cm^2 ❸ 44 cm^2 ❹ 36 cm^2	❷ 20 cm^2 ❺ 26 cm^2

1 ❷ 1 cm^2가 6개 ⇨ 6 cm^2

❸ 1 cm^2가 6개 ⇨ 6 cm^2

❹ 1 cm^2가 10개 ⇨ 10 cm^2

❺ 1 cm^2가 7개 ⇨ 7 cm^2

❻ 1 cm^2가 8개 ⇨ 8 cm^2

❼ 1 cm^2가 7개 ⇨ 7 cm^2

❽ 1 cm^2가 8개 ⇨ 8 cm^2

2 ❶

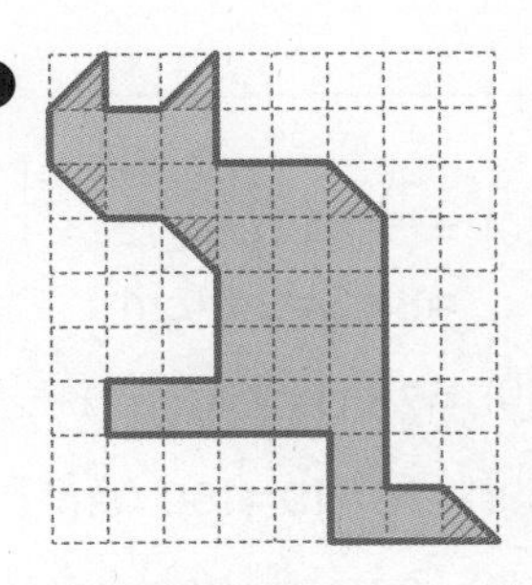

가 6개이므로 3 cm^2

⇨ 1 cm^2가 모두 24+3=27(개)이므로 (색칠한 부분의 넓이)=27 cm^2

❷

가 6개이므로 3 cm^2

⇨ 1 cm^2가 모두 17+3=20(개)이므로 (색칠한 부분의 넓이)=20 cm^2

❸

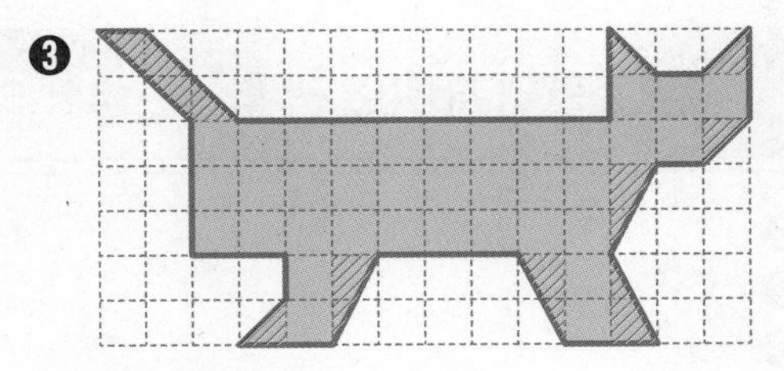

가 8개이므로 4 cm^2,

가 4개이므로 4 cm^2

⇨ 1 cm^2가 모두 36+4+4=44(개)이므로 (색칠한 부분의 넓이)=44 cm^2

❹

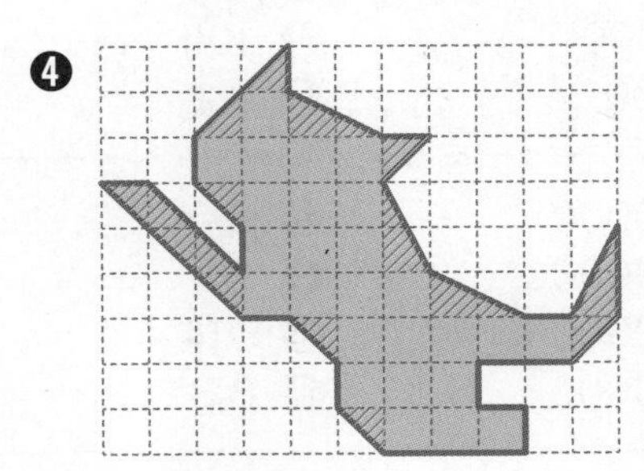

가 12개이므로 6 cm^2,

가 4개이므로 4 cm^2

⇨ 1 cm^2가 모두 26+6+4=36(개)이므로 (색칠한 부분의 넓이)=36 cm^2

❺

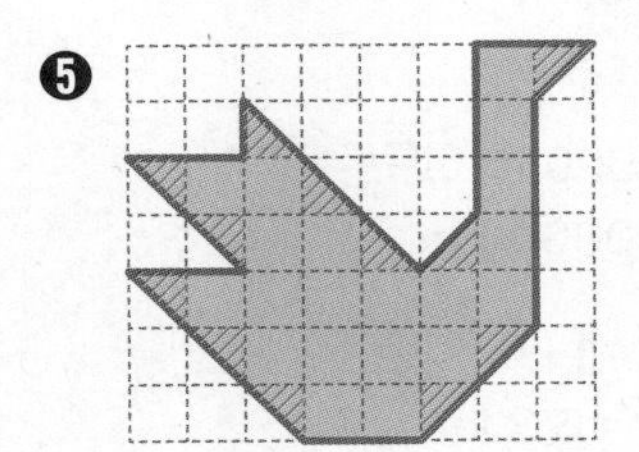

가 12개이므로 6 cm^2

⇨ 1 cm^2가 모두 20+6=26(개)이므로 (색칠한 부분의 넓이)=26 cm^2

09강 넓이 단위 사이의 관계 48~51쪽

1	❶ m^2 ❷ cm^2 ❸ km^2 ❹ m^2 ❺ km^2
2	❶ 70000 ❷ 5 ❸ 100000 ❹ 80 ❺ 740000 ❻ 105 ❼ 26000 ❽ 9.1
3	❶ 2000000 ❷ 3 ❸ 90000000 ❹ 70 ❺ 85000000 ❻ 514 ❼ 4900000 ❽ 6.3

2 ❼ $1\ m^2=10000\ cm^2$이므로
$2.6\ m^2=26000\ cm^2$

❽ $10000\ cm^2=1\ m^2$이므로
$91000\ cm^2=9.1\ m^2$

3 ❼ $1\ km^2=1000000\ m^2$이므로
$4.9\ km^2=4900000\ m^2$

❽ $1000000\ m^2=1\ km^2$이므로
$6300000\ m^2=6.3\ km^2$

10강 직사각형의 넓이 52~57쪽

특강	개수
1	❶ $24\ cm^2$ ❷ $77\ cm^2$ ❸ $160\ cm^2$ ❹ $200\ cm^2$ ❺ $117\ cm^2$ ❻ $96\ cm^2$ ❼ $49\ cm^2$ ❽ $121\ cm^2$
2	❶ 8 ❷ 7 ❸ 11 ❹ 4 ❺ 6 ❻ 8 ❼ 9 ❽ 20
3	❶ 8 ❷ 5 ❸ 9 ❹ 7 ❺ 10 ❻ 12 ❼ 20
4	❶ $42\ cm^2$ ❷ $40\ cm^2$ ❸ $100\ cm^2$ ❹ $4\ m^2$ ❺ $63\ km^2$ ❻ $30\ m^2$

1 ❶ (직사각형의 넓이)=(가로)×(세로)
=8×3=24 (cm^2)

❷ (직사각형의 넓이)=7×11=77 (cm^2)

❸ (직사각형의 넓이)=16×10=160 (cm^2)

❹ (직사각형의 넓이)=20×10=200 (cm^2)

❺ (직사각형의 넓이)=9×13=117 (cm^2)

❻ (직사각형의 넓이)=8×12=96 (cm^2)

❼ (정사각형의 넓이)
=(한 변의 길이)×(한 변의 길이)
=7×7=49 (cm^2)

❽ (정사각형의 넓이)=11×11=121 (cm^2)

2

❶ (세로)=(직사각형의 넓이)÷(가로)이므로
□=56÷7=8

❷ (가로)=(직사각형의 넓이)÷(세로)이므로
□=35÷5=7

❸ □=88÷8=11

❹ □=48÷12=4

❺ □=60÷10=6

❻ □=72÷9=8

❼ □=135÷15=9

❽ □=100÷5=20

3

❶ □×□=64이고 8×8=64이므로 □=8

❷ □×□=25이고 5×5=25이므로 □=5

❸ □×□=81이고 9×9=81이므로 □=9

❹ □×□=49이고 7×7=49이므로 □=7

❺ □×□=100이고 10×10=100이므로 □=10

❻ □×□=144이고 12×12=144이므로 □=12

❼ □×□=400이고 20×20=400이므로 □=20

4

❶ (직사각형의 넓이)=7×6=42 (cm^2)

❷ (직사각형의 넓이)=5×8=40 (cm^2)

❸ (정사각형의 넓이)=10×10=100 (cm^2)

❹ (정사각형의 넓이)=2×2=4 (m^2)

❺ (직사각형의 넓이)=9×7=63 (km^2)

❻ 1000 cm=10 m이므로
(직사각형의 넓이)=10×3=30 (m^2)

11강 평행사변형의 넓이 58~63쪽

특강 세로, 높이

1

❷ 예

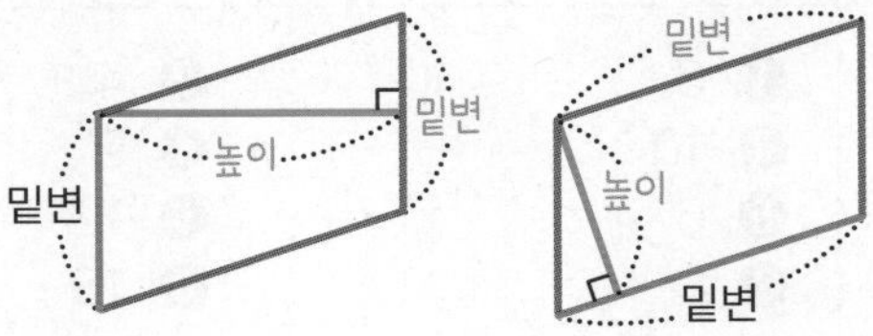

밑변, 높이, 밑변 / 밑변, 높이, 밑변

❸ 예

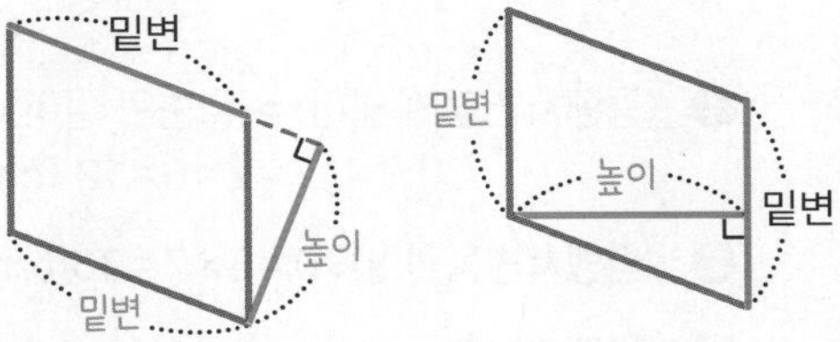

밑변, 높이, 밑변 / 밑변, 높이, 밑변

❹ 예

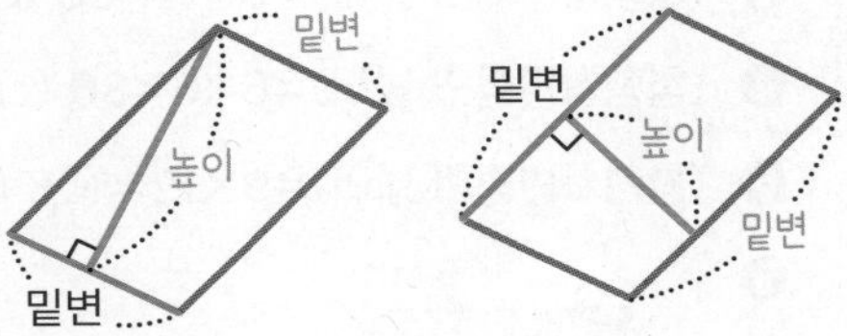

밑변, 높이, 밑변 / 밑변, 높이, 밑변

2

❶ 예 1 cm^2 →, 12 cm^2

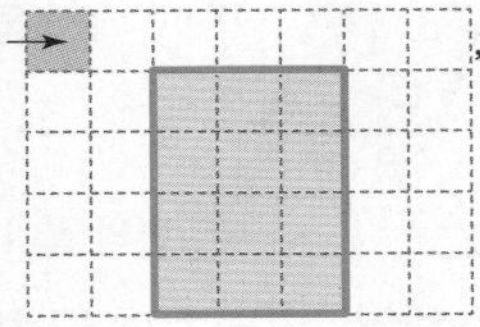

❷ 예 1 cm^2 →, 16 cm^2

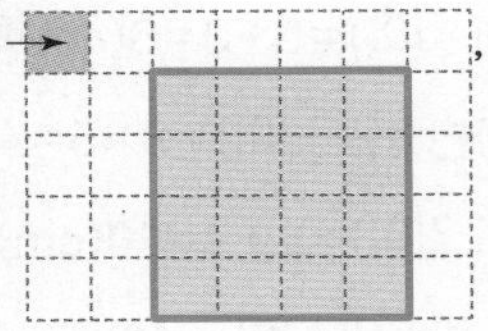

❸ 예 1 cm^2 →, 15 cm^2

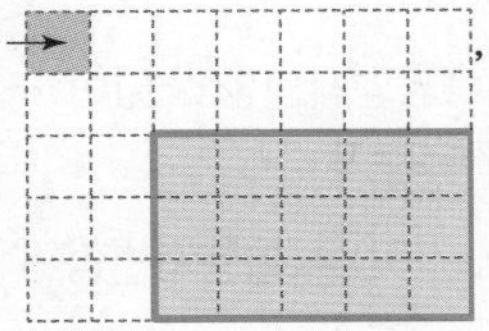

❹ 예 1 cm^2 →, 24 cm^2

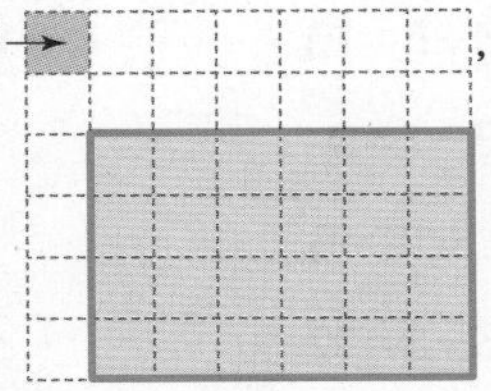

3	❶ 12 cm^2	❷ 35 cm^2
	❸ 88 cm^2	❹ 36 cm^2
	❺ 108 cm^2	❻ 96 cm^2
	❼ 40 cm^2	❽ 70 cm^2
4	❶ 8	❷ 4
	❸ 10	❹ 9
	❺ 6	❻ 12
	❼ 8	❽ 15

3

❶ (평행사변형의 넓이)=(밑변의 길이)×(높이)
=2×6=12 (cm^2)

❷ (평행사변형의 넓이)=5×7=35 (cm^2)

❸ (평행사변형의 넓이)=8×11=88 (cm^2)

❹ (평행사변형의 넓이)=6×6=36 (cm^2)

❺ (평행사변형의 넓이)=9×12=108 (cm^2)

❻

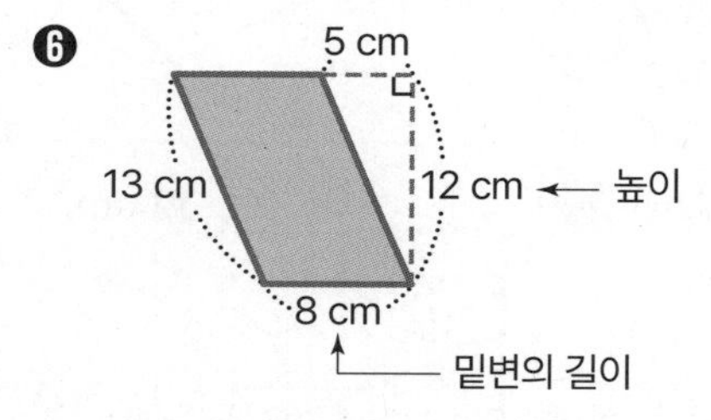

(평행사변형의 넓이)=8×12=96 (cm^2)

❼ (밑변의 길이)=5+3=8(cm)이므로
(평행사변형의 넓이)=8×5=40 (cm^2)

❽ (밑변의 길이)=6+4=10(cm)이므로
(평행사변형의 넓이)=10×7=70 (cm^2)

4

❶ (높이)=(평행사변형의 넓이)÷(밑변의 길이)이므로
□=72÷9=8

❷ (밑변의 길이)=(평행사변형의 넓이)÷(높이)이므로
□=32÷8=4

❸ □=50÷5=10

❹ □=63÷7=9

❺ □=72÷12=6

❻ □=96÷8=12

❼ □=104÷13=8

❽ □=225÷15=15

12강 삼각형의 넓이 64~69쪽

특강	2, 2
1	❶ 예 (밑변, 높이 표시 그림) ❷ 예 ❸ 예 ❹ 예
2	❶ 예 1 cm^2, 8 cm^2 ❷ 예 1 cm^2, 6 cm^2 ❸ 예 1 cm^2, 10 cm^2 ❹ 예 1 cm^2, 9 cm^2

3	❶ 16 cm^2	❷ 50 cm^2
	❸ 81 cm^2	❹ 56 cm^2
	❺ 36 cm^2	❻ 12 cm^2
	❼ 30 cm^2	❽ 42 cm^2
4	❶ 5	❷ 7
	❸ 6	❹ 12
	❺ 8	❻ 8
	❼ 5	❽ 9

2 ❶ (삼각형의 넓이)=(평행사변형의 넓이)÷2
=4×4÷2=8 (cm^2)

❷ (삼각형의 넓이)=(평행사변형의 넓이)÷2
=3×4÷2=6 (cm^2)

❸ (삼각형의 넓이)=(평행사변형의 넓이)÷2
=4×5÷2=10 (cm^2)

❹ (삼각형의 넓이)=(평행사변형의 넓이)÷2
=3×6÷2=9 (cm^2)

3 ❶ (삼각형의 넓이)=(밑변의 길이)×(높이)÷2
=8×4÷2=16 (cm^2)

❷ (삼각형의 넓이)=10×10÷2=50 (cm^2)

❸ (삼각형의 넓이)=18×9÷2=81 (cm^2)

❹ (삼각형의 넓이)=14×8÷2=56 (cm^2)

❺ (삼각형의 넓이)=9×8÷2=36 (cm^2)

❻ (삼각형의 넓이)=6×4÷2=12 (cm^2)

❼ (삼각형의 넓이)=12×5÷2=30 (cm^2)

❽ (삼각형의 넓이)=7×12÷2=42 (cm^2)

4 ❶ (밑변의 길이)=(삼각형의 넓이)×2÷(높이)이므로
□=15×2÷6=5

❷ (높이)=(삼각형의 넓이)×2÷(밑변의 길이)이므로
□=28×2÷8=7

❸ □=27×2÷9=6　❹ □=42×2÷7=12

❺ □=24×2÷6=8　❻ □=32×2÷8=8

❼ □=10×2÷4=5　❽ □=72×2÷16=9

13강 사다리꼴의 넓이 70~75쪽

특강	2, 2		
1	❶ ×, ÷, 14		
	❷ 20 cm^2	❸ 52 cm^2	
	❹ 10 cm^2	❺ 42 cm^2	
	❻ 50 cm^2	❼ 39 cm^2	
2	❶ 35 cm^2	❷ 33 cm^2	
	❸ 85 cm^2	❹ 49 cm^2	
	❺ 36 cm^2	❻ 110 cm^2	
	❼ 65 cm^2	❽ 56 cm^2	
3	❶ 33 cm^2	❷ 56 cm^2	❸ 13 cm^2
	❹ 25 cm^2	❺ 30 cm^2	❻ 36 cm^2
4	❶ 7		
	❷ 4	❸ 8	
	❹ 8	❺ 7	
	❻ 6	❼ 6	
5	❶ 5		
	❷ 12	❸ 6	
	❹ 7	❺ 10	
	❻ 7	❼ 6	

1 ❷ (사다리꼴의 넓이)=(3+5)×5÷2=20 (cm^2)

❸ (사다리꼴의 넓이)=(8+5)×8÷2=52 (cm^2)

❹ (사다리꼴의 넓이)=(4+6)×2÷2=10 (cm^2)

❺ (사다리꼴의 넓이)=(4+8)×7÷2=42 (cm^2)

❻ (사다리꼴의 넓이)=(13+7)×5÷2=50 (cm^2)

❼ (사다리꼴의 넓이)=(9+4)×6÷2=39 (cm^2)

2 ❶ (사다리꼴의 넓이)=(8+6)×5÷2=35 (cm^2)

❷ (사다리꼴의 넓이)=(3+8)×6÷2=33 (cm^2)

❸ (사다리꼴의 넓이)=(10+7)×10÷2=85 (cm^2)

❹ (사다리꼴의 넓이)=(9+5)×7÷2=49 (cm^2)

❺ (사다리꼴의 넓이)=(3+9)×6÷2=36 (cm^2)

❻ (사다리꼴의 넓이)=$(13+7)\times11\div2=110$ (cm^2)

❼ (사다리꼴의 넓이)=$(8+5)\times10\div2=65$ (cm^2)

❽ (사다리꼴의 넓이)=$(4+10)\times8\div2=56$ (cm^2)

3

❶ (사다리꼴의 넓이)=$11\times6\div2=33$ (cm^2)

❷ (사다리꼴의 넓이)=$16\times7\div2=56$ (cm^2)

❸ (사다리꼴의 넓이)=$13\times2\div2=13$ (cm^2)

❹ (사다리꼴의 넓이)=$(7+3)\times5\div2=25$ (cm^2)

❺ (사다리꼴의 넓이)=$(8+2)\times6\div2=30$ (cm^2)

❻ (사다리꼴의 넓이)=$(3+5)\times9\div2=36$ (cm^2)

4

❶ $(5+7)\times\square\div2=42$, $12\times\square\div2=42$
⇨ $12\times\square=84$, $\square=7$

❷ $(6+9)\times\square\div2=30$, $15\times\square\div2=30$
⇨ $15\times\square=60$, $\square=4$

❸ $(3+10)\times\square\div2=52$, $13\times\square\div2=52$
⇨ $13\times\square=104$, $\square=8$

❹ $(7+5)\times\square\div2=48$, $12\times\square\div2=48$
⇨ $12\times\square=96$, $\square=8$

❺ $(10+4)\times\square\div2=49$, $14\times\square\div2=49$
⇨ $14\times\square=98$, $\square=7$

❻ $(8+10)\times\square\div2=54$, $18\times\square\div2=54$
⇨ $18\times\square=108$, $\square=6$

❼ $(6+7)\times\square\div2=39$, $13\times\square\div2=39$
⇨ $13\times\square=78$, $\square=6$

5

❶ $(3+\square)\times5\div2=20$
⇨ $(3+\square)\times5=40$, $3+\square=8$, $\square=5$

❷ $(8+\square)\times9\div2=90$
⇨ $(8+\square)\times9=180$, $8+\square=20$, $\square=12$

❸ $(\square+8)\times8\div2=56$
⇨ $(\square+8)\times8=112$, $\square+8=14$, $\square=6$

❹ $(\square+4)\times10\div2=55$
⇨ $(\square+4)\times10=110$, $\square+4=11$, $\square=7$

❺ $(\square+8)\times7\div2=63$
⇨ $(\square+8)\times7=126$, $\square+8=18$, $\square=10$

❻ $(10+\square)\times6\div2=51$
⇨ $(10+\square)\times6=102$, $10+\square=17$, $\square=7$

❼ $(21+\square)\times12\div2=162$
⇨ $(21+\square)\times12=324$, $21+\square=27$, $\square=6$

14강 마름모의 넓이 76~81쪽

특강	2, 2	
1	❶ 24 cm^2 ❸ 12 cm^2 ❺ 12 cm^2	❷ 12 cm^2 ❹ 12 cm^2 ❻ 6 cm^2
2	❶ 20 cm^2 ❸ 72 cm^2 ❺ 12 cm^2 ❼ 14 cm^2	❷ 27 cm^2 ❹ 50 cm^2 ❻ 10 cm^2 ❽ 30 cm^2
3	❶ 24 cm^2 ❷ 56 cm^2 ❹ 12 cm^2 ❻ 64 cm^2	❸ 60 cm^2 ❺ 40 cm^2 ❼ 44 cm^2
4	❶ 5 ❷ 12 ❹ 11 ❻ 4	❸ 10 ❺ 16 ❼ 5

1

❶ (색칠한 부분의 넓이)=(직사각형의 넓이)
=$6\times4=24$ (cm^2)

❷, ❸ (색칠한 부분의 넓이)=(마름모의 넓이)
=(직사각형의 넓이)$\div2$
=$24\div2=12$ (cm^2)

❹, ❺ (색칠한 부분의 넓이)=(직사각형의 넓이)$\div2$
=$24\div2=12$ (cm^2)

❻ (색칠한 부분의 넓이)=(마름모의 넓이)$\div2$
=$12\div2=6$ (cm^2)

2

❶ (마름모의 넓이)
=(한 대각선의 길이)×(다른 대각선의 길이)÷2
$=8\times5\div2=20\ (cm^2)$

❷ (마름모의 넓이)$=9\times6\div2=27\ (cm^2)$

❸ (마름모의 넓이)$=9\times16\div2=72\ (cm^2)$

❹ (마름모의 넓이)$=10\times10\div2=50\ (cm^2)$

❺ (마름모의 넓이)$=8\times3\div2=12\ (cm^2)$

❻ (마름모의 넓이)$=4\times5\div2=10\ (cm^2)$

❼ (마름모의 넓이)$=4\times7\div2=14\ (cm^2)$

❽ (마름모의 넓이)$=10\times6\div2=30\ (cm^2)$

3

❶ (마름모의 넓이)$=(3\times2)\times(4\times2)\div2=24\ (cm^2)$

❷ (마름모의 넓이)$=(7\times2)\times(4\times2)\div2=56\ (cm^2)$

❸ (마름모의 넓이)$=(5\times2)\times(6\times2)\div2=60\ (cm^2)$

❹ (마름모의 넓이)$=(2\times2)\times6\div2=12\ (cm^2)$

❺ (마름모의 넓이)$=8\times(5\times2)\div2=40\ (cm^2)$

❻ (마름모의 넓이)$=(8\times2)\times8\div2=64\ (cm^2)$

❼ (마름모의 넓이)$=11\times(4\times2)\div2=44\ (cm^2)$

4

❶ $12\times\square\div2=30$ ⇨ $12\times\square=60$, $\square=5$

❷ $8\times\square\div2=48$ ⇨ $8\times\square=96$, $\square=12$

❸ $\square\times6\div2=30$ ⇨ $\square\times6=60$, $\square=10$

❹ $20\times\square\div2=110$ ⇨ $20\times\square=220$, $\square=11$

❺ $15\times\square\div2=120$ ⇨ $15\times\square=240$, $\square=16$

❻ $(\square\times2)\times(4\times2)\div2=32$, $(\square\times2)\times8\div2=32$
⇨ $(\square\times2)\times8=64$, $\square\times2=8$, $\square=4$

❼ $(7\times2)\times(\square\times2)\div2=70$, $14\times(\square\times2)\div2=70$
⇨ $14\times(\square\times2)=140$, $\square\times2=10$, $\square=5$

15강 다각형의 넓이 총정리 82~87쪽

특강

❶ (한 변의 길이)×(한 변의 길이)
(밑변의 길이)×(높이)
(밑변의 길이)×(높이)÷2
((윗변의 길이)+(아랫변의 길이))×(높이)÷2
(한 대각선의 길이)×(다른 대각선의 길이)÷2

❷ ((가로) (+) , × (세로))×2
(가로) + , (×) (세로)
(한 변) + , (×) 4
(한 변) + , (×) (한 변)

❸ (왼쪽에서부터) 사다리꼴, 마름모 /
평행사변형, 정사각형

1

❶ $16\ cm^2$ ❷ $63\ cm^2$
❸ $21\ cm^2$ ❹ $40\ cm^2$
❺ $36\ cm^2$ ❻ $27\ cm^2$
❼ $150\ cm^2$ ❽ $60\ cm^2$

2

❶ 6 ❷ 4
❸ 9 ❹ 12
❺ 6 ❻ 5
❼ 7 ❽ 8

3

❶ $40\ cm^2$
❷ $50\ cm^2$
❸ $49\ cm^2$
❹ $21\ cm^2$
❺ $18\ cm^2$
❻ $28\ cm^2$

4

❶ 34 cm, $70\ cm^2$ ❷ 52 cm, $128\ cm^2$
❸ 24 cm, $36\ cm^2$ ❹ 62 cm, $220\ cm^2$
❺ 40 cm, $60\ cm^2$ ❻ 40 cm, $96\ cm^2$

1

❶ (정사각형의 넓이)$=4\times4=16\ (cm^2)$

❷ (평행사변형의 넓이)$=9\times7=63\ (cm^2)$

❸ (사다리꼴의 넓이)$=(3+4)\times6\div2=21\ (cm^2)$

❹ (직사각형의 넓이)$=5\times8=40\ (cm^2)$

❺ (마름모의 넓이)=(4×2)×9÷2=36 (cm^2)

❻ (삼각형의 넓이)=9×6÷2=27 (cm^2)

❼ (직사각형의 넓이)=15×10=150 (cm^2)

❽ (사다리꼴의 넓이)=(9+6)×8÷2=60 (cm^2)

2

❶ 5×□=30, □=6

❷ 7×□÷2=14 ⇨ 7×□=28, □=4

❸ □×□=81이고 9×9=81이므로 □=9

❹ 7×□÷2=42 ⇨ 7×□=84, □=12

❺ 12×□=72, □=6

❻ (2+6)×□÷2=20, 8×□÷2=20
⇨ 8×□=40, □=5

❼ □×8=56, □=7

❽ □×6÷2=24 ⇨ □×6=48, □=8

3

❶ (직사각형의 넓이)=8×5=40 (cm^2)

❷ (삼각형의 넓이)=10×10÷2=50 (cm^2)

❸ (정사각형의 넓이)=7×7=49 (cm^2)

❹ (마름모의 넓이)=7×6÷2=21 (cm^2)

❺ (평행사변형의 넓이)=9×2=18 (cm^2)

❻ (사다리꼴의 넓이)=(9+5)×4÷2=28 (cm^2)

4

❶ (직사각형의 둘레)=((가로)+(세로))×2
=(7+10)×2=34 (cm)
(직사각형의 넓이)=(가로)×(세로)
=7×10=70 (cm^2)

❷ (평행사변형의 둘레)
=((한 변의 길이)+(다른 한 변의 길이))×2
=(16+10)×2=52 (cm)
(평행사변형의 넓이))=(밑변의 길이)×(높이)
=16×8=128 (cm^2)

❸ (정사각형의 둘레)=(한 변의 길이)×4
=6×4=24 (cm)
(정사각형의 넓이)=(한 변의 길이)×(한 변의 길이)
=6×6=36 (cm^2)

❹ (직사각형의 둘레)=(20+11)×2=62 (cm)
(직사각형의 넓이)=20×11=220 (cm^2)

❺ (삼각형의 둘레)=(세 변의 길이의 합)
=15+17+8=40 (cm)
(삼각형의 넓이))=(밑변의 길이)×(높이)÷2
=15×8÷2=60 (cm^2)

❻ (마름모의 둘레)=(한 변의 길이)×4
=10×4=40 (cm)
(마름모의 넓이)
=(한 대각선의 길이)×(다른 대각선의 길이)÷2
=16×12÷2=96 (cm^2)

16강 둘레 알 때 넓이 구하기 88~91쪽

대표 문제 1	❶ 15 ❷ 15, 15, 9 ❸ 9, 54 답 54 cm^2
1	❶ 35 cm^2 ❷ 77 cm^2 ❸ 36 cm^2 ❹ 24 cm^2 ❺ 60 cm^2 ❻ 70 cm^2

1

❶ (가로)+(세로)=24÷2=12 (cm)이므로
7+(세로)=12, (세로)=5 (cm)
⇨ (직사각형의 넓이)=7×5=35 (cm^2)

❷ (가로)+(세로)=36÷2=18 (cm)이므로
11+(세로)=18, (세로)=7 (cm)
⇨ (직사각형의 넓이)=11×7=77 (cm^2)

❸ (가로)+(세로)=26÷2=13 (cm)이므로
(가로)+4=13, (가로)=9 (cm)
⇨ (직사각형의 넓이)=9×4=36 (cm^2)

❹ (가로)+(세로)=20÷2=10 (cm)이므로
(가로)+6=10, (가로)=4 (cm)
⇨ (직사각형의 넓이)=4×6=24 (cm^2)

❺ (가로)+(세로)=32÷2=16 (cm)이므로
10+(세로)=16, (세로)=6 (cm)
⇨ (직사각형의 넓이)=10×6=60 (cm^2)

❻ (가로)+(세로)=34÷2=17 (cm)이므로
(가로)+7=17, (가로)=10 (cm)
⇨ (직사각형의 넓이)=10×7=70 (cm^2)

둘레를 이용하여 가로 또는 세로까지만 구해서 답하지 않도록 주의합니다. 직사각형의 넓이까지 구하여 답을 씁니다.

대표 문제 2	❶ 4, 5 ❷ 5, 5, 25 답 $25\ cm^2$
2	❶ $16\ cm^2$ ❷ $49\ cm^2$ ❸ $81\ cm^2$ ❹ $64\ cm^2$ ❺ $225\ cm^2$ ❻ $400\ cm^2$

2
❶ (한 변의 길이)×4=16 (cm)이므로
(한 변의 길이)=4 (cm)
⇨ (정사각형의 넓이)=4×4=16 (cm^2)

❷ (한 변의 길이)×4=28 (cm)이므로
(한 변의 길이)=7 (cm)
⇨ (정사각형의 넓이)=7×7=49 (cm^2)

❸ (한 변의 길이)×4=36 (cm)이므로
(한 변의 길이)=9 (cm)
⇨ (정사각형의 넓이)=9×9=81 (cm^2)

❹ (한 변의 길이)×4=32 (cm)이므로
(한 변의 길이)=8 (cm)
⇨ (정사각형의 넓이)=8×8=64 (cm^2)

❺ (한 변의 길이)×4=60 (cm)이므로
(한 변의 길이)=15 (cm)
⇨ (정사각형의 넓이)=15×15=225 (cm^2)

❻ (한 변의 길이)×4=80 (cm)이므로
(한 변의 길이)=20 (cm)
⇨ (정사각형의 넓이)=20×20=400 (cm^2)

둘레를 이용하여 한 변의 길이까지만 구해서 답하지 않도록 주의합니다. 정사각형의 넓이까지 구하여 답을 씁니다.

17강 높이가 같은 도형 92~95쪽

대표 문제 1	❶ 같습니다에 ○표 ❷ 2 ❸ 2, 2, 5 / 5 답 5 cm
1	❶ 3 ❷ 20 ❸ 4 ❹ 12 ❺ 6 ❻ 9

1 두 직선이 서로 평행하므로 주어진 두 도형의 높이는 같습니다.

❶ 평행사변형과 삼각형의 높이가 같으므로
(높이)=○ cm라고 하면
□×○=6×○÷2, □=6÷2=3

❷ 평행사변형과 삼각형의 높이가 같으므로
(높이)=○ cm라고 하면
10×○=□×○÷2, 10=□÷2, □=20

❸ 사다리꼴의 높이와 직사각형의 세로가 같으므로
(높이)=(세로)=○ cm라고 하면
(3+5)×○÷2=□×○, (3+5)÷2=□, □=4

❹ 직사각형의 세로와 삼각형의 높이가 같으므로
(세로)=(높이)=○ cm라고 하면
6×○=□×○÷2, 6=□÷2, □=12

❺ 사다리꼴과 삼각형의 높이가 같으므로
(높이)=○ cm라고 하면
(4+2)×○÷2=□×○÷2, 4+2=□, □=6

❻ 삼각형과 사다리꼴의 높이가 같으므로
(높이)=○ cm라고 하면
13×○÷2=(4+□)×○÷2, 13=4+□, □=9

대표 문제 2	❶ 6 ❷ 6, 27 답 27 cm^2	
2	❶ 40 cm^2 ❸ 48 cm^2 ❺ 200 cm^2	❷ 20 cm^2 ❹ 20 cm^2 ❻ 18 cm^2

2 두 삼각형 가와 나의 높이를 □ cm라고 하여 삼각형 가의 넓이를 구하는 식을 이용하여 높이를 먼저 구하고, 삼각형 나의 넓이를 구합니다.

❶ (삼각형 가의 넓이)
=4×□÷2=20 ⇨ □=10이므로
(삼각형 나의 넓이)=8×10÷2=40 (cm^2)

❷ (삼각형 가의 넓이)
=10×□÷2=40 ⇨ □=8이므로
(삼각형 나의 넓이)=5×8÷2=20 (cm^2)

❸ (삼각형 가의 넓이)
=3×□÷2=12 ⇨ □=8이므로
(삼각형 나의 넓이)=12×8÷2=48 (cm^2)

❹ (삼각형 가의 넓이)
=12×□÷2=60 ⇨ □=10이므로
(삼각형 나의 넓이)=4×10÷2=20 (cm^2)

❺ (삼각형 가의 넓이)
=5×□÷2=40 ⇨ □=16이므로
(삼각형 나의 넓이)=25×16÷2=200 (cm^2)

❻ (삼각형 가의 넓이)
=8×□÷2=36 ⇨ □=9이므로
(삼각형 나의 넓이)=4×9÷2=18 (cm^2)

참고

두 삼각형 가와 나의 높이가 같을 때
밑변의 길이가 ▲배이면 넓이도 ▲배입니다.

[대표문제 2]

밑변의 길이: 3 cm —3배→ 9 cm
넓이: 9 cm^2 —3배→ 27 cm^2

18강 삼각형의 높이 활용 96~99쪽

대표 문제 1	❶ (그림: 높이, 밑변) ❷ 10, 10, 45 ❸ 45, 45, 90, 6 답 6	
1	❶ 5 ❸ 6 ❺ 21	❷ 4 ❹ 10 ❻ 25

1 ❶ (삼각형의 넓이)=10×7÷2=35 (cm^2)
삼각형의 밑변의 길이가 14 cm일 때
높이는 □ cm이므로
14×□÷2=35, 14×□=70, □=5

❷ (삼각형의 넓이)=8×6÷2=24 (cm^2)
삼각형의 밑변의 길이가 12 cm일 때
높이는 □ cm이므로
12×□÷2=24, 12×□=48, □=4

❸ (삼각형의 넓이)=18×9÷2=81 (cm^2)
삼각형의 밑변의 길이가 27 cm일 때
높이는 □ cm이므로
27×□÷2=81, 27×□=162, □=6

❹ (삼각형의 넓이)=25×6÷2=75 (cm^2)
삼각형의 밑변의 길이가 15 cm일 때
높이는 □ cm이므로
15×□÷2=75, 15×□=150, □=10

❺ (삼각형의 넓이)=18×14÷2=126 (cm^2)
삼각형의 밑변의 길이가 □ cm일 때
높이는 12 cm이므로
□×12÷2=126, □×12=252, □=21

❻ (삼각형의 넓이)=15×20÷2=150 (cm^2)
삼각형의 밑변의 길이가 □ cm일 때
높이는 12 cm이므로
□×12÷2=150, □×12=300, □=25

대표 문제 2	❶ (그림) 5, 6 ❷ 높이에 ○표 ❸ 6, 6, 39 답 39 cm^2
2	❶ 68 cm^2 ❷ 42 cm^2 ❸ 252 cm^2 ❹ 351 cm^2 ❺ 975 cm^2 ❻ 336 cm^2

2

❶ 삼각형 ㄱㄴㄹ에서 넓이를 2가지 방법으로 표현하여 식으로 나타내면
10×4÷2=5×(선분 ㅁㄷ)÷2,
20=5×(선분 ㅁㄷ)÷2, (선분 ㅁㄷ)=8 (cm)
⇨ 사다리꼴 ㄱㄴㄷㄹ의 높이도 선분 ㅁㄷ으로 8 cm이므로
(사다리꼴 ㄱㄴㄷㄹ의 넓이)
=(5+12)×8÷2=68 (cm^2)

❷ 삼각형 ㄱㄴㄹ에서 넓이를 2가지 방법으로 표현하여 식으로 나타내면
8×3÷2=4×(선분 ㅁㄹ)÷2, 12=4×(선분 ㅁㄹ)÷2, (선분 ㅁㄹ)=6 (cm)
⇨ 사다리꼴 ㄱㄴㄷㄹ의 높이도 선분 ㅁㄹ로 6 cm이므로
(사다리꼴 ㄱㄴㄷㄹ의 넓이)
=(4+10)×6÷2=42 (cm^2)

❸ 삼각형 ㄴㄷㅁ에서 넓이를 2가지 방법으로 표현하여 식으로 나타내면
20×15÷2=25×(선분 ㅁㅂ)÷2,
150=25×(선분 ㅁㅂ)÷2, (선분 ㅁㅂ)=12 (cm)
⇨ 사다리꼴 ㄱㄴㄷㄹ의 높이도 선분 ㅁㅂ으로 12 cm이므로
(사다리꼴 ㄱㄴㄷㄹ의 넓이)
=(17+25)×12÷2=252 (cm^2)

❹ 삼각형 ㄴㄷㄹ에서 넓이를 2가지 방법으로 표현하여 식으로 나타내면
30×9÷2=15×(선분 ㄹㅁ)÷2,
135=15×(선분 ㄹㅁ)÷2, (선분 ㄹㅁ)=18 (cm)
⇨ 사다리꼴 ㄱㄴㄷㄹ의 높이도 선분 ㄹㅁ으로 18 cm이므로
(사다리꼴 ㄱㄴㄷㄹ의 넓이)
=(24+15)×18÷2=351 (cm^2)

❺ 삼각형 ㄴㄷㄹ에서 넓이를 2가지 방법으로 표현하여 식으로 나타내면
50×24÷2=40×(변 ㄹㄷ)÷2,
600=40×(변 ㄹㄷ)÷2, (변 ㄹㄷ)=30 (cm)
⇨ 사다리꼴 ㄱㄴㄷㄹ의 높이도 변 ㄹㄷ으로 30 cm이므로
(사다리꼴 ㄱㄴㄷㄹ의 넓이)
=(25+40)×30÷2=975 (cm^2)

❻ 삼각형 ㄱㄴㅁ에서 넓이를 2가지 방법으로 표현하여 식으로 나타내면
20×12÷2=15×(선분 ㅂㄷ)÷2,
120=15×(선분 ㅂㄷ)÷2, (선분 ㅂㄷ)=16 (cm)
⇨ 사다리꼴 ㄱㄴㄷㄹ의 높이도 선분 ㅂㄷ으로 16 cm이므로
(사다리꼴 ㄱㄴㄷㄹ의 넓이)
=(16+15+11)×16÷2=336 (cm^2)

정답과 풀이

19강	색칠한 부분의 넓이①	100~103쪽
대표 문제 1	❶ 4, 3 ❷ 7, 4, 3 / 14, 18, 32	답 32 cm^2
1	❶ 137 cm^2 ❸ 42 cm^2 ❺ 85 cm^2	❷ 133 cm^2 ❹ 47 cm^2 ❻ 71 cm^2

1 ❶ (다각형의 넓이)
=(직사각형의 넓이)+(사다리꼴의 넓이)
$=7\times13+(13+10)\times4\div2$
$=91+46=137$ (cm^2)

❷ (다각형의 넓이)
=(삼각형의 넓이)+(사다리꼴의 넓이)
$=7\times8\div2+(8+7)\times14\div2$
$=28+105=133$ (cm^2)

❸

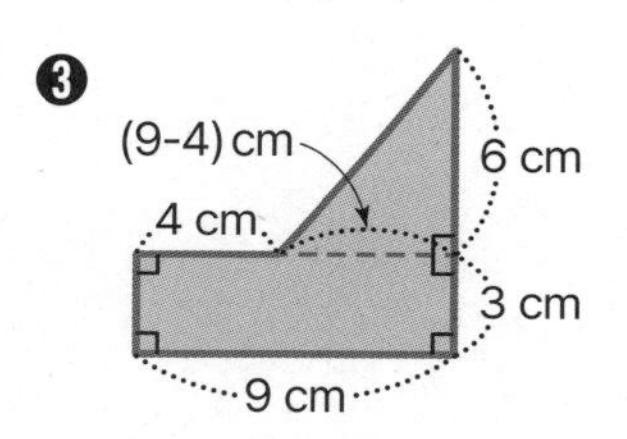

(다각형의 넓이)
=(삼각형의 넓이)+(직사각형의 넓이)
$=(9-4)\times6\div2+9\times3$
$=15+27=42$ (cm^2)

❹

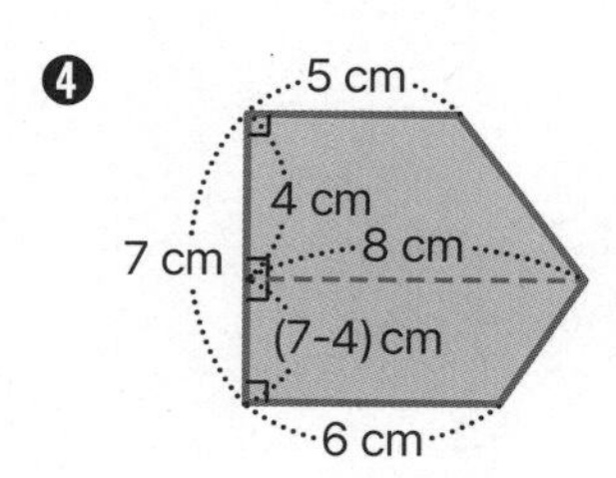

(다각형의 넓이)
=(사다리꼴의 넓이)+(사다리꼴의 넓이)
$=(5+8)\times4\div2+(8+6)\times(7-4)\div2$
$=26+21=47$ (cm^2)

❺

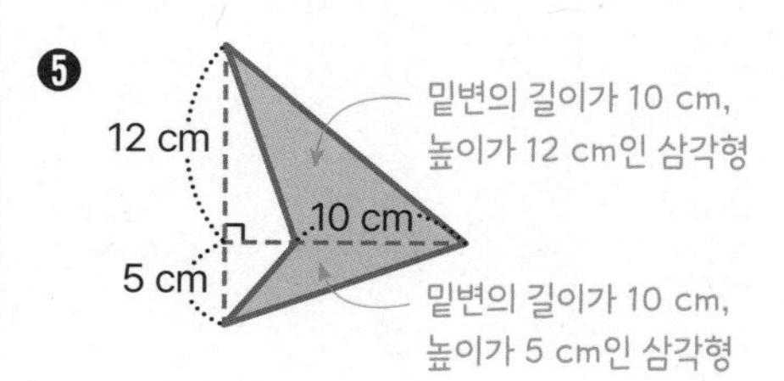

(다각형의 넓이)
=(삼각형의 넓이)+(삼각형의 넓이)
$=10\times12\div2+10\times5\div2$
$=60+25=85$ (cm^2)

❻ (다각형의 넓이)
=(직사각형의 넓이)+(직사각형의 넓이)
$=7\times5+9\times4$
$=35+36=71$ (cm^2)

대표 문제 2	❶ 5, 3 ❷ 5, 3 / 39, 12, 27	답 27 cm^2
2	❶ 7 cm^2 ❸ 56 cm^2 ❺ 38 cm^2	❷ 36 cm^2 ❹ 49 cm^2 ❻ 136 cm^2

2 ❶ (색칠한 부분의 넓이)
=(사다리꼴의 넓이)-(삼각형의 넓이)
$=(2+6)\times3\div2-5\times2\div2$
$=12-5=7$ (cm^2)

❷ (색칠한 부분의 넓이)
=(삼각형의 넓이)-(직사각형의 넓이)
$=(6+6)\times(6+3)\div2-6\times3$
$=54-18=36$ (cm^2)

❸ (색칠한 부분의 넓이)
=(평행사변형의 넓이)-(삼각형의 넓이)
$=7\times10-7\times4\div2$
$=70-14=56$ (cm^2)

❹ (색칠한 부분의 넓이)
=(사다리꼴의 넓이)-(삼각형의 넓이)
$=(6+10)\times(5+3)\div2-10\times3\div2$
$=64-15=49$ (cm^2)

❺ (색칠한 부분의 넓이)
=(사다리꼴의 넓이)-(삼각형의 넓이)
$=(4+8)\times(2+5)\div2-4\times2\div2$
$=42-4=38$ (cm^2)

❻ (색칠한 부분의 넓이)
=(큰 직사각형의 넓이)-(작은 직사각형의 넓이)
$=14\times12-(14-4-6)\times8$
$=168-32=136$ (cm^2)

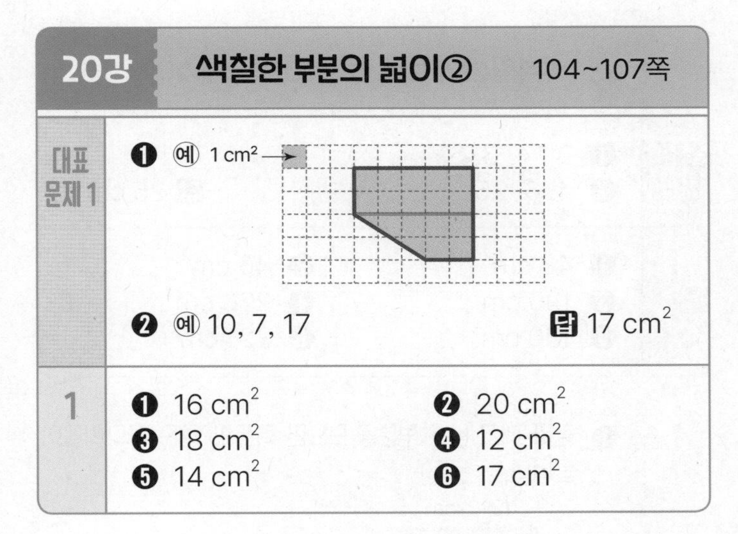

20강	색칠한 부분의 넓이②	104~107쪽

대표 문제 1

❶ 예 1 cm² →

❷ 예 10, 7, 17 답 17 cm^2

1

❶ 16 cm^2 ❷ 20 cm^2
❸ 18 cm^2 ❹ 12 cm^2
❺ 14 cm^2 ❻ 17 cm^2

1 ❶ 예 1 cm² →

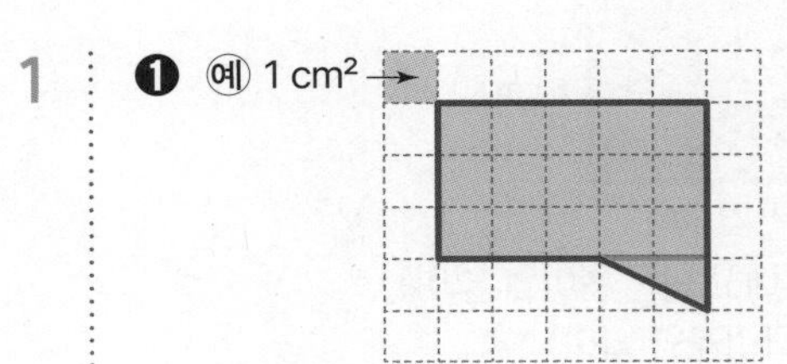

(다각형의 넓이)
=(직사각형의 넓이)+(삼각형의 넓이)
=15+1=16 (cm^2)

❷ 예 1 cm² →

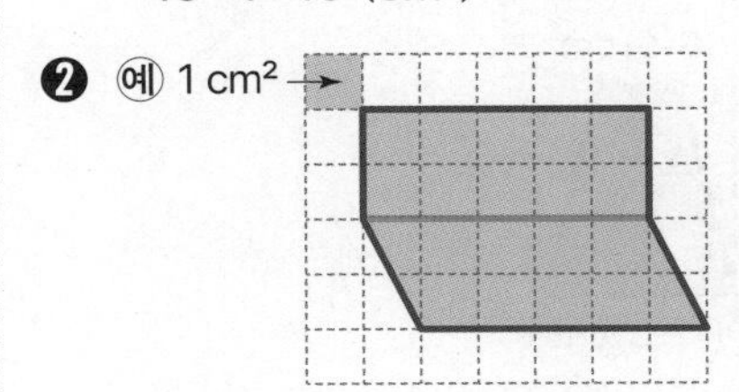

(다각형의 넓이)
=(직사각형의 넓이)+(평행사변형의 넓이)
=10+10=20 (cm^2)

❸ 예 1 cm² →

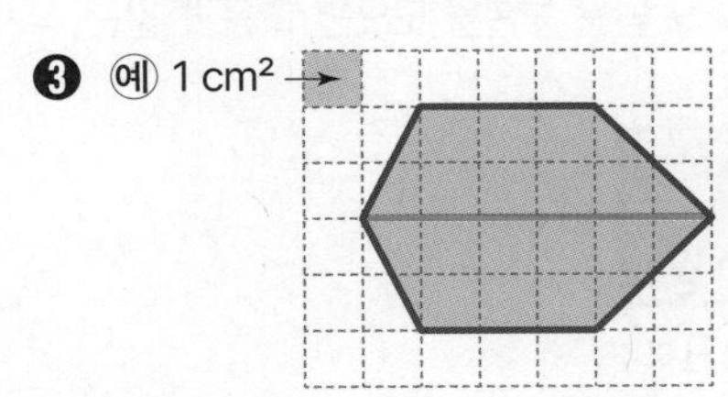

(다각형의 넓이)
=(사다리꼴의 넓이)+(사다리꼴의 넓이)
=9+9=18 (cm^2)

❹ 예 1 cm² →

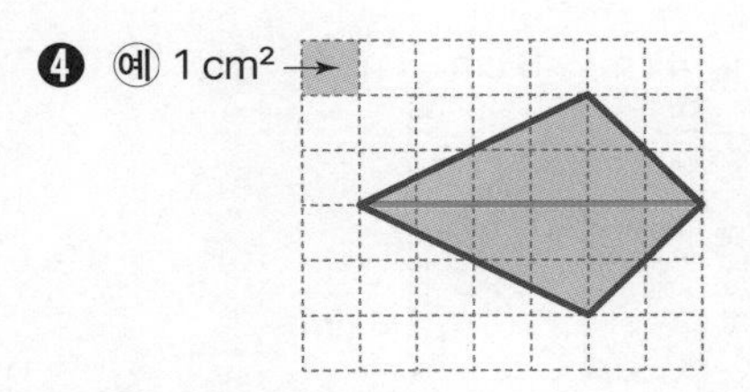

(다각형의 넓이)=(삼각형의 넓이)+(삼각형의 넓이)
=6+6=12 (cm^2)

❺ 예 1 cm² →

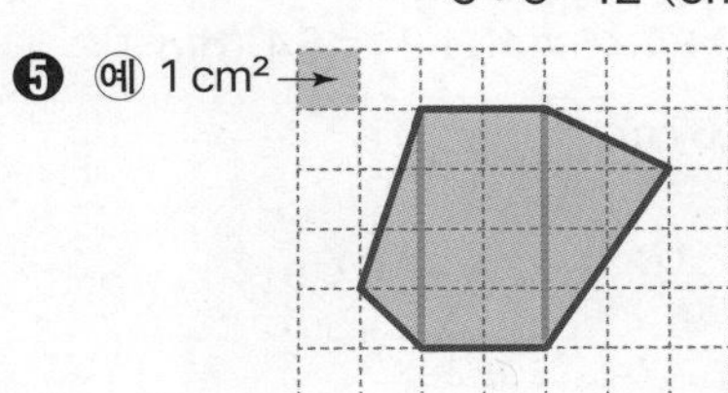

(다각형의 넓이)
=(삼각형의 넓이)+(직사각형의 넓이)+(삼각형의 넓이)
=2+8+4=14 (cm^2)

❻ 예 1 cm² →

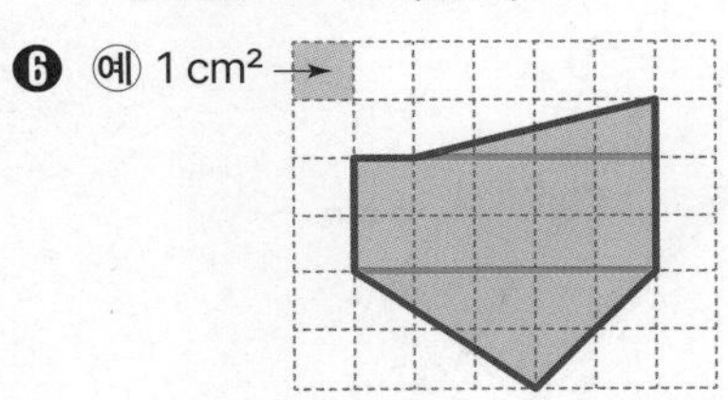

(다각형의 넓이)
=(삼각형의 넓이)+(직사각형의 넓이)+(삼각형의 넓이)
=2+10+5=17 (cm^2)

대표 문제 2

❶ 10, 9
❷ 10, 9 / 40, 72, 112 답 112 cm^2

2

❶ 117 cm^2 ❷ 64 cm^2
❸ 39 cm^2 ❹ 40 cm^2
❺ 55 cm^2 ❻ 73 cm^2

2 ❶

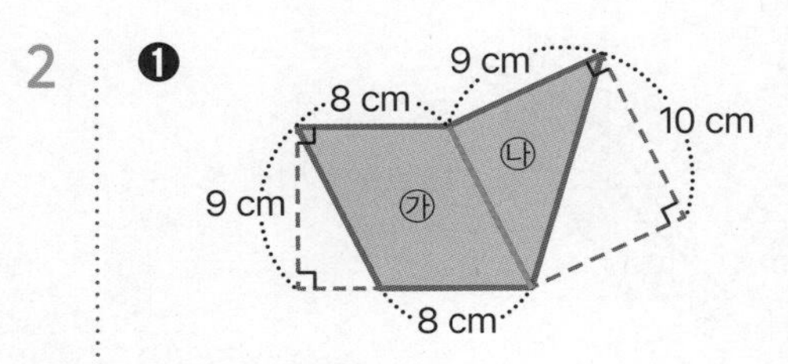

(다각형의 넓이)
=(평행사변형 ㉮의 넓이)+(삼각형 ㉯의 넓이)
=8×9+9×10÷2
=72+45=117 (cm^2)

❷

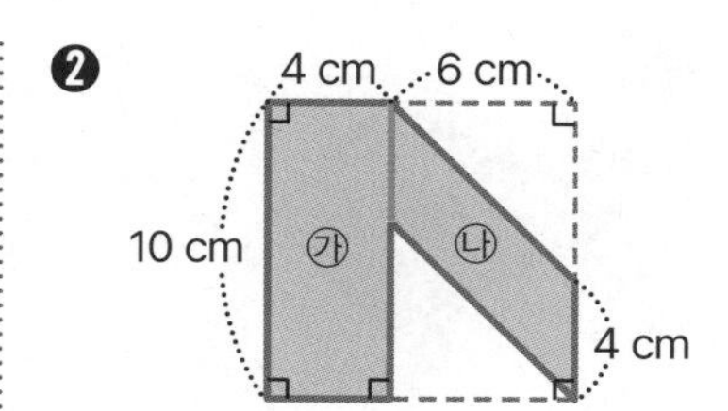

(다각형의 넓이)
=(직사각형 ㉮의 넓이)+(평행사변형 ㉯의 넓이)
$=4\times10+4\times6=40+24=64\ (cm^2)$

❸

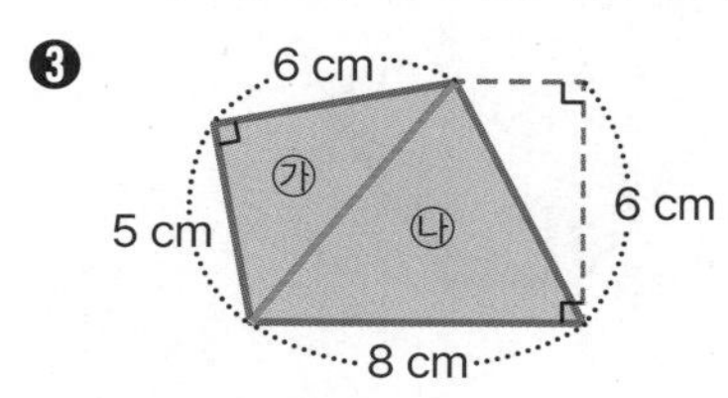

(다각형의 넓이)
=(삼각형 ㉮의 넓이)+(삼각형 ㉯의 넓이)
$=6\times5\div2+8\times6\div2$
$=15+24=39\ (cm^2)$

❹

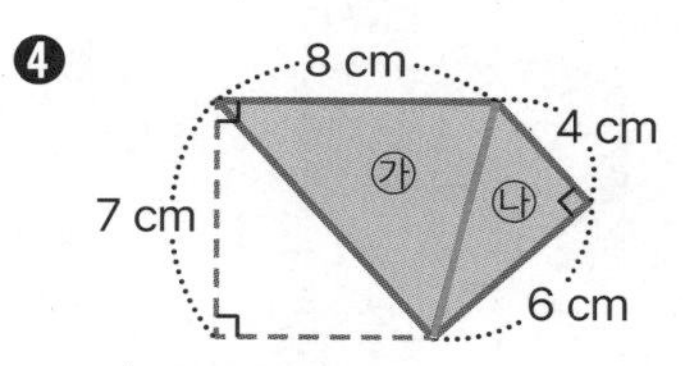

(다각형의 넓이)
=(삼각형 ㉮의 넓이)+(삼각형 ㉯의 넓이)
$=8\times7\div2+4\times6\div2$
$=28+12=40\ (cm^2)$

❺

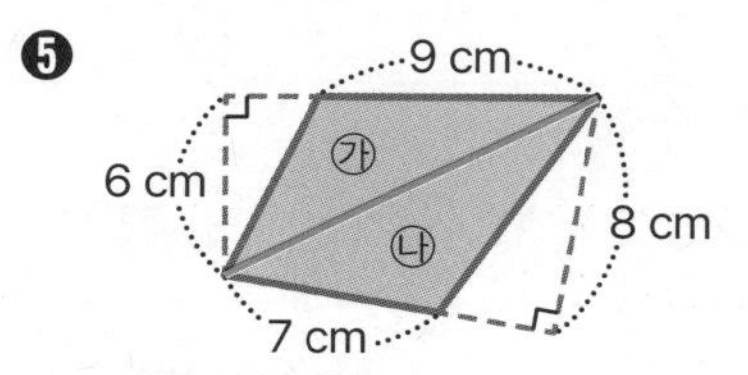

(다각형의 넓이)
=(삼각형 ㉮의 넓이)+(삼각형 ㉯의 넓이)
$=9\times6\div2+7\times8\div2$
$=27+28=55\ (cm^2)$

❻

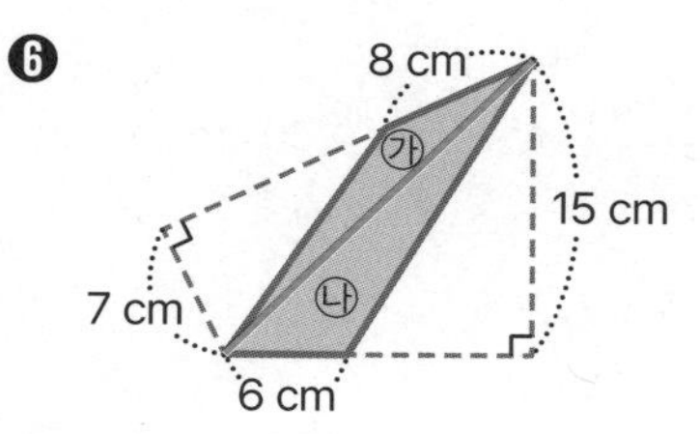

(다각형의 넓이)
=(삼각형 ㉮의 넓이)+(삼각형 ㉯의 넓이)
$=8\times7\div2+6\times15\div2$
$=28+45=73\ (cm^2)$

21강 색칠한 부분의 넓이③ 108~111쪽

대표 문제 1	❶ 3 / 4, 3, 6 ❷ 4, 6, 25 답 $25\ cm^2$
1	❶ $48\ cm^2$ ❷ $40\ cm^2$ ❸ $120\ cm^2$ ❹ $220\ cm^2$ ❺ $130\ cm^2$ ❻ $221\ cm^2$

1 ❶ 잘라 내고 남은 부분을 모으면 다음과 같은 사다리꼴이 됩니다.

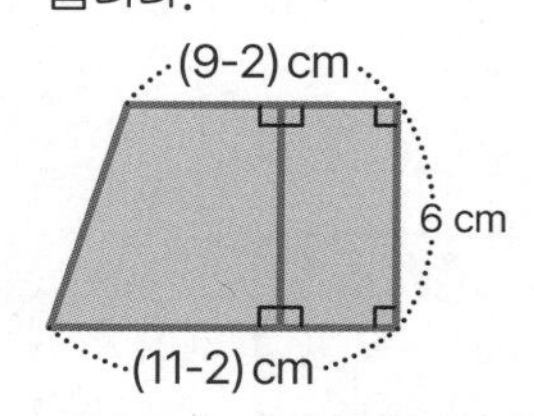

(잘라 내고 남은 종이의 넓이)
=(사다리꼴의 넓이)
$=(7+9)\times6\div2=48\ (cm^2)$

❷ 잘라 내고 남은 부분을 모으면 다음과 같은 사다리꼴이 됩니다.

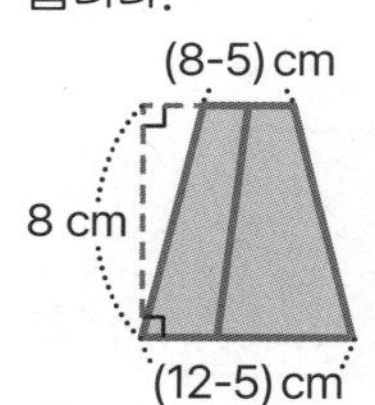

(잘라 내고 남은 종이의 넓이)
=(사다리꼴의 넓이)
$=(3+7)\times8\div2=40\ (cm^2)$

❸ 잘라 내고 남은 부분을 모으면 다음과 같은 직사각형이 됩니다.

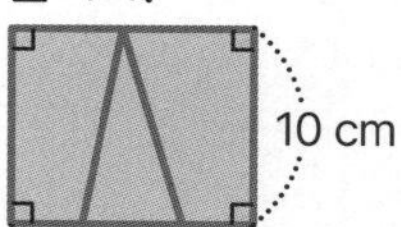

(잘라 내고 남은 종이의 넓이)
=(직사각형의 넓이)
$=12\times10=120\ (cm^2)$

❹ 잘라 내고 남은 부분을 모으면 다음과 같은 직사각형이 됩니다.

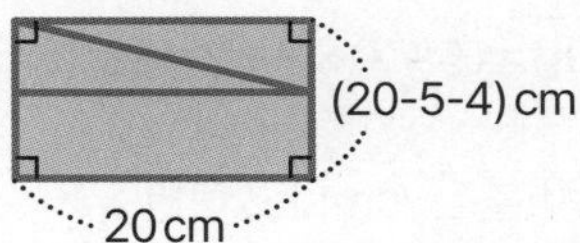

(잘라 내고 남은 종이의 넓이)
=(직사각형의 넓이)
$=20\times11=220\ (cm^2)$

❺ 잘라 내고 남은 부분을 모으면 다음과 같은 직사각형이 됩니다.

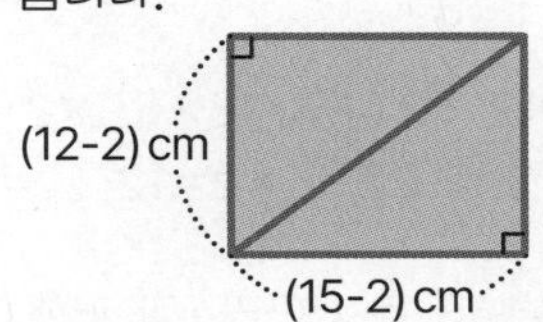

(잘라 내고 남은 종이의 넓이)
=(직사각형의 넓이)
$=13\times10=130\ (cm^2)$

❻ 잘라 내고 남은 부분을 모으면 다음과 같은 직사각형이 됩니다.

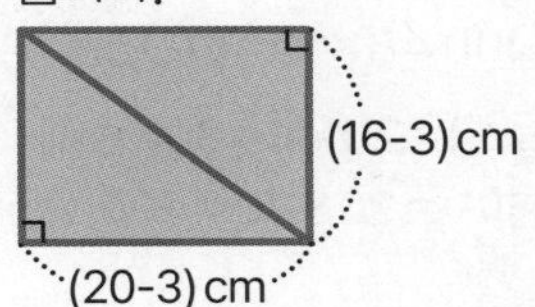

(잘라 내고 남은 종이의 넓이)
=(직사각형의 넓이)
$=17\times13=221\ (cm^2)$

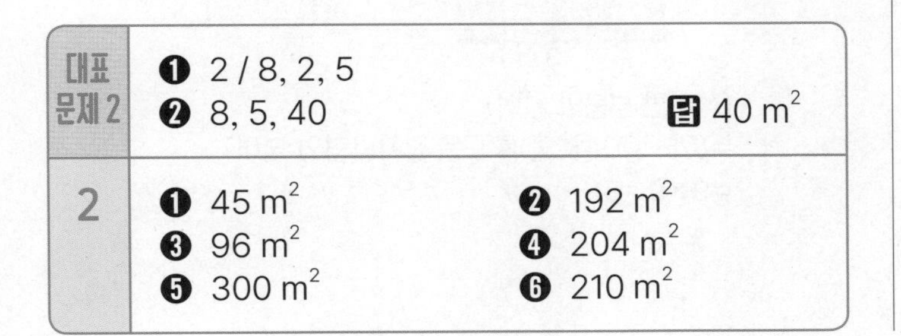

대표 문제 2	❶ 2 / 8, 2, 5 ❷ 8, 5, 40	답 $40\ m^2$
2	❶ $45\ m^2$ ❸ $96\ m^2$ ❺ $300\ m^2$	❷ $192\ m^2$ ❹ $204\ m^2$ ❻ $210\ m^2$

2 길을 빼고 남은 부분을 모으면 다음과 같은 직사각형이 됩니다.

❶

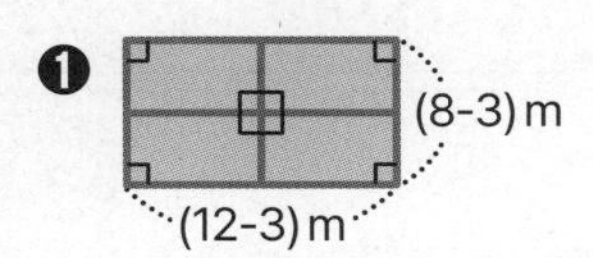

(길을 뺀 밭의 넓이)=(직사각형의 넓이)
$=9\times5=45\ (m^2)$

❷

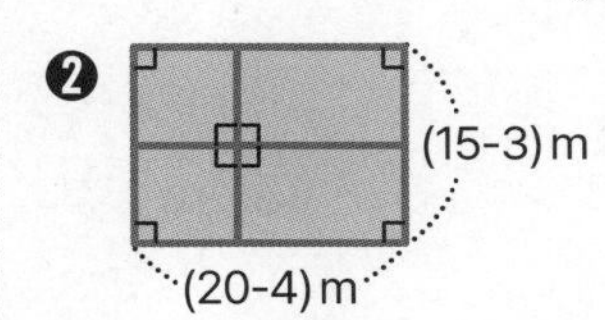

(길을 뺀 밭의 넓이)=(직사각형의 넓이)
$=16\times12=192\ (m^2)$

❸

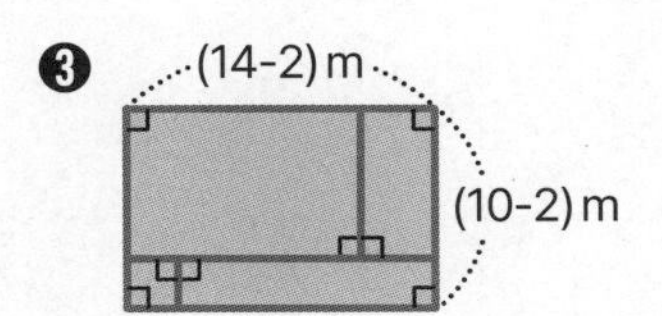

(길을 뺀 밭의 넓이)=(직사각형의 넓이)
$=12\times8=96\ (m^2)$

❹

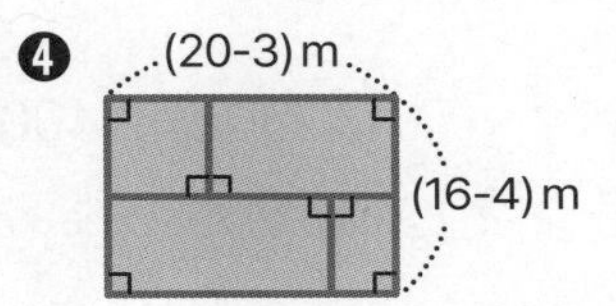

(길을 뺀 밭의 넓이)=(직사각형의 넓이)
$=17\times12=204\ (m^2)$

❺

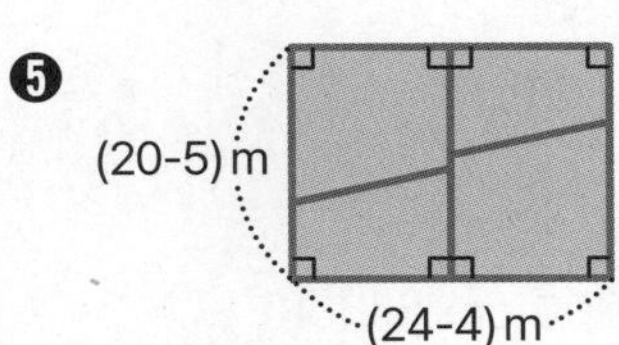

(길을 뺀 밭의 넓이)=(직사각형의 넓이)
$=20\times15=300\ (m^2)$

❻

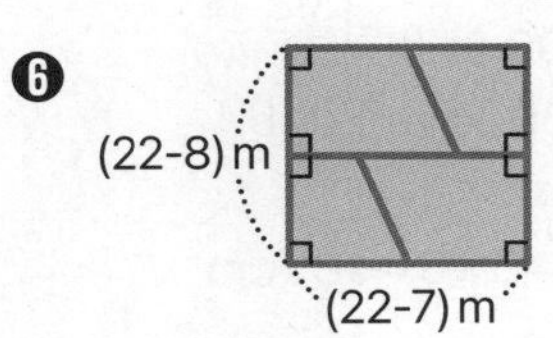

(길을 뺀 밭의 넓이)=(직사각형의 넓이)
$=15\times14=210\ (m^2)$

22강 평가 112~114쪽

1	9 cm^2	
2	(1) cm^2	(2) m^2
3	(1) 130000 (2) 8	(3) 2500000
4	48 cm^2	
5	(1) 32 cm^2	(2) 45 cm^2
6	130 cm^2	
7	(1) 80 cm^2	(2) 24 cm^2
8	7	
9	48 cm^2	
10	(1) 5 cm	(2) 7 cm
11	(1) 9	(2) 6
12	6	
13	(1) 32 cm, 60 cm^2	(2) 80 cm, 400 cm^2
14	77 cm^2	
15	81 cm^2	

1 1 cm^2가 9개 ⇨ 9 cm^2

3 (1) 1 m^2=10000 cm^2이므로
13 m^2=130000 cm^2입니다.
(2) 1000000 m^2=1 km^2이므로
8000000 m^2=8 km^2입니다.
(3) 1 km^2=1000000 m^2이므로
2.5 km^2=2500000 m^2입니다.

4 (평행사변형의 넓이)=6×8=48 (cm^2)

5 (1) (삼각형의 넓이)=8×8÷2=32 (cm^2)
(2) (삼각형의 넓이)=9×10÷2=45 (cm^2)

6 (직사각형의 넓이)=10×13=130 (cm^2)

7 (1) (마름모의 넓이)=16×10÷2=80 (cm^2)
(2) (마름모의 넓이)=(3×2)×8÷2=24 (cm^2)

8 12×□=84, □=7

9 (사다리꼴의 넓이)=(5+7)×8÷2=48 (cm^2)

10 (1) 삼각형의 높이를 □ cm라고 하면
10×□÷2=25 ⇨ 10×□=50, □=5
(2) 사다리꼴의 높이를 □ cm라고 하면
(5+9)×□÷2=49, 14×□÷2=49
⇨ 14×□=98, □=7

11 (1) □×7=63, □=9
(2) (8×2)×(□×2)÷2=96, 16×(□×2)÷2=96
⇨ 16×(□×2)=192, □×2=12, □=6

12 두 직선이 서로 평행하므로 사다리꼴과 평행사변형의 높이가 같습니다.
높이를 □ cm라고 하면
(5+7)×□÷2=㉠×□, 12÷2=㉠, ㉠=6

13 (1) (직사각형의 둘레)=(6+10)×2=32 (cm)
(직사각형의 넓이)=6×10=60 (cm^2)
(2) (정사각형의 둘레)=20×4=80 (cm)
(정사각형의 넓이)=20×20=400 (cm^2)

14

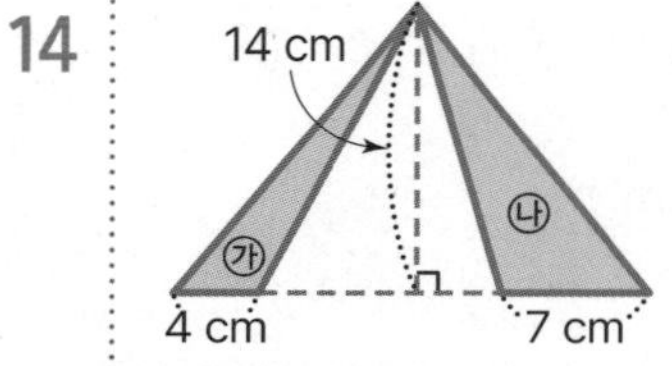

(색칠한 부분의 넓이)
=(삼각형 ㉮의 넓이)+(삼각형 ㉯의 넓이)
=4×14÷2+7×14÷2
=28+49=77 (cm^2)

15

12 cm, 2 cm, 3 cm, 2 cm, 11 cm, 3 cm, ㉮, ㉯, ㉰, ㉱ → (12-3) cm, (11-2) cm

(색칠한 부분의 넓이)
=(㉮, ㉯, ㉰, ㉱를 모은 직사각형의 넓이)
=9×9=81 (cm^2)

3. 원의 둘레와 넓이

23강 원과 원주율 116~119쪽

1
❶ (위에서부터) 지름, 반지름
❷ (왼쪽에서부터) 지름, 원주, 반지름

2
❶ ○
❷ ×
❸ ○

3
❶ ❷ 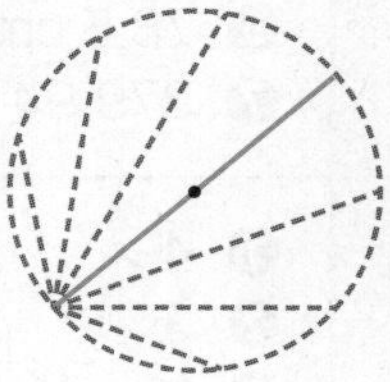 ❸ 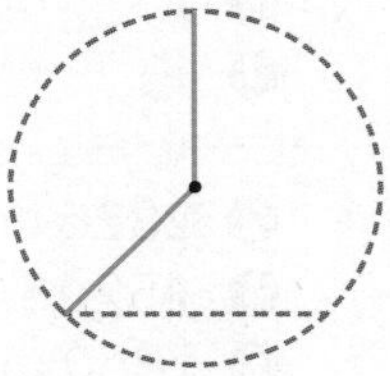 ❹ 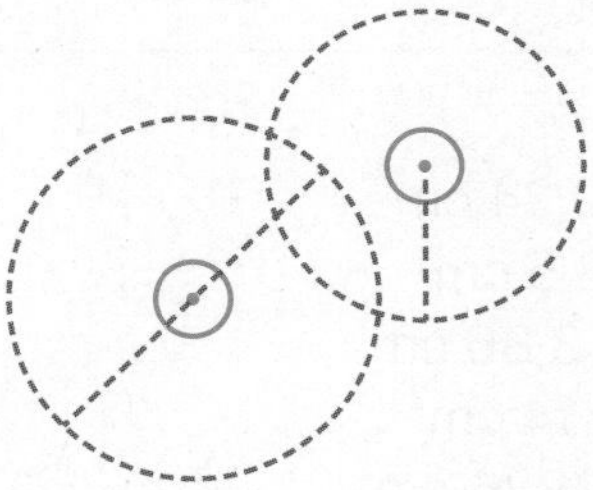 ❺ 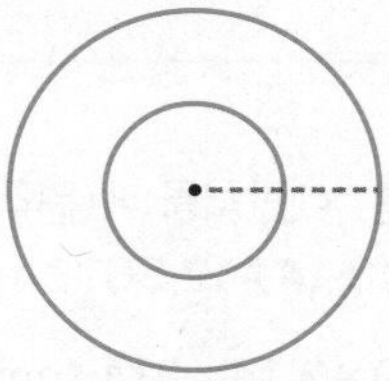 ❻

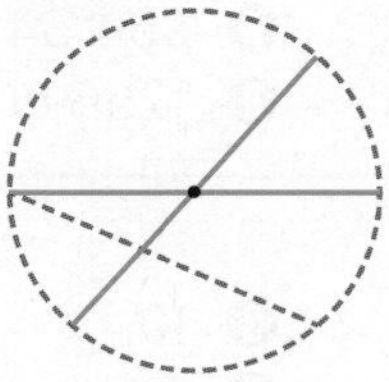

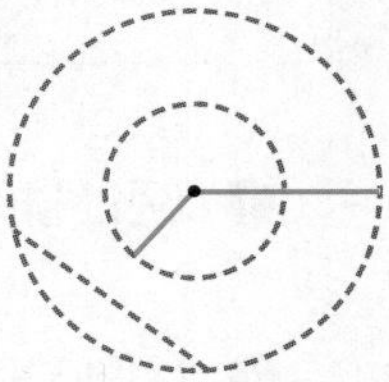

2 ❷ 원주율은 원의 지름에 대한 원주의 비율이고, 원 위의 두 점을 이은 선분 중에서 원의 중심을 지나는 선분은 지름입니다.

24강 원의 둘레 120~125쪽

1
❶ 12.56 ❷ 9.42 cm
❸ 15.7 cm ❹ 25.12 cm
❺ 31.4 cm ❻ 69.08 cm
❼ 40.82 cm ❽ 18.84 cm

2
❶ 56.52 ❷ 62.8 cm
❸ 18.84 cm ❹ 12.56 cm
❺ 37.68 cm ❻ 69.08 cm
❼ 21.98 cm ❽ 28.26 cm

3
❶ 30
❷ 7 ❸ 10
❹ 26 ❺ 5
❻ 4 ❼ 6

4
❶ 10 cm, 62.8 cm
❷ 50 cm, 314 cm
❸ 8 cm, 25.12 cm
❹ 10 cm, 31.4 cm
❺ 30 cm, 94.2 cm
❻ 3 cm, 6 cm
❼ 25 cm, 50 cm

1
❶ (원주)=(지름)×(원주율)
=4×3.14=12.56 (cm)
❷ (원주)=3×3.14=9.42 (cm)
❸ (원주)=5×3.14=15.7 (cm)
❹ (원주)=8×3.14=25.12 (cm)
❺ (원주)=10×3.14=31.4 (cm)
❻ (원주)=22×3.14=69.08 (cm)
❼ (원주)=13×3.14=40.82 (cm)
❽ (원주)=6×3.14=18.84 (cm)

2
❶ (원주)=(반지름)×2×(원주율)
=9×2×3.14=56.52 (cm)
❷ (원주)=10×2×3.14=62.8 (cm)
❸ (원주)=3×2×3.14=18.84 (cm)
❹ (원주)=2×2×3.14=12.56 (cm)

❺ (원주)$=6\times2\times3.14=37.68$ (cm)

❻ (원주)$=11\times2\times3.14=69.08$ (cm)

❼ (원주)$=3.5\times2\times3.14=21.98$ (cm)

❽ (원주)$=4.5\times2\times3.14=28.26$ (cm)

3

❷ □×3.14=21.98 ⇨ □=21.98÷3.14=7

❸ □×3.14=31.4 ⇨ □=31.4÷3.14=10

❹ □×3.14=81.64 ⇨ □=81.64÷3.14=26

❺ □×3.14=15.7 ⇨ □=15.7÷3.14=5

❻ □×2×3.14=25.12, □×6.28=25.12
⇨ □=25.12÷6.28=4

❼ □×2×3.14=37.68, □×6.28=37.68
⇨ □=37.68÷6.28=6

4

❶ (반지름)$=20\div2=10$ (cm)
(원주)$=20\times3.14=62.8$ (cm)

❷ (반지름)$=100\div2=50$ (cm)
(원주)$=100\times3.14=314$ (cm)

❸ (지름)$=4\times2=8$ (cm)
(원주)$=8\times3.14=25.12$ (cm)

❹ (지름)$=5\times2=10$ (cm)
(원주)$=10\times3.14=31.4$ (cm)

❺ (지름)$=15\times2=30$ (cm)
(원주)$=30\times3.14=94.2$ (cm)

❻ (지름)$\times3.14=18.84$
⇨ (지름)$=18.84\div3.14=6$ (cm)
(반지름)$=6\div2=3$ (cm)

❼ (지름)$\times3.14=157$
⇨ (지름)$=157\div3.14=50$ (cm)
(반지름)$=50\div2=25$ (cm)

25강 원의 넓이 126~131쪽

특강	반지름
1	❶ 12.56 ❷ 314 cm^2 ❸ 28.26 cm^2 ❹ 254.34 cm^2 ❺ 200.96 cm^2 ❻ 153.86 cm^2 ❼ 50.24 cm^2 ❽ 78.5 cm^2
2	❶ 3.14 ❷ 28.26 cm^2 ❸ 113.04 cm^2 ❹ 50.24 cm^2 ❺ 78.5 cm^2 ❻ 254.34 cm^2 ❼ 379.94 cm^2 ❽ 1256 cm^2
3	❶ 4 ❷ 3 ❸ 10 ❹ 15 ❺ 7 ❻ 4 ❼ 10
4	❶ 7850 cm^2 ❷ 2826 cm^2 ❸ 50.24 cm^2 ❹ 452.16 cm^2 ❺ 379.94 m^2 ❻ 7850 m^2
5	❶ 2, 12.56 ❷ 4 cm, 50.24 cm^2 ❸ 5 cm, 78.5 cm^2 ❹ 7 cm, 153.86 cm^2 ❺ 10 cm, 314 cm^2 ❻ 30 cm, 2826 cm^2

1

❶ (원의 넓이)=(반지름)×(반지름)×(원주율)
$=2\times2\times3.14=12.56$ (cm^2)

❷ (원의 넓이)$=10\times10\times3.14=314$ (cm^2)

❸ (원의 넓이)$=3\times3\times3.14=28.26$ (cm^2)

❹ (원의 넓이)$=9\times9\times3.14=254.34$ (cm^2)

❺ (원의 넓이)$=8\times8\times3.14=200.96$ (cm^2)

❻ (원의 넓이)$=7\times7\times3.14=153.86$ (cm^2)

❼ (반지름)=4 cm이므로
(원의 넓이)$=4\times4\times3.14=50.24$ (cm^2)

❽ (반지름)=5 cm이므로
(원의 넓이)$=5\times5\times3.14=78.5$ (cm^2)

2

❶ (반지름)=2÷2=1 (cm)이므로
(원의 넓이)=1×1×3.14=3.14 (cm^2)

❷ (반지름)=6÷2=3 (cm)이므로
(원의 넓이)=3×3×3.14=28.26 (cm^2)

❸ (반지름)=12÷2=6 (cm)이므로
(원의 넓이)=6×6×3.14=113.04 (cm^2)

❹ (반지름)=8÷2=4 (cm)이므로
(원의 넓이)=4×4×3.14=50.24 (cm^2)

❺ (반지름)=10÷2=5 (cm)이므로
(원의 넓이)=5×5×3.14=78.5 (cm^2)

❻ (반지름)=18÷2=9 (cm)이므로
(원의 넓이)=9×9×3.14=254.34 (cm^2)

❼ (반지름)=22÷2=11 (cm)이므로
(원의 넓이)=11×11×3.14=379.94 (cm^2)

❽ (반지름)=40÷2=20 (cm)이므로
(원의 넓이)=20×20×3.14=1256 (cm^2)

3

❷ □×□×3.14=28.26
⇨ □×□=28.26÷3.14=9
3×3=9이므로 □=3

❸ □×□×3.14=314
⇨ □×□=314÷3.14=100
10×10=100이므로 □=10

❹ □×□×3.14=706.5
⇨ □×□=706.5÷3.14=225
15×15=225이므로 □=15

❺ □×□×3.14=153.86
⇨ □×□=153.86÷3.14=49
7×7=49이므로 □=7

❻ 반지름을 ○ cm라고 하면
○×○×3.14=12.56
⇨ ○×○=12.56÷3.14=4
2×2=4이므로 ○=2
□=○×2=2×2=4

❼ 반지름을 ○ cm라고 하면
○×○×3.14=78.5
⇨ ○×○=78.5÷3.14=25
5×5=25이므로 ○=5
□=○×2=5×2=10

4

❶ (탁자의 넓이)=50×50×3.14
=7850 (cm^2)

❷ (교통표지판의 넓이)=30×30×3.14
=2826 (cm^2)

❸ (손거울의 반지름)=8÷2=4 (cm)이므로
(손거울의 넓이)=4×4×3.14
=50.24 (cm^2)

❹ (접시의 반지름)=24÷2=12 (cm)이므로
(접시의 넓이)=12×12×3.14
=452.16 (cm^2)

❺ (꽃밭의 넓이)=11×11×3.14
=379.94 (m^2)

❻ (연못의 반지름)=100÷2=50 (m)이므로
(연못의 넓이)=50×50×3.14
=7850 (m^2)

5

❷ 반지름을 □ cm라고 하면
□×2×3.14=25.12, □×6.28=25.12
⇨ □=25.12÷6.28=4
(반지름)=4 cm이므로
(원의 넓이)=4×4×3.14=50.24 (cm^2)

❸ 반지름을 □ cm라고 하면
□×2×3.14=31.4, □×6.28=31.4
⇨ □=31.4÷6.28=5
(반지름)=5 cm이므로
(원의 넓이)=5×5×3.14=78.5 (cm^2)

❹ 반지름을 □ cm라고 하면
□×2×3.14=43.96, □×6.28=43.96
⇨ □=43.96÷6.28=7
(반지름)=7 cm이므로
(원의 넓이)=7×7×3.14=153.86 (cm^2)

❺ 반지름을 □ cm라고 하면
□×2×3.14=62.8, □×6.28=62.8
⇨ □=62.8÷6.28=10
(반지름)=10 cm이므로
(원의 넓이)=10×10×3.14=314 (cm^2)

❻ 반지름을 □ cm라고 하면
□×2×3.14=188.4, □×6.28=188.4
⇨ □=188.4÷6.28=30
(반지름)=30 cm이므로
(원의 넓이)=30×30×3.14=2826 (cm^2)

26강 둘레 센스 UP 132~135쪽

1	❶ 2 ❷ 4 ❸ 6
2	❷ 2, $\frac{3}{4}$ ❸ 4, $\frac{1}{4}$ ❹ 4, $\frac{1}{2}$
3	❶ (1 cm, 1 cm) ❷ (1 cm, 1 cm) ❸ (1 cm, 1 cm) ❹ (1 cm, 1 cm)

1 ❶ (파란색 선의 길이)
=(원주)×$\frac{1}{4}$=8÷4=2

❷ (파란색 선의 길이)
=(원주)×$\frac{1}{2}$=8÷2=4

❸ (파란색 선의 길이)
=(원주)×$\frac{3}{4}$=8÷4×3=6

27강 색칠한 부분의 둘레① 136~139쪽

대표 문제 1	❶ 합에 ○표 ❷ 2, 20 ❸ 20, 62.8, 94.2 답 94.2 cm
1	❶ 47.1 cm ❷ 94.2 cm ❸ 94.2 cm ❹ 251.2 cm ❺ 62.8 cm ❻ 62.8 cm

1 ❶ (색칠한 부분의 둘레)
=(큰 원의 원주)+(작은 원의 원주)
=5×2×3.14+5×3.14
=31.4+15.7=47.1 (cm)

❷ (색칠한 부분의 둘레)
=(큰 원의 원주)+(작은 원의 원주)
=10×2×3.14+10×3.14
=62.8+31.4=94.2 (cm)

❸ (색칠한 부분의 둘레)
=(큰 원의 원주)+(작은 원의 원주)
=(5+5)×2×3.14+5×2×3.14
=62.8+31.4=94.2 (cm)

❹ (색칠한 부분의 둘레)
=(큰 원의 원주)+(작은 원의 원주)
=(10+20)×2×3.14+10×2×3.14
=188.4+62.8=251.2 (cm)

❺ (색칠한 부분의 둘레)
=(큰 원의 원주)+(작은 원의 원주)
=(2+8+2)×3.14+8×3.14
=37.68+25.12=62.8 (cm)

❻ (색칠한 부분의 둘레)
=(큰 원의 원주)+(작은 원의 원주)×2
=5×2×3.14+5×3.14×2
=31.4+31.4=62.8 (cm)

대표 문제 2	❶ 합에 ○표 ❷ 2, 10 ❸ 10, 15.7, 31.4 답 31.4 cm
2	❶ 62.8 cm ❷ 62.8 cm ❸ 62.8 cm ❹ 31.4 cm ❺ 62.8 cm ❻ 62.8 cm

2 ❶

◠+◠: 지름이 10 cm인 원의 원주와 같습니다.

(색칠한 부분의 둘레)

$=$(작은 원의 원주)$+$(큰 원의 원주의 $\frac{1}{2}$)

$=10\times3.14+(10\times2)\times3.14\div2$

$=31.4+31.4=62.8$ (cm)

❷

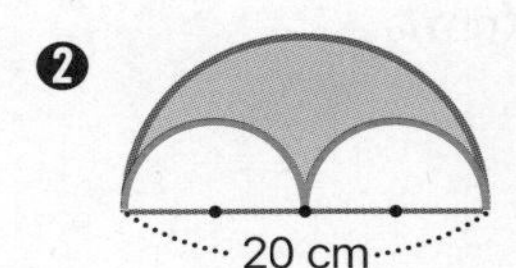

◠+◠: 지름이 (20÷2) cm인 원의 원주와 같습니다.

(색칠한 부분의 둘레)

$=$(큰 원의 원주의 $\frac{1}{2}$)$+$(작은 원의 원주)

$=20\times3.14\div2+(20\div2)\times3.14$

$=31.4+31.4=62.8$ (cm)

❸

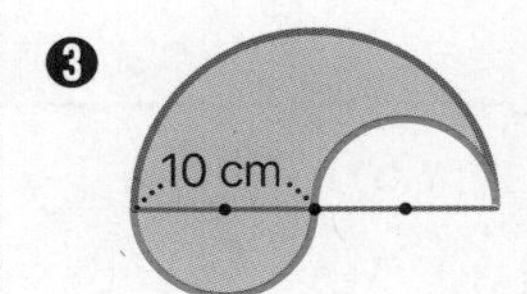

◡+◠: 지름이 10 cm인 원의 원주와 같습니다.

(색칠한 부분의 둘레)

$=$(큰 원의 원주의 $\frac{1}{2}$)$+$(작은 원의 원주)

$=10\times2\times3.14\div2+10\times3.14$

$=31.4+31.4=62.8$ (cm)

❹

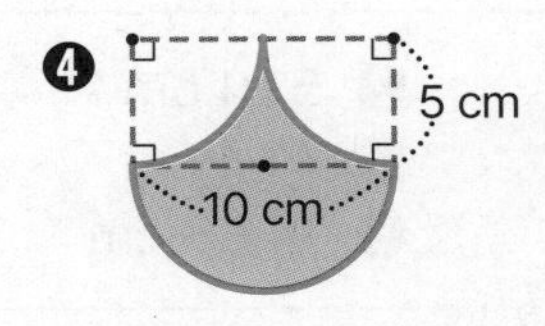

◞+◟+◡: 지름이 10 cm인 원의 원주와 같습니다.

(색칠한 부분의 둘레)

$=$(지름이 10 cm인 원의 원주)

$=10\times3.14=31.4$ (cm)

❺

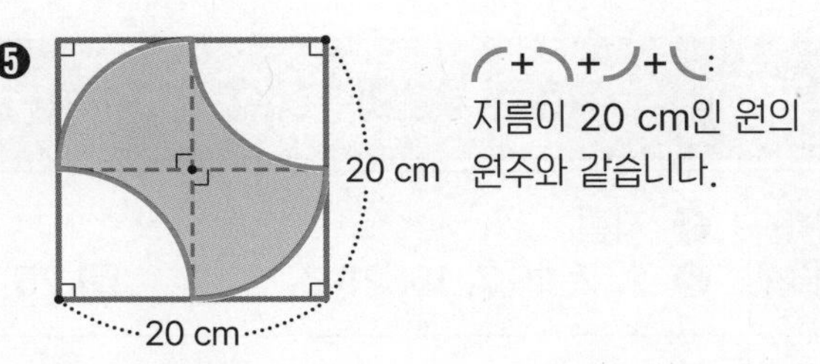

◜+◝+◞+◟: 지름이 20 cm인 원의 원주와 같습니다.

(색칠한 부분의 둘레)

$=$(지름이 20 cm인 원의 원주)

$=20\times3.14=62.8$ (cm)

❻

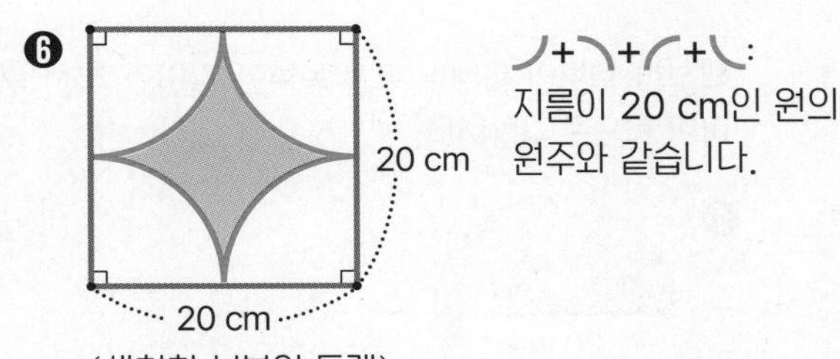

◞+◝+◜+◟: 지름이 20 cm인 원의 원주와 같습니다.

(색칠한 부분의 둘레)

$=$(지름이 20 cm인 원의 원주)

$=20\times3.14=62.8$ (cm)

정답과 풀이

28강	색칠한 부분의 둘레②	140~143쪽
대표 문제 1	❶ 지름 ❷ 2, 2, 15.7, 10, 25.7	답 25.7 cm
1	❶ 51.4 cm ❸ 35.7 cm ❺ 142.8 cm	❷ 67.1 cm ❹ 35.7 cm ❻ 91.4 cm

1 색칠한 부분의 둘레는 곡선 부분의 길이와 직선 부분의 길이의 합으로 구합니다.

❶

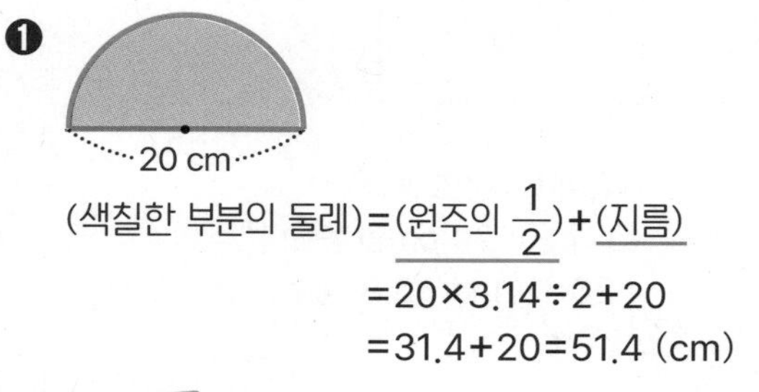

(색칠한 부분의 둘레) $=$ (원주의 $\frac{1}{2}$) $+$ (지름)
$=20\times3.14\div2+20$
$=31.4+20=51.4$ (cm)

❷

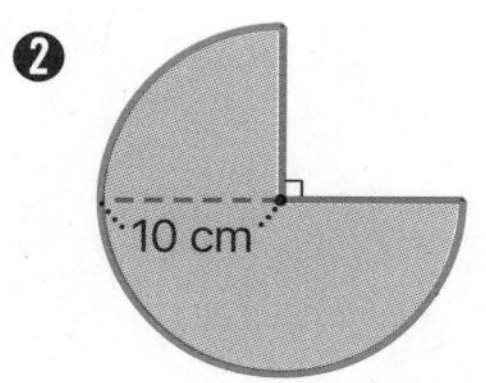

(색칠한 부분의 둘레) $=$ (원주의 $\frac{3}{4}$) $+$ (반지름) $\times2$
$=10\times2\times3.14\div4\times3+10\times2$
$=47.1+20=67.1$ (cm)

❸

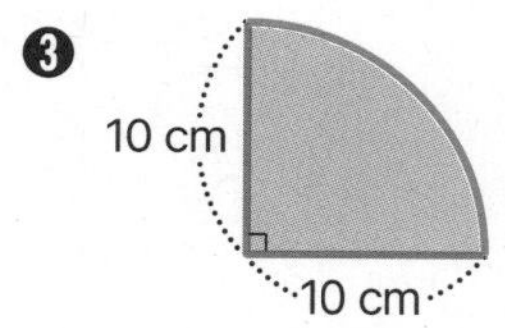

(색칠한 부분의 둘레) $=$ (원주의 $\frac{1}{4}$) $+$ (반지름) $\times2$
$=10\times2\times3.14\div4+10\times2$
$=15.7+20=35.7$ (cm)

❹

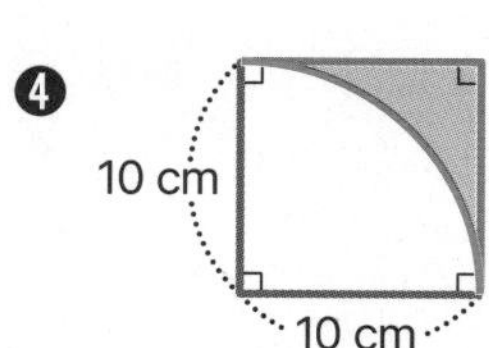

(색칠한 부분의 둘레) $=$ (원주의 $\frac{1}{4}$) $+$ (반지름) $\times2$
$=10\times2\times3.14\div4+10\times2$
$=15.7+20=35.7$ (cm)

❺

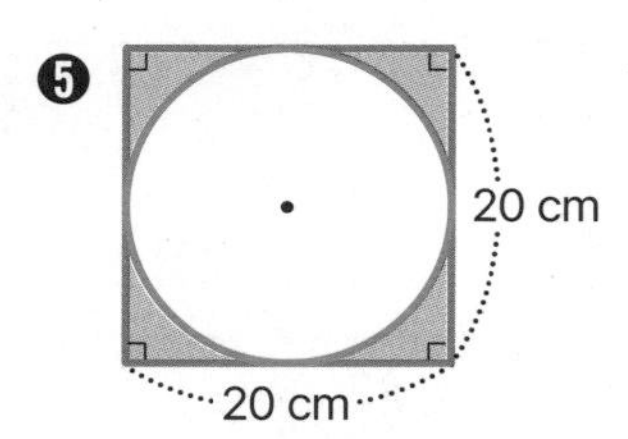

(색칠한 부분의 둘레) $=$ (원주) $+$ (정사각형의 둘레)
$=20\times3.14+20\times4$
$=62.8+80=142.8$ (cm)

❻

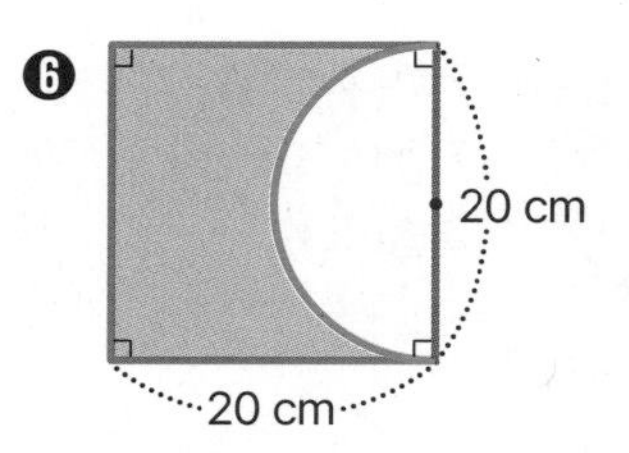

(색칠한 부분의 둘레)
$=$ (원주의 $\frac{1}{2}$) $+$ (정사각형의 한 변의 길이) $\times3$
$=20\times3.14\div2+20\times3$
$=31.4+60=91.4$ (cm)

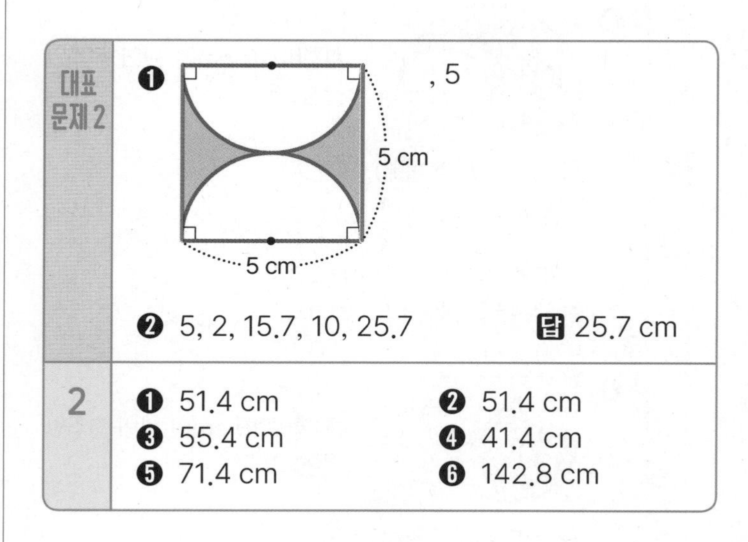

대표 문제 2	❶ , 5 (5 cm, 5 cm) ❷ 5, 2, 15.7, 10, 25.7	답 25.7 cm
2	❶ 51.4 cm ❸ 55.4 cm ❺ 71.4 cm	❷ 51.4 cm ❹ 41.4 cm ❻ 142.8 cm

2 곡선 부분의 길이는 곡선 부분을 하나로 모아서 원주를 구합니다.

❶

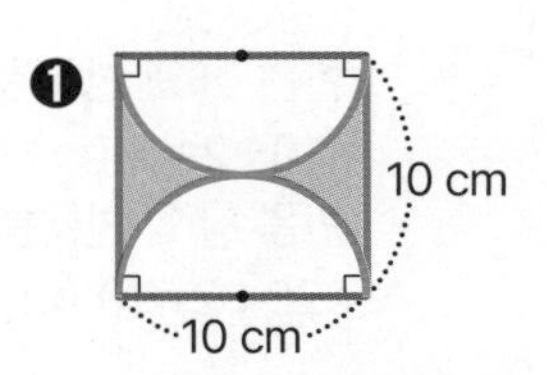

(색칠한 부분의 둘레)
=(원주)+(정사각형의 한 변의 길이)×2
=10×3.14+10×2
=31.4+20=51.4 (cm)

❷

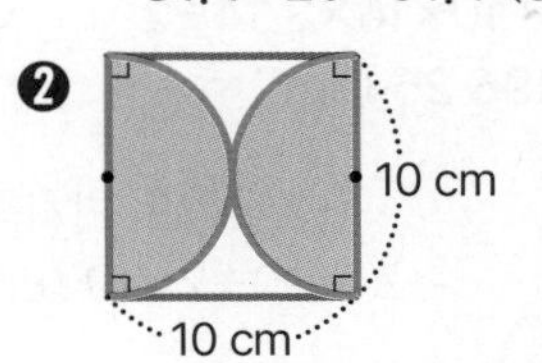

(색칠한 부분의 둘레)
=(원주)+(지름)×2
=10×3.14+10×2
=31.4+20=51.4 (cm)

❸

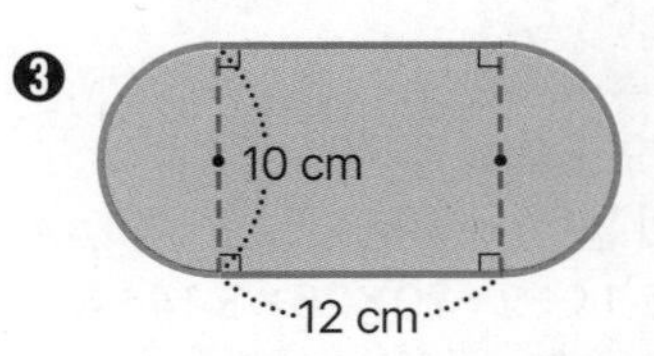

(색칠한 부분의 둘레)=(원주)+12×2
=10×3.14+12×2
=31.4+24=55.4 (cm)

❹

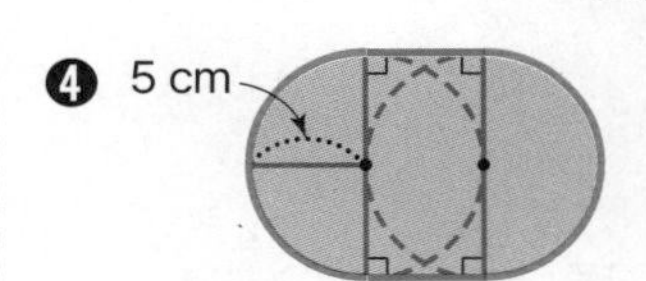

(색칠한 부분의 둘레)=(원주)+(반지름)×2
=5×2×3.14+5×2
=31.4+10=41.4 (cm)

❺

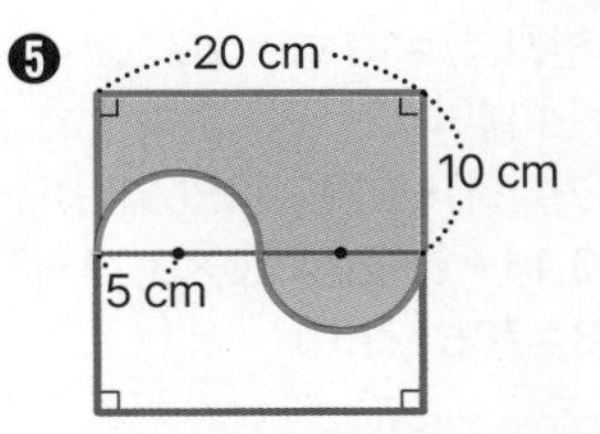

(색칠한 부분의 둘레)=(원주)+20+10×2
=5×2×3.14+20+10×2
=31.4+20+20=71.4 (cm)

❻

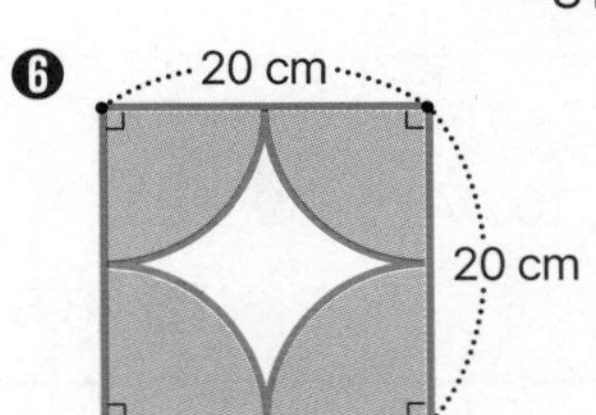

(색칠한 부분의 둘레)=(원주)+(정사각형의 둘레)
=20×3.14+20×4
=62.8+80=142.8 (cm)

29강 넓이 센스 UP 144~147쪽

1	❶ 4	❷ 8	❸ 12
2	❷ 2, $\frac{1}{2}$	❸ 2, $\frac{1}{4}$	❹ 1, $\frac{3}{4}$
3	❶	❷	
	❸ 예	❹ 예	

1 ❶ (파란색 부채꼴의 넓이)
=(원의 넓이)×$\frac{1}{4}$=16÷4=4

❷ (파란색 부채꼴의 넓이)
=(원의 넓이)×$\frac{1}{2}$=16÷2=8

❸ (파란색 부채꼴의 넓이)
=(원의 넓이)×$\frac{3}{4}$=16÷4×3=12

3 ❸ 색칠한 부분 중 일부를 옮기면 반원이 됩니다.

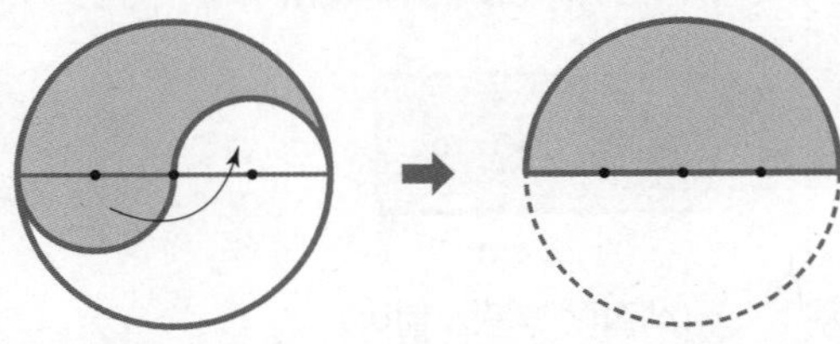

❹ 색칠한 부분 중 일부를 옮기면 반원이 됩니다.

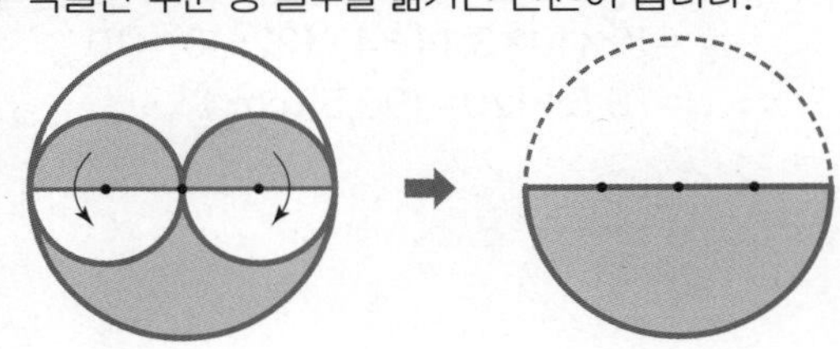

30강 색칠한 부분의 넓이① 148~151쪽

대표 문제 1	❶ 삼각형 ❷ 10, 5 / 5, 5, 10, 10 / 50, 89.25 답 89.25 cm^2
1	❶ 357 cm^2 ❷ 317 cm^2 ❸ 198.5 cm^2 ❹ 196.25 cm^2 ❺ 471 cm^2 ❻ 785 cm^2

1 ❶ (반원 ㉯의 반지름)
=20÷2=10 (cm)

(색칠한 부분의 넓이)
=(삼각형 ㉮의 넓이)+(반원 ㉯의 넓이)
=20×20÷2+10×10×3.14÷2
=200+157=357 (cm^2)

❷

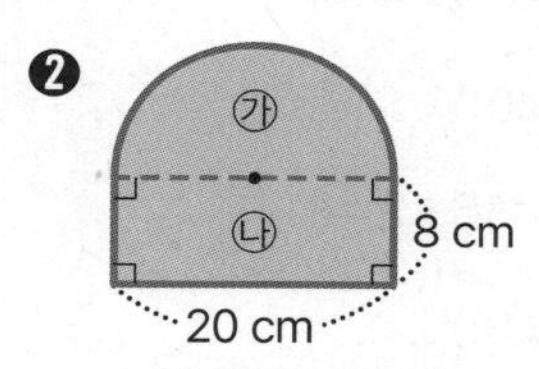

(반원 ㉮의 반지름)
=20÷2=10 (cm)

(색칠한 부분의 넓이)
=(반원 ㉮의 넓이)+(직사각형 ㉯의 넓이)
=10×10×3.14÷2+20×8
=157+160=317 (cm^2)

❸

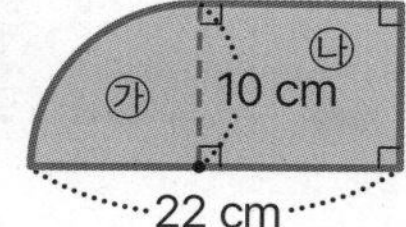

(색칠한 부분의 넓이)
=(사분원 ㉮의 넓이)+(직사각형 ㉯의 넓이)
=10×10×3.14÷4+(22−10)×10
=78.5+120=198.5 (cm^2)

❹

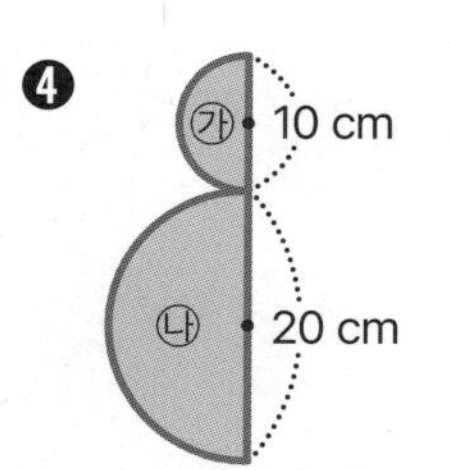

(반원 ㉮의 반지름)
=10÷2=5 (cm)
(반원 ㉯의 반지름)
=20÷2=10 (cm)

(색칠한 부분의 넓이)
=(반원 ㉮의 넓이)+(반원 ㉯의 넓이)
=5×5×3.14÷2+10×10×3.14÷2
=39.25+157=196.25 (cm^2)

❺

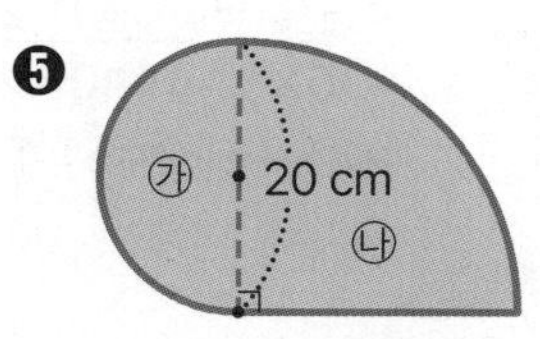

(반원 ㉮의 반지름)
=20÷2=10 (cm)

(색칠한 부분의 넓이)
=(반원 ㉮의 넓이)+(사분원 ㉯의 넓이)
=10×10×3.14÷2+20×20×3.14÷4
=157+314=471 (cm^2)

❻

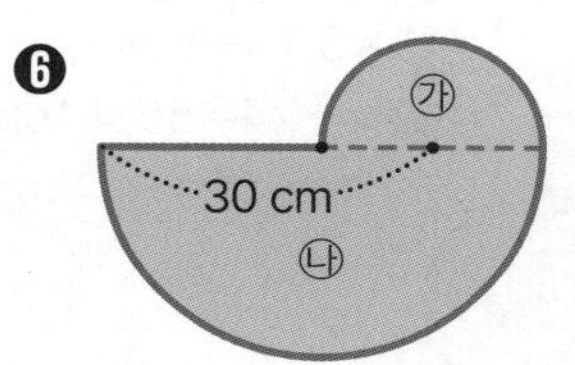

(반원 ㉮의 반지름)=□ cm라고 하면
(반원 ㉯의 반지름)=(□×2) cm이므로
□×2+□=30, □×3=30, □=10
⇨ (반원 ㉮의 반지름)=10 cm,
(반원 ㉯의 반지름)=10×2=20 (cm)
⇨ (색칠한 부분의 넓이)
=(반원 ㉮의 넓이)+(반원 ㉯의 넓이)
=10×10×3.14÷2+20×20×3.14÷2
=157+628=785 (cm^2)

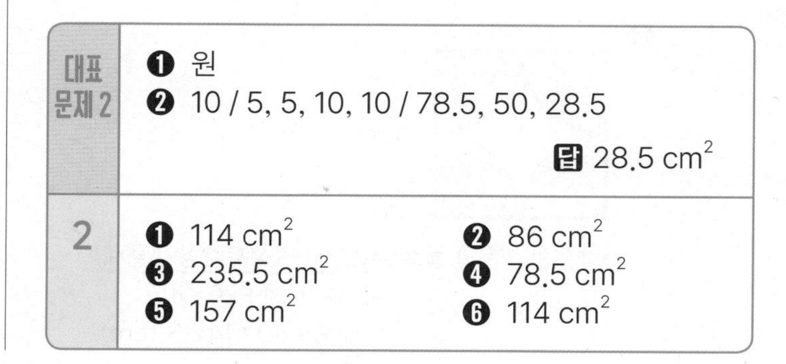

대표 문제 2	❶ 원 ❷ 10 / 5, 5, 10, 10 / 78.5, 50, 28.5 답 28.5 cm^2
2	❶ 114 cm^2 ❷ 86 cm^2 ❸ 235.5 cm^2 ❹ 78.5 cm^2 ❺ 157 cm^2 ❻ 114 cm^2

2

❶ (색칠한 부분의 넓이)
=(원의 넓이)-(마름모의 넓이)
$=10\times10\times3.14-(10\times2)\times(10\times2)\div2$
$=314-200=114$ (cm^2)

❷ (색칠한 부분의 넓이)
=(정사각형의 넓이)-(원의 넓이)
$=20\times20-10\times10\times3.14$
$=400-314=86$ (cm^2)

❸ (작은 원의 반지름)
$=10\div2=5$ (cm)이므로
(색칠한 부분의 넓이)
=(큰 원의 넓이)-(작은 원의 넓이)
$=10\times10\times3.14-5\times5\times3.14$
$=314-78.5=235.5$ (cm^2)

❹ (작은 원의 반지름)
$=10\div2=5$ (cm)이므로
(색칠한 부분의 넓이)
=(큰 반원의 넓이)-(작은 원의 넓이)
$=10\times10\times3.14\div2-5\times5\times3.14$
$=157-78.5=78.5$ (cm^2)

❺ (작은 반원의 반지름)
$=20\div2=10$ (cm)이므로
(색칠한 부분의 넓이)
=(큰 사분원의 넓이)-(작은 반원의 넓이)
$=20\times20\times3.14\div4-10\times10\times3.14\div2$
$=314-157=157$ (cm^2)

❻ (색칠한 부분의 넓이)
=(사분원의 넓이)-(삼각형의 넓이)
$=20\times20\times3.14\div4-20\times20\div2$
$=314-200=114$ (cm^2)

31강 색칠한 부분의 넓이② 152~155쪽

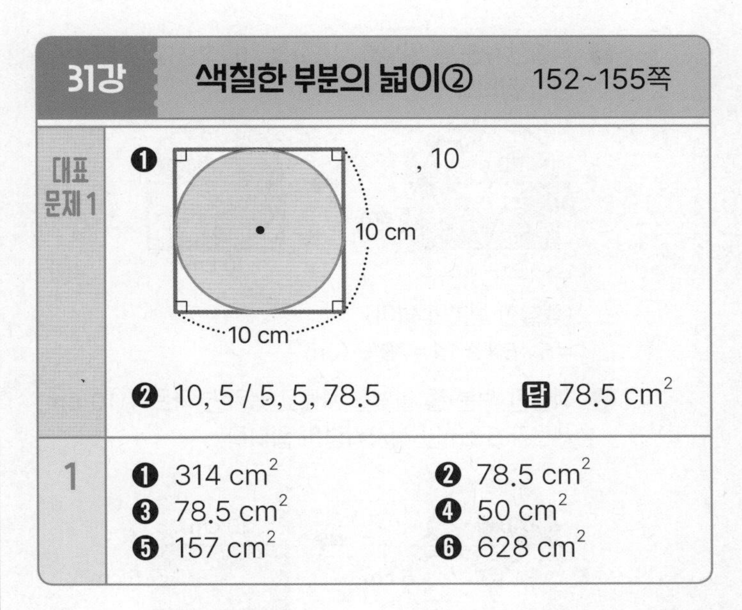

대표 문제 1
❶ , 10
10 cm
10 cm
❷ 10, 5 / 5, 5, 78.5
답 78.5 cm²
1
❶ 314 cm²
❷ 78.5 cm²
❸ 78.5 cm²
❹ 50 cm²
❺ 157 cm²
❻ 628 cm²

1

❶ 색칠한 부분을 자르고 옮기면 지름이 20 cm인 원이 됩니다.

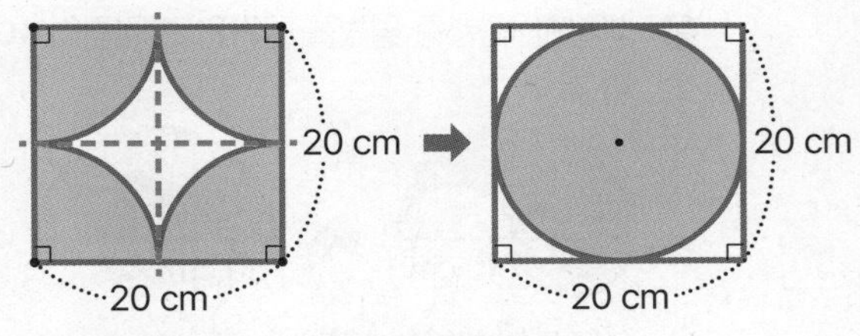

(반지름)$=20\div2=10$ (cm)이므로
(색칠한 부분의 넓이)
$=10\times10\times3.14=314$ (cm^2)

❷ 색칠한 부분을 자르고 옮기면 지름이 10 cm인 원이 됩니다.

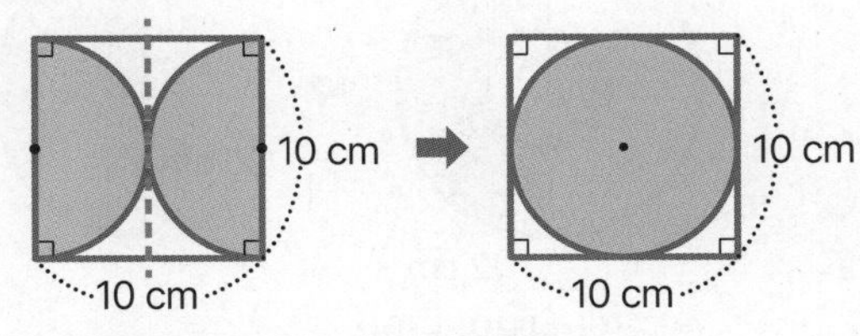

(반지름)$=10\div2=5$ (cm)이므로
(색칠한 부분의 넓이)
$=5\times5\times3.14=78.5$ (cm^2)

❸ 색칠한 부분 중 일부를 자르고 옮기면 반지름이 5 cm인 원이 됩니다.

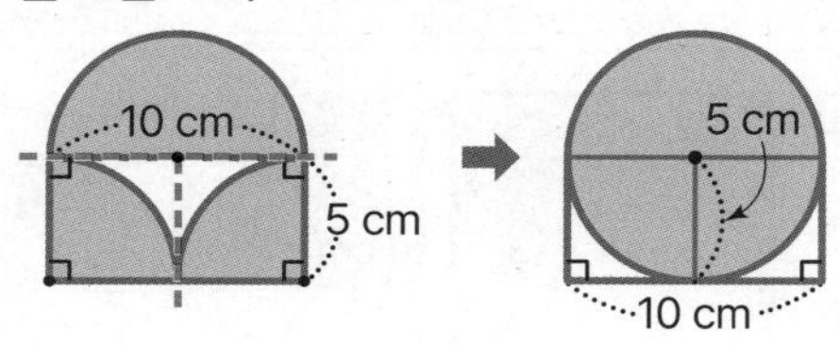

(색칠한 부분의 넓이)
$=5\times5\times3.14=78.5\ (cm^2)$

❹ 색칠한 부분 중 일부를 자르고 옮기면 가로가 10 cm, 세로가 5 cm인 직사각형이 됩니다.

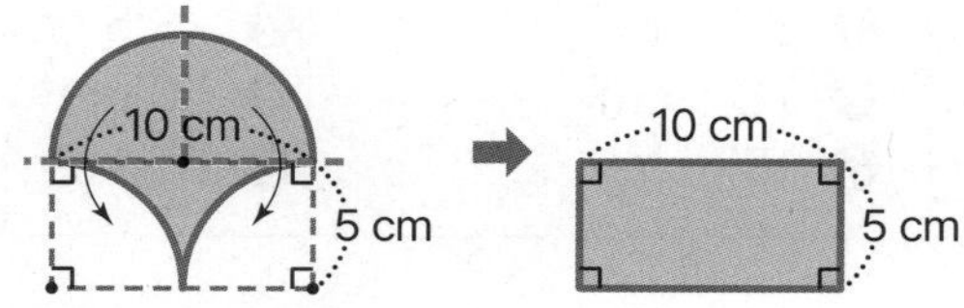

(색칠한 부분의 넓이)
$=10\times5=50\ (cm^2)$

❺ 색칠한 부분 중 일부를 옮기면 반지름이 10 cm인 반원이 됩니다.

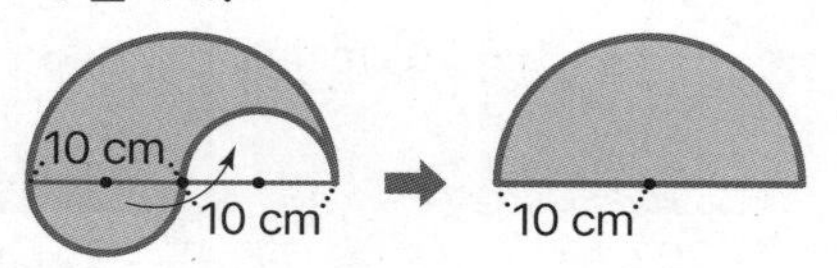

(색칠한 부분의 넓이)
$=10\times10\times3.14\div2=157\ (cm^2)$

❻ 색칠한 부분 중 일부를 옮기면 반지름이 $8+12=20\ (cm)$인 반원이 됩니다.

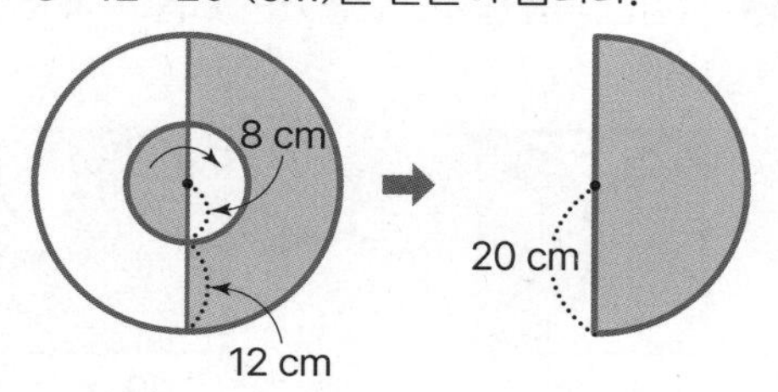

(색칠한 부분의 넓이)
$=20\times20\times3.14\div2=628\ (cm^2)$

대표 문제 2

❶ 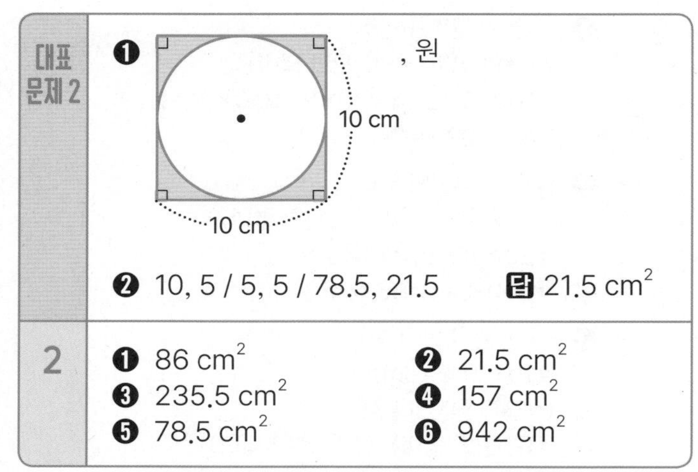

, 원

❷ 10, 5 / 5, 5 / 78.5, 21.5 답 $21.5\ cm^2$

2

❶ $86\ cm^2$ ❷ $21.5\ cm^2$
❸ $235.5\ cm^2$ ❹ $157\ cm^2$
❺ $78.5\ cm^2$ ❻ $942\ cm^2$

2

❶

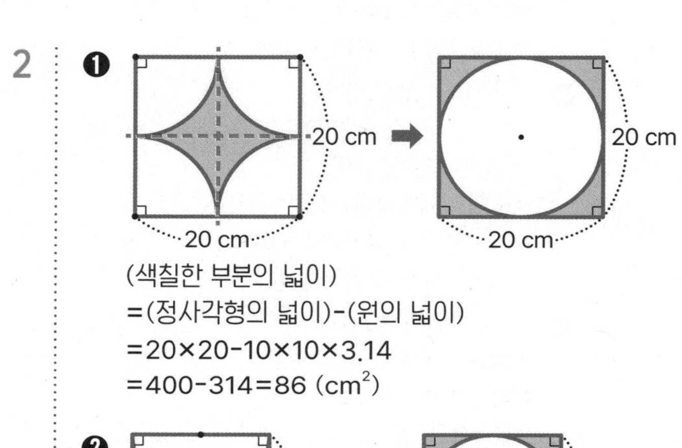

(색칠한 부분의 넓이)
=(정사각형의 넓이)-(원의 넓이)
$=20\times20-10\times10\times3.14$
$=400-314=86\ (cm^2)$

❷

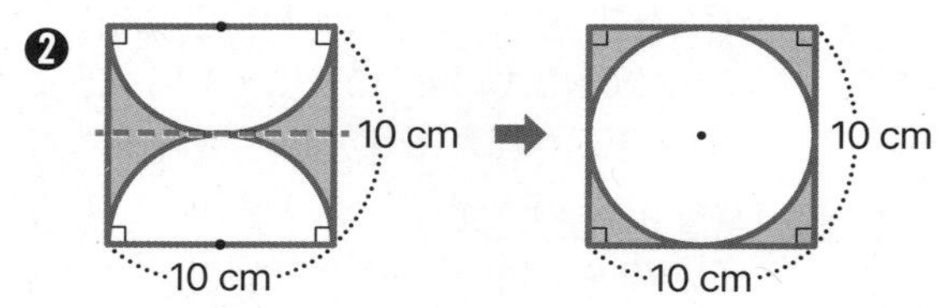

(색칠한 부분의 넓이)
=(정사각형의 넓이)-(원의 넓이)
$=10\times10-5\times5\times3.14$
$=100-78.5=21.5\ (cm^2)$

❸

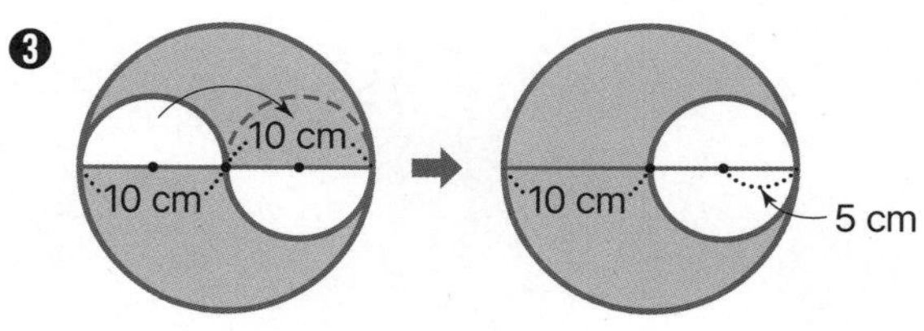

(색칠한 부분의 넓이)
=(큰 원의 넓이)-(작은 원의 넓이)
$=10\times10\times3.14-5\times5\times3.14$
$=314-78.5=235.5\ (cm^2)$

❹

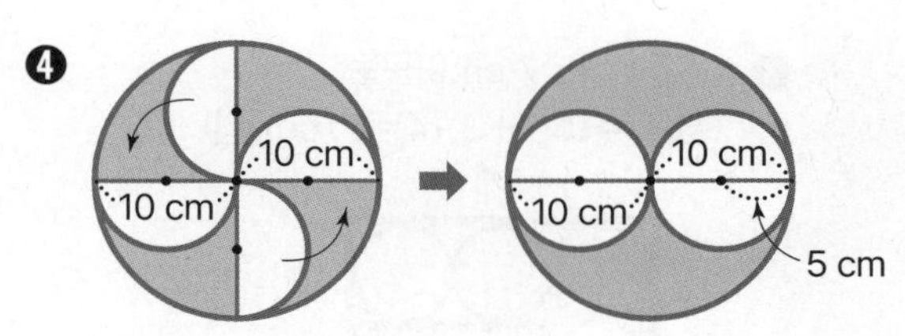

(색칠한 부분의 넓이)
=(큰 원의 넓이)-(작은 원의 넓이)×2
=10×10×3.14-5×5×3.14×2
=314-157=157 (cm²)

❺ 도형을 세로로 반을 잘라 돌려서 붙입니다.

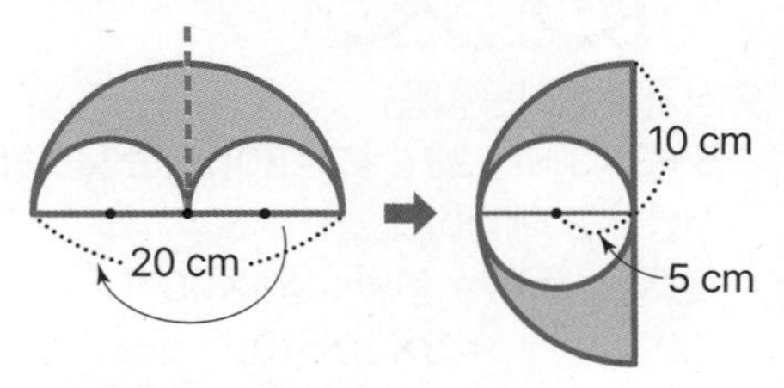

(색칠한 부분의 넓이)
=(큰 반원의 넓이)-(작은 원의 넓이)
=10×10×3.14÷2-5×5×3.14
=157-78.5=78.5 (cm²)

❻ 도형을 가로로 반을 잘라 뒤집어 붙입니다.

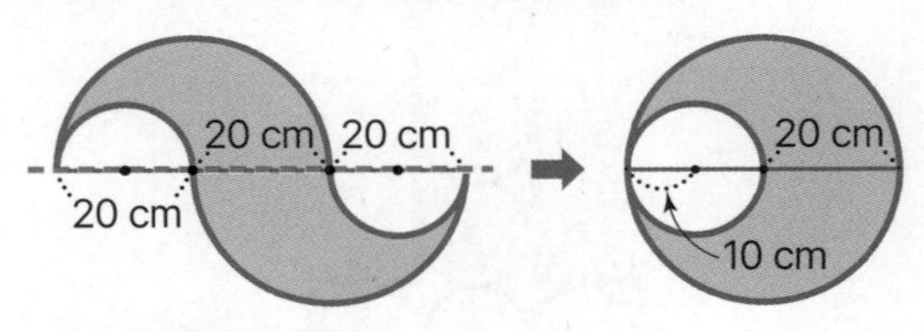

(색칠한 부분의 넓이)
=(큰 원의 넓이)-(작은 원의 넓이)
=20×20×3.14-10×10×3.14
=1256-314=942 (cm²)

32강 여러 개 원을 두른 둘레 156~159쪽

대표 문제 1

❶ 4 cm, 8

❷ 8, 25.12, 32, 57.12 답 57.12 cm

1

❶ 51.4 cm ❷ 85.68 cm
❸ 142.8 cm ❹ 110.52 cm

1

❶ 5 cm

곡선 부분을 모으면 원주와 같고, 직선 부분의 합은 반지름의 4배와 같습니다.
(사용한 끈의 길이)=5×2×3.14+5×4
=31.4+20=51.4 (cm)

❷ 6 cm

곡선 부분을 모으면 원주와 같고, 직선 부분의 합은 반지름의 8배와 같습니다.
(사용한 끈의 길이)=6×2×3.14+6×8
=37.68+48=85.68 (cm)

❸ 10 cm

곡선 부분을 모으면 원주와 같고, 직선 부분의 합은 반지름의 8배와 같습니다.
(사용한 끈의 길이)=10×2×3.14+10×8
=62.8+80=142.8 (cm)

❹

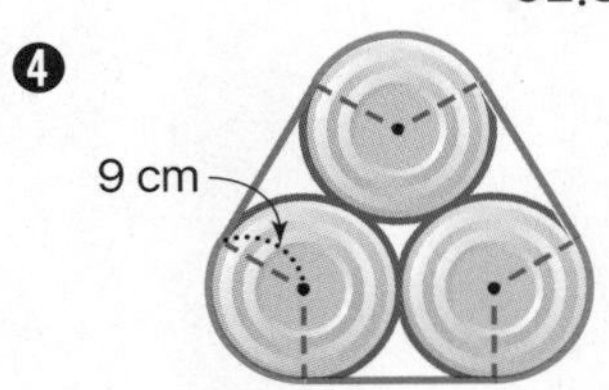

곡선 부분을 모으면 원주와 같고, 직선 부분의 합은 반지름의 6배와 같습니다.
(사용한 끈의 길이)=9×2×3.14+9×6
=56.52+54=110.52 (cm)

대표 문제 2	❶ 10 ❷ 1, 4, 10, 10 / 10, 10, 10, 100 답 100 cm	
2	❶ 800 cm ❸ 100 cm	❷ 200 cm ❹ 200 cm

2 ❶ (원주)=314 cm이므로
(지름)=314÷3.14=100 (cm)입니다.

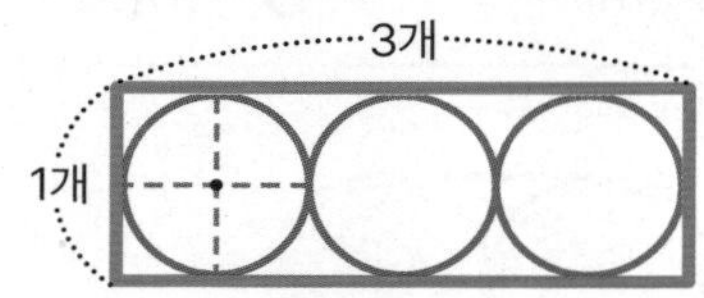

상자의 둘레는 지름 1+3+1+3=8(개)로 둘러싸여 있으므로 지름의 8배입니다.
(상자의 둘레)=(원의 지름)×8
=100×8=800 (cm)

❷ (원주)=62.8 cm이므로
(지름)=62.8÷3.14=20 (cm)입니다.

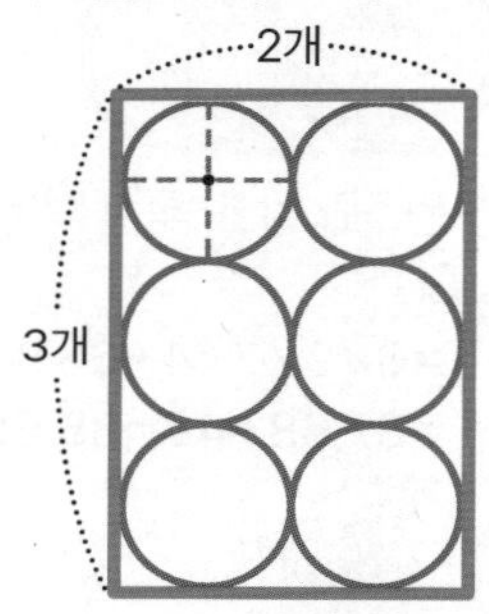

상자의 둘레는 지름 3+2+3+2=10(개)로 둘러싸여 있으므로 지름의 10배입니다.
(상자의 둘레)=(원의 지름)×10
=20×10=200 (cm)

❸ (원주)=15.7 cm이므로
(지름)=15.7÷3.14=5 (cm)입니다.

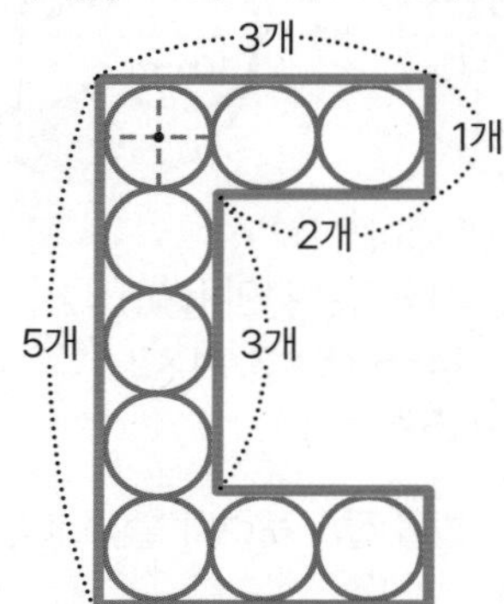

상자의 둘레는 지름
5+3×3+1×2+2×2=20(개)로 둘러싸여 있으므로
지름의 20배입니다.
(상자의 둘레)=(원의 지름)×20
=5×20=100 (cm)

❹ (원주)=31.4 cm이므로
(지름)=31.4÷3.14=10 (cm)입니다.

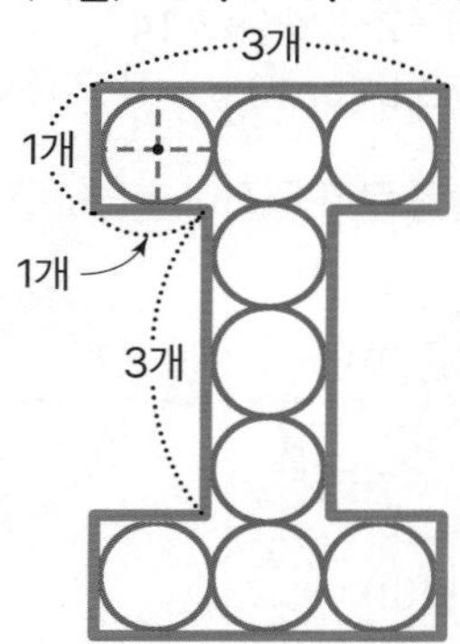

상자의 둘레는 지름 1×8+3×4=20(개)로 둘러싸여 있으므로 지름의 20배입니다.
(상자의 둘레)=(원의 지름)×20
=10×20=200 (cm)

33강	원이 굴러간 거리, 넓이 160~163쪽
대표 문제 1	❶ 원주에 ○표 ❷ 3, 75.36 답 75.36 cm
1	❶ 65.94 cm ❷ 62.8 cm ❸ 31.4 cm ❹ 188.4 cm

1 ❶ (고리가 3바퀴 굴러간 거리)=(원주)×3
=7×3.14×3
=65.94 (cm)

❷ (고리가 2바퀴 굴러간 거리)=(원주)×2
=10×3.14×2
=62.8 (cm)

❸ (고리가 5바퀴 굴러간 거리)=(원주)×5
=2×3.14×5
=31.4 (cm)

❹ (고리가 3바퀴 굴러간 거리)=(원주)×3
=10×2×3.14×3
=188.4 (cm)

대표 문제 2	❶ 합 ❷ 3.14, 3.14 / 113.04, 452.16, 565.2 답 565.2 cm^2
2	❶ 251.2 cm^2 ❷ 141.3 cm^2 ❸ 1570 cm^2 ❹ 6280 cm^2

2 원이 지나간 자리는 다음과 같습니다.

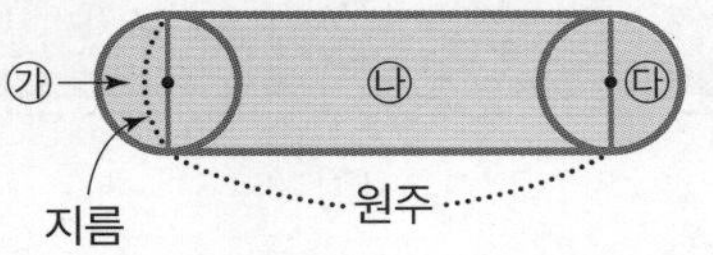

❶ (㉮와 ㉰의 넓이의 합)
=(반지름이 4 cm인 원의 넓이)
=4×4×3.14=50.24 (cm^2)
직사각형 ㉯에서 (세로)=(지름)=4×2=8 (cm),
(가로)=(원주)=8×3.14=25.12 (cm)이므로
(직사각형 ㉯의 넓이)
=25.12×8=200.96 (cm^2)
⇨ (원이 지나간 자리의 넓이)
=(㉮와 ㉰의 넓이의 합)+(직사각형 ㉯의 넓이)
=50.24+200.96=251.2 (cm^2)

❷ (㉮와 ㉰의 넓이의 합)
=(반지름이 3 cm인 원의 넓이)
=3×3×3.14=28.26 (cm^2)
직사각형 ㉯에서 (세로)=(지름)=3×2=6 (cm),
(가로)=(원주)=6×3.14=18.84 (cm)이므로
(직사각형 ㉯의 넓이)
=18.84×6=113.04 (cm^2)
⇨ (원이 지나간 자리의 넓이)
=(㉮와 ㉰의 넓이의 합)+(직사각형 ㉯의 넓이)
=28.26+113.04=141.3 (cm^2)

❸ (㉮와 ㉰의 넓이의 합)
=(반지름이 10 cm인 원의 넓이)
=10×10×3.14=314 (cm^2)
직사각형 ㉯에서 (세로)=(지름)=10×2=20 (cm),
(가로)=(원주)=20×3.14=62.8 (cm)이므로
(직사각형 ㉯의 넓이)
=62.8×20=1256 (cm^2)
⇨ (원이 지나간 자리의 넓이)
=(㉮와 ㉰의 넓이의 합)+(직사각형 ㉯의 넓이)
=314+1256=1570 (cm^2)

❹ (㉮와 ㉰의 넓이의 합)
=(반지름이 20 cm인 원의 넓이)
=20×20×3.14=1256 (cm^2)
직사각형 ㉯에서 (세로)=(지름)=20×2=40 (cm),
(가로)=(원주)=40×3.14=125.6 (cm)이므로
(직사각형 ㉯의 넓이)
=125.6×40=5024 (cm^2)
⇨ (원이 지나간 자리의 넓이)
=(㉮와 ㉰의 넓이의 합)+(직사각형 ㉯의 넓이)
=1256+5024=6280 (cm^2)

34강	평가		164~166쪽
1	(1) ㉡	(2) ㉢	
2	(1) 13, 13	(2) 8, 8	
3	(1) 34.54 cm	(2) 25.12 cm	
4	113.04 cm^2		
5	188.4 cm		
6	15		
7	5		
8	5024 cm^2		
9	2		
10	(1) 6	(2) 8	
11	314 cm^2		
12	31.4 cm, 78.5 cm^2		
13	(1) 35.7 cm, 78.5 cm^2 (2) 10.28 cm, 6.28 cm^2		
14	31.4 cm		
15	228.5 cm^2		

1 (1) (원주)=(지름)×3.14=12×3.14
(2) (원주)=(반지름)×2×3.14=7×2×3.14

2 (1) (원의 넓이)=(반지름)×(반지름)×3.14
=13×13×3.14
(2) (반지름)=16÷2=8 (cm)이므로
(원의 넓이)=8×8×3.14

3 (1) (원주)=11×3.14=34.54 (cm)
(2) (원주)=4×2×3.14=25.12 (cm)

4 (원의 넓이)=6×6×3.14=113.04 (cm^2)

5 (원주)=30×2×3.14=188.4 (cm)

6 □×3.14=47.1 ⇨ □=47.1÷3.14=15

7 □×□×3.14=78.5
⇨ □×□=78.5÷3.14=25
5×5=25이므로 □=5

8 (원의 넓이)=40×40×3.14=5024 (cm^2)

9 □×2×3.14=12.56, □×6.28=12.56
⇨ □=12.56÷6.28=2

10 (1) 반지름을 ○ cm라고 하면
○×○×3.14=28.26
⇨ ○×○=28.26÷3.14=9
3×3=9이므로 ○=3
□=○×2=3×2=6
(2) 반지름을 ○ cm라고 하면
○×○×3.14=50.24
⇨ ○×○=50.24÷3.14=16
4×4=16이므로 ○=4
□=○×2=4×2=8

11 (쟁반의 반지름)=20÷2=10 (cm)이므로
(쟁반의 넓이)=10×10×3.14=314 (cm^2)

12 • (원주)=5×2×3.14=31.4 (cm)
• (원의 넓이)=5×5×3.14=78.5 (cm^2)

13 (1) • (도형의 둘레)
=(원주의 $\frac{1}{4}$)+(반지름)×2
=10×2×3.14÷4+10×2
=15.7+20=35.7 (cm)
• (도형의 넓이)
=(사분원의 넓이)
=10×10×3.14÷4=78.5 (cm^2)
(2) • (도형의 둘레)
=(원주의 $\frac{1}{2}$)+(지름)
=4×3.14÷2+4
=6.28+4=10.28 (cm)
• (도형의 넓이)
=(반원의 넓이)
=2×2×3.14÷2=6.28 (cm^2)

14

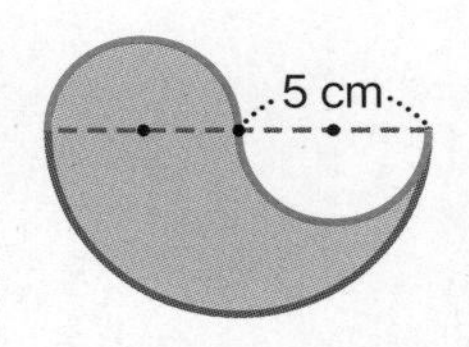

⌒+◡:
지름이 5 cm인 원의 원주와 같습니다.

(색칠한 부분의 둘레)

=(작은 원의 원주)+(큰 원의 원주의 $\frac{1}{2}$)

$=5\times3.14+5\times2\times3.14\div2$

$=15.7+15.7=31.4$ (cm)

15

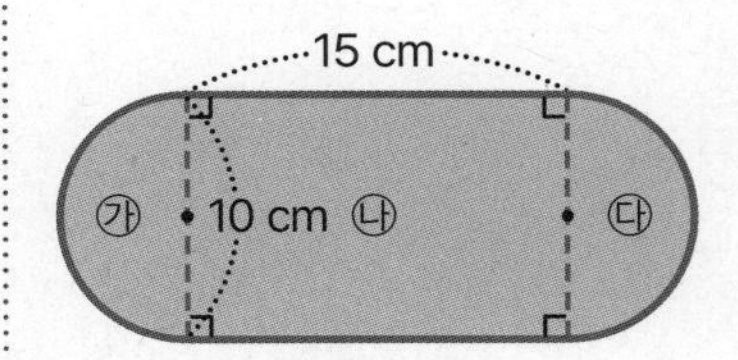

(색칠한 부분의 넓이)

=(㉮와 ㉰의 넓이의 합)+(직사각형 ㉯의 넓이)

=(지름이 10 cm인 원의 넓이)+(직사각형 ㉯의 넓이)

$=5\times5\times3.14+15\times10$

$=78.5+150=228.5$ (cm^2)

memo

기적의 학습서

오늘도 한 뼘 자랐습니다.

길벗스쿨